全国普通高等院校生命科学类"十二五"规划教材

生物统计学

主　编　彭明春　马　纪

副主编　陈其新　王有武　施文正　聂呈荣
　　　　王　玉　万海清　陈　国

编　委　（按姓氏拼音排序）
　　　　陈　国　陈其新　耿丽晶　侯沁文
　　　　胡　颖　李转见　刘小宁　马　纪
　　　　聂呈荣　彭明春　施文正　石培春
　　　　万海清　王　玉　王文龙　王晓俊
　　　　王有武

华中科技大学出版社

中国·武汉

内 容 简 介

本书分为基础理论和软件应用两个部分,较系统地介绍了生物统计学的基本原理和方法,以及统计分析工作的软件实现。基础理论部分,在简要介绍生物统计学的内容、发展的基础上,介绍了数据的描述性分析、概率与概率分布,重点介绍平均数与方差的统计推断、方差分析、一元回归与相关分析、协方差分析、非参数检验,抽样的原理与方法、常用试验设计与统计分析,多元数据的线性回归与复相关分析、聚类分析、主成分分析和典型相关分析,涵盖了各类数据的常用统计分析方法。软件应用部分,重点介绍用 SPSS 软件进行统计分析工作的基本操作、过程和参数的选择与设置,并简要介绍了 Excel 的生物统计应用。

本书充分考虑了生物科学、生物技术、生态环境、农业科学、林业科学、医学卫生、食品科学等专业的统计分析需要,可作为综合性大学、师范院校、农业、林业、医学等院校相关专业本科生和研究生的教材,也可作为相关专业科研工作者、教师的参考书。

图书在版编目(CIP)数据

生物统计学/彭明春,马纪主编. —武汉:华中科技大学出版社,2014.10(2021.12重印)
ISBN 978-7-5609-9716-2

Ⅰ.①生… Ⅱ.①彭… ②马… Ⅲ.①生物统计-高等学校-教材 Ⅳ.①Q-332

中国版本图书馆 CIP 数据核字(2014)第 250940 号

生物统计学   彭明春 马 纪 主编

策划编辑:王新华
责任编辑:王新华
封面设计:刘 卉
责任校对:张会军
责任监印:周治超
出版发行:华中科技大学出版社(中国·武汉)   电话:(027)81321913
　　　　　武汉市东湖新技术开发区华工科技园   邮编:430223
录　排:华中科技大学惠友文印中心
印　刷:武汉市籍缘印刷厂
开　本:787mm×1092mm　1/16
印　张:18.75
字　数:489 千字
版　次:2021 年 12 月第 1 版第 7 次印刷
定　价:42.00 元

全国普通高等院校生命科学类"十二五"规划教材组编院校

北京理工大学	华中科技大学	云南大学
广西大学	华中师范大学	西北农林科技大学
广州大学	暨南大学	中央民族大学
哈尔滨工业大学	首都师范大学	郑州大学
华东师范大学	南京工业大学	新疆大学
重庆邮电大学	湖北大学	青岛科技大学
滨州学院	湖北第二师范学院	青岛农业大学
河南师范大学	湖北工程学院	青岛农业大学海都学院
嘉兴学院	湖北工业大学	山西农业大学
武汉轻工大学	湖北科技学院	陕西科技大学
长春工业大学	湖北师范学院	陕西理工学院
长治学院	湖南农业大学	上海海洋大学
常熟理工学院	湖南文理学院	塔里木大学
大连大学	华侨大学	唐山师范学院
大连工业大学	武昌首义学院	天津师范大学
大连海洋大学	淮北师范大学	天津医科大学
大连民族学院	淮阴工学院	西北民族大学
大庆师范学院	黄冈师范学院	西南交通大学
佛山科学技术学院	惠州学院	新乡医学院
阜阳师范学院	吉林农业科技学院	信阳师范学院
广东第二师范学院	集美大学	延安大学
广东石油化工学院	济南大学	盐城工学院
广西师范大学	佳木斯大学	云南农业大学
贵州师范大学	江汉大学文理学院	肇庆学院
哈尔滨师范大学	江苏大学	浙江农林大学
合肥学院	江西科技师范大学	浙江师范大学
河北大学	荆楚理工学院	浙江树人大学
河北经贸大学	军事经济学院	浙江中医药大学
河北科技大学	辽东学院	郑州轻工业学院
河南科技大学	辽宁医学院	中国海洋大学
河南科技学院	聊城大学	中南民族大学
河南农业大学	聊城大学东昌学院	重庆工商大学
菏泽学院	牡丹江师范学院	重庆三峡学院
贺州学院	内蒙古民族大学	重庆文理学院
黑龙江八一农垦大学	仲恺农业工程学院	

前　言

　　生物统计学是应用数理统计的原理和方法来分析和解释生物界各种现象和试验数据的科学,是生命科学及其相关领域的研究者必备的一门工具。如同计算机对于所有自然科学和社会科学的重要作用一样,生物统计学的作用已经体现在生命科学研究的方方面面,而生物统计学本身的发展不仅促进了生命科学的发展,也为数理统计学的建立和发展以及新课题的提出作出了重要贡献。

　　在生物统计学已经在各级各类高校普遍开设的情况下,编写一本浅显易懂、将理论性和应用性紧密结合的生物统计学教材,是许多高校的迫切需求。本书由来自全国十余所高校从事生物统计学教学多年、有丰富教学和科研经验的教师,集各家之所长,参考国内外同类教材编写而成。面向生命科学及其相关的农学、医学等专业背景的学习者,针对相关专业生物统计学或类似课程的教学需要,强调基础理论,突出实践应用。本书在编写方式上遵循由浅入深的认知规律,结合统计软件在生物统计学中的广泛应用,提供了针对常用的 SPSS 软件和 Excel 软件进行基本统计学运算的指导,具有很强的实用性。

　　本书分为基础理论和软件应用两部分。基础理论以讲解生物统计的原理、方法和过程为目标,系统介绍生物统计学的数理统计基础、数据统计分析的原理和方法,内容涵盖了各类数据的常用统计分析方法。软件应用以讲解软件操作的数据格式、分析步骤和结果解释为目标,重点介绍统计分析工作在 SPSS 软件中的实现,并简要介绍了 Excel 软件的生物统计应用。

　　全书共分 14 章,第 1 章由马纪(新疆大学)编写,第 2 章由刘小宁(新疆大学)编写,第 3 章由侯沁文(长治学院)编写,第 4 章由王玉(浙江中医药大学)、王晓俊(长春工业大学)编写,第 5 章由胡颖(哈尔滨工业大学)编写,第 6 章和第 14 章由万海清(湖南文理学院)、王文龙(湖南文理学院)编写,第 7 章由耿丽晶(辽宁医学院)编写,第 8 章和第 9 章由聂呈荣(佛山科学技术学院)、施文正(上海海洋大学)编写,第 10 章由陈国(华侨大学)编写,第 11 章和第 13 章由陈其新(河南农业大学)、李转见(河南农业大学)编写,第 12 章由彭明春(云南大学)、王有武(塔里木大学)、石培春(石河子大学)编写。彭明春、马纪对各章节内容进行了修改补充。云南大学党承林教授通审了全书,并提出了许多有益的建议,在此表示衷心感谢。

　　由于编者水平有限,书中不足之处在所难免,恳请读者批评指正,以便再版时修改完善。

编　者

2014 年 11 月

目　录

第 **1** 章 　　　　　　　　　　　　绪　　论

1.1　生物统计学简介

统计学(statistics)是研究如何收集、整理、分析和解释数据的科学。它把数学语言引入具体的科学领域,并把具体科学领域中要解决的问题抽象为数学问题进行分析处理。统计学分为描述统计学(descriptive statistics)和推断统计学(inference statistics)两部分。描述统计学研究对客观现象进行数量计量、数据收集、加工、概括和表示的方法,不同的领域对数据的统计描述略有差异;推断统计学研究根据样本数据去推断总体的方法,是统计学的核心和主要内容。统计学也可分为理论统计学和应用统计学,理论统计学研究统计学的数学原理和方法,应用统计学将理论统计学的研究成果作为工具应用于各个科学领域。

统计学是数学的分支学科,但统计学并非简单地等同于数学。数学研究的是没有量纲或单位的抽象的数及其数量关系,统计学则是研究具体的、实际调查或试验获得的数据的数量规律;统计学与数学所用的逻辑方法不同,数学主要使用演绎法,而统计学是演绎法与归纳法相结合,以归纳法为主。

生物统计学(biostatistics)是研究收集、整理、分析和解释生物科学试验数据的科学,是统计学原理在生物学研究领域的应用。在生物科学学科体系中,生物统计学属于生物数学的范畴,在统计学学科体系中,生物统计学是应用统计学的分支。

生物科学是一门实验科学,在研究过程中会产生大量试验数据,这些数据由于受到随机因素的干扰,带有随机误差而具有不确定性,即同一个试验的多次重复,试验结果并不完全一样,需要对各种试验结果出现的概率大小作出判断,从偶然的不确定性中找出内在的规律性,剔除试验误差的干扰。生物统计学为我们提供解决这类问题的方法。

1.2　生物统计学的主要内容

生物统计学包括试验数据的获取、整理和分析等相关内容,具体来说,包括试验或调查设计、数据的整理(描述统计学)、概率论基础(统计理论基础)、统计推断方法(推断统计学)等内容。

1.试验或调查设计方法

在着手开展一项科学研究之前,需要根据提出的问题设计试验方案或调查方案,以便控制试验误差。由于不同类型的数据或者不同设计方法所获得的数据在误差估计方面有较大的不同,生物统计学提供了一系列不同的数据分析处理方法。因此,如何科学地获得试验或调查数据,以便采用适当的统计方法进行数据分析,是获得合理、可信、可以解释的试验结果的一个重要前提。对此,生物统计学提供了若干试验或调查设计的方法。

在生态学、农学、流行病学、食品卫生检查等领域,现状研究的主要方法是调查,开展大范围抽样是常用的研究方法之一。调查设计是指整个调查计划的制订,包括调查研究的目的、对象与范围,调查项目及调查表内容,抽样方法的选取,抽样单位和抽样数量的确定,数据处理方法,调查组织工作,调查报告撰写等内容。合理的调查设计能够控制与降低抽样误差,提高调查的精确性,为获得总体参数的可靠估计提供必要的数据。

在研究某个因素的效应大小,或两个以上因素的主效应或相互作用时,开展有控制的比较试验设计是常用的研究方法。试验设计是指试验单位的选取、生物学重复数的确定及试验单位的分组等。合理的试验设计能够有效地控制和降低试验误差,提高试验的精确性,为统计分析获得试验处理效应和试验误差的无偏估计提供有效的数据。

简而言之,试验或调查设计主要解决合理地收集必要而有代表性资料的问题。统计学在不同学科应用时,针对不同的调查对象,试验和调查设计的具体方法会有所不同。

2.数据整理方法

通过试验,尤其是调查,获得大量数据后,由于数据的随机性,同样的试验或调查所得数据往往有一定范围的变异,需要对数据进行整理,以便发现数据内部所包含的规律,比如集中性、变异性、数据的分布形态等。数据整理的基本方法是根据数据出现的频率,编制频数统计表或绘制频数统计图。通过统计表图可以直观地看出所得数据的集中或离散情况,并计算代表样本资料数量特征的统计数(如平均数、标准差等),以此估计相应的总体参数(总体的平均数、标准差等)。

3.统计推断的基础理论

生物统计学的重要任务是建立由样本统计结果推断总体参数的方法,而这些方法都是以数据(随机变量)的概率以及概率分布为基础建立起来的,因此需要对概率的基础知识有所了解。生物统计学中所涉及的概率知识非常基础,主要包括随机事件和概率的定义、概率的分布、抽样分布等基础概率知识,非数学专业的学生在理解上基本没有障碍。

4.数据统计分析方法

数据的统计分析,是指通过样本数据推断总体参数(平均数、方差等)的过程,在统计学上称为统计推断。通过试验或调查获得了具有变异性的资料后,要了解资料之间的试验指标产生差异的原因,即变异是由处理效应所引起还是由随机误差所导致的。例如不同盐浓度对某种植物的生长有无影响,荒漠耐盐植物与非耐盐植物在耐盐性方面有无差异,农业害虫棉铃虫的解毒酶是否强于其他昆虫等。要回答上述问题,可利用显著性检验排除那些无法控制的偶然因素的干扰,将处理间是否存在本质差异这一问题以概率的形式揭示出来。假设检验的方法很多,常用的有 t 检验、方差分析、χ^2 检验等。

统计分析的另一个重要内容是研究成对或成组变量(试验指标或性状)间的关系,即相关分析与回归分析。通过对资料进行相关与回归分析,可以揭示变量间的内在联系。利用回归分析可以找出影响某个变量的因素,并据此开展预测预报研究。多元统计分析近 30 年来得到了迅速发展,并在自然科学和社会科学的许多领域得到广泛应用。

5.统计分析软件的应用

近些年来,随着计算机科学的发展和普及,各类统计软件迅速发展,统计学分析方法得到了极大的应用和推广,常用的统计软件有 SPSS、Excel、SAS、S-plus、Minitab、Statistica、Eviews 等。本书针对本课程相关专业学生的知识结构和软件的易用性,结合相关统计分析内容,介绍 SPSS 和 Excel 软件的应用。

通过对生物统计学内容的简要介绍,不难看出生物统计学在生物科学研究中的重要性,它是每一个从事生物科学研究的人必须掌握的基本工具。随着生物统计学方法的普及、统计学软件的不断发展,已有越来越多的科技工作者掌握并在实际研究工作中应用了生物统计学方法,并取得了显著的成效。

1.3　生物统计学发展简史

在介绍一门学科时,通常需要了解这门学科的发展简史,从而对该学科的内涵有深刻的理解。统计学的建立和发展与人类的统计实践活动密不可分。如果说统计学是随着人类计数活动而产生的,那么统计发展史可以追溯到距今有 5000 多年的远古社会。但是,能使人类的统计实践上升到理论,并概括总结成为一门系统的学科是近代的事情,距今只有 300 多年的历史。统计学发展的概貌大致可划分为古典记录统计学、近代描述统计学和现代推断统计学三个时期。

1.古典记录统计学

17 世纪中叶至 19 世纪中叶,在利用文字或数字记录与分析国家社会经济状况的过程中,初步建立了统计研究的方法和规则。统计学在这一阶段的意义和范围还不太明确,概率论被引入之后,这些方法逐渐成熟。

统计学是从拉普拉斯(P.S.Laplace,1749—1827)开始的,他是法国天文学家、数学家、统计学家,他的主要贡献包括建立了概率论,代表作是《概率分析理论》,该书把数学分析方法运用于概率论研究,建立了严密的概率数学理论。拉普拉斯还推广了概率论的应用,解决了一系列实际问题,例如在人口统计、误差理论中的应用。拉普拉斯提出了大数定律并尝试了大样本推断(拉普拉斯定理,中心极限定理的一部分),初步建立了大样本推断的理论基础。他根据法国30 个县市的人口出生率推算了全国的人口,这种利用样本来推断总体的思想方法为后人开创了抽样调查的方法。

德国著名数学家、物理学家、天文学家、大地测量学家高斯(C.F.Gauss,1777—1855)对统计学的误差理论作出了重要贡献。调查测量中的误差不仅不可避免,而且无法把握。高斯以他丰富的天文观察和土地测量经验,总结发现误差变异大多服从正态分布,运用极大似然法及其他数学知识,推导出测量误差的概率分布公式,并提出了"误差分布曲线",即高斯分布曲线,也就是今天所说的正态分布曲线。1809 年高斯发表了统计学中最常用的最小二乘法。

2.近代描述统计学

近代描述统计学的形成在 19 世纪中叶至 20 世纪上半叶。这种"描述"特色是由一批研究生物进化的学者提炼而成的,代表人物是英国的高尔顿和他的学生皮尔逊。

高尔顿(F.Galton,1822—1911)是英国生物学家、统计学家。他于 1882 年建立了人体测量试验室,测量了 9337 人的身高、体重、呼吸力、拉力和压力、手击的速率、听力、视力、色觉等人体资料,得出了"祖先遗传法则",引入了中位数、百分位数、四分位数、四分位差以及分布、相关、回归等重要的统计学概念与方法。1901 年,高尔顿创办了《Biometrika》(生物计量学)杂志,首次提出了"Biometry"(生物统计学)一词,认为"生物统计学是应用于生物学科中的现代统计方法"。高尔顿及其学生虽然开展的是生物统计学研究,但在这一过程中,他们更重要的贡献是发展了统计学方法本身。

皮尔逊(K.Pearson,1857—1936)是英国数学家、哲学家、统计学家。他将生物统计学提升到了通用方法论的高度,首创了频数分布表与频数分布图,提出了分布曲线的概念。1900 年皮尔逊发现了 χ^2 分布,并提出了有名的 χ^2 检验法,后经费歇尔(R.A.Fisher,1890—1962)补充,成为小样本推断统计的早期方法之一。皮尔逊还发展了回归与相关的概念,提出复相关、总相关、相关比等概念,不仅发展了高尔顿的相关理论,还为之建立了数学基础。

3.现代推断统计学

现代推断统计学形成时间大致是 20 世纪初叶至 20 世纪中叶,此时无论是社会领域还是自然领域都向统计学提出了更多的要求。人们开始深入研究事物与现象间的关系,对其中繁杂的数量关系以及一系列未知的数量变化,单靠描述的统计方法已难以奏效,因而产生了"推断"的方法来掌握事物总体的真正联系以及预测未来的发展。

从描述统计学到推断统计学是统计学发展过程中的一大飞跃,这场深刻变革是在农业田间试验领域完成的,英国统计学家戈塞特和费歇尔对现代推断统计学的建立作出了卓越贡献。

1908 年,戈塞特(W.S.Gosset,1876—1937)首次以"学生"(Student)为笔名,在《Biometrika》杂志上发表了"平均数的概率误差",为"学生氏 t 检验"提供了理论基础,成为统计推断理论发展史上的里程碑。后来,戈塞特又连续发表了相关系数的概率误差、非随机抽样的样本平均数分布、从无限总体随机抽样平均数的概率估算表等重要论文,为小样本理论奠定了基础。由于戈塞特的理论使统计学开始由大样本向小样本、由描述向推断发展,因此,可以认为是戈塞特开创了推断统计学。

费歇尔对统计学作出了很多重要贡献,他强调统计学是一门通用方法论。1924 年,费歇尔综合研究了 t 分布、χ^2 分布和 u 分布,使 t 检验也能适用于大样本,χ^2 检验也能适用于小样本。1925 年在《供研究人员使用的统计方法》中对方差分析和协方差分析进行了完整表述:方差分析法是一种在若干组能相互比较的资料中,把产生变异的原因加以区分的方法与技术,方差分析简单实用,大大提高了试验分析的效率,对大样本和小样本都可使用。1925 年提出了随机区组设计和拉丁方设计;1926 年发表了试验设计方法梗概;1935 年这些方法得到进一步完善,并首先在卢桑姆斯坦德农业试验站得到检验与应用,后来又被他的学生推广到许多其他科学领域。1938 年费歇尔与耶特斯合编了《F 分布显著性水平表》,为方差分析的研究与应用提供了方便。

费歇尔在统计学发展史上的地位是显赫的,他的研究成果特别适用于农业与生物学领域,但已经渗透到一切应用统计学中,由此所形成的推断统计学已经被广泛地应用。美国统计学家约翰逊(P.O.Johnson)在 1959 年出版的《现代统计方法:描述和推断》一书指出:"从 1920 至今的这段时期,称之为统计学的费歇尔时代是恰当的。"

1.4 统计学的常用术语

在正式进入统计学学习之前,需要先了解一些统计学的常用术语,这些术语定义了统计学的基本元素,理解这些术语有助于进一步的学习。

1.总体、个体与样本

总体(population)是研究对象的全体,总体中的一个研究单位称为个体(individual)。例如,要了解某大学大一新生的身高,那么该校全体大一新生就是研究总体,每一个学生就是组成这个总体的个体。

样本(sample)是从总体中抽取的用于代表总体的一部分个体。通常情况下,了解大一新生的身高,可以选择几个专业的学生作为代表,被选中的学生就是代表这个总体的样本。可以用样本的平均数来估计总体的平均数,样本中个体数量越多,对总体的代表性越好。

包含有限多个个体的总体称为有限总体(finite population),包含无限多个个体的总体称为无限总体(infinite population)。例如研究某一地区新生儿的体重,因为新生儿的出生是无止境的,所以这一总体是一个无限总体;要调查某大学大一学生的身高,这一总体则是有限的,其中每个学生身高的测定值为这一总体的一个个体。在实际研究中还有一类假想总体,例如进行几种饲料的饲养试验,实际上并不存在用这几种饲料进行饲养的总体,只是假设有这样的总体存在,把所进行的每一次试验看成假想总体的一个个体。在生物科学研究中,广泛采用假想总体及其样本开展研究。

前面提到,统计学的逻辑关系是以归纳法为主,其含义就是通过样本来推断总体。为什么不直接研究总体呢?因为对于无限总体和假想总体,无法对其进行完全调查或观测;对于个体数量很多的有限总体,要获得全部观测值须花费大量人力、物力和时间或者观测值的获得带有破坏性,也不适用于直接研究总体。因此,通过样本来推断总体是统计分析的基本特点。

样本中所包含的个体数量称为样本容量或样本大小(sample size)。样本容量记为n,通常把$n \leqslant 30$的样本称为小样本,$n > 30$的样本称为大样本,它们在统计推断方法上有若干区别。为了能可靠地从样本来推断总体,要求样本具有一定的个体数量和代表性。

只有从总体随机抽取的样本才具有代表性。所谓随机抽样(random sampling),是指总体中的每一个个体都有同等的被抽取的机会组成样本。

2.参数与统计数

统计学上,总体或样本的特征用数值来描述,称为特征数(eigenvalue);这种特征包括集中性和离散性两个方面,通常用平均数描述总体或样本的集中性,用标准差描述总体或样本的离散性。

由总体计算的特征数称为参数(parameter),由样本计算的特征数称为统计数(statistic)。通常用希腊字母表示参数,例如用μ表示总体平均数,用σ表示总体标准差;用拉丁字母表示统计数,例如用$\bar{x}$表示样本平均数,用s表示样本标准差。

对总体和样本的特征数加以区别是很有必要的,它们之间有一种逻辑关系,在统计学上由样本特征数可以推断或估计总体的特征数。总体参数由相应的样本统计数来估计,例如用$\bar{x}$估计μ,用s估计σ。平均数与标准差是一对非常重要的特征数。

3.准确性与精确性

准确性与精确性是对在试验中所获得样本数据的质量的一种度量。准确性(accuracy)也叫准确度,是指在试验中某一试验指标的观测值与其真值接近的程度。直观上理解,观测值与真值接近,则其准确性高,反之则低。精确性(precision)也叫精确度,是指同一试验指标的重复观测值彼此接近的程度。若观测值彼此接近,则观测值精确性高,反之则低。由于真值常常不知道,所以准确性只是一个概念,不易度量,而精确性在统计学中可以通过随机误差的大小加以度量。

4.随机误差与系统误差

试验中的误差问题是统计学的核心问题。观测数据之所以表现出随机性波动,主要是由随机误差引起的,正确估计出试验中的误差,对于统计推断的效率至关重要。前面提到的试验设计问题,实际上也是如何控制试验误差的问题。

试验中出现的误差分为两类:随机误差(random error)与系统误差(systematic error)。

随机误差是由无法控制的内在和外在的偶然因素所造成的,是客观存在的,在试验中,即使十分小心也难以消除。如试验材料的初始条件、培养条件、管理措施等尽管在试验中力求一致,但不可能绝对一致。随机误差影响试验的精确性,随机误差愈小,试验的精确性愈高。因为各个样本平均数之间的差异实际上是由抽样造成的,所以随机误差也叫抽样误差(sampling error)。

系统误差也叫片面误差(lopsided error),是由试验材料的初始条件不同或测量仪器不准等引起的倾向性或定向性偏差。如供试对象年龄、初始重、性别、健康状况等存在差异,或饲料种类、品质、数量、饲养条件不完全相同,或测量的仪器调试存在差异等情况会导致系统误差。系统误差影响试验的准确性,应当通过采用适当的试验设计、精心完成试验操作来加以控制。

习题

习题 1.1　什么是生物统计学? 生物统计学有哪些主要内容?

习题 1.2　解释以下概念:总体、个体、样本、样本容量、参数、统计数。

习题 1.3　准确性与精确性有何不同?

习题 1.4　随机误差与系统误差有何不同?

第2章 数据的描述性分析

在生物学研究中,通过在一定条件下对某种事物或现象进行调查或试验,可获得大量的数据(data),或称为资料。这些数据在未整理之前,是一堆无序的数字。描述性分析就是要通过对这些数据的整理归类、制作统计表、绘制统计图,计算平均数、标准差等特征数来反映数据的特征,揭示数据的内在规律。

2.1 数据的类型

对调查或试验获得的数据进行分类是统计归纳的基础,如果不进行分类,大量的原始数据就不能系统化、规范化,不能反映数据本身的特征和规律。在调查或试验中,由于使用的方法和研究的性状特征不同,数据的性质也就不同,生物的性状可以大致分为数量性状和质量性状两大类,取得的数据也可以是定量的或定性的,分别称为数量性状数据和质量性状数据。

1.数量性状数据

数量性状数据(data of quantitative character)是指通过测量、度量或计数取得的数据。根据数据的特征又分为连续型数据和离散型数据。

1) 连续型数据

连续型数据(continuous data)或称为计量数据(measurement data),是指用测量或度量方式得到的数量性状数据,即用度、量、衡等计量工具直接测定获得的数据。如身高、作物产量、蛋白质含量等。这类数据的观测值可以是整数,也可以是带小数的数值,其小数位数由测量工具或统计要求的精度而定,数据之间的变异是连续的,因此也称为连续性变量数据。

2) 离散型数据

离散型数据(discrete data)或称为计数数据(enumeration data),是指用计数方式得到的数量性状数据。如不同血型的人数、鱼的数量、白细胞数等。这类数据的观察值只能以整数表示,不会出现带小数的数值。观察值是不连续的,因此也称为非连续性变量数据。

2.质量性状数据

质量性状数据(data of qualitative character)或称为属性数据(attribute data),是指对某种现象进行观察而不能测量的数据。如土壤的颜色、植物叶的形状等。在统计分析中,质量性状数据需要进行数量化以后才能参与统计分析。

质量性状数据数量化的方法主要有二值化和等级化两种方法。二值化是用 1 和 0 分别表示某一特征的有和无。等级化是将数据用若干等级表示,如植物的抗病能力可划分为 3(免疫)、2(高度抵抗)、1(中度抵抗)、0(易感染)4 个等级。数量化后的质量性状数据参照离散型数据的处理方法进行处理。

2.2 数据的整理

数据的整理是指根据数据的数量和数值范围,对数据进行分组和各组的频数统计,然后编制次数(频数)分布表或绘制次数(频数)分布图。

对原始数据进行检查核对后,根据数据中观测值的数量确定是否分组。当观测值不多($n \leq 30$)时,一般不分组直接进行数据整理。当观测值较多($n > 30$)时,需将观测值分成若干组,制成次数(频数)分布表,观察数据的集中性和变异性情况。不同类型的数据,其整理的方法略有不同。

1.离散型数据的整理

离散型数据基本上采用单项式分组法整理,其特点是用样本变量自然值进行分组,每组均用一个或几个变量值来表示。分组时,可将数据中每个变量分别归入相应的组内,然后制成次数(频数)分布表。下面以 100 只芦花鸡每月产蛋数(表 2-1)为例,说明离散型数据的整理。

表 2-1 100 只芦花鸡每月产蛋数

14	16	14	13	15	13	16	12	13	15	13	14	14	14	13	15	16	14	15	13
17	14	15	14	13	14	13	14	13	15	15	11	13	12	14	16	14	15		
12	14	16	13	14	13	14	13	14	14	13	15	15	13						
14	13	14	13	14	15	14	14	16	12	14	11	17	14	15					
13	17	15	14	14	13	12	14	15	13	12	15	14							14

当所调查数据的变量值较少时,以每个变量值为一组;当数据较多、变量值范围较大时,以几个相邻观察值为一组,适当减少组数,这样资料的规律性更明显,对资料进一步计算分析也比较方便。

表 2-1 的数据,变量值为 11~17,可分成 7 组。然后以唱票方式记录每个变量值(产蛋数)出现的次数,便可得到次数(频数)分布表(表 2-2)。

原来无序的原始数据经整理后,从中可以发现有 35% 的芦花鸡每月产蛋数为 14 枚,有 72% 的芦花鸡月产蛋数为 13~15 枚;产蛋 12 枚及以下的有 12% 的个体,产蛋 16 枚及以上的有 16% 的个体。

2.连续型数据的整理

连续型数据不能按离散型数据的分组方法进行整理,一般采用组距式分组法,即在分组前确定全距、组数、组距、组中值及各组上下限,然后将全部观测值按照大小归入相应的组。下面以 100 例 30~40 岁健康男子血清总胆固醇含量(mmol/L)测定结果(表 2-3)为例,说明其整理的方法及步骤。

表 2-2 产蛋数的次数(频数)分布表

产蛋数	次数	频率	累计频率
11	4	0.04	0.04
12	8	0.08	0.12
13	18	0.18	0.30
14	35	0.35	0.65
15	19	0.19	0.84
16	11	0.11	0.95
17	5	0.05	1.00

表 2-3　100 例 30～40 岁健康男子血清总胆固醇含量(mmol/L)测定结果

4.77	3.37	6.14	3.95	3.56	4.23	4.31	4.71	5.69	4.12	5.16	5.10	5.85	4.79	5.34	4.24	4.32	4.77	6.36	6.38
4.56	4.37	5.39	6.30	5.21	7.22	5.54	3.93	5.21	6.51	4.88	5.55	3.04	4.55	3.35	4.87	4.17	5.85	5.16	5.09
5.18	5.77	4.79	5.12	5.20	5.10	4.70	4.74	3.50	4.69	4.52	4.38	4.31	4.58	5.72	6.55	4.76	4.61	4.17	4.03
4.38	4.89	6.25	5.32	4.50	4.63	3.61	4.44	4.43	4.25	4.47	3.40	3.91	2.70	4.60	4.09	5.96	5.48	4.40	4.55
4.03	5.85	4.09	3.35	4.08	4.49	5.30	4.97	3.18	3.97	5.38	3.89	4.60	4.47	3.64	4.34	5.18	6.14	3.24	4.90

(1) 求全距。全距又称为极差,是数据中最大值与最小值之差,表示样本数据的变异幅度。本例中,最大值为 7.22,最小值为 2.70,因此全距为 7.22－2.70＝4.52。

(2) 确定组数。确定组数的多少以达到既简化数据又不影响反映数据的规律性为原则。组数要适当,不宜过多,也不宜过少。一般可参考表 2-4 的样本容量和分组数的关系来确定。本例中,$n＝100$,根据表 2-4,确定分组数为 9～10 组。

表 2-4　样本容量与分组数

样 本 容 量	分 组 数
30～60	5～8
60～100	7～10
100～200	9～12
200～500	10～18
500 以上	15～30

(3) 确定组距。每组最大值与最小值之差称为组距,分组时要求各组的组距相等。组距的大小由全距与组数确定,计算公式为

组距＝全距÷组数

本例 4.52÷9≈0.50。

(4) 确定组限及组中值。各组的变量值的起止界限称为组限。每组有两个组限,最小值称为下限,最大值称为上限。最小一组的下限必须包括数据中的最小值,最大一组的上限必须包括数据中的最大值,习惯上组限和组距取十分位数或五分位数。每一组的中点值称为组中值,在计算时作为该组的代表值。

组中值与组限的关系为

组中值＝(组下限＋组上限)÷2

本例中,最小值为 2.70,最大值为 7.22,组距为 0.50,故第一组取下限 2.50、上限 3.00、组中值 2.75,最后一组取下限 7.00、上限 7.50、组中值 7.25,余类推。

(5) 分组编制次数(频数)分布表。分组结束后,将数据中的每一观测值逐一归组,统计每组的数据个数,然后制成次数(频数)分布表。

次数(频数)分布表不仅便于观察数据的规律性,而且可根据它绘制次数(频数)分布图及计算平均数、标准差等统计量。本例数据分组及制作的次数(频数)分布表如表 2-5 所示。可以看出该数据分布的一般趋势,即有 65% 的人总胆固醇含量在 4.00～5.50 mmol/L。

表 2-5　100 例 30～40 岁健康男子血清总胆固醇含量次数(频数)分布表

下　　限	上　　限	组　中　值	次　　数	频率/(%)	累计频率/(%)
2.50	3.00	2.75	1	1.00	1.00
3.00	3.50	3.25	8	8.00	9.00
3.50	4.00	3.75	8	8.00	17.00
4.00	4.50	4.25	25	25.00	42.00
4.50	5.00	4.75	23	23.00	65.00
5.00	5.50	5.25	17	17.00	82.00
5.50	6.00	5.75	9	9.00	91.00
6.00	6.50	6.25	6	6.00	97.00
6.50	7.00	6.75	2	2.00	99.00
7.00	7.50	7.25	1	1.00	100.00

在归组时应注意,处于组限上的数据采取"就上不就下"的原则,即归入以其作为下限的组;数据不能重复统计或遗漏,各组的次数相加结果应与样本容量相等。

2.3 常用统计表与统计图

统计表是用表格形式来表示数量关系,统计图是用几何图形来表示数量关系。用统计图表,可以把研究对象的特征、内部构成、相互关系等直观、形象地表达出来,便于比较分析。

1.统计表

1) 统计表的结构和要求

统计表由标题、横标目、纵标目、线条、数字及合计(总计)构成,其基本格式为

表号　标题

总横标目(或空白)	纵标目 1	纵标目 2	…	纵标目 k	合　计
横标目 1	数值	数值	…	数值	行之和
横标目 2	数值	数值	…	数值	行之和
⋮	⋮	⋮	⋮	⋮	⋮
横标目 n	数值	数值	…	数值	行之和
总计	列之和	列之和	…	列之和	总和

编制统计表的总原则:结构简单,层次分明,内容安排合理,重点突出,数据准确,便于理解和比较分析。具体要求如下:

(1)标题:标题要简明扼要、准确地说明表的内容,有时需在最右侧注明时间、地点,表中数据为同一单位时也在此说明。

(2)标目:标目分为横标目和纵标目两项。横标目列在表的左侧,纵标目列在表的上端,并注明计量单位,如％、kg、cm 等。

(3)数字:一律用阿拉伯数字,小数点对齐,(每列)小数位数一致,无数字的用"—"表示,数字是"0"的,则填写"0"。

(4)线条:表的上、下两条边线略粗,纵、横标目间及合计(总计)用细线分开,表的左右边线可省去,表的左上角一般不用斜线;科技论文则习惯使用三线表。

2) 统计表的种类

表可根据纵、横标目是否有分组而分为简单表和复合表两类。简单表由一组横标目和一组纵标目组成,纵、横标目都未分组。此类表适用于简单数据的统计,如表 2-6 所示。

表 2-6　阿司匹林对心脏病的预防效果

药　剂	发病人数	正常人数	发病率/(‰)
阿司匹林	104	10933	9.42
CK(安慰剂)	189	10845	17.13

复合表由两组或多组横标目与一组纵标目结合而成,或由一组横标目与两组或多组纵标目结合而成,或两组或多组横、纵标目结合而成。此类表适用于复杂数据的统计,如表 2-7 所示。

表 2-7　温度和光照对菜豆生长的影响　　　　　　　　　　　（单位：cm）

品种	室温/℃			光照/（%）		
	25	20	15	100	75	50
A	140	120	110	140	110	80
B	160	140	100	160	130	90
C	140	150	110	140	120	100

2.统计图

常用的统计图有柱状图（bar chart）、饼图（pie chart）、线图（linear chart）、直方图（histogram）和折线图（broken-line chart）等。图形的选择取决于数据的性质，一般情况下，离散型数据常用柱状图、线图或饼图，连续型数据采用直方图和折线图。

1）统计图绘制的基本要求

（1）标题简明扼要，列于图的下方；纵、横两轴应有刻度，注明单位。

（2）横轴由左至右，纵轴由下而上，数值由小到大；图形宽度与高度之比为 4：3 至 6：5。

（3）图中用不同颜色或线条代表不同事物时，应有图例说明。

2）常用统计图及其绘制方法

（1）柱状图：用于不同组数据间的比较。作图时，用横坐标表示各组的组限，纵坐标表示次数或频率，按照各组组距的大小和次数多少，分别绘制一定宽度和相应高度的长条柱。柱之间有一定的距离，以区别于直方图（图 2-1）。

（2）饼图：用于表示离散型数据的构成比。所谓构成比，就是各类别、等级的观测值次数与观测总次数的百分比（图 2-2）。

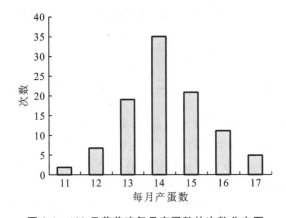
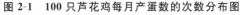

图 2-1　100 只芦花鸡每月产蛋数的次数分布图

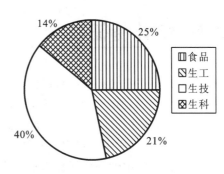

图 2-2　不同专业学生参加比赛的人数比例

（3）直方图：适合于表示连续型数据的次数（频数）分布。其作图与柱状图相似，只是各组之间没有间隔，前一组上限和后一组下限可合并共用，将 100 例 30～40 岁健康男子血清总胆固醇含量（mmol/L）次数（频数）分布表（表 2-5）做成次数（频数）分布图，如图 2-3（a）所示。

（4）折线图：对于连续型数据，还可根据次数（频数）分布表作出次数（频数）分布折线图（图 2-3（b））。

（5）线图：用来表示事物或现象随其他变量（如时间）变化而变化的情况。线图有单式和复式两种。单式线图表示某一事物或现象的动态（图 2-4）。复式线图是在同一图上表示两种或两种以上事物或现象的动态，可以用不同的线型区别不同的事物（图 2-5）。

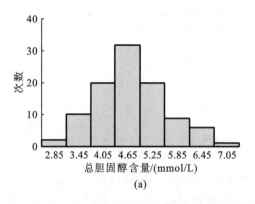 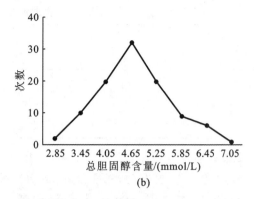

图 2-3　100 例 30～40 岁健康男子血清总胆固醇含量次数分布图

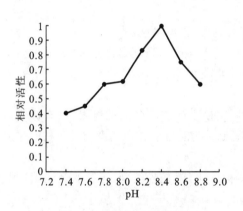

图 2-4　不同 pH 对精氨酸激酶活性的影响

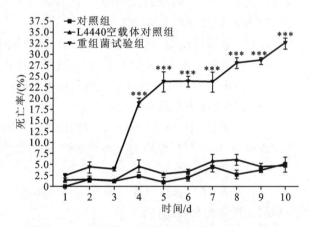

图 2-5　RNA 干扰片段对棉铃虫幼虫死亡率的影响

2.4　统计特征数

从数据的次数分布可以看出变量分布具有两种明显的基本特征,即集中性和离散性。集中性(centrality)是指变量有向某一中心聚集的趋势,或者说以某一数值为中心向两侧递减分布的性质;离散性(discreteness)是指变量有离中心分散变异的性质。数据整理之后,需计算特征数,以便作为样本的代表值与其他样本比较,或用于统计推断的计算。

反映数据集中性的特征数为平均数,常用的是算术平均数,还包括几何平均数、调和平均数、中位数和众数等。反映数据离散性的特征数为变异数,常用的是方差和标准差,以及极差、变异系数等。特征数还包括描述变量分布的偏度和峰度。

2.4.1　平均数

平均数是统计学中最常用的统计量,用来表明资料中各观测值的中心位置,并可作为资料的代表值与另外一组资料比较,以确定两者之间的差异情况。平均数主要包括算术平均数、几何平均数、调和平均数、中位数和众数等,现分别介绍如下。

1.算术平均数

算术平均数(arithmetic mean)是指资料中各观察值的总和除以观察值个数所得的商,简称平均数或均数,记为 $\bar{x}$。其计算公式为

$$\bar{x} = \frac{(x_1 + x_2 + \cdots + x_n)}{n} = \frac{\sum\limits_{i=1}^{n} x_i}{n} = \frac{\sum x}{n} \tag{2-1}$$

算术平均数通常情况下使用样本数据直接计算。整理成次数分布表的数据,可采用加权法进行简要计算,但由于用组中值代表一组数据的取值,故计算结果有一定误差。

1) 算术平均数的特性

(1) 样本各观测值与平均数之差称为离均差(deviation from mean)。样本离均差之和为零,即

$$\sum (x - \bar{x}) = 0 \tag{2-2}$$

因为

$$\sum (x - \bar{x}) = (x_1 - \bar{x}) + (x_2 - \bar{x}) + \cdots + (x_n - \bar{x})$$
$$= (x_1 + x_2 + \cdots + x_n) - n\bar{x} = \sum x - n\bar{x}$$

(2) 样本各观测值与平均数之差的平方和称为离均差平方和(mean deviation sum of squares,记为 SS)。样本的离均差平方和最小。即对于任意数 a,有

$$\sum (x - \bar{x})^2 \leqslant \sum (x - a)^2 \tag{2-3}$$

因为

$$\sum (x - a)^2 = \sum \left[(x - \bar{x}) + (\bar{x} - a) \right]^2$$
$$= \sum \left[(x - \bar{x})^2 + 2(x - \bar{x})(\bar{x} - a) + (\bar{x} - a)^2 \right]$$
$$= \sum (x - \bar{x})^2 + 2\sum (x - \bar{x})(\bar{x} - a) + \sum (\bar{x} - a)^2$$
$$= \sum (x - \bar{x})^2 + n(\bar{x} - a)^2$$

2) 算术平均数的作用

算术平均数是描述观测资料最重要的特征数,它的作用有以下两点:

(1) 指出资料内变量的中心位置,是资料数量或质量水平的代表;

(2) 作为资料的代表与其他资料进行比较。

2.几何平均数

将资料中的 n 个观测值相乘之积开 n 次方所得的数值,称为几何平均数(geometric mean),记为 G。其计算公式为

$$G = \sqrt[n]{x_1 x_2 x_3 \cdots x_n} = \sqrt[n]{\prod_{i=1}^{n} x_i} \tag{2-4}$$

当数据以相关或成比例的形式变化时,或数据以比率、指数形式表示时,经过对数化处理以后可以呈现对称的正态分布,在这种情况下就需要用几何平均数计算平均变化率。

3.调和平均数

资料中各观测值的倒数的算术平均数的倒数,称为调和平均数(harmonic mean),记为 H。其计算公式为

$$H = \frac{1}{\frac{1}{n}\left(\frac{1}{x_1} + \frac{1}{x_2} + \cdots + \frac{1}{x_n}\right)} = \frac{1}{\frac{1}{n}\sum \frac{1}{x}} \tag{2-5}$$

调和平均数主要用于计算生物不同阶段的平均增长率。

4.中位数

将资料中的所有观测值按从大到小的顺序排列,位于中间的那个观测值称为中位数(median),记为 M_d。当观测值的个数是偶数时,以中间两个观测值的平均数作为中位数。当样本数据呈偏态分布时,中位数的代表性优于算术平均数。

5.众数

资料中出现次数最多的观测值或组中值,称为众数(mode),记为 M_0。资料可能有多个众数或没有众数。

2.4.2 变异数

观察值的分布具有集中性和离散性两个方面的特征,只考察表示集中性的平均数是不够的,还必须考察其离散性,用变异数来表示。反映样本离散性的变异数包括极差、方差、标准差和变异系数等,方差和标准差是使用最广泛的变异数,变异系数用于数据差异很大或不同量纲的数据比较。

1.极差

资料中观测值的最大值与最小值之差称为极差(range),记为 R。

$$R = \max \{x_1, x_2, \cdots, x_n\} - \min \{x_1, x_2, \cdots, x_n\} \tag{2-6}$$

例如表 2-3 资料中,$30 \sim 40$ 岁健康男子血清总胆固醇含量的极差 $R = 7.22 - 2.70 = 4.52$。

2.方差

观测值相对于平均数的变异程度,可以用离均差来表示。由于所有观测值与平均数的离均差之和等于 0,不能用来反映样本的总变异情况;离均差平方和 $\sum (x - \bar{x})^2$ 可以消除上述影响,但随样本容量而改变。为去除样本容量的影响,可以用离均差平方和除以样本容量,即 $\sum (x - \bar{x})^2 / n$,得出离均差平方和的平均数来表示样本的总变异情况,称为方差(variance,记为 s^2)或均方(mean squares,记为 MS)。

在统计学上,为能用 s^2 来估计总体方差 σ^2,求样本方差 s^2 时,分母不用 n,而是用自由度 $n-1$。于是有

$$s^2 = \frac{\sum (x - \bar{x})^2}{n - 1} \tag{2-7}$$

相应的总体参数称为总体方差,记为 σ^2。对有限总体而言,σ^2 的计算公式为

$$\sigma^2 = \frac{\sum (x - \mu)^2}{N} \tag{2-8}$$

3.标准差

方差虽能反映样本的变异程度,但由于离均差取了平方和,其数值和单位与观测值不能配合使用。为去除这一影响,可使用方差的平方根来表示变异程度,称为标准差(standard deviation),记为 s。其计算公式为

$$s = \sqrt{\frac{\sum (x - \bar{x})^2}{n - 1}} \tag{2-9}$$

可以证明,$\sum (x - \bar{x})^2 = \sum x^2 - \frac{\left(\sum x\right)^2}{n}$。因此,可以不计算平均数而直接计算方差

和标准差：

$$s = \sqrt{\dfrac{\sum x^2 - \dfrac{\left(\sum x\right)^2}{n}}{n-1}} \tag{2-10}$$

标准差表示样本中各个观察值相对于平均数的平均变异程度。

相应的总体参数称为总体标准差，记为 σ。对于有限总体而言，σ 的计算公式为

$$\sigma = \sqrt{\dfrac{\sum (x_i - \mu)^2}{N}} \tag{2-11}$$

1）标准差的特性

（1）标准差受所有观测值的影响，观测值间的差异大小直接影响标准差的大小。

（2）在计算标准差时，所有观测值同时加上一个常数，标准差值不变；所有观测值同时乘以常数 a 时，标准差扩大 a 倍。

（3）数据呈正态分布时，在平均数两侧 $1s$ 范围内的观测值个数为 68.26%，在平均数两侧 $2s$ 范围内的观测值个数为 95.45%，在平均数两侧 $3s$ 范围内的观测值个数为 99.73%。

2）标准差的作用

（1）表示变量变异程度的大小。标准差小，说明变量比较密集地分布于平均数附近；标准差大，说明变量分布比较分散。因此，可以根据标准差的大小判断平均数的代表性。

（2）利用标准差估计变量的次数分布及各类观测值在总体中所占的比例。

（3）利用样本标准差代替总体标准差计算平均数的标准误。

（4）用于平均数的区间估计和变异系数的计算。

4.变异系数

当进行两个或多个资料变异程度的比较时，如果度量单位与平均数相同，可以直接利用标准差来比较。在度量单位不同和（或）平均数差异较大时，比较两个样本的变异程度就不能直接采用标准差，而须先对其进行标准化，消除度量单位的差异和平均数大小的差异的影响。

标准差与平均数的比值称为变异系数（coefficient of variation），记为 C_v。其计算公式为

$$C_v = \dfrac{s}{\bar{x}} \tag{2-12}$$

【例 2.1】　测定华山松和马尾松的种子各 10 粒，种子长度（mm）分别为：华山松 11.2、12.8、13.5、12.3、11.6、14.3、10.9、15.2、12.6、13.1；马尾松 4.6、5.3、4.9、5.3、5.7、4.1、5.8、3.9、4.6、5.4。试比较两种松树种子长度的变异程度。

通过计算可知，华山松种子长度平均值为 12.75 mm，标准差为 1.3525 mm，变异系数为 0.1061；马尾松种子长度平均值为 4.96 mm，标准差为 0.6501 mm，变异系数为 0.1311。虽然马尾松种子长度的标准差较华山松的小，但由于其平均值较小，变异程度反而较华山松的大。

2.4.3　偏度和峰度

除用平均数和变异数进行数据的特征描述外，还可以用偏度和峰度对其分布形态进行描述，表示分布的偏倚情况和陡缓程度，反映数据对正态分布的偏离程度。

1.偏度

偏度（skewness）用于描述样本观察值分布的对称性，可以度量统计数据分布的偏倚方向和程度，以 S_k 表示。其计算公式为

$$S_k = \frac{\sum (x - \bar{x})^3}{s^3(n-1)} \tag{2-13}$$

$S_k = 0$ 时,数据呈正态分布,两侧尾部长度对称;$S_k < 0$ 时,分布负偏离,也称左偏态,左边拖尾;$S_k > 0$ 时,分布正偏离,也称右偏态,右边拖尾。

右偏时,一般算术平均数>中位数>众数;左偏时相反,即众数>中位数>平均数。正态分布时三者相等。

2.峰度

峰度(kurtosis)描述分布形态的陡缓程度,可以度量统计数据分布的陡缓程度,以 K_u 表示。其计算公式为

$$K_u = \frac{\sum (x - \bar{x})^4}{s^4(n-1)} - 3 \tag{2-14}$$

$K_u = 0$ 时,数据呈正态分布;$K_u < 0$,比正态分布平缓,表示分布较分散,呈低峰态;$K_u > 0$,比正态分布陡峭,表示分布更集中在平均数周围,分布呈尖峰态。计算公式中"-3"是为了把标准值调整为 0,在使用统计软件进行计算时,需注意软件默认的峰度计算公式。

2.5　异常值的分析与处理

在处理试验数据的时候,常遇到个别数据偏离预期值或偏离大多数结果的情况。如果把这些数据和正常数据放在一起进行统计,可能影响试验结果的正确性;如果把这些数据简单地剔除掉,又可能忽略了重要的试验信息。因此,判断数据是否异常十分必要。

对异常数据的判别主要采用物理判别法和统计判别法两种方法。所谓物理判别法,就是根据人们对客观事物已有的认识,判别由于外界干扰、人为误差等原因所造成的实测数据对正常结果的偏离,在试验过程中随时判断,随时剔除。统计判别法是根据正态分布的正常变异程度,计算出包含 95% 或 99% 的数据范围,超出该范围的数据就可以判定为异常数据。最常用的异常数据判定法为拉依达(Paǔta)法。

前面介绍过正态分布有 95.43% 的观测值落在 $\bar{x} \pm 2s$ 范围内,有 99.73% 的观测值落在 $\bar{x} \pm 3s$ 范围内。因此,样本中出现在 $\bar{x} \pm 3s(2s)$ 范围外数据的概率很小,可以将这种数据视为异常数据,予以剔除。需要说明的是:

(1) 计算平均值和标准差时,应包括可疑值在内;

(2) 可疑数据应逐一检验,不能同时剔除多个数据,首先检验偏差最大的数;

(3) 剔除一个数后,如果还要检验下一个数,应重新计算平均值及标准差;

(4) 该检验法适用于试验次数较多或要求不高的情况,当以 $3s$ 为界时,要求 $n > 10$;以 $2s$ 为界时,要求 $n > 5$。

【例 2.2】　计算阿魏菇的醇提取物对黑色素瘤 B16 细胞活性(OD 值)的影响,测定结果为:2.35、2.23、2.41、2.34、2.31、2.41、2.25、2.36、2.45、2.35、2.29、1.55。试判断有无异常值存在。

因为 $\bar{x} = 2.2750, s = 0.2373, 3s = 0.7119, \bar{x} - 3s = 1.5631$,而 $x_{12} = 1.55 < 1.5631$,所以该值应视为异常值,予以舍弃。

对于试验数据中的异常值的处理,必须慎重考虑,反复验证。如果反复试验都是同样的结果,在确信试验没有问题的情况下,应该考虑这种异常值可能反映了试验中的某种新现象或新

规律,值得深入探讨。这类"异常值"可能有助于深化人们对客观事物的认识,如果随意删除,可能失去认识和发现新事物的一次机会。

习题

习题 2.1 生物统计中常用的平均数有几种?各在什么情况下应用?

习题 2.2 何谓标准差?标准差有哪些特性?

习题 2.3 何谓变异系数?为什么变异系数要与平均数、标准差配合使用?

习题 2.4 为什么要对数据进行整理?连续型数据整理的基本步骤是什么?

习题 2.5 有一组分析测试数据:0.128、0.129、0.131、0.133、0.135、0.138、0.141、0.142、0.145、0.148、0.167。请检查这组数据中有无异常值。

习题 2.6 10 只母犬第一胎的产仔数分别为:6、8、7、5、6、7、8、4、6、8。试计算这 10 只母犬第一胎产仔数的平均数、标准差和变异系数。

习题 2.7 尸检中测得北方成年女子 80 人的肾上腺质量(g)如下。试:

(1) 编制频数表;

(2) 求中位数、平均数和标准差。

19.0	12.0	14.0	14.0	8.2	13.0	6.5	12.0	15.0	17.2
12.0	12.7	25.0	8.5	20.0	17.0	8.4	8.0	13.0	15.0
20.0	13.0	13.0	14.0	15.0	7.9	10.5	9.5	10.0	12.0
6.5	11.0	12.5	7.5	14.5	17.5	12.0	10.0	11.0	11.5
16.0	13.0	10.5	11.0	14.0	7.5	14.0	11.4	9.0	11.1
10.0	10.5	8.0	12.0	11.5	19.0	10.0	9.0	19.0	10.0
22.0	9.0	12.0	8.0	14.0	10.0	11.5	11.0	15.0	16.0
8.0	15.0	9.9	8.5	12.5	9.6	18.5	11.0	12.0	12.0

第3章

概率与概率分布

统计分析的目的是探索总体的数量规律性,总体的数量规律性是由总体中所有个体决定的,而现实情况不允许或不可能对总体的每个个体进行研究,因此只能用从总体中获取的样本去推断总体。对总体所做的推断都是概率性的,即在一定的概率条件下,通过样本推断总体,概率是进行统计推断的手段。单个事件发生的可能性是用概率来度量的,而一个总体中包含多个事件,就会有多种不同的结果,这些结果的概率集合就是总体的概率分布,了解了总体的概率分布,就弄清了总体的数量规律性。因此,概率和概率分布是统计学的理论基础。

3.1 概率的基础知识

自然界发生的现象可以归为两大类:一类为确定性现象(deterministic phenomenon);另一类为非确定性现象,也称为随机现象(random phenomenon)。确定性现象很好理解,简单地讲,就是条件完全决定结果的一类现象。例如,一个物体如果在外力作用下被抛向空中,或快或慢总会落到地面,由给定条件(地球引力)可得出必然结果(物体落回地面)。而随机现象是一类条件不能完全决定结果的现象,即在保持条件不变的情况下,重复进行试验,其结果未必相同。例如,掷一枚质地均匀对称的硬币,其结果是可能出现正面,也可能出现反面;一天进入某一商店的人数,可能是几人或几十人,也可能是几百人,事先不可能断言一天内进入该商店的人数。除了控制因素外,还存在许许多多偶然因素,再加上这些因素配合方式和程度的不同,造成这类现象的结果是无法预测的。

通过对随机现象进行大量研究后,就能从偶然现象中揭示出其内在规律。概率论就是研究偶然现象的规律性的科学,基于实际观测结果,利用概率论得出的规律,揭示偶然性中所蕴含的必然性的科学就是统计学。概率论是统计学的基础,而统计学则是概率论在各科学领域中的实际应用。

3.1.1 概率的基本概念

1.事件

1) 随机试验

根据某一研究目的,在一定条件下对随机现象所进行的观察或试验统称为随机试验(randomized trial),简称试验。随机试验的结果不止一个,并且事先不知道会有哪些可能的结果,也不确定某一次试验会出现哪种结果。例如,在一定种植条件下,测量某一品种玉米的株高,对一株玉米株高的测量就是一次随机试验,测量 n 株就是做了 n 次重复的随机试验,但是每株的高度具体是多少,事先不可获知。

2) 随机事件

随机试验的每一种可能结果称为随机事件,简称事件(event),通常用 A、B、C 等来表示。把不能再分的事件称为基本事件。例如,在编号为 1~5 的 5 件产品中随机抽取 1 件,则有 5 种不同的可能结果:"取得一个编号是 1","取得一个编号是 2",…,"取得一个编号是 5"。这 5 个事件都是不可能再分的事件,是基本事件。由若干个基本事件组合而成的事件称为复合事件。如"取得一个编号小于 3"是一个复合事件,它由"取得一个编号是 1"和"取得一个编号是 2"两个基本事件组合而成。

在一定条件下必然发生的事件称为必然事件(certain event),用 U 表示。例如,每天太阳从东方升起,从西方落下。在一定条件下不可能发生的事件称为不可能事件(impossible event),用 V 表示。例如,在编号为 1~5 的 5 件产品中,随机抽取一件既是编号 2 又是编号 3,这是不可能事件。必然事件与不可能事件可以看作两个特殊的随机事件。

2. 频率

在相同条件下进行了 n 次试验,若事件 A 发生的次数为 m,称为事件 A 发生的频数,则比值 m/n 称为事件 A 发生的频率(frequency),记为 $W(A)$,即

$$W(A) = \frac{m}{n} \tag{3-1}$$

频率可以快速地确定事件 A 发生可能性的大小,且随着 n 增大,能逐步确定这个数值的大小,但是频率具有波动性,因此可以用频率的稳定中心 $P(A)$ 来描述事件 A 发生可能性的大小。

3. 概率

1) 概率的统计定义

对随机试验进行研究时,不仅要知道可能发生哪些随机事件,还要了解各种随机事件发生的可能性大小,以揭示这些事件的内在统计规律性。用于反映事件发生的可能性大小的数量指标称为概率(probability)。事件 A 的概率记为 $P(A)$。下面首先介绍概率的统计定义。

在相同条件下进行 n 次重复试验,当 n 逐渐增大时,随机事件 A 的频率 $W(A)$ 越来越稳定地接近某一数值 p,那么就把 p 称为随机事件 A 的概率。这样定义的概率称为统计概率。在一般情况下,随机事件的概率 p 不可能准确得到,常以试验次数 n 充分大时随机事件 A 的频率作为该随机事件概率的近似值,即

$$P(A) = p \approx \frac{m}{n} \quad (n \text{ 充分大}) \tag{3-2}$$

【例 3.1】 为研究马尾松林的虫害情况,对马尾松林进行虫害调查,结果见表 3-1。试估计马尾松林发生虫害的概率。

由于调查的株数增多时,虫害频率稳定地接近 0.37,可以估计马尾松林发生虫害的概率为 0.37 左右。

2) 概率的古典定义

对于某些随机事件,不需要进行多次重复试验来确定其概率,而是根据随机事件本身的特性直接计算其概率。这类随机试验满足以下三个条

表 3-1　马尾松林害虫情况调查记录

调查株数 n	虫害株数 m	频率 $W(A)$
50	21	0.420
100	38	0.380
200	73	0.365
500	186	0.372
1000	371	0.371

件:①试验的所有可能结果只有有限个;②试验的各种结果出现的可能性相等;③试验的所有可能结果两两互不相容。这样的随机试验,称为古典概型。对于古典概型,概率的定义如下:

设样本空间由 n 个等可能的基本事件所构成,其中事件 A 包含 m 个基本事件,则事件 A 的概率为 m/n,即

$$P(A) = \frac{m}{n} \tag{3-3}$$

这样定义的概率称为古典概率或先验概率。

根据概率的定义,任何事件的概率都介于 0 和 1 之间。

【例 3.2】 某养殖场养殖了 30 头牛,其中 3 头患有某种遗传病。从这群牛中任意抽出 10 头,则其中恰有 2 头患病牛的概率是多少?

$$P(A) = \frac{C_3^2 C_{27}^8}{C_{30}^{10}} = 0.2217$$

即从这群牛中随机抽出 10 头,其中恰有 2 头患病牛的概率为 22.17%。

3.1.2 概率的计算

1.事件的相互关系

(1) 和事件:事件 A 和事件 B 中至少有一个发生构成的新事件,称为事件 A 与事件 B 的和事件,记作 $A \cup B$(或 $A+B$)。

(2) 积事件:事件 A 和事件 B 同时发生构成的新事件,称为事件 A 与事件 B 的积事件,记作 $A \cap B$(或 AB)。

(3) 互斥事件:若事件 A 和事件 B 不可能同时发生,称事件 A 与事件 B 互斥,这样的两个事件称为互斥事件。

(4) 独立事件:事件 A 发生与否对事件 B 的发生没有影响,称事件 A 与事件 B 相互独立,这样的两个事件称为独立事件。

2.概率计算法则

1) 加法定理

两个事件的和事件的概率为

$$P(A \cup B) = P(A) + P(B) - P(A \cap B) \tag{3-4}$$

如果 A 和 B 是互斥事件,则式(3-4)变为

$$P(A \cup B) = P(A) + P(B) \tag{3-5}$$

若有限多个事件两两互不相容,则

$$P(A_1 \cup A_2 \cup \cdots \cup A_n) = P(A_1) + P(A_2) + \cdots + P(A_n) \tag{3-6}$$

2) 条件概率

已知事件 A 发生条件下事件 B 发生的概率,称为条件概率。它记作 $P(B|A)$,读作"在 A 条件下 B 的概率"。条件概率可用下式计算:

$$P(B|A) = \frac{P(AB)}{P(A)} \tag{3-7}$$

事件 A 与事件 B 之间不一定有因果或者时间顺序关系。

【例 3.3】 某品系犬出生后活到 12 岁的概率为 0.70,活到 15 岁的概率为 0.49,求现年为

12 岁的该品系犬活到 15 岁的概率。

设 A 表示"某品系犬活到 12 岁",B 表示"某品系犬活到 15 岁",则 $P(A)=0.70$,$P(B)=0.49$。

由于 $AB=B$,故 $P(AB)=P(B)=0.49$,故

$$P(B|A)=\frac{P(AB)}{P(A)}=\frac{0.49}{0.70}=0.70$$

即现年为 12 岁的这种狗活到 15 岁的概率为 0.70。

3)乘法法则

设事件 A 和事件 B 是同一个样本空间的两个事件,则

$$P(AB)=P(A)P(B|A) \tag{3-8}$$

如果事件 A 与事件 B 相互独立,则 $P(B|A)=P(B)$,于是

$$P(AB)=P(A)P(B) \tag{3-9}$$

可以把上面公式推广到多个事件,现在有 $A_1,A_2,\cdots,A_n$ 个事件,则

$$P(A_1A_2\cdots A_n)=P(A_1)P(A_2|A_1)P(A_3|A_1A_2)\cdots P(A_n|A_1A_2\cdots A_{n-1}) \tag{3-10}$$

如果有 $A_1,A_2,\cdots,A_n$ 相互独立,则

$$P(A_1A_2\cdots A_n)=P(A_1)P(A_2)P(A_3)\cdots P(A_n) \tag{3-11}$$

【例 3.4】 一批零件共有 100 个,其中 10 个不合格。从中一个一个不返回取出,求第三次才取出不合格品的概率。

记 A_i="第 i 次取出的是不合格品",B_i="第 i 次取出的是合格品",则 $B_1B_2A_3$ 表示第三次才取出不合格品。

$$P(B_1B_2A_3)=P(B_1)P(B_2|B_1)P(A_3|B_1B_2)=\frac{90}{100}\times\frac{89}{99}\times\frac{10}{98}=0.083$$

即第三次才取出不合格品的概率为 0.083。

3.1.3 概率分布

1.随机变量

事件的概率表示一次试验某个结果发生的可能性大小。要全面了解一个随机现象,则必须知道试验的全部可能结果以及各种可能结果发生的概率,即必须知道随机试验的概率分布(probability distribution)。因此引入随机变量的概念后,对随机试验概率分布的研究就转为对随机变量概率分布的研究。

随机变量(random variable)是表示随机试验各种结果的变量,用 x、y 等表示。有些试验结果本身与数值有关,例如,昆虫的产卵数、从某一高校随机选一学生的身高。但是有些试验的结果是定性的,例如,豌豆的花色遗传、一粒种子播种后是否发芽。对于这类试验,可以引入一个变量来表示它的各种结果,比如用 0 表示红花,用 1 表示白花。

如果随机变量 x 的全部可能取值为有限个或可数无穷个,且这些取值的概率是确定的,则称 x 为离散型随机变量(discrete random variable)。如果随机变量 x 的可能取值为某范围内的任何数值,且在其中任一区间取值的概率是确定的,则称 x 为连续型随机变量(continuous random variable)。

2.离散型随机变量的概率分布

将离散型随机变量 x 的所有可能取值 $x_i(i=1,2,\cdots)$ 与相应的概率 p_i 对应排列起来,就

称为离散型随机变量 x 的概率分布或分布律。表 3-2 是离散型随机变量的概率分布表。

表 3-2　离散型随机变量概率分布表

x	x_1	x_2	$\cdots$	x_i	$\cdots$
p	p_1	p_2	$\cdots$	p_i	$\cdots$

表示离散型随机变量 x 的取值 x 与其对应的概率 $P(x=x_i)$ 之间的数学关系式 $p(x)$，称为概率函数。

$$P(x = x_i) = p(x_i) \tag{3-12}$$

比如二项分布的概率函数为 $P(x) = C_n^x p^x (1-p)^{n-x}$。

离散型随机变量 x 的取值小于或等于某一可能值 x_0 的概率称为概率累积函数，或分布函数 $F(x_0)$。

$$F(x_0) = \sum_{x_i \leqslant x_0} p(x_i) = P(x \leqslant x_0) \tag{3-13}$$

3.连续型随机变量的概率分布

连续型随机变量（如体长、株高和产量）的概率分布不能用分布律来表示，因为连续型随机变量可能的取值是不可数的，在任意小的区间内，随着测量精确度的提高，其取值不断变化。因此，连续型随机变量只能在某个区间内取值，在任意区间 $[a,b)$ 上的概率以 $P(a \leqslant x < b)$ 表示。下面通过频率分布密度曲线予以说明。

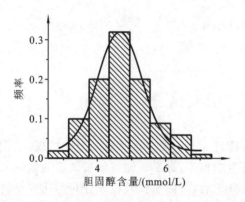

图 3-1　30～40 岁健康男子血清总胆固醇含量分布

例如，对 100 名 30～40 岁健康男子的血清总胆固醇含量作频率分布图，见图 3-1。

图中以胆固醇含量为横坐标，以频率为纵坐标。如果样本容量越来越大（$n \to +\infty$），数据分组就越来越细（$i \to 0$），则无限小区间内的频率将趋近于一个定值，这个值叫做概率密度（probability density）。当 $i \to 0$、$n \to +\infty$ 时，频率分布的极限是一条稳定的函数曲线。这条曲线叫做概率密度分布曲线，相应的函数叫做概率密度函数。这条曲线排除了抽样和测量的误差，完全反映数据的变动规律。

若概率密度函数记为 $f(x)$，则 x 在区间 $[a,b)$ 取值的概率为

$$P(a \leqslant x < b) = \int_a^b f(x)\mathrm{d}x \tag{3-14}$$

可见，连续型随机变量的概率分布由概率密度函数确定。由于一次试验中随机变量 X 的取值必在 $(-\infty, +\infty)$ 范围内，所以，x 的取值在 $(-\infty, +\infty)$ 范围内的概率必为 1。

$$P(-\infty < x < +\infty) = \int_{-\infty}^{+\infty} f(x)\mathrm{d}x = 1 \tag{3-15}$$

3.2 常见理论分布

3.2.1 二项分布

1.二项分布的概率函数

二项分布(binomial distribution)是一种常见的离散型随机变量的概率分布。所谓二项，是指每次试验只有两个可能的结果：事件 A 和事件 $\overline{A}$ ，它们互为对立事件。在每次试验中，事件 A 发生的概率 p 不变(事件 $\overline{A}$ 发生的概率 $q=1-p$)，这样的试验叫做伯努利试验(Bernoulli trial)。那么，独立重复 n 次伯努利试验，事件 A 可能发生 X 次($X=0,1,2,\cdots,n$)的概率，就是二项分布要解决的问题。比如抛一枚质地均匀对称的硬币，每抛一次，正、反面出现的概率都是 1/2，独立重复抛 3 次硬币，则正、反面都可能出现 0、1、2 或 3 次，这就是 3 重伯努利试验。

在 n 重伯努利试验中，如果事件 A 发生的次数是随机变量 $X(X=0,1,2,\cdots,n)$，则事件 A 发生 x 次的概率 $P(x)$ 可以用二项式 $(p+q)^n$ 展开式中含 x 的项来表示：

$$P(x)=C_n^x p^x q^{n-x} \quad (x=0,1,2,\cdots,n) \tag{3-16}$$

它也称为二项分布的概率函数。

在生物学研究中，经常遇见二项分布问题，如 n 对等位基因的基因型和表型的遗传分离与组合规律、n 粒种子的萌发数、n 头病畜治疗后的治愈数等。

2.二项分布的意义及性质

二项分布有两个参数，分别为 n 和 p，n 为正整数，p 为 0 与 1 之间的任何数值。如果随机变量 X 服从参数为 n 和 p 的二项分布，记为 $X\sim B(n,p)$。

二项分布的总体平均数 $\mu=np$，表示在 n 次试验中，事件 A 发生的平均次数。二项分布的总体标准差 $\sigma=\sqrt{npq}$ ，表示在 n 次试验中事件 A 发生不同次数与平均次数的平均离差。

如果数据以频率表示，则称为二项成数，此时 $\mu=p$，$\sigma=\sqrt{\dfrac{pq}{n}}$ 。

二项分布曲线的形状由 n 和 p 两个参数决定。当 p 趋于 0.5 时，二项分布趋于对称；当 p 值较小($p<0.3$)且 n 不大时，分布是左偏的；当 p 值较大($p>0.7$)且 n 不大时，分布是右偏的。后两种情况下，当 n 增大时分布趋于对称，如图 3-2 所示。

当 $n\to\infty$ 时，二项分布接近连续型的正态分布，如图 3-3 所示。图中 p 都为 0.2，n 从 $10\to 50\to 100$，分布的对称性增加，随着 n 增大分布趋于对称。

当二项分布满足 $np\geqslant 5$ 时，二项分布接近正态分布。这时，也仅仅在这时，二项分布的 x 变量具有 $\mu=np$，$\sigma=\sqrt{npq}$ 的正态分布。在后面的章节将看到，利用二项分布对正态分布的近似性，可以将二项成数按照正态分布的假设检验方法进行近似的分析。

3.二项分布的应用条件

当所研究的生物学现象满足以下条件时，可以应用二项分布来解决问题：①随机试验结果只能出现相互对立的结果之一，如雌性或雄性，阳性或阴性等，属于两分类资料；②这一对立事件的概率之和为 1，即其中一个结果发生的概率为 p，其对立结果发生的概率为 $q=1-p$；③在

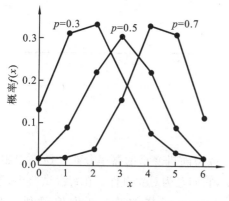

图 3-2　不同 p 值的二项分布比较

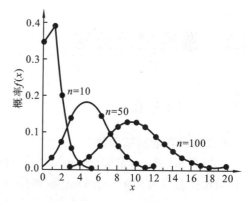

图 3-3　不同 n 值的二项分布比较

相同条件下重复进行 n 次随机试验,且试验结果相互独立。

3.2.2　泊松分布

泊松分布(Poisson distribution)是另一种常见的离散型随机变量的概率分布,用来描述和分析随机发生在单位空间或时间里的稀有事件的概率分布。在生物、医学研究中,如单位面积内细菌计数,计数器小方格中血细胞数等,森林单位空间中的某种野生动物数等,都是研究罕见事件发生的分布规律,样本容量 n 必须很大才能观察到这类事件,这类随机变量均服从泊松分布。

若随机变量 x 只取零和正整数值 $0,1,2,\cdots$,且其概率分布为

$$P(x) = \frac{\lambda^x}{x!}e^{-\lambda}, \quad x = 0,1,2,\cdots \tag{3-17}$$

其中 $\lambda > 0$,$e = 2.7182$ 是自然对数的底数,则称 x 服从参数为 λ 的泊松分布,记为 $x \sim P(\lambda)$。泊松分布适合于描述单位时间(或空间)内随机事件发生的次数。

1.泊松分布的性质

(1) 泊松分布的平均数与方差相等,即 $\mu = \sigma^2 = \lambda$,利用这一特征可以初步判断一个离散型随机变量是否服从泊松分布。

(2) 当 $n \to \infty$ 时,泊松分布近似服从正态分布 $N(\lambda, \lambda)$。

(3) 当 $n \to \infty$,p 很小,且 $np = \lambda$ 保持不变时,二项分布转化为泊松分布。

λ 是泊松分布的唯一参数。λ 值越小,分布越偏倚,随着 λ 的增大,分布趋于对称,如图 3-4 所示。当 $\lambda = 20$ 时,分布接近于正态分布。所以当 $\lambda \geq 20$ 时,可以用正态分布来近似地处理泊松分布的问题。

2.泊松分布的概率计算

泊松分布的概率计算依赖于参数 λ,只要参数 λ 确定了,把 $x = 0,1,2,\cdots$ 代入概率函数式即可求得各项的概率。但是参数 λ 往往是未知的,需将样本平均数作为 λ 的估计值。

【**例 3.5**】　生物在特定强度紫外线照射时,每个基因组平均产生 4 个嘧啶二聚体,且服从泊松分布,请计算一个基因组:

(1) 不发生嘧啶二聚体突变的概率;

(2) 产生 3 个嘧啶二聚体突变的概率;

(3) 产生多于 3 个嘧啶二聚体突变的概率。

已知每个基因组嘧啶二聚体的分布服从泊松分布,且平均数 $\bar{x}=4$。将 $\lambda=4$ 代入式(3-17)中,得

$$P(x) = \frac{4^x}{x!}e^{-4}, \quad x=0,1,2,3,4$$

(1) 基因组不发生嘧啶二聚体突变的概率为

$$P(x=0) = \frac{4^0}{0!}e^{-4} = 0.0183$$

(2) 基因组产生 3 个嘧啶二聚体突变的概率为

$$P(x=3) = \frac{4^3}{3!}e^{-4} = 0.1954$$

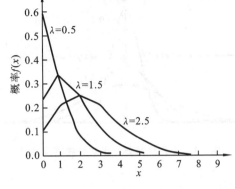

图 3-4　参数 λ 不同的泊松分布

(3) 基因组产生多于 3 个嘧啶二聚体突变的概率为

$$P(x>3) = 1-P(x\leqslant 3) = 1-(\frac{4^3}{3!}+\frac{4^2}{2!}+\frac{4^1}{1!}+\frac{4^0}{0!})e^{-4} = 0.5665$$

对泊松分布应用时,需要注意试验条件的变化。如果 n 次试验不再相互独立,例如一些具有传染性的罕见疾病的发病数,因为首例发生之后可成为传染源,影响到后续病例的发生,所以不符合泊松分布的应用条件。再如,对于在单位时间、单位面积或单位容积内所观察的事物,由于某些外在或内在因素影响,分布不随机、结果不独立时,如污染的牛奶中细菌呈集落存在,钉螺在繁殖期呈窝状散布等,均不能用泊松分布来描述。

3.2.3　正态分布

1.正态分布的概率密度函数

正态分布(normal distribution)是一种十分重要的连续型随机变量的概率分布。许多生物学现象和医学现象所产生数据都服从或近似服从正态分布,如小麦的株高、畜禽的体长、血糖含量等。这类数据的频数分布曲线呈悬钟形,在平均数附近的占大多数,表现为两头少、中间多、两侧对称。实际上如果一个随机变量受到很多无法控制的随机因素的影响,往往就会呈现出正态分布的特征。此外,有些随机变量的概率分布在一定条件下以正态分布为其极限分布。因此,正态分布无论在理论研究上还是实际应用上都占有十分重要的地位。

正态分布的概率密度函数为

$$f(x) = \frac{1}{\sigma\sqrt{2\pi}}e^{-\frac{(x-\mu)^2}{2\sigma^2}} \tag{3-18}$$

其中 μ 为平均数,σ^2 为方差,记为 $X\sim N(\mu,\sigma^2)$。曲线因 σ 不同而峰度不同(图 3-5),因 μ 不同而位置不同(图 3-6)。

正态分布的概率累积函数为

$$F(x) = \frac{1}{\sigma\sqrt{2\pi}}\int_{-\infty}^{x} e^{-\frac{(x-\mu)^2}{2\sigma^2}}dx \tag{3-19}$$

$F(x)$ 表示正态分布在区间 $(-\infty,x)$ 的面积(图 3-7),利用概率累积函数可以很方便地求出随机变量 x 在区间 $[a,b)$ 的概率(图 3-8):

$$P(a\leqslant x<b) = F(b)-F(a) \tag{3-20}$$

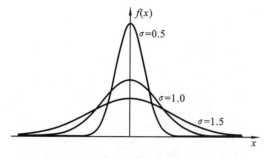

图 3-5　不同标准差的正态分布密度曲线

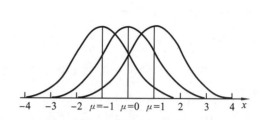

图 3-6　不同平均数的正态分布密度曲线

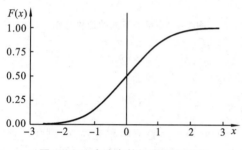

图 3-7　正态分布的概率累积函数

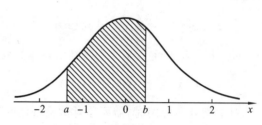

图 3-8　正态分布的区间概率

2.正态分布的特征

正态分布具有以下几个重要特征：

（1）正态分布密度曲线是关于 $x=\mu$ 对称的悬钟形曲线；

（2）$f(x)$ 在 $x=\mu$ 处达到极大，极大值 $f(\mu)=\dfrac{1}{\sigma\sqrt{2\pi}}$；

（3）$f(x)$ 是非负函数，以横轴为渐近线，分布从 $-\infty$ 至 $+\infty$；

（4）分布密度曲线与横轴所夹的面积为 1，即

$$P(-\infty < x < +\infty)=\int_{-\infty}^{+\infty}\frac{1}{\sigma\sqrt{2\pi}}\mathrm{e}^{-\frac{(x-\mu)^2}{2\sigma^2}}\mathrm{d}x=1$$

（5）正态分布有两个参数，其中平均数 μ 是位置参数，标准差 σ 是变异度参数。

3.标准正态分布

$\mu=0$，$\sigma^2=1$ 时的正态分布称为标准正态分布，以 $N(0,1)$ 来表示。标准正态分布的概率密度函数及概率累积函数分别记作 $\phi(u)$ 和 $\Phi(u)$：

$$\phi(u)=\frac{1}{\sqrt{2\pi}}\mathrm{e}^{-\frac{u^2}{2}} \tag{3-21}$$

$$\Phi(u)=\frac{1}{\sqrt{2\pi}}\int_{-\infty}^{u}\mathrm{e}^{-\frac{1}{2}u^2}\mathrm{d}u \tag{3-22}$$

随机变量 u 服从标准正态分布，记作 $u\sim N(0,1)$，概率密度曲线如图 3-9 所示。从标准正态分布的概率密度函数及概率累积函数可以看出，式中只有随机变量 u，没有参数，这对于今后计算任意区间上的概率十分方便。实际上标准正态分布的随机变量 u 取不同值的概率累积值都已经算出，列于附录 A 中。对于一般的正态分布，只要先将其转化为标准正态分布，然后再查表，就能得出随机变量在某区间的概率值，因此，任何一个服从正态分布 $N(\mu,\sigma^2)$ 的随机变量 x，都可以作标准化变换处理：

$$u = \frac{x - \mu}{\sigma} \qquad (3\text{-}23)$$

u 称为标准正态变量或标准正态离差。经过标准正态变换之后，不同 μ 和 σ^2 的正态分布的概率计算就十分方便了。

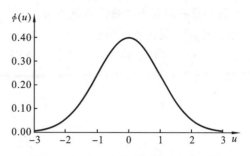

图 3-9　标准正态分布的概率密度曲线

4.正态分布的概率计算

1）标准正态分布的概率计算

设 $u \sim N(0,1)$，则 u 在 $[u_1, u_2]$ 内取值的概率为

$$P(u_1 \leqslant u < u_2) = \frac{1}{\sqrt{2\pi}} \int_{u_1}^{u_2} e^{-\frac{1}{2}u^2} du = \frac{1}{\sqrt{2\pi}} \int_{-\infty}^{u_2} e^{-\frac{1}{2}u^2} du - \frac{1}{\sqrt{2\pi}} \int_{-\infty}^{u_1} e^{-\frac{1}{2}u^2} du$$

$$= \Phi(u_2) - \Phi(u_1) \qquad (3\text{-}24)$$

而 $\Phi(u_1)$ 与 $\Phi(u_2)$ 可由正态分布表（附录 A）查得。u 在区间 $[u_1, u_2]$ 内取值的概率如图 3-8 阴影部分所示。

【例 3.6】　已知 $u \sim N(0,1)$，试求下列概率：

(1) $P(u < -1)$；

(2) $P(|u| \leqslant 2.576)$；

(3) $P(|u| \geqslant 1.960)$；

(4) $P(-3 \leqslant u < 3)$。

利用式（3-24），并查附录 A，计算得

(1) $P(u < -1) = \Phi(-1) = 0.1587$；

(2) $P(|u| \leqslant 2.576) = 1 - 2 \times \Phi(-2.576) = 1 - 2 \times 0.005 = 0.99$；

(3) $P(|u| > 1.960) = 1 - P(|u| \leqslant 1.960) = 2 \times \Phi(-1.960) = 2 \times 0.025 = 0.05$；

(4) $P(-3 \leqslant u < 3) = \Phi(3) - \Phi(-3) = 0.9986 - 0.0014 = 0.9972$。

2）一般正态分布的概率计算

随机变量 x 服从正态分布 $N(\mu, \sigma^2)$，则 x 的取值落在任意区间 $[x_1, x_2)$ 的概率，记作 $P(x_1 \leqslant x < x_2)$，利用标准正态离差对 x 进行标准化处理，求出 u_1 和 u_2，然后查表计算，即可求出。

【例 3.7】　已知小麦某品种的株高 y 服从正态分布 $N(146.2, 3.8^2)$，求：

(1) $y \leqslant 150$ cm 的概率；

(2) $y \geqslant 155$ cm 的概率；

(3) y 在 142～152 cm 的概率。

根据式（3-23）及式（3-24），有

(1) $P(y \leqslant 150 \text{ cm}) = \Phi\left(\dfrac{150 - 146.2}{3.8}\right) = \Phi(1) = 0.8413$；

(2) $P(y \geqslant 155 \text{ cm}) = 1 - \Phi\left(\dfrac{155 - 146.2}{3.8}\right) = 1 - \Phi(2.32) = 1 - 0.9898 = 0.0102$；

(3) $P(142 \text{ cm} \leqslant y < 152 \text{ cm}) = \Phi\left(\dfrac{152 - 146.2}{3.8}\right) - \Phi\left(\dfrac{142 - 146.2}{3.8}\right)$

$$= \Phi(1.53) - \Phi(-1.11) = 0.9370 - 0.1335 = 0.8035$$。

5.正态分布的几个特殊值与临界值

随机变量 x 服从正态分布 $N(\mu,\sigma^2)$，转化为标准正态分布 $N(0,1)$ 后，在下列区间的概率反映了正态分布的取值特点和主要分布范围（图 3-10）。

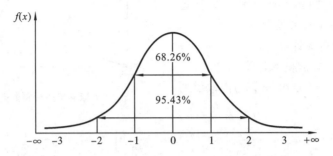

图 3-10 正态随机变量 U 落在不同区间内的概率点

u 值落入 ±1 范围内的概率为 68.26%，u 值落入 ±2 范围内的概率为 95.43%，u 值落入 ±3 范围内的概率为 99.73%，即

$$P(-1 \leqslant u < 1) = 0.6826, \quad P(-2 \leqslant u < 2) = 0.9543, \quad P(-3 \leqslant u < 3) = 0.9973$$

由此可见，尽管正态随机变量 u 的取值范围是从 $-\infty$ 到 $+\infty$，但实际上绝大部分取值在 ±3 范围内。这一特点可用来初步判断一组调查样本的数据是否符合正态分布。

另外，95% 的数据落在 ±1.960 范围内，反之 u 落在 ±1.960 之外的概率为 0.05；99% 的数据落在 ±2.576 范围内，反之 u 落在 ±2.576 之外的概率为 0.01。即

$$P(-1.960 \leqslant u < 1.960) = 0.95, \quad P(|u| \geqslant 1.960) = 1 - 0.95 = 0.05$$
$$P(-2.576 \leqslant u < 2.576) = 0.99, \quad P(|u| \geqslant 2.576) = 1 - 0.99 = 0.01$$

随机变量 u 落在 $(-u, +u)$ 区间之外的概率称为双尾概率或双侧概率，记作 $\alpha/2$，通常 $\alpha = 0.05$ 或 0.01。随机变量 u 小于 u 或大于 u 的概率，称为单尾概率或单侧概率，记作 α。例如，u 落在 ±1.960 之外的双尾概率为 0.05，而单尾概率为 0.025。

统计学上，将尾区概率 0.05 或 0.01 规定为小概率标准，它们所对应的 u 值称为正态分布的临界值。对于右侧尾区，满足 $P(u > u_\alpha) = \alpha$ 时的 u_α 值，称为 α 的上侧临界值或上侧分位数。对于左侧尾区，满足 $P(u < -u_\alpha) = \alpha$ 时的 $-u_\alpha$ 值，称为 α 的下侧临界值或下侧分位数。如果将 α 平分到两侧尾区，则每一尾区的面积为 $\alpha/2$，满足 $P(|u| \geqslant u_{\alpha/2}) = \alpha$ 时的 $u_{\alpha/2}$ 值，称为 α 的双侧临界值或双侧分位数。

正态分布的临界值可以从附录 B 查出。例如，$\alpha = 0.05$ 时，双侧临界值 $u_{0.05/2} = 1.960$，上侧临界值 $u_{0.05} = 1.645$。正态分布临界值的含义如图 3-11 所示。

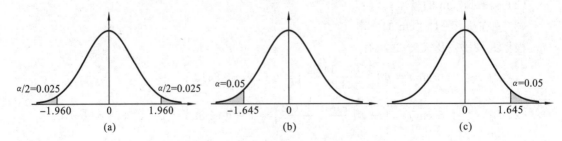

图 3-11 正态分布的单侧和双侧临界值

3.3 抽样分布

从一个总体中抽样,样本统计数包括平均数、标准差和方差。当以相同的样本容量 n 从一个总体作不同批次的随机抽样时,所得统计数也具有了随机变量的特点,因而也会形成一定的概率分布,叫做样本的抽样分布(sampling distribution),包括样本平均数的分布、样本方差的分布等。抽样分布也是随机变量函数的分布,它提供了样本统计数与总体参数的相互关系,是进行推断的理论基础,也是统计推断科学性的重要依据。

从总体到样本是研究抽样分布的问题,而从样本到总体是研究统计推断的问题。统计推断以总体分布和样本抽样分布的理论关系为基础。因此,掌握抽样分布有关知识是正确理解和掌握统计推断的原理与方法的必要基础。

3.3.1 抽样试验和无偏估计

随机抽样(random sampling)分为放回式抽样和非放回式抽样两种方法。对于无限总体,放回与否都可保证每个体被抽到的机会相等;对于有限总体,就应该采取放回式抽样,以确保每个体被抽到的机会相等。

由不同样本计算的平均数 $\bar{x}$、方差 s^2 和标准差 s 大小不同,与原总体的参数相比存在不同程度的差异,这种差异是由于抽样造成的,称为抽样误差(sampling error)。由于样本统计数也是一个随机变量,因此其不同的取值也形成概率分布,即抽样分布。

设有一个 $N=3$,具有变量 3、4、5 的总体,可以求得其参数为:$\mu=4,\sigma^2=0.6667,\sigma=0.8165$。若以 $n=2$ 作放回式抽样,共可获得 $N^2=9$ 个样本。可以对每个样本计算其平均数 $\bar{x}$、方差 s^2 和标准差 s,并可计算各统计数的平均值(表 3-3)。

统计学上,如果样本统计数分布的平均数与总体的相应参数相等,则称该统计数为总体相应参数的无偏估计值(unbiased estimated value)。通过计算可知:

① 样本平均数 $\bar{x}$ 是总体平均数 μ 的无偏估计值;
② 样本方差 s^2 是总体方差 σ^2 的无偏估计值;
③ 样本标准差 s 不是总体标准差 σ 的无偏估计值。

表 3-3 $N=3,n=2$ 抽样样本的统计数

样 本 编 号	样 本 值		$\bar{x}$	s^2	s
1	3	3	3.0	0.0	0.0000
2	3	4	3.5	0.5	0.7071
3	3	5	4.0	2.0	1.4142
4	4	3	3.5	0.5	0.7071
5	4	4	4.0	0.0	0.0000
6	4	5	4.5	0.5	0.7071
7	5	3	4.0	2.0	1.4142
8	5	4	4.5	0.5	0.7071
9	5	5	5.0	0.0	0.0000
平均值			4.0	0.6667	0.6285

3.3.2 大数定律与中心极限定理

1.大数定律

大数定律(law of large numbers)是概率论描述当试验次数很大时所呈现的概率性质的定律。大数定律以确切的数学形式表达了大量重复出现的随机现象的统计规律性,即频率的稳定性和平均结果的稳定性,并讨论了它们成立的条件。常用的大数定律有伯努利大数定律和辛钦大数定律。

1) 伯努利大数定律

设 m 是 n 次独立试验中事件 A 出现的次数,p 为每次试验中事件 A 出现的概率,则对于任意小的正数 ε,有

$$\lim_{n \to \infty} P\left(\left| \frac{m}{n} - p \right| < \varepsilon \right) = 1 \tag{3-25}$$

伯努利大数定律说明,当试验次数足够多时,事件出现的频率无限接近于该事件发生的概率。

2) 辛钦大数定律

设 $x_1, x_2, \cdots, x_n$ 是来自同一总体的随机变量,μ 为总体的平均数,则对于任意小的正数 ε,有

$$\lim_{n \to \infty} P\left(\left| \frac{1}{n} \sum x_i - \mu \right| < \varepsilon \right) = 1 \tag{3-26}$$

辛钦大数定律说明,当试验次数足够多时,随机变量的算术平均数无限接近于总体的平均数。

大数定律可以简单表述为:样本容量越大,样本统计数与参数之差越小。利用大数定律,只要从总体中抽取的样本足够多,就可以用样本统计数来估计总体参数。

2.中心极限定理

中心极限定理(central limit theorem)是概率论中讨论随机变量的和的分布趋向正态分布的定理,是数理统计学和误差分析的理论基础,指出了大量随机变量累积分布逐步收敛到正态分布的条件。

设 $X_1, X_2, \cdots, X_k$ 是相互独立的随机变量,且各具有平均数 μ_{X_i} 和方差 $\sigma_{X_i}^2$,如果

$$\sum X_i = X_1 + X_2 + \cdots + X_k , \qquad \sum \mu_{X_i} = \mu_{X_1} + \mu_{X_2} + \cdots + \mu_{X_k}$$

$$\sum \sigma_{X_i}^2 = \sigma_{X_1}^2 + \sigma_{X_2}^2 + \cdots + \sigma_{X_k}^2 \ (i=1,2,\cdots,k)$$

则

$$\lim_{k \to \infty} P\left[a \leqslant \frac{\sum X_i - \sum \mu_{X_i}}{\sqrt{\sum \sigma_{X_i}^2}} < b \right] = \int_a^b \frac{1}{\sqrt{2\pi}} e^{-\frac{1}{2}u^2} du = \Phi(b) - \Phi(a) \tag{3-27}$$

其中,$u = \dfrac{\sum X_i - \sum \mu_{X_i}}{\sqrt{\sum \sigma_{X_i}^2}}$,是标准化变量。

中心极限定理说明,随机变量的和的分布趋于正态分布;无论原来的总体是不是正态分布,只要 n 足够大,均可把样本平均数 $\bar{x}$ 的分布看作正态分布。

3.3.3　样本平均数的分布

1.总体方差已知时样本平均数的分布

从一个正态分布总体 $N(\mu, \sigma^2)$ 中进行抽样,由样本平均数 $\bar{x}$ 构成的总体的平均数和标准差分别记为 $\mu_{\bar{x}}$ 和 $\sigma_{\bar{x}}$,则样本平均数服从正态分布 $N(\mu, \sigma^2/n)$,且

$$\mu_{\bar{x}} = \mu, \quad \sigma_{\bar{x}} = \frac{\sigma}{\sqrt{n}} \tag{3-28}$$

如果被抽样的总体不呈正态分布,但平均数和方差分别为 μ、σ^2 ,根据中心极限定理,样本平均数的分布仍为正态分布 $N(\mu, \sigma^2/n)$。标准化统计量为

$$u = \frac{\bar{x} - \mu}{\sigma_{\bar{x}}} = \frac{\bar{x} - \mu}{\sigma/\sqrt{n}} \tag{3-29}$$

样本平均数抽样总体的标准差 $\sigma_{\bar{x}}$,表示平均数抽样误差的大小,称为平均数的标准误(standard error of mean),简称标准误。$\sigma_{\bar{x}}$ 大,说明各样本平均数 $\bar{x}$ 间差异程度大,样本平均数的精确性低;反之,$\sigma_{\bar{x}}$ 小,说明 $\bar{x}$ 间的差异程度小,样本平均数的精确性高。

由式(3-28)可知,$\sigma_{\bar{x}}$ 的大小与原总体的标准差 σ 成正比,与样本容量 n 的平方根成反比。因为 σ 是常数,所以增大样本容量可以降低样本平均数 $\bar{x}$ 的抽样误差。

当原总体的标准差未知时,用样本标准差 s 估计总体标准差 σ ,这时计算的标准误称为样本标准误,记为 $s_{\bar{x}}$ 。即

$$s_{\bar{x}} = \frac{s}{\sqrt{n}} \tag{3-30}$$

样本标准差与样本标准误是两个容易混淆的概念。样本标准差 s 是反映样本中各观测值 $x_1, x_2, \cdots, x_n$ 变异程度的一个指标,其大小说明了 $\bar{x}$ 对样本的代表性。样本标准误是样本平均数 $\bar{x}_1, \bar{x}_2, \cdots, \bar{x}_k$ 的标准差,表示样本平均数的抽样误差,其大小说明了样本间变异程度的大小及 $\bar{x}$ 精确性的高低。使用时,对于大样本资料,标准差 s 与平均数 $\bar{x}$ 配合使用,记为 $\bar{x} \pm s$,用以说明所研究性状或指标的稳定性,也称为描述性的误差;对于小样本资料,常将标准误 $s_{\bar{x}}$ 与样本平均数 $\bar{x}$ 配合使用,记为 $\bar{x} \pm s_{\bar{x}}$,用以表示抽样误差的大小,也称为推断性的误差。

2.总体方差未知时样本平均数的分布

总体方差未知时,标准化的统计量为

$$t = \frac{\bar{x} - \mu}{s_{\bar{x}}} = \frac{\bar{x} - \mu}{s/\sqrt{n}} \tag{3-31}$$

统计量 t 不是服从正态分布而是服从自由度 $df = n-1$ 的 t 分布。

t 分布是英国统计学家戈塞特(W. S. Gosset)以 Student 为笔名发表论文时提出的,故称为学生氏 t 分布。其概率密度函数为

$$f(t) = \frac{\Gamma\left(\frac{df+1}{2}\right)}{\sqrt{\pi \cdot df} \cdot \Gamma\left(\frac{df}{2}\right)} \cdot \left(1 + \frac{t^2}{df}\right)^{\frac{df+1}{2}} \tag{3-32}$$

其中 $\Gamma(x) = \int_0^\infty t^{x-1} \mathrm{e}^{-t} \mathrm{d}t$; $\Gamma(x) = (x-1)!$, $\Gamma(\frac{1}{2}) = \sqrt{\pi}$, $\Gamma(x+1) = x\Gamma(x)!$ 。

与正态分布类似,t 分布也是一种对称分布。与标准正态分布类似,t 分布的上侧、下侧和双侧临界值由以下各式给出:

$$P(t \geqslant t_\alpha) = \alpha$$
$$P(t \leqslant -t_\alpha) = \alpha$$
$$P(|t| \geqslant t_{\alpha/2}) = \alpha$$

对于给定的 α，从附录 C 中可以查出相应的上侧、下侧和双侧临界值。t 的取值范围是 $(-\infty, +\infty)$；$df = n-1$，为自由度。

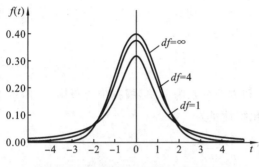

图 3-12　不同自由度下的 t 分布曲线

t 分布曲线如图 3-12 所示，有以下特点：

（1）t 分布受自由度影响，自由度不同时 t 分布曲线不同；

（2）t 分布曲线左右对称，且 $t=0$ 时密度函数具有最大值；

（3）t 分布曲线较正态分布曲线的顶部低，尾部高而平。随着 df 的增大，t 分布逐渐趋近于标准正态分布，$df = \infty$ 时 t 分布曲线与标准正态分布曲线重合。

3.总体方差已知时样本平均数差数的分布

从平均数为 μ_1、μ_2，标准差为 σ_1、σ_2 的两个正态总体中，分别独立随机地抽取含量为 n_1 和 n_2 的样本，则两个样本平均数差的分布服从正态分布，且标准化统计量为

$$u = \frac{(\bar{x}_1 - \bar{x}_2) - (\mu_1 - \mu_2)}{\sqrt{\sigma_1^2/n_1 + \sigma_2^2/n_2}} \tag{3-33}$$

总体方差未知但样本为大样本时，可用样本方差代替总体方差进行计算。总体方差未知的小样本数据的计算较为复杂，在统计推断部分中介绍。

3.3.4　样本方差的分布

1.单个样本方差的分布

从正态总体 $N(\mu, \sigma^2)$ 中抽取 n 个观察值，其标准化的离差的平方和定义为 χ^2，即

$$\chi^2 = \sum \left(\frac{x-\mu}{\sigma}\right)^2 = \frac{1}{\sigma^2} \sum (x-\mu)^2 \tag{3-34}$$

当用样本平均数 $\bar{x}$ 估计总体平均数 μ 时，则有

$$\chi^2 = \frac{1}{\sigma^2} \sum (x-\bar{x})^2 \tag{3-35}$$

根据样本方差 $s^2 = \dfrac{\sum (x-\bar{x})^2}{n-1}$，则式（3-35）可变换为

$$\chi^2 = \frac{(n-1)s^2}{\sigma^2} \tag{3-36}$$

其中，分子表示样本的离散程度，分母表示总体方差，服从自由度 $df = n-1$ 的 χ^2 分布。

和 t 分布一样，χ^2 分布也是概率密度曲线随自由度改变而变化的一类分布。其概率密度函数为

$$f(\chi^2) = \frac{(\chi^2)^{\frac{df}{2}-1}}{2^{\frac{df}{2}} \cdot \Gamma\left(\dfrac{df}{2}\right)} \cdot e^{-\frac{1}{2}\chi^2} \tag{3-37}$$

χ^2 分布曲线 (图 3-13) 是不对称的, $P(\chi^2 > \chi^2_\alpha) = \alpha$ 时, χ^2_α 为上侧临界值, 则其下侧临界值为 $\chi^2_{1-\alpha}$。附录 D 给出了 χ^2 分布的上侧临界值: $df = 5$, $\alpha = 0.05$ 时, 上侧临界值为 $\chi^2_{0.05,5} = 11.071$, 下侧临界值为 $\chi^2_{0.95,5} = 1.146$ (图 3-14、图 3-15)。

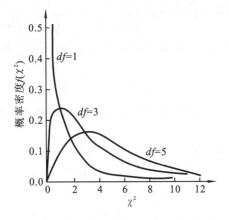

图 3-13　不同自由度下的 χ^2 分布曲线

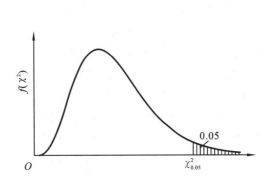

图 3-14　χ^2 分布的上侧临界值

2.两个样本方差比的分布

从正态总体 $N(\mu, \sigma^2)$ 中分别抽取样本容量为 n_1 和 n_2 的两个独立样本, 其样本方差分别为 s_1^2 和 s_2^2, 定义样本方差之比为 F, 即

$$F = \frac{s_1^2}{s_2^2} \tag{3-38}$$

F 具有 s_1^2 的自由度 $df_1 = n_1 - 1$ 和 s_2^2 的自由度 $df_2 = n_2 - 1$。如果对一正态总体进行特定的样本容量为 n_1 和 n_2 的一系列随机独立抽样, 则所有可能的 F 值构成一个分布, 称为 F 分布。其概率密度函数为

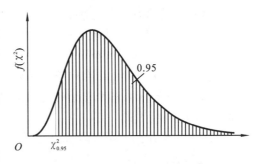

图 3-15　χ^2 分布的下侧临界值

$$f(F) = \left(\frac{df_1}{df_2}\right)^{\frac{df_1}{2}} \cdot \frac{\Gamma\left(\frac{df_1 + df_2}{2}\right)}{\Gamma\left(\frac{df_1}{2}\right) \cdot \Gamma\left(\frac{df_2}{2}\right)} \cdot \frac{F^{\frac{df_1}{2}-1}}{\left(1 + \frac{df_1}{df_2}F\right)^{\frac{df_1 + df_2}{2}}} \tag{3-39}$$

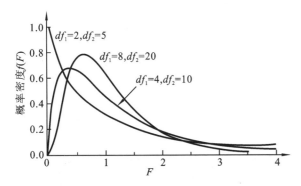

图 3-16　不同自由度下的 F 分布密度曲线

F 分布密度曲线也是不对称分布, 并随自由度 df_1、df_2 改变而变化, 当自由度增大时趋向对称 (图 3-16)。

附录 E 列出了 F 分布的上侧临界值; 为了查表方便, 计算 F 值时, 总是以大方差作为分子, 取 F 值大于 1 而不必查下侧临界值。例如查表可得 $df_1 = 5$, $df_2 = 12$, $\alpha = 0.05$ 时, $F_{5,12,0.05} = 3.106$。

习题

习题 3.1　什么是抽样误差？什么是标准误？它与标准差有何不同？

习题 3.2　某动物养殖场，每一个笼子装 20 只动物进行销售，已知其中有 4 只动物体重不合格。购买者从每一个笼子中随机抽出 2 只称重，若都合格则接受这批动物，否则拒绝。求：

（1）检查第一只合格的概率；

（2）购买者接受这批动物的概率。

习题 3.3　一对夫妇基因型分别为 ii 和 $I^B i$，他们生两个孩子都是 B 型血的概率是多少？他们生两个 O 型血女孩的概率是多少？

习题 3.4　播种时在一等小麦种子中混合 2.0% 的二等种子、1.5% 的三等种子和 1.0% 的四等种子。用一等、二等、三等、四等种子长出的麦穗含 50 颗以上麦粒的概率分别为 0.5、0.15、0.1 和 0.05。求这批种子所结的穗含有 50 颗以上麦粒的概率。

习题 3.5　现有两种黄豆，发芽率分别为 70% 和 80%，且两种黄豆的发芽相对独立。现各取一粒，求：

（1）两粒黄豆都发芽的概率；

（2）至少有一粒发芽的概率；

（3）只有一粒发芽的概率。

习题 3.6　有 4 对相互独立的等位基因独立分配，表型共有几种？各表型概率多大？

习题 3.7　某地区人群食管癌的发生率为 0.05%，在当地随机抽取 500 人，结果 2 人患食管癌的概率是多少？

习题 3.8　某随机变量 X 服从正态分布 $N(3,3^2)$，求 $P(x\leqslant 0)$、$P(x\leqslant 5)$、$P(x\geqslant 12)$ 和 $P(5\leqslant x<10)$ 的值。

第4章 统计推断

统计分析是基于样本与总体的关系建立的用样本统计数推断总体参数的方法,这种推断是概率性的。前面介绍的从一个或两个总体中抽样时样本统计数(平均数、方差)与相应总体参数的关系,是统计推断的基础。本章介绍由样本推断总体的基本原理以及从不同总体获得样本后对总体进行推断的方法,主要包括假设检验和参数估计。在由样本平均数对总体平均数作出估计时,由于样本平均数包含抽样误差,因此样本平均数对总体参数的推断是概率性的,是通过对总体参数作出假设并检验这个假设发生的概率的大小来作出统计推断的。

4.1 假设检验的原理与步骤

4.1.1 假设检验的原理

假设检验(test of hypothesis),又称显著性检验(significance test),是利用样本统计数推断总体参数的统计方法。根据数据的不同情况和目的,假设检验有很多种方法,常用的有 t 检验、F 检验和 χ^2 检验等,其检验的基本原理是相同的。下面以样本平均数的假设检验为例来说明其原理。

要研究一批番茄原汁中维生素 C 的含量与规定的 6.50 $\mu g/g$ 的标准是否相同,随机抽测 7 个样品,测定结果($\mu g/g$)分别为 6.74、6.56、6.89、6.32、6.82、6.10、6.90。可计算出番茄汁中维生素 C 的含量平均值为 6.62 $\mu g/g$,标准差为 0.31 $\mu g/g$。平均含量 6.62 $\mu g/g$ 与标准值 6.50 $\mu g/g$ 之间的差异 0.12 $\mu g/g$,是由随机误差引起,还是真实差异呢?

结合前面学过的抽样分布知识,将番茄汁样品看成是从标准品总体中抽取的一个随机样本,即假定样品所在的总体就是标准品总体,于是样品所在总体的平均数 μ 与标准品总体的平均数 μ_0 相等,这个假设称为零假设(null hypothesis)或无效假设(ineffective hypothesis),记作 H_0,表示为 $H_0:\mu=\mu_0$;此外,既然是假设,就存在另外的可能性,所以与零假设对应,需要做一个相反的假设,称为备择假设(alternative hypothesis),记作 H_A,可以表示为 $H_A:\mu\neq\mu_0$。

接下来需要计算在零假设条件下样品抽自标准品总体的概率。如果概率较大,就可以认为零假设成立,即样品是从标准品总体中随机抽取的(样品中维生素 C 含量与规定的 6.50 $\mu g/g$标准相同),样品与总体之间的差异 0.12 $\mu g/g$ 是随机误差;反之,如果概率很小,比如说小于 0.05 甚至 0.01,则可以认为零假设不成立,即样品不是从标准品总体中随机抽取的(样品中维生素 C 含量与规定的 6.50 $\mu g/g$ 标准不同)。

判断零假设是否成立采用小概率原理:小概率事件在一次试验中不应该发生。假设检的基本思路是,根据零假设计算出事件发生的概率,如果概率很小,事件在一次试验中是不应该发生的,如果发生了,则认为零假设不成立。

现在计算本例中的概率。根据 H_0,即番茄汁样品是番茄汁标准品总体的随机样本的假设,由于总体的标准差未知且为小样本,样本平均数服从 t 分布。计算统计量 t 得

$$t = \frac{\bar{x} - \mu}{s/\sqrt{n}} = \frac{6.62 - 6.50}{0.31/\sqrt{7}} = 1.024$$

接下来判断样品取自标准品总体的概率值。当 $t > t_{\alpha/2}$ 或 $t < -t_{\alpha/2}$ 时,样本取自标准品总体的概率小于 α,应当否定零假设;当 $-t_{\alpha/2} < t < t_{\alpha/2}$ 时,样本取自标准品总体的概率大于 α,应当接受零假设。

查附录 C,自由度 $df = 6$ 时,$t_{0.05/2} = 2.477$,而 $t = 1.024 < t_{0.05/2}$,因此,样本取自标准品总体的概率大于 0.05,故接受 H_0,即番茄汁样品取自标准品总体(样品中维生素 C 含量与规定的 6.50 μg/g 标准相同),两者间 0.12 μg/g 的差异是随机误差,推断番茄汁样品的总体平均数也是 6.50 μg/g。

4.1.2 假设检验的步骤

可以将上述假设检验的过程概括为以下 4 个主要步骤。

1.提出假设

根据研究目的和检验对象提出假设。一个是零假设或无效假设,记作 H_0;另一个是备择假设 H_A。零假设的含义是抽取样本的总体与已知总体"零"差异,称为无效假设是因为检验的目的通常是要否定这个假设。根据零假设可以算出因抽样误差而获得样本结果的概率。

备择假设是与零假设相反的一种假设,即认为抽取样本的总体与已知总体间存在差异,因此,零假设与备择假设是对立事件。在检验中,如果接受 H_0 就否定 H_A;反之,否定 H_0 就接受 H_A。针对样本频率、方差和总体的分布也可以根据试验目的提出相应的假设,并进行检验。

2.确定显著水平

提出零假设和备择假设后,要确定一个否定 H_0 的概率标准,这个概率标准称为显著水平 (significance level),记作 α。α 是人为规定的小概率界限,统计学中一般取 $\alpha = 0.05$ 或 0.01。所谓显著,以平均数的检验为例,是指样本平均数与已知总体平均数之间的差异是由随机误差引起的概率小于规定的小概率标准 α,认为这个差异不是随机误差,而是显著的真实差异。

3.计算概率

在 H_0 正确的假定下,根据抽样分布计算出差异是抽样误差的概率。由于计算在 H_0 正确的假定下进行,所以 H_0 必须包含等号,不然无法进行计算。

【例 4.1】 正常人血钙值服从正态分布,平均值为 2.29 mmol/L,标准差为 0.61 mmol/L。现有 8 名甲状旁腺功能减退症患者经治疗后,测得其血钙值平均为 2.01 mmol/L,试检验其血钙值是否正常。

零假设 $H_0 : \mu = \mu_0 = 2.29$ mmol/L,即患者的血钙值与正常人的相同。备择假设 $H_A : \mu \neq \mu_0$,即患者的血钙值与正常人的不同。

确定显著水平:$\alpha = 0.05$。

计算统计量及概率:

$$u = \frac{\bar{x} - \mu}{\sigma_{\bar{x}}} = \frac{2.01 - 2.29}{0.61/\sqrt{8}} = -1.298$$

查附录 A，u 对应的概率为 0.097，$-u$ 对应的概率为 0.903，u 对应的双尾概率之和为 0.194，即 $\bar{x} = 2.01$ mmol/L 与 $\mu = 2.29$ mmol/L 的差值 0.28 mmol/L 是抽样误差概率为 0.806。

4.推断是否接受假设

根据小概率原理作出是否接受 H_0 的判断。如果根据一定的假设条件，计算出某事件发生的概率很小，即在一次试验中小概率事件发生了，则可认为假设不成立，从而否定假设。

统计学中，通常把概率小于 0.05（或 0.01）作为小概率。如果计算的概率大于 0.05（或 0.01），则认为不是小概率事件，H_0 的假设可能是正确的，应该接受，同时否定 H_A；反之，如果所计算的概率小于 0.05（或 0.01），则否定 H_0，接受 H_A。

接受备择假设意味着样本与总体的差异是显著的，$\alpha \leqslant 0.05$ 称为差异显著水平（significance level）或差异显著标准（significance standard）；$\alpha \leqslant 0.01$ 称为差异极显著水平（highly significance level）。通常，差异达到显著水平时，在资料的右上方标注"*"，差异达到极显著水平时，在资料的右上方标注"**"。

例 4.1 中计算得到概率为 0.806，大于 0.05 的显著水平，应接受 H_0，所以推断治疗后的血钙值和正常值无显著差异，其差值 -0.28 mmol/L 应归于误差所致。

在实际检验时，可将上述计算简化。由于 $P(|u| > 1.960) = 0.05$，$P(|u| > 2.576) = 0.01$，因此，在用 u 分布进行检验时，如果算得 $|u| > 1.960$，就是在 $\alpha = 0.05$ 的水平上达到显著，如果 $|u| > 2.576$，就是在 $\alpha = 0.01$ 的水平上达到显著，即达到极显著水平，无须再计算 u 值对应的概率。

综上所述，假设检验的步骤可概括为：

(1) 提出零假设 H_0 和备择假设 H_A；

(2) 确定检验的显著水平 α；

(3) 在 H_0 正确的前提下，根据抽样分布的统计量进行假设检验的概率计算；

(4) 计算统计量对应的概率值与显著水平 α 比较，或统计量与显著水平 α 的临界值比较，进行差异显著性推断。

4.1.3　双尾检验与单尾检验

在样本平均数的抽样分布中，$\alpha = 0.05$ 时，有 95% 的 $\bar{x}$ 落在区间（$\mu - 1.960 \sigma_{\bar{x}}$，$\mu + 1.960 \sigma_{\bar{x}}$）内，5% 的 $\bar{x}$ 落在此区间外；$\alpha = 0.01$ 时，有 99% 的 $\bar{x}$ 落在区间（$\mu - 2.576 \sigma_{\bar{x}}$，$\mu + 2.576 \sigma_{\bar{x}}$）内，1% 的 $\bar{x}$ 落在此区间外。在进行假设检验时，95% 或 99% 的区域为接受 H_0 的区域，简称接受域；接受域之外的区域为否定 H_0 的区域，简称否定域，标准正态分布的接受域和否定域如图 4-1 所示。

上述假设检验的两个否定域，分别位于分布曲线的两尾，称为双尾检验（two-tailed test）。对于 $H_A : \mu \neq \mu_0$，有 $\mu > \mu_0$ 或 $\mu < \mu_0$ 两种可能，即样本平均数 $\bar{x}$ 有可能落入左侧否定域，也有可能落入右侧否定域。例如，检验 A、B 两种药物的治病疗效是否有差别，存在 A 药疗效比 B 药疗效好还是 B 药疗效比 A 药疗效好，两种可能性都存在，相应的假设检验就应该用双尾检验。双尾检验的应用非常广泛。

如果已经知道某新药的疗效不可能低于旧药，于是其零假设为 $H_0 : \mu \leqslant \mu_0$，备择假设 H_A：$\mu > \mu_0$，这时否定域只在右尾，相应的检验也只能考虑右侧的概率，这种只有一个否定域的检验

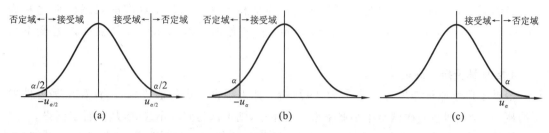

图 4-1　假设检验的接受域和否定域

称为单尾检验(one-tailed test)。

对于 $H_A:\mu>\mu_0$,是右尾检验,H_0 的否定域为 $u>u_\alpha$,u_α 为右尾临界值。对于 $H_A:\mu<\mu_0$,是左尾检验,H_0 的否定域为 $u<u_\alpha$,u_α 为左尾临界值;对于 u 分布、t 分布等对称分布,可使用右尾临界值进行左尾检验,这时 H_0 的否定域为 $u<-u_\alpha$。

需要指出,双尾检验的临界值大于单尾的临界值。例如,$|u_{0.05/2}|=1.960$,$|u_{0.05}|=1.645$;$|u_{0.01/2}|=2.576$,$|u_{0.01}|=2.326$,所以单尾检验比双尾检验效率高。进行单尾检验时,需有足够的依据。

4.1.4　假设检验中的两类错误

假设检验是根据一定概率显著水平对总体特征进行的推断。否定了 H_0,并不等于已证明 H_0 不真实;接受了 H_0,也不等于已证明 H_0 是真实的。如果 H_0 是真实的,假设检验却否定了它,就犯了一个否定真实假设的错误,称为第 I 类错误(type I error),也称弃真错误或 α 错误,弃真的最大概率为 α。如果 H_0 不是真实的,假设检验却接受了 H_0,就犯了接受不真实假设的错误,称为第 II 类错误(type II error),也称纳伪错误或 β 错误,纳伪的概率是 β。

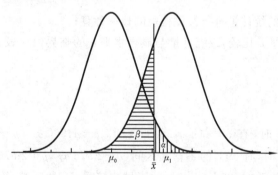

图 4-2　假设检验中两类错误的关系

两类错误的关系是,在样本容量相同的情况下,减少犯第 I 类错误的概率 α,就会增加犯第 II 类错误的概率 β;反之,减少犯第 II 类错误的概率 β,就会增加犯第 I 类错误的概率 α(图 4-2)。

例如,将概率显著水平 α 从 0.05 提高到 0.01,就更容易接受 H_0,减少犯第 I 类错误的概率,但增加了犯第 II 类错误的概率。一般将显著水平定为 0.05 较为合适,这样可使犯两类错误的概率都比较小。另外,通过控制试验误差和扩大样本容量,可以减小两个总体的误差,从而在 α 水平一定时,降低 β 值。

4.2　单个样本的假设检验

单个样本的假设检验包括平均数的假设检验、方差的假设检验、二项频率数据的假设检验,最为常用的是平均数的假设检验。样本平均数的假设检验用于检验单个样本平均数与已知的总体平均数间是否存在显著差异,即检验该样本是否来自某一总体,由此推断样本所在总体的平均数。还可以检验样本与一些公认的理论数值、经验数值或期望数值,如正常生理指标、长期观察的平均值、食品的行业标准等的差异。

4.2.1　单个样本平均数的检验

1.总体方差已知或大样本平均数的检验

当总体方差 σ^2 已知,或总体方差 σ^2 未知但样本为大样本($n \geqslant 30$)时,样本平均数的分布服从 $N(\mu, \sigma_{\bar{x}}^2)$ 的正态分布,用 u 检验法进行检验。总体方差 σ^2 未知时,用 s 代替 σ 进行 u 检验。

(1)根据零假设 H_0 的不同情况,备择假设 H_A 也不同,总共分为 3 种情况:

① 零假设 $H_0: \mu = \mu_0$,样本所在总体的平均数 μ 与已知总体平均数 μ_0 无显著差异。备择假设 $H_A: \mu \neq \mu_0$,即样本所在总体的平均数 μ 与已知总体平均数 μ_0 有显著差异。

② 零假设 $H_0: \mu \leqslant \mu_0$,样本所在总体的平均数 μ 不大于已知总体平均数 μ_0。备择假设 $H_A: \mu > \mu_0$,要求(或已知)样本所在总体的平均数 μ 不小于已知总体平均数 μ_0。

③ 零假设 $H_0: \mu \geqslant \mu_0$,样本所在总体的平均数 μ 不小于已知总体平均数 μ_0。备择假设 $H_A: \mu < \mu_0$,要求(或已知)样本所在总体的平均数 μ 不大于对照总体平均数 μ_0。

(2)确定显著水平:$\alpha = 0.05$ 或 $\alpha = 0.01$。

(3)检验统计量:

$$u = \frac{\bar{x} - \mu_0}{\sigma_{\bar{x}}} \tag{4-1}$$

(4)推断:根据备择假设不同,否定域也不同。

① 备择假设 $H_A: \mu \neq \mu_0$ 时,H_0 的否定域为 $|u| > |u_{\alpha/2}|$。

② 备择假设 $H_A: \mu > \mu_0$ 时,H_0 的否定域为 $u > u_\alpha$。

③ 备择假设 $H_A: \mu < \mu_0$ 时,H_0 的否定域为 $u < -u_\alpha$。

【例 4.2】　已知豌豆籽粒质量(mg)服从正态分布 $N(377.2, 3.3^2)$,在改善栽培条件后,随机抽取 9 粒,其籽粒平均质量为 379.2 mg,若标准差仍为 3.3 mg,问:改善栽培条件是否显著提高了豌豆籽粒质量?

已知总体标准差 $\sigma = 3.3$ mg,进行样本平均数的检验,故采用 u 检验;由于改善栽培条件后的籽粒平均质量只有高于 377.2 mg,才可认为新栽培条件提高了豌豆籽粒质量,故进行单尾检验。

(1)零假设 $H_0: \mu \leqslant \mu_0$,改善栽培条件后的籽粒平均质量不高于原栽培条件的籽粒平均质量。备择假设 $H_A: \mu > \mu_0$,改善栽培条件后的籽粒平均质量高于原籽粒平均质量。

(2)确定显著水平:$\alpha = 0.05$。

(3)检验计算:

$$u = \frac{\bar{x} - \mu_0}{\sigma / \sqrt{n}} = \frac{379.2 - 377.2}{3.3 / \sqrt{9}} = 1.818$$

查附录 B,得 $u_{0.05} = 1.645$,计算得 $u = 1.818 > u_{0.05}$,即 $P < 0.05$。

(4)推断:否定 H_0,接受 H_A。即栽培条件的改善,显著提高了豌豆籽粒质量。

【例 4.3】　已知荒漠甲虫光滑鳖甲的鞘翅长 9.38 cm,对其抗冻蛋白基因进行 RNA 干扰,幼虫孵化为成虫后,随机测量了 100 只成虫的鞘翅长,其平均长度为 9.55 cm,标准差为 0.574 cm,问:RNA 干扰之后,光滑鳖甲的鞘翅长有无显著变化?

总体方差 σ^2 未知,但为大样本,用 s 来代替 σ 进行 u 检验;由于 RNA 干扰前后对鞘翅长度的影响未知,故用双尾检验。

由题可知,$\mu_0 = 9.38$,$\bar{x} = 9.55$,$s = 0.574$。

(1) 零假设 $H_0 : \mu = \mu_0$,即 RNA 干扰前后鞘翅长没有显著差异。备择假设 $H_A : \mu \neq \mu_0$,即 RNA 干扰前后鞘翅长有显著差异。

(2) 确定显著水平:$\alpha = 0.05$。

(3) 检验计算:

$$u = \frac{\bar{x} - \mu}{s_{\bar{x}}} = \frac{9.55 - 9.38}{0.574 / \sqrt{100}} = 2.962$$

查附录 B,得双尾检验临界值 $u_{0.05/2} = 1.960$,计算得 $|u| = 2.962 > u_{0.05/2}$,$P < 0.05$。

(4) 推断:否定 H_0,接受 H_A。即 RNA 干扰对光滑鳖甲的鞘翅长度有显著影响。

2.总体方差未知的小样本平均数的检验

总体方差 σ^2 未知且样本容量较小（$n < 30$）时,用样本标准差 s 代替 σ,此时样本平均数服从 t 分布,采用 t 检验法进行检验。由于试验条件和研究对象的限制,生物学试验的样本容量很难达到 30 以上,因此,t 检验法在生物学研究中具有重要的意义。

(1) 零假设 $H_0 : \mu = \mu_0$。备择假设 $H_A : \mu \neq \mu_0$。

(2) 确定显著水平:$\alpha = 0.05$ 或 $\alpha = 0.01$。

(3) 检验计算:

$$t = \frac{\bar{x} - \mu_0}{s_{\bar{x}}} \tag{4-2}$$

(4) 推断:H_0 的否定域为 $|t| > |t_{\alpha/2}|$。

与 u 检验法类似,H_0 为 $\mu \leqslant \mu_0$,H_A 为 $\mu > \mu_0$ 时,H_0 的否定域为 $t > t_\alpha$;H_0 为 $\mu \geqslant \mu_0$,H_A 为 $\mu < \mu_0$ 时,H_0 的否定域为 $t < -t_\alpha$。

【例 4.4】 已知室内空气的甲醛含量限值为 0.3 mg/m³。现检测一新搬迁小区住户的室内甲醛含量,共检测了 9 户,其测量值（mg/m³）为:0.12、0.16、0.30、0.25、0.11、0.23、0.18、0.15 和 0.09,问:该小区住户的室内空气甲醛平均含量是否超标?

σ^2 未知,且 $n = 9$ 为小样本,故用 t 检验。此次抽样测定的平均含量可能低于标准值,故采取单尾检验。由题可知 $\mu_0 = 0.3$,$\bar{x} = 0.176$,$s = 0.072$。

(1) 零假设 $H_0 : \mu \geqslant \mu_0$,即该次抽样测定的住户甲醛平均含量达到 0.3 mg/m³ 的污染标准。备择假设 $H_A : \mu < \mu_0$,即该次抽样测定的住户甲醛平均含量没有达到污染标准。

(2) 确定显著水平:$\alpha = 0.05$。

(3) 检验计算:

$$t = \frac{\bar{x} - \mu}{s_{\bar{x}}} = \frac{0.176 - 0.3}{0.072 / \sqrt{9}} = -5.167$$

查附录 C,当 $df = n - 1 = 8$ 时,$t_{0.05} = 1.860$,由上计算得 $t = -5.167 < -t_{0.05}$,$P < 0.05$。

(4) 推断:否定 H_0,接受 H_A。即该次抽样测定的住户的甲醛平均含量没有超标。

4.2.2　单个样本方差的检验

从一个正态总体中抽样时,样本方差的分布服从自由度为 $n-1$ 的 χ^2 分布。利用这种分布可以对样本方差 s^2 与已知总体方差 σ_0^2 之间的差异显著性进行检验,即对样本变异性进行检验。

（1）零假设 $H_0:\sigma=\sigma_0$，样本所在总体的方差与已知总体的方差无显著差异。备择假设 $H_A:\sigma\neq\sigma_0$，样本所在总体的方差与已知总体的方差存在显著差异。

（2）确定显著水平：$\alpha=0.05$ 或 $\alpha=0.01$。

（3）检验统计量：

$$\chi^2_{n-1}=\frac{(n-1)s^2}{\sigma_0^2} \tag{4-3}$$

（4）推断：H_0 的否定域为 $\chi^2>\chi^2_{\alpha/2}$ 和 $\chi^2<\chi^2_{1-\alpha/2}$。

H_0 为 $\sigma\geqslant\sigma_0$，H_A 为 $\sigma<\sigma_0$ 时，H_0 的否定域为 $\chi^2<\chi^2_{1-\alpha}$；H_0 为 $\sigma\leqslant\sigma_0$，H_A 为 $\sigma>\sigma_0$ 时，H_0 的否定域为 $\chi^2>\chi^2_\alpha$。

【例 4.5】 已知某农田受到重金属污染，抽样测定其镉含量（$\mu g/g$）分别为：3.6、4.2、4.7、4.5、4.2、4.0、3.8、3.7，试检验污染农田镉含量的方差与正常农田镉含量的方差 0.065 $(\mu g/g)^2$ 是否相同。

（1）零假设 $H_0:\sigma^2=\sigma_0^2$，即污染农田镉含量的方差与正常农田镉含量的方差相同。备择假设 $H_A:\sigma^2\neq\sigma_0^2$，即污染农田镉含量的方差与正常农田镉含量的方差不同。

（2）确定显著水平：$\alpha=0.05$。

（3）检验计算：

$$\bar{x}=4.09\ \mu g/g,\quad s=0.39\ \mu g/g,\quad \chi^2=\frac{(n-1)s^2}{\sigma_0^2}=\frac{(8-1)\times0.39^2}{0.065}=16.380$$

查附录 D，$df=8-1=7$ 时，$\chi^2_{0.975}=1.690$，$\chi^2_{0.025}=16.013$，计算得 $\chi^2>\chi^2_{0.025}$，$P<0.05$。

（4）推断：接受 H_A，否定 H_0。即污染农田镉含量的方差与正常农田镉含量的方差不相同。

4.2.3　单个样本频率的假设检验

在生物学研究中，许多数据资料是用频率（或百分数、成数）表示的。当总体或样本中的个体分为两种属性时，如药剂处理后害虫的存活与死亡、种子播种后的发芽与不发芽、动物的雌与雄等，这类资料组成的总体通常服从二项分布，因此称为二项总体。有些总体有多个属性，但可根据研究目的经适当的处理分为"目标性状"和"非目标性状"两种属性，也可看作二项总体。由于二项分布近似于正态分布，因此对二项分布数据的检验类似于对平均数的检验。二项分布的数据有次数和频率两种表示方法，这里介绍样本频率 $\hat{p}$ 与理论频率 p_0 的差异显著性检验方法。

差异性检验方法因 n、p 的大小不同而不同。当 np 或 nq 小于 5 时，由二项分布的概率函数直接计算概率进行检验，否则用正态近似法进行检验。用正态近似法进行检验时，如果 np 和 nq 均大于 30，直接采用 u 检验法进行检验；否则，根据 n 的大小选用 u 检验（$n\geqslant30$）或 t 检验（$n<30$），且需进行连续性矫正。

不需进行连续性矫正时，检验统计量 u 的计算公式为

$$u=\frac{\hat{p}-p}{\sigma_p} \tag{4-4}$$

其中 σ_p 样本频率的标准误 $\sigma_p=\sqrt{\dfrac{pq}{n}}$。

需要进行连续性矫正时,检验统计量 u_c(或 t_c, $df=n-1$)的计算公式为

$$u_c(t_c) = \frac{|\hat{p}-p| - \dfrac{0.5}{n}}{\sigma_p} \tag{4-5}$$

【例 4.6】 某地某一时期内出生 350 名婴儿,其中男性 196 名,女性 154 名。问:该地区出生婴儿的性比与通常的性比(总体概率约为 0.5)是否不同?

本题中,$p_0=0.5$, $n=350$。由于 np、nq 均大于 30,故无须进行连续性矫正。

(1) 零假设 $H_0:p=p_0$,即此地出生婴儿的性比与通常的性比相同。备择假设 $H_A:p\neq p_0$,即此地出生婴儿的性比与通常的性比显著不同。

(2) 确定显著水平:$\alpha=0.05$。

(3) 检验计算:

$$\hat{p}=\frac{x}{n}=\frac{196}{350}=0.56, \quad u=\frac{\hat{p}-p}{\sigma_p}=\frac{0.56-0.5}{\sqrt{0.5(1-0.5)/350}}=2.247$$

(4) 推断:由于 $|u|>u_{0.05}=1.960$, $P<0.05$,故接受 H_A。即该地出生婴儿的性比与通常的性比具有显著差异。

【例 4.7】 有一批棉花种子,规定发芽率 $p>80\%$ 为合格,现随机抽取 100 粒进行发芽试验,有 77 粒发芽,问:该批棉花种子是否合格?

本题中,$p_0=0.8$, $q_0=0.2$, $n=100$。$np=80$, $nq=20$,故需进行连续性矫正。因为发芽率 $\leqslant 80\%$ 认为不合格,故作单尾检验。

(1) 零假设 $H_0:p\leqslant p_0$,即该批棉花不合格。备择假设 $H_A:p>p_0$,即该批棉花合格。

(2) 确定显著水平:$\alpha=0.05$。

(3) 检验计算:

$$\hat{p}=\frac{x}{n}=\frac{77}{100}=0.77, \quad u_c=\frac{|\hat{p}-p|-\dfrac{0.5}{n}}{\sigma_p}=\frac{|0.77-0.80|-\dfrac{0.5}{100}}{\sqrt{0.80\times0.2/100}}=0.625$$

(4) 推断:由于 $|u|<u_{0.05}=1.645$, $P>0.05$,接受 H_0。即这批种子不合格。

4.3 两个样本的差异显著性检验

4.3.1 两个样本方差的同质性检验

方差同质性,又称为方差齐性(homogeneity of variance),是指各样本所属的总体方差是相同的。方差同质性检验是从各样本的方差来推断其总体方差是否相同。

从两个正态总体 $N_1(\mu_1,\sigma_1^2)$ 和 $N_2(\mu_2,\sigma_2^2)$ 中,分别抽取样本大小为 n_1 和 n_2 的随机样本,求出它们样本方差 s_1^2 和 s_2^2,则标准化的样本方差之比 F 服从 $df_1=n_1-1$, $df_2=n_2-1$ 的 F 分布。

$$F=\frac{s_1^2}{s_2^2} \tag{4-6}$$

利用 F 统计量,对两个样本所属总体的方差进行同质性检验。

(1) 零假设 $H_0:\sigma_1^2=\sigma_2^2$,即认为两样本的方差是同质的。备择假设 $H_A:\sigma_1^2\neq\sigma_2^2$,即认为

两个总体的方差不具备齐性。

(2) 确定显著水平：$\alpha=0.05$。

(3) 计算统计量：

$$F=\frac{s_{\text{大}}^2}{s_{\text{小}}^2}$$

(4) 推断：H_0 的否定域为 $F>F_\alpha$（双尾检验时 H_0 的否定域为 $F>F_{\alpha/2}$，但习惯上进行右尾检验而不进行双尾检验和左尾检验，且显著水平取 $\alpha=0.05$）。

【例 4.8】 测得荒漠昆虫光滑鳖甲和小胸鳖甲的体重(g)数据如下。

光滑鳖甲：0.1254、0.1332、0.1331、0.1211、0.1144、0.1184、0.1071、0.1568、0.1126、0.1325、0.1572、0.1887、0.1257、0.1812、0.1245；

小胸鳖甲：0.0824、0.0647、0.0648、0.0475、0.0693、0.0768、0.0681、0.0617、0.0765、0.0523、0.0669、0.0562、0.068、0.0588、0.0478。

试检验这两种拟步甲科荒漠昆虫体重的变异性是否一致。

(1) 零假设 $H_0:\sigma_1^2=\sigma_2^2$，两种昆虫体重的变异性一致。备择假设 $H_A:\sigma_1^2\neq\sigma_2^2$，两种昆虫体重的变异性不一致。

(2) 确定显著水平：$\alpha=0.05$。

(3) 检验计算：

$$\bar{x}_1=0.13546\text{ g}, \quad s_1=0.02458\text{ g}; \quad \bar{x}_2=0.06412\text{ g}, s_2=0.0103\text{ g}$$

$$F=\frac{s_1^2}{s_2^2}=\frac{0.02458^2}{0.0103^2}=5.695$$

查附录 E，$df_1=15-1=14$，$df_2=15-1=14$，$F_{0.05}=2.484$，由于 $F>F_{0.05}$，故 $P<0.05$。

(4) 推断：接受 H_A，否定 H_0，即认为两种昆虫体重的变异不具有同质性。

4.3.2 两个样本平均数的差异显著性检验

1.总体方差已知或大样本平均数的检验

两个总体方差 σ_1^2 和 σ_2^2 已知，或总体方差 σ_1^2、σ_2^2 未知但两个样本都是大样本（$n_1\geqslant30$ 且 $n_2\geqslant30$）时，用 u 检验法检验两个样本平均数 $\bar{x}_1$ 和 $\bar{x}_2$ 所属的总体平均数 μ_1 和 μ_2 是否为同一个总体。

两个样本方差 σ_1^2 和 σ_2^2 已知时，两个样本平均数差数的标准误

$$\sigma_{\bar{x}_1-\bar{x}_2}=\sqrt{\frac{\sigma_1^2}{n_1}+\frac{\sigma_2^2}{n_2}} \tag{4-7}$$

统计量 u 的计算公式为

$$u=\frac{(\bar{x}_1-\bar{x}_2)-(\mu_1-\mu_2)}{\sigma_{\bar{x}_1-\bar{x}_2}} \tag{4-8}$$

σ_1^2、σ_2^2 未知时，可用样本标准差 s_1 和 s_2 分别代替 σ_1 和 σ_2 进行计算。

【例 4.9】 为研究荒漠昆虫光滑鳖甲雌雄个体的体型差异，测量了 65 对抱对求偶的试虫的体长和体重，并计算出体长与体重的比值，结果为雄性平均体长体重比值为 182.09，标准差为 29，雌性平均体长体重比值为 156.60，标准差为 23，问：雌雄性之间的体长体重比值有无显著差异？

总体方差 σ_1^2 和 σ_2^2 未知，但为大样本，用 u 检验法检验。事先不知道雌雄性之间的体长体

重比值孰大孰小,用双尾检验。

已知,$\bar{x}_1 = 182.09$,$\bar{x}_2 = 156.60$,$s_1 = 29$,$s_2 = 23$,$n_1 = n_2 = 65$。

$$s_{\bar{x}_1 - \bar{x}_2} = \sqrt{\frac{s_1^2}{n_1} + \frac{s_2^2}{n_2}} = \sqrt{\frac{29^2}{65} + \frac{23^2}{65}} = 4.591$$

(1) 零假设 $H_0 : \mu_1 = \mu_2$,即两个总体具有相同的平均数。备择假设 $H_A : \mu_1 \neq \mu_2$,即两平均数之间有显著差别。

(2) 确定显著水平:$\alpha = 0.01$。

(3) 检验计算:

$$u = \frac{\bar{x}_1 - \bar{x}_2}{s_{\bar{x}_1 - \bar{x}_2}} = \frac{182.09 - 156.60}{4.591} = 5.552$$

查附录 B 得:$u_{0.01/2} = 2.576$,$|u| > u_{0.01/2}$,$P < 0.01$。

(4) 推断:否定 H_0,接受 H_A。即光滑鳖甲雌雄性之间的体长体重比值有极显著差异,表现为雄性大于雌性。

2.总体方差未知的小样本数据的检验

成组数据的两个样本来自不同的总体,两个样本变量之间没有任何关联,即两个抽样样本彼此独立,所得数据为成组数据。两组数据以组平均数进行相互比较,来检验其差异的显著性。当总体方差 σ_1^2 和 σ_2^2 未知,且两样本为小样本($n_1 < 30$ 或 $n_2 < 30$)时,两组平均数差异显著性用 t 检验法进行检验。并根据两个样本方差是否同质采用不同的计算式(样本方差的同质性用 F 检验法进行检验)。

两个样本的方差同质时,统计量为 t 分布,用 t 检验。标准误

$$s_{\bar{x}_1 - \bar{x}_2} = \sqrt{\frac{(n_1 - 1)s_1^2 + (n_2 - 1)s_2^2}{(n_1 - 1) + (n_2 - 1)} \left(\frac{1}{n_1} + \frac{1}{n_2} \right)} \tag{4-9}$$

统计量 t 的计算公式为

$$t = \frac{\bar{x}_1 - \bar{x}_2}{s_{\bar{x}_1 - \bar{x}_2}} \tag{4-10}$$

自由度 $df = (n_1 - 1) + (n_2 - 1) = n_1 + n_2 - 2$。

两个样本的方差不同质时,统计量近似 t 分布,进行近似的 t 检验。标准误

$$s_{\bar{x}_1 - \bar{x}_2} = \sqrt{\frac{s_1^2}{n_1} + \frac{s_2^2}{n_2}} \tag{4-11}$$

自由度 df' 不再是两样本自由度之和,而要通过系数 R 计算。其计算公式为

$$R = \frac{\frac{s_1^2}{n_1}}{\frac{s_1^2}{n_1} + \frac{s_2^2}{n_2}}, \quad df' = \frac{1}{\frac{R^2}{n_1 - 1} + \frac{(1-R)^2}{n_2 - 1}} \tag{4-12}$$

【例 4.10】 研究骆驼蓬凝集素 A 和 B 对小鼠 S180 移植性实体瘤的影响。接种 S180 细胞 0.2 mL 于小鼠腹腔,浓度为 10^7 个/mL,第 9 天开始分别腹腔注射骆驼蓬凝集素 A 和 B 50 mg/kg,连续注射 8 天后处死小鼠,剥瘤称重,数据见表 4-1。检验两种凝集素对肿瘤的抑制效果有无差异。

表 4-1　凝集素 A 和 B 处理后小鼠肿瘤质量

凝　集　素	肿瘤质量/g									
A	0.43	0.39	0.52	0.61	0.49	0.63	0.56	0.37	0.46	0.52
B	0.85	0.78	0.63	0.81	0.72	0.90	0.88	0.94	0.83	0.99

本题中,两样本的总体方差 σ_1^2 和 σ_2^2 未知,且样本容量小于 30,所以应先进行 F 检验,再进行 t 检验。

计算可得：$\bar{x}_1 = 0.4980$，$s_1^2 = 0.00766$，$\bar{x}_2 = 0.8330$，$s_2^2 = 0.0111$。

（1）方差的同质性检验：

① 零假设 $H_0: \sigma_1^2 = \sigma_2^2$，即两种凝集素处理肿瘤质量的变异程度一致。备择假设 $H_A: \sigma_1^2 \neq \sigma_2^2$，即两种凝集素处理肿瘤质量的变异程度不一致。

② 确定显著水平：$\alpha = 0.05$。

③ 检验计算：

$$F = \frac{s_1^2}{s_2^2} = \frac{0.0111}{0.00766} = 1.457$$

查附录 E，$df_1 = df_2 = 10 - 1 = 9$，$F_{0.05} = 3.179$，$F < F_{0.05}$，故 $P > 0.05$。

④ 推断：接受 H_0，否定 H_A。即认为两种凝集素处理肿瘤质量的变异具有同质性。

（2）t 检验：

通过 F 检验,可假设两个样本的总体方差相等,即 $\sigma_1^2 = \sigma_2^2$。由于事先不知两种处理肿瘤的质量孰高孰低,故用双尾检验。

① 零假设 $H_0: \mu_1 = \mu_2$，即两种凝集素处理的肿瘤质量无显著差异。备择假设 $H_A: \mu_1 \neq \mu_2$，即两种凝集素处理的肿瘤质量有显著差异。

② 确定显著水平：$\alpha = 0.01$。

③ 检验计算：

$$t = \frac{0.4980 - 0.8330}{\sqrt{\dfrac{9 \times 0.00766 + 9 \times 0.0111}{9 + 9}\left(\dfrac{1}{10} + \dfrac{1}{10}\right)}} = -7.722$$

查附录 C，$df = 10 + 10 - 2 = 18$，$t_{0.01/2} = 2.878$，计算得 $|t| > t_{0.01/2}$，故 $P < 0.01$。

④ 推断：否定 H_0，接受 H_A。认为两种凝集素处理的肿瘤质量差异达到极显著水平。

【例 4.11】为研究 NaCl 在种子萌发阶段对灰绿藜幼苗生长的影响,将在蒸馏水中萌发 5 天的幼苗随机分成 2 组,一组作为对照继续进行蒸馏水处理,另一组用 100 mmol/L 的 NaCl 溶液处理,第 10 天时各随机抽取 10 株幼苗检测下胚轴长度(cm),结果见表 4-2。问：低浓度的 NaCl 对盐生植物灰绿藜的幼苗下胚轴生长是否有促进作用？

表 4-2　两种处理的灰绿藜幼苗下胚轴长度测定结果

处　理　方　法	幼苗下胚轴长度/cm									
蒸馏水处理	1.0	1.1	1.2	1.0	1.1	1.0	1.2	1.0	1.1	1.1
NaCl 溶液处理	1.9	1.8	2.1	1.7	1.4	1.7	1.5	1.6	1.8	1.7

本题中,两样本的总体方差 σ_1^2 和 σ_2^2 未知,且样本容量小于 30,所以应先进行 F 检验,再进行 t 检验。

计算可得：$\bar{x}_1 = 1.08$，$s_1^2 = 0.00622$，$\bar{x}_2 = 1.72$，$s_2^2 = 0.03956$。

（1）方差的同质性检验：

① 零假设 $H_0:\sigma_1^2=\sigma_2^2$，即两种处理的幼苗下胚轴长度的变异程度一致。备择假设 H_A：$\sigma_1^2\neq\sigma_2^2$，即两种处理的幼苗下胚轴长度的变异程度不一致。

② 确定显著水平：$\alpha=0.05$。

③ 检验计算：

$$F=\frac{s_1^2}{s_2^2}=\frac{0.0395}{0.00622}=6.350$$

查附录 E，$df_1=df_2=10-1=9$，$F_{0.05}=3.179$，故 $P<0.05$。

④ 推断：否定 H_0，接受 H_A。即两种处理的灰绿藜幼苗下胚轴长度的变异不具有同质性。

（2）近似 t 检验：

① 零假设 $H_0:\mu_1\geqslant\mu_2$，即低浓度 NaCl 不能促进幼苗下胚轴生长。备择假设 $H_A:\mu_1<\mu_2$，即低浓度 NaCl 可促进幼苗下胚轴生长。

② 确定显著水平：$\alpha=0.05$。

③ 检验计算：

$$R=\frac{s_1^2/n_1}{s_1^2/n_1+s_2^2/n_2}=\frac{0.0062/10}{0.0062/10+0.0395/10}=0.1357$$

$$df'=\frac{1}{\dfrac{R^2}{n_1-1}+\dfrac{(1-R)^2}{n_2-1}}=\frac{1}{\dfrac{0.1357^2}{10-1}+\dfrac{(1-0.1357)^2}{10-1}}=11.75\approx12$$

$$t=\frac{\bar{x}_1-\bar{x}_2}{s_{\bar{x}_1-\bar{x}_2}}=\frac{1.08-1.72}{\sqrt{0.0062/10+0.0395/10}}=9.467$$

查附录 C，$df'=12$，$t_{0.05}=1.782$，$t_{0.01}=3.055$，计算得 $|t|>t_{0.01}$，故 $P<0.01$。

④ 推断：接受 H_A，否定 H_0。认为低浓度 NaCl 能够显著促进盐生植物灰绿藜幼苗下胚轴的生长。

3.成对数据平均数的检验

在进行两种处理效果的比较试验设计中，配对设计比成组设计在误差控制方面具有较大的优势。配对设计是将两个性质相同的供试单元（或个体）组成配对，然后把相比较的两个处理分别随机地分配到每个配对的两个供试单元上，由此得到的观测值为成对数据。

例如，田间试验以土地条件最为接近的两个相邻小区为一对，布置两个不同处理；在同一植株某一器官的对称部位上实施两种不同处理；用若干同窝的两只动物做不同处理，每个配对之间除了处理条件差异外，其他方面的误差都尽可能控制到最小。在做药效试验时，测定若干试验动物服药前后的有关数值，则服药前后的数值也构成一个配对。由于同一配对内两个供试单元的背景条件非常接近，而不同配对间的条件差异又可以通过各个配对差数予以消除，因此配对设计可以控制试验误差，具有较高精确度。

在进行假设检验时，只要假设两样本的总体差数 $\mu_d=\mu_1-\mu_2=0$，而不必假定两样本的总体方差 σ_1^2 和 σ_2^2 相同。需要注意，即使成组数据的样本数相等（$n_1=n_2$），也不能用成对数据的方法来比较，因为成组数据的两个变量是相互独立的，没有配对的基础。

设 n 个成对的观察值分别为 x_{1i} 和 x_{2i}，各对数据的差数为 $d_i=x_{1i}-x_{2i}$，则样本差数的平均数 $\bar{d}=\dfrac{\sum d_i}{n}=\dfrac{\sum(x_{1i}-x_{2i})}{n}$。若差数的标准差为 s_d，则样本差数平均数的标准误

$$s_{\bar{d}} = \frac{s_d}{\sqrt{n}} \tag{4-13}$$

统计量 t 的计算公式为

$$t = \frac{\bar{d} - \mu_d}{s_{\bar{d}}} \tag{4-14}$$

自由度为 $df = n-1$。进行假设检验时，零假设为 $H_0 : \mu_d = 0$，备择假设 $H_A : \mu_d \neq 0$。

【例 4.12】　构建荒漠昆虫小胸鳖甲抗冻蛋白基因 $Mpafp$ 的重组表达质粒，在大肠杆菌中进行诱导表达和纯化之后，用差式扫描量热法（DSC 法）和渗透压法两种方法分别对 5 个批次表达的蛋白质进行热滞活性（℃）测定，结果如表 4-3 所示。问：两种方法所测抗冻蛋白的活性有无显著差异？

表 4-3　两种方法测定小胸鳖甲抗冻蛋白的活性比较

样 品 编 号	1	2	3	4	5
渗透压法测定活性 $x_1 / ℃$	0.95	1.08	1.47	1.36	1.45
DSC 法测定活性 $x_2 / ℃$	1.02	1.25	1.35	1.3	1.37

本题对同一个样品进行两种方法测定的比较，属于成对数据；因事先不知道两种方法的结果是否存在显著差异，故进行双尾检验。

(1) 零假设 $H_0 : \mu_d = 0$，即两种方法所测抗冻蛋白活性无显著差异。备择假设 $H_A : \mu_d \neq 0$，即两种方法的结果有显著差异。

(2) 确定显著水平：$\alpha = 0.05$。

(3) 检验计算：

$$\bar{d} = 0.004, \quad s_d = 0.1205, \quad t_{n-1} = \frac{\bar{d} - \mu_d}{s_{\bar{d}}} = \frac{0.004}{0.1205/\sqrt{5}} = 0.074$$

查附录 C，$df = 5-1 = 4$ 时，$t_{0.05/2} = 2.776$，计算得 $|t| < t_{0.05/2}$，故 $P > 0.05$。

(4) 推断：接受 H_0，否定 H_A，即两种方法所测小胸鳖甲抗冻蛋白的活性无显著差异。

4.3.3　两个样本频率差异的检验

从概率分别为 p_1 和 p_2 的两个二项总体中抽取的两个样本频率 $\hat{p}_1$ 和 $\hat{p}_2$ 之差 $\hat{p}_1 - \hat{p}_2$，近似服从正态分布 $N[(p_1 - p_2), \sigma_{p_1-p_2}^2]$，所以可以用近似 u 检验法对两个样本频率所在总体的概率差异进行显著性检验。u 值的计算公式为

$$u = \frac{(\hat{p}_1 - \hat{p}_2) - (p_1 - p_2)}{\sigma_{p_1-p_2}}$$

其中，$\sigma_{p_1-p_2} = \sqrt{\dfrac{p_1 q_1}{n_1} + \dfrac{p_2 q_2}{n_2}}$；假定 $p_1 = p_2$ 时，若 $\bar{p} = \dfrac{n_1 \hat{p}_1 + n_2 \hat{p}_2}{n_1 + n_2} = \dfrac{x_1 + x_2}{n_1 + n_2}$，则

$$\sigma_{p_1-p_2} = \sqrt{\bar{p}\,\bar{q}\left(\frac{1}{n_1} + \frac{1}{n_2}\right)} \tag{4-15}$$

$$u = \frac{\hat{p}_1 - \hat{p}_2}{\sigma_{p_1-p_2}} \tag{4-16}$$

与单个样本频率的检验一样。即当 np 或 nq 小于 5 时，按二项分布直接计算概率进行检验，否则用正态近似法进行检验。用正态近似法进行检验时，如果所有 np、nq 均大于 30，直接采用 u 检验法进行检验；否则，根据 n 的大小选用 u 检验（$n \geq 30$）或 t 检验（$n < 30$），且需进行

连续性矫正。

进行连续性矫正时,统计量 u_c (或 t_c ,$df = n_1 + n_2 - 2$)的计算公式为

$$u_c(t_c) = \frac{|\hat{p}_1 - \hat{p}_2| - 0.5/n_1 - 0.5/n_2}{\sigma_{p_1 - p_2}} \tag{4-17}$$

【例 4.13】 采用 RNA 干扰技术破坏棉铃虫的细胞色素氧化酶基因 *CYP6B6* 之后,检测其三龄幼虫的抗 2,13 烷酮的抗性。RNA 干扰组幼虫共 200 只,死亡 183 只,对照组幼虫共 200 只,死亡 142 只。问:RNA 干扰是否能降低棉铃虫幼虫的抗药性?

本题 np 和 nq 均大于 30,不需进行连续性矫正。又预期 RNA 干扰可降低棉铃虫的抗药性,故进行单尾下侧检验。

(1) 零假设 $H_0 : p_1 = p_2$,即 RNA 干扰不降低抗药性。备择假设 $H_A : p_1 > p_2$,即 RNA 干扰可显著降低抗药性。

(2) 确定显著水平:$\alpha = 0.01$。

(3) 检验计算:

$$\hat{p}_1 = \frac{x_1}{n_1} = \frac{183}{200} = 0.915, \quad \hat{p}_2 = \frac{x_2}{n_2} = \frac{142}{200} = 0.710$$

$$\bar{p} = \frac{x_1 + x_2}{n_1 + n_2} = \frac{183 + 142}{200 + 200} = 0.8125, \quad \bar{q} = 1 - 0.8125 = 0.1875$$

$$\sigma_{p_1 - p_2} = \sqrt{\bar{p}\,\bar{q}\left(\frac{1}{n_1} + \frac{1}{n_2}\right)} = \sqrt{0.8215 \times 0.1875 \times \left(\frac{1}{200} + \frac{1}{200}\right)} = 0.0392$$

$$u = \frac{\hat{p}_1 - \hat{p}_2}{\sigma_{p_1 - p_2}} = \frac{0.915 - 0.710}{0.0392} = 5.223$$

(4) 推断:由于 $|u| > u_{0.01} = 2.336$,$P < 0.01$,故否定 H_0,接受 H_A。即 RNA 干扰细胞色素氧化酶基因可以极显著地降低棉铃虫幼虫的抗药性。

【例 4.14】 用药物治疗法治疗一般性胃溃疡患者 80 例,治愈 63 例;治疗特殊性胃溃疡患者 99 例,治愈 31 例。问:该治疗方法对两种不同胃溃疡患者的治疗效果有无明显不同?

本题 $nq < 30$,需要进行连续性矫正。采用双尾检验。

(1) 零假设 $H_0 : p_1 = p_2$,即该疗法对两种不同胃溃疡患者的治疗效果无显著差异。备择假设 $H_A : p_1 \neq p_2$,即该疗法对两种不同胃溃疡患者的治疗效果有显著差异。

(2) 确定显著水平:$\alpha = 0.01$。

(3) 检验计算:

$$\hat{p}_1 = \frac{x_1}{n_1} = \frac{63}{80} = 0.7875, \quad \hat{p}_2 = \frac{x_2}{n_2} = \frac{31}{99} = 0.3131$$

$$\bar{p} = \frac{x_1 + x_2}{n_1 + n_2} = \frac{63 + 31}{80 + 99} = 0.5251, \quad \bar{q} = 1 - 0.5251 = 0.4749$$

$$\sigma_{p_1 - p_2} = \sqrt{\bar{p}\,\bar{q}\left(\frac{1}{n_1} + \frac{1}{n_2}\right)} = \sqrt{0.5251 \times 0.4749 \times \left(\frac{1}{80} + \frac{1}{99}\right)} = 0.0561$$

$$u_c = \frac{|\hat{p}_1 - \hat{p}_2| - \dfrac{0.5}{n_1} - \dfrac{0.5}{n_2}}{\sigma_{p_1 - p_2}} = \frac{|0.7875 - 0.3131| - \dfrac{0.5}{80} - \dfrac{0.5}{99}}{0.0561} = 8.255$$

(4) 推断:$|u| > u_{0.01/2} = 2.576$,$P < 0.01$,故否定 H_0,接受 H_A。认为该治疗方法对两种不同胃溃疡患者的治疗效果具有极显著差异。

4.4 参数估计

参数估计(parametric estimation)是建立在一定理论分布的基础之上,通过样本平均数推断其总体平均数,或由样本方差推断其总体方差的方法。这种推断是在一定的概率水平下,根据样本统计数对总体参数作出在某一数值范围的估计,其结果是一个区间,这就是参数的区间估计(interval estimation)的概念,点估计(point estimation)则是参数区间估计表达的另外一种形式。

4.4.1 参数估计的原理

根据中心极限定理和大数定律,不论总体是否为正态分布,其样本平均数都近似服从 $N(\mu, \sigma_{\bar{x}}^2)$ 的正态分布。因而,当概率水平 $\alpha = 0.05$ 时,即置信度(degree of confidence)为 $P = 1 - \alpha = 0.95$ 时,有

$$P(\mu - 1.960\sigma_{\bar{x}} \leqslant \bar{x} \leqslant \mu + 1.960\sigma_{\bar{x}}) = 0.95$$

可变换为

$$P(\bar{x} - 1.960\sigma_{\bar{x}} \leqslant \mu \leqslant \bar{x} + 1.960\sigma_{\bar{x}}) = 0.95$$

对于某一概率标准 α,则有通式:

$$P(\bar{x} - u_\alpha\sigma_{\bar{x}} \leqslant \mu \leqslant \bar{x} + u_\alpha\sigma_{\bar{x}}) = 1 - \alpha \tag{4-18}$$

式(4-18)表明,在 $P = 1 - \alpha$ 置信度下,总体平均数 μ 落在区间 $(\bar{x} - u_\alpha\sigma_{\bar{x}}, \bar{x} + u_\alpha\sigma_{\bar{x}})$ 内的概率为 $1 - \alpha$。区间 $(\bar{x} - u_\alpha\sigma_{\bar{x}}, \bar{x} + u_\alpha\sigma_{\bar{x}})$ 称为 μ 的 $1 - \alpha$ 置信区间(confidence interval)。对于 μ 的 $1 - \alpha$ 置信区间,可以用下限 L_1 和上限 L_2 的形式表示为:$[L_1 = \bar{x} - u_\alpha\sigma_{\bar{x}}, L_2 = \bar{x} + u_\alpha\sigma_{\bar{x}}]$,也可以写作:$L = \bar{x} \pm u_\alpha\sigma_{\bar{x}}$。

区间 $[L_1, L_2]$ 即为用样本平均数 $\bar{x}$ 对总体平均数 μ 的置信度 $P = 1 - \alpha$ 的区间估计,L 是样本平均数 $\bar{x}$ 对总体平均数 μ 的置信度 $P = 1 - \alpha$ 的点估计。当 $\alpha = 0.05$ 时,$u_\alpha = 1.960$;当 $\alpha = 0.01$ 时,$u_\alpha = 2.576$。

参数的区间估计也可用于假设检验,因为置信区间是在一定置信度 $P = 1 - \alpha$ 下包含总体参数的范围,故对参数所做的零假设如果落在该区间内,就可以接受 H_0;反之,则说明零假设与真实情况有本质的不同,应否定 H_0,接受 H_A。

需要指出的是,区间估计与显著水平 α 的大小联系在一起。α 越小,则相应的置信区间越大,也就是说用样本平均数对总体平均数估计的可靠程度越高,但这时估计的精确度就降低了。在实际应用中,应合理确定显著水平 α,不能认为 α 取值越小越好。

4.4.2 一个总体平均数 μ 的估计

当总体方差 σ^2 为已知,或总体方差 σ^2 未知但为大样本时,置信度为 $P = 1 - \alpha$ 的总体平均数 μ 的区间估计和点估计分别为

$$[\bar{x} - u_\alpha\sigma_{\bar{x}}, \bar{x} + u_\alpha\sigma_{\bar{x}}], \quad \bar{x} \pm u_\alpha\sigma_{\bar{x}} \tag{4-19}$$

当总体方差未知且样本为小样本时,由样本方差 s^2 来估计总体方差 σ^2,置信度为 $P = 1 - \alpha$ 的总体平均数 μ 的区间估计和点估计分别为

$$[\bar{x} - t_\alpha s_{\bar{x}}, \bar{x} + t_\alpha s_{\bar{x}}], \quad \bar{x} \pm t_\alpha s_{\bar{x}} \tag{4-20}$$

上式中，t_α 为 t 分布中置信度为 $P = 1 - \alpha$ 时的临界值，自由度 $df = n - 1$。

【例 4.15】 随机抽测 5 年生的杂交杨树 25 株，得平均树高 9.36 m，样本标准差 1.36 m。以 95% 的置信度计算这批杨树高度的置信区间。

本例中，总体方差 σ^2 未知，且为小样本，用 s^2 估计 σ^2，查附录 C，当 $df = 25 - 1 = 24$ 时，$t_{0.05} = 2.064$。可计算得 $s_{\bar{x}} = 1.872$，于是杨树高度的区间估计为

$$L_1 = \bar{x} - t_\alpha s_{\bar{x}} = (9.36 - 2.064 \times 1.872) \text{ m} = 5.496 \text{ m}$$
$$L_2 = \bar{x} + t_\alpha s_{\bar{x}} = (9.36 + 2.064 \times 1.872) \text{ m} = 13.224 \text{ m}$$

即杨树高度有 95% 的可能在 5.496～13.224 m。

4.4.3 两个总体平均数差数的估计

当两个总体方差 σ_1^2 和 σ_2^2 为已知，或总体方差 σ_1^2 和 σ_2^2 未知但为大样本时，在置信度 $P = 1 - \alpha$ 下，两个总体平均数差数 $\mu_1 - \mu_2$ 的区间估计和点估计分别为

$$[(\bar{x}_1 - \bar{x}_2) - u_\alpha \sigma_{\bar{x}_1 - \bar{x}_2}, (\bar{x}_1 - \bar{x}_2) + u_\alpha \sigma_{\bar{x}_1 - \bar{x}_2}], \quad (\bar{x}_1 - \bar{x}_2) \pm u_\alpha \sigma_{\bar{x}_1 - \bar{x}_2} \tag{4-21}$$

当样本为小样本，总体方差 σ_1^2 和 σ_2^2 未知时，用 $s_{\bar{x}_1 - \bar{x}_2}$ 代替 $\sigma_{\bar{x}_1 - \bar{x}_2}$，并需根据方差同质性检验结果进行 $s_{\bar{x}_1 - \bar{x}_2}$ 和自由度的计算：

当方差同质时，$s_{\bar{x}_1 - \bar{x}_2} = \sqrt{\dfrac{(n_1 - 1)s_1^2 + (n_2 - 1)s_2^2}{n_1 - 1 + n_2 - 1}\left(\dfrac{1}{n_1} + \dfrac{1}{n_2}\right)}$，$t_\alpha$ 的自由度为 $df = n_1 + n_2 - 2$。

当方差不同质时，$s_{\bar{x}_1 - \bar{x}_2} = \sqrt{\dfrac{s_1^2}{n_1} + \dfrac{s_2^2}{n_2}}$，$t_\alpha$ 的自由度 df' 根据式（4-12）计算。

当两样本为成对资料时，在置信度 $P = 1 - \alpha$ 下，两个总体平均数差数 $\mu_1 - \mu_2$ 的区间估计和点估计分别为

$$[\bar{d} - t_\alpha s_{\bar{d}}, \bar{d} + t_\alpha s_{\bar{d}}], \quad \bar{d} \pm t_\alpha s_{\bar{d}} \tag{4-22}$$

t_α 的自由度为 $df = n - 1$。

【例 4.16】 在例 4.11 中，两种处理的灰绿藜幼苗下胚轴长度数据为 $\bar{x}_1 = 1.08$，$s_1^2 = 0.00622$，$\bar{x}_2 = 1.72$，$s_2^2 = 0.03956$。在 95% 置信度下，求两种处理下灰绿藜幼苗下胚轴长度差异的区间估计。

首先计算标准误：

$$s_{\bar{x}_1 - \bar{x}_2} = \sqrt{\frac{s_1^2}{n_1} + \frac{s_2^2}{n_2}} = \sqrt{\frac{0.00622^2}{10} + \frac{0.03956^2}{10}} = 0.01266$$

查附录 C，当 $df' = 12$ 时，$t_{0.05} = 2.179$，在 95% 置信度下，两种处理幼苗下胚轴长度差异的区间估计为

$$L_1 = (\bar{x}_1 - \bar{x}_2) - t_\alpha s_{\bar{x}_1 - \bar{x}_2} = [(1.72 - 1.08) - 2.179 \times 0.01266] \text{ cm} = 0.6124 \text{ cm}$$
$$L_2 = (\bar{x}_1 - \bar{x}_2) + t_\alpha s_{\bar{x}_1 - \bar{x}_2} = [(1.72 - 1.08) + 2.179 \times 0.01266] \text{ cm} = 0.6676 \text{ cm}$$

即两种处理幼苗下胚轴长度差异有 95% 的可能在 0.6124～0.6676 cm。

【例 4.17】 对例 4.12 中两种方法测定小胸鳖甲抗冻蛋白活性的差异进行置信度为 95% 的区间估计。

已计算得：$\bar{d} = 0.004$，$s_d = 0.1205$。查附录 C，$df = 5 - 1 = 4$ 时，$t_{0.05} = 2.776$。故 DSC 法和渗透压法所测含量差异的区间估计为

$$L_1 = \bar{d} - t_\alpha s_{\bar{d}} = 0.004 - 2.776 \times 0.1205 = -0.2107$$

$$L_2 = \bar{d} + t_a s_{\bar{d}} = 0.004 + 2.776 \times 0.1205 = 0.3385$$

即 DSC 法和渗透压法所测含量差异有 95% 的可能处于 $-0.2107 \sim 0.3385$。

4.4.4 一个总体频率的估计

在置信度 $P = 1 - \alpha$ 下，对一个总体频率 p 的区间估计和点估计分别为

$$[\hat{p} - u_a \sigma_p, \hat{p} + u_a \sigma_p], \quad \hat{p} \pm u_a \sigma_p \tag{4-23}$$

当样本容量较小或者 np、nq 均小于 30，对总体频率 p 进行区间估计时，需要进行连续性矫正，这时区间估计和点估计分别为

$$\left(\hat{p} - u_a \sigma_p - \frac{0.5}{n}, \hat{p} + u_a \sigma_p + \frac{0.5}{n}\right), \quad \hat{p} \pm u_a \sigma_p \pm \frac{0.5}{n} \tag{4-24}$$

σ_p 未知时，用 s_p 来估计。

【例 4.18】 对例 4.7 中，棉花种子的总体发芽率进行置信度为 95% 的置信区间的估计。

已知 $\hat{p} = 0.77$，σ_p 未知，用 s_p 来估计 σ_p。

$$s_p = \sqrt{\hat{p}\hat{q}/n} = \sqrt{0.77(1 - 0.77)/100} = 0.0421$$

当 $\alpha = 0.05$ 时，$u_{0.05} = 1.960$。则置信度为 95% 的总体发芽率区间估计为

$$L_1 = \hat{p} - u_a s_p = 0.77 - 1.960 \times 0.0421 = 0.6875$$
$$L_2 = \hat{p} + u_a s_p = 0.77 + 1.960 \times 0.0421 = 0.8525$$

即棉花种子的总体发芽率有 95% 的把握处于区间 $(68.75\%, 85.25\%)$ 内。

4.4.5 两个总体频率差数的估计

进行两个总体频率差数 $p_1 - p_2$ 的区间估计时，需先证明两个频率有显著差异才有意义。在置信度 $P = 1 - \alpha$ 下，两总体频率差数 $p_1 - p_2$ 的区间估计和点估计分别为

$$[(\hat{p}_1 - \hat{p}_2) - u_a \sigma_{\hat{p}_1 - \hat{p}_2}, (\hat{p}_1 - \hat{p}_2) + u_a \sigma_{\hat{p}_1 - \hat{p}_2}], \quad (\hat{p}_1 - \hat{p}_2) \pm u_a \sigma_{\hat{p}_1 - \hat{p}_2} \tag{4-25}$$

在 H_0 假设条件下，$p_1 = p_2 = p$，且 p 未知时，用 $s_{\hat{p}_1 - \hat{p}_2}$ 估计 $\sigma_{\hat{p}_1 - \hat{p}_2}$。

$$s_{\hat{p}_1 - \hat{p}_2} = \sqrt{\bar{p}\bar{q}\left(\frac{1}{n_1} + \frac{1}{n_2}\right)}。$$

【例 4.19】 对例 4.13 中，RNA 干扰组和对照组棉铃虫抗药性差异进行置信度为 99% 的置信区间的估计。

已计算得 $\hat{p}_1 = 0.915$，$\hat{p}_2 = 0.710$。由于 np、nq 均大于 30，故可以用用 $s_{\hat{p}_1 - \hat{p}_2}$ 估计 $\sigma_{\hat{p}_1 - \hat{p}_2}$，无须进行连续性矫正。当 $P = 1 - \alpha = 0.99$ 时，$u_{0.01} = 2.576$。则置信度为 99% 的两组幼虫的抗药性差异的区间估计为

$$L_1 = (\hat{p}_1 - \hat{p}_2) - u_a \sigma_{\hat{p}_1 - \hat{p}_2} = (0.915 - 0.710) - 2.576 \times 0.038 = 0.107$$
$$L_2 = (\hat{p}_1 - \hat{p}_2) + u_a \sigma_{\hat{p}_1 - \hat{p}_2} = (0.915 - 0.710) + 2.576 \times 0.038 = 0.303$$

即 RNA 干扰组和对照组棉铃虫抗药性差异有 99% 的把握为 $0.107 \sim 0.303$。

习题

习题 4.1 何为假设检验？假设检验的步骤有哪些？

习题 4.2 假设检验中的两类错误有哪些？如何降低两类错误？

习题 4.3 何为双尾检验和单尾检验？如何确定其否定域？

习题 4.4 某鸡场生产一批种蛋，其孵化率为 0.78，现从该批种蛋中任选 5 枚进行孵化，试计算孵化出小鸡的各种可能情况的概率。

习题 4.5 用两种饵料喂养同一品种甲鱼，一段时间后，测得甲鱼的体重增加量（单位：g）为：A 饵料，130.5、128.9、133.8；B 饵料，147.2、149.3、150.2、151.4。试检验两种饵料间方差的同质性。

习题 4.6 测量 100 株某品种水稻株高，得到平均株高 $\bar{x} = 66.3$ cm，从以往研究中知道 $\sigma = 8.3$ cm，试分析该品种水稻平均株高与常规水稻株高 65.0 cm 有无显著性差别？并求该品种水稻的总体平均株高置信度为 95% 的置信区间。

习题 4.7 测得两品种水稻的蛋白质含量各 5 次，结果为：A 品种，16、20、15、17、22；B 品种，17、28、15、22、33。试比较两品种水稻的蛋白质含量有无显著差异。

第**5**章 次数资料的 χ^2 检验

上一章介绍的 u 检验和 t 检验等假设检验方法,是在总体为正态分布或近似正态分布的条件下,通过检验总体参数来实现由样本推断总体的目的,属于参数检验的范畴。但在实际工作中,总体的分布类型并不总是已知的,要解决不符合参数检验条件的统计推断问题,就涉及非参数检验方法。次数资料的检验就属于非参数检验的范畴,本章主要介绍次数资料 χ^2 检验的两个应用:独立性检验和适合性检验。有关非参数检验的更多内容将在第 11 章介绍。

5.1 χ^2 检验的原理

χ^2 检验(chi-square test)又称为卡方检验,是 1900 年由英国著名数理统计学家 Karl Pearson 推导出来的,该方法是处理分类变量或离散型数据的一类重要方法。分类变量或离散型数据是生物学和医学领域常见的数据类型。例如有些问题只能划分为不同性质的类别,各类别没有量的联系,如性别分为男女,愈后分为生存和死亡等;有些变量虽有量的关系,但因研究的需要也常将其按一定的标准分为不同的类别,如肝癌患者的甲胎蛋白 AFP 指标可记录为具体的数值,但也可以定性表示,以 20 ng/mL 作为临界值,大于该值记录为阳性,反之为阴性;同理,评估动物模型对某药物的反应性时,也可根据动物生理指标的变化程度分为有效和无效。χ^2 检验是处理上述分类变量资料的重要方法之一,在生物学研究领域中应用非常广泛。

5.1.1 χ^2 检验的基本原理

χ^2 检验主要是分析分类资料的观测数(O)与根据某理论分布或者之前已经建立的公认频数分布所期望的理论数(E)之间的差异显著性;也可进一步推广用于比较两个或者多个观测数的分布,比较这些差别是否由抽样误差造成。

与参数检验一样,χ^2 检验也需要构建统计量来度量观测数与理论数的差异。利用观测数与理论数差值的平方和 $\sum (O-E)^2$ 无疑能够体现这种差异,但它没有考虑理论数不同时对结果的影响。为消除理论数不同的影响,对每一项差值平方均以其理论数为标准进行标准化,然后求和,可得到检验统计量。该统计量近似服从 χ^2 分布,因此也定义为 χ^2,即

$$\chi^2 = \sum \frac{(O-E)^2}{E} \tag{5-1}$$

检验的零假设为 $H_0:O=E$,备择假设为 $H_A:O\neq E$。计算出 χ^2 统计量并与相应自由度下的 χ^2 临界值进行比较,确定接受还是否定 H_0,并作出观测数与理论数的差别是否具有统计学意义的推断。

临界值通常用概率 0.05 或 0.01 对应的 χ^2 值,即检验的显著水平为 $\alpha=0.05$ 或 $\alpha=0.01$;推断时按右尾检验进行,$\chi^2 > \chi_\alpha^2$ $(P<\alpha)$ 时否定 H_0,接受 H_A;反之,$\chi^2 < \chi_\alpha^2$ $(P>\alpha)$ 时接受 H_0,否定 H_A。

5.1.2 χ^2 检验的应用条件

χ^2 检验的应用条件如下:

(1) 次数资料的 χ^2 检验是基于近似的 χ^2 分布建立的,因此要求所得样本必须是随机抽样获得的,并要确保样本的代表性及对实验的良好控制。

(2) 用 χ^2 检验法对连续型数据进行检验时,需将其进行分组计数后才能进行。

(3) 在频率或者构成比的分布类型已知时,根据中心极限定理,数据近似服从正态分布,可用参数检验方法进行检验。但总体的分布未知时,就只能用 χ^2 检验了。

(4) χ^2 检验是一类非参数检验,同其他非参数检验方法一样,其检验效率比较低。在相同条件下,容易犯第Ⅱ类错误,即不容易发现实际存在的统计学上的差异。因此在具备参数检验的条件时,还是首选参数检验方法。但是 χ^2 检验具有原理简单、计算简便、容易理解的特点,对于只能以计数形式表现的数据类型,χ^2 检验最为常用。

(5) 当自由度 $df=1$ 时,χ^2 需要进行连续性矫正:

$$\chi_c^2 = \sum \frac{(|O-E|-0.5)^2}{E} \tag{5-2}$$

(6) χ^2 检验要求样本容量大于 40,否则需要用精确概率法计算概率。

(7) χ^2 检验一般要求理论数不小于 5。在理论数小于 5 时,其数量不能超过数据总数的 20%,否则对数据进行归并处理。

次数资料的 χ^2 检验有两种类型:独立性检验和适合性检验。独立性检验用于分析两个或多个因素之间是否有关联,适合性检验用于分析观测数分布是否符合某种理论分布。

下面先介绍 χ^2 独立性检验。

5.2 独立性检验

独立性检验(independence test)用于分析两个或多个因素之间是否有关联。例如,研究注射疫苗与流感发生两个因素是否相关,可以通过比较流感发生频数在注射组与不注射组的分布,推断两个因素的相关性。但需注意,如果试验结果以有序的分组变量表示时,例如,药物疗效分为无效、有效、显效、控制,反应程度分为Ⅰ、Ⅱ、Ⅲ、Ⅳ级等,即资料为有序的等级数据时,不能用独立性检验法进行检验。独立性检验的数据通常以列联表的形式给出。

5.2.1 2×2 列联表的检验

2×2 列联表,又称四格表,是 χ^2 检验中最简单的类型。设 A、B 是一个随机试验中的两个事件,其中事件 A 可能出现 r_1、r_2 两类结果,事件 B 可能出现 c_1、c_2 两类结果,两个因子相互作用形成 4 个数据,用 O_{11}、O_{12}、O_{21}、O_{22} 表示,表 5-1 为 2×2 列联表的一般格式。

表 5-1　2×2 列联表的一般格式

(i) \ (j)	c_1	c_2	总　和
r_1	O_{11}	O_{12}	$R_1 = O_{11} + O_{12}$
r_2	O_{21}	O_{22}	$R_2 = O_{21} + O_{22}$
总和	$C_1 = O_{11} + O_{21}$	$C_2 = O_{12} + O_{22}$	T

基于事件 A 和事件 B 相互独立的假设,可以计算出各组的理论数:

$$E_{ij} = \frac{R_i C_j}{T} \quad (i = 1, 2, j = 1, 2) \tag{5-3}$$

χ^2 分布的自由度 $df = (r-1)(c-1)$,r、c 分别为列联表的行数和列数。对于 2×2 列联表,由于自由度为 1,所以计算 χ^2 值时需要进行连续性矫正。

【例 5.1】　研究某暴露因素与某疾病发生的关系,研究者对 120 人进行了调查,其中患病人数为 54,非患病人数为 66,患者中 37 人有暴露史,非患者中 13 人有暴露史,请问:该暴露因素是否与该病的发生相关?

将调查结果列成 2×2 列联表,并根据式(5-2)计算各理论数,见表 5-2。

表 5-2　某暴露因素对某疾病发生的关系

	患　病	非　患　病	合　计
暴露	37(22.5)	13(27.5)	50
非暴露	17(31.5)	53(38.5)	70
合计	54	66	120

(1) 零假设 H_0:该暴露因素与患该病无关(暴露组与非暴露组患病率相同)。备择假设 H_A:该暴露因素与患该病相关(暴露组与非暴露组患病率不同)。

(2) 确定显著水平:$\alpha = 0.05$。

(3) 检验计算:

$$\chi^2 = \frac{(|37 - 22.5| - 0.5)^2}{22.5} + \frac{(|13 - 27.5| - 0.5)^2}{27.5}$$
$$+ \frac{(|17 - 31.5| - 0.5)^2}{31.5} + \frac{(|53 - 38.5| - 0.5)^2}{38.5} = 27.152$$

自由度 $df = 1$,查附录 D 得,$\chi^2_{0.05} = 3.842$,$\chi^2 > \chi^2_{0.05}$,$P < 0.05$。

(4) 推断:否定 H_0,接受 H_A。即认为暴露组与非暴露组患病率不同,患该病与该暴露因素有关。

【例 5.2】　用 A、B 两种方法检查已确诊的乳腺癌患者 140 名,A 法检出率为 65%,B 法检出率为 55%,详细检出结果见表 5-3,问:两种检测方法的确诊率是否相同?

将调查结果列成 2×2 列联表,并根据式(5-2)计算各理论数,见表 5-3。

表 5-3　两种方法乳腺癌检出率的比较

		B 法		合　计
		+	-	
A 法	+	56(50.05)	35(40.95)	91
	-	21(26.95)	28(22.05)	49
合计		77	63	140

（1）零假设 H_0：两种方法的确诊率相同。备择假设 H_A：两种方法的确诊率不同。

（2）确定显著水平：$\alpha = 0.05$。

（3）检验计算：

$$\chi^2 = \frac{(|56-50.05|-0.5)^2}{50.05} + \frac{(|35-40.95|-0.5)^2}{40.95}$$

$$+ \frac{(|21-26.95|-0.5)^2}{26.95} + \frac{(|28-22.05|-0.5)^2}{22.05} = 3.768$$

自由度 $df=1$，查附录 D 得，$\chi^2_{0.05} = 3.842$，$\chi^2 < \chi^2_{0.05}$，$P > 0.05$。

（4）推断：接受 H_0，否定 H_A。即认为两种确诊乳腺癌的方法检出率相同。

5.2.2　$r \times c$ 列联表的检验

2×2 列联表数据为 2 行 2 列，如果列联表有 r 行 c 列，则为 $r \times c$ 列联表，其一般形式如表 5-4 所示。

表 5-4　$r \times c$ 列联表的一般格式

(i) ＼ (j)	1	2	…	c	总　和
1	O_{11}	O_{12}	…	O_{1c}	R_1
2	O_{21}	O_{22}	…	O_{2c}	R_2
⋮	⋮	⋮	⋮	⋮	⋮
r	O_{r1}	O_{r2}	…	O_{rc}	R_r
总和	C_1	C_2	…	C_c	T

基于事件 A 和事件 B 相互独立的假设，可以计算出各组的理论数：

$$E_{ij} = \frac{R_i C_j}{T} \quad (i=1,2,\cdots,r,\ j=1,2,\cdots,c) \tag{5-4}$$

χ^2 分布的自由度 $df=(r-1)(c-1)$。$r \times c$ 列联表的检验方法和 2×2 列联表的检验类似，由于自由度 $df=(r-1)(c-1)>1$，所以计算统计量 χ^2 时不需进行连续性矫正。

【例 5.3】为探讨自身免疫性肝炎（AIH）的发病机制，对 rs SNP 与 AIH 发病之间的关系进行研究，检测结果如表 5-5 所示。问：rs SNP 与 AIH 的发病是否相关？

表 5-5　rs SNP 与 AIH 发病的 2×3 列联表

组别	rs SNP			合　计
	AA	AG	GG	
AIH	10(3.33)	26(19.54)	41(54.13)	77
对照	13(19.67)	109(115.46)	333(319.87)	455
合计	23	135	374	532

根据式（5-3）计算各理论数，见表 5-5。有 1 个理论数小于 5，不超过 20%，可正常进行 χ^2 检验。

（1）零假设 H_0：rs SNP 与 AIH 的发病无关（AIH 患者和对照的 rs SNP 分布相同）。备择假设 H_A：rs SNP 与 AIH 的发病相关（AIH 患者和对照的 rs SNP 分布不全相同）。

（2）确定显著水平：$\alpha=0.05$。

（3）检验计算：

$$\chi^2 = \frac{(10-3.33)^2}{3.32} + \frac{(26-19.54)^2}{19.54} + \frac{(41-54.13)^2}{54.13} + \frac{(13-19.67)^2}{19.7}$$

$$+ \frac{(109-115.46)^2}{115.46} + \frac{(333-319.87)^2}{319.87} = 21.853$$

自由度 $df=(2-1)(3-1)=2$，查附录 D 得，$\chi^2_{0.05}=5.992$，$\chi^2>\chi^2_{0.05}$，$P<0.05$。

（4）推断：否定 H_0，接受 H_A。即认为 AIH 患者和健康对照的 rs SNP 分布不全相同，rs SNP 与 AIH 的发病相关。

【例 5.4】 某矿职工医院探讨矽肺不同期次患者的胸部平片肺门密度变化，把 492 名患者的资料归纳如表 5-6 所示。问：矽肺患者肺门密度的增加与矽肺的期次有无关系？

表 5-6 矽肺患者肺门密度与矽肺期次的 3×3 列联表

矽肺期次	肺门密度			合　计
	+	++	+++	
Ⅰ	43(24.9)	188(149.9)	14(70.2)	245
Ⅱ	1(17.2)	96(103.4)	72(48.4)	169
Ⅲ	6(7.9)	17(47.7)	55(22.4)	78
合计	50	301	141	492

根据式（5-3）计算各理论数，见表 5-6。

（1）零假设 H_0：矽肺患者肺门密度的增加与矽肺的期次无关。备择假设 H_A：矽肺患者肺门密度的增加与矽肺的期次有关。

（2）确定显著水平：$\alpha=0.05$。

（3）检验计算：

$$\chi^2 = \frac{(43-24.9)^2}{24.9} + \frac{(188-149.9)^2}{149.9} + \frac{(14-70.2)^2}{70.2} + \frac{(1-17.2)^2}{17.2} + \frac{(96-103.4)^2}{103.4}$$

$$+ \frac{(72-48.4)^2}{48.4} + \frac{(6-7.9)^2}{7.9} + \frac{(17-47.7)^2}{47.7} + \frac{(55-22.4)^2}{22.4} = 163.007$$

自由度 $df=(3-1)(3-1)=4$，查附录 D 得，$\chi^2_{0.05}=9.488$，$\chi^2>\chi^2_{0.05}$，$P<0.05$。

（4）推断：否定 H_0，接受 H_A。即认为矽肺患者肺门密度的增加与矽肺的期次有关系。

若需进一步比较 $r×c$ 列联表内组间的差异，可将 $r×c$ 列联表做成多个 $2×c$ 列联表进行检验。

5.2.3 列联表的精确概率法

列联表 χ^2 检验要求样本容量必须大于 40，样本容量较小时应用 Fisher 精确概率法进行检验。该方法由 F.A.Fisher 于 1934 年提出，不属于 χ^2 检验的范畴，但是 χ^2 检验有益的补充。精确概率法的 2×2 列联表的数据表示方法如表 5-7 所示。精确概率法的基本思路是：在周边合计（$a+b$、$c+d$、$a+c$、$b+d$）不变的条件下，用公式计算表内数据的各种组合的概率。组合的个数为周边合计中最小值加 1。假设 $a+b$ 最小，则组合如表 5-8 所示。

表 5-7　精确概率法的 2×2 列联表数据

a	b	$a+b$
c	d	$c+d$
$a+c$	$b+d$	N

表 5-8　精确概率法计算概率的组合

组合(i)	a_i	b_i	c_i	d_i	$a_i d_i - b_i c_i$
1	0	$a+b$	$a+c$	$d-a$	$-(a+b)(a+c)$
2	1	$a+b-1$	$a+c-1$	$d-a+1$	$(d-a+1)-(a+b-1)(a+c-1)$
⋮	⋮	⋮	⋮	⋮	⋮
$a+1$	a	b	c	d	$ad-bc$
⋮	⋮	⋮	⋮	⋮	⋮
$a+b$	$a+b-1$	1	$c-b+1$	$b+d-1$	$(a+b-1)(b+d-1)-(c-b+1)$
$a+b+1$	$a+b$	0	$c-b$	$b+d$	$(a+b)(c+d)$

每一组合概率的计算方法为

$$P_i = \frac{(a_i+b_i)!(a_i+c_i)!(c_i+d_i)!(b_i+d_i)!}{a_i!b_i!c_i!d_i!N!} \tag{5-5}$$

检验时计算出各组合对应概率 P_i，将实际频数分布的概率与比该情况更极端的频数分布（$|a_i d_i - b_i c_i| \geqslant |ad-bc|$）的概率累加（累积概率 $P = \sum P_i$），如果所得概率 P 大于显著水平（如 $\alpha=0.05$），则认为该观测数分布为大概率事件，接受零假设；否则，否定零假设，接受备择假设。

概率累积的方法与进行双尾检验还是单尾检验有关。进行双尾检验时，进行两侧的概率累加，进行单尾检验时，只进行一侧的概率累加（$ad-bc>0$ 时，累加 $a_i d_i - b_i c_i \geqslant ad-bc$ 一侧；$ad-bc<0$ 时，累加 $a_i d_i - b_i c_i \leqslant ad-bc$ 一侧）。

【例 5.5】 为研究 53$BP2$ 基因对肿瘤易感性的影响，建立了该基因的基因敲除小鼠，其等位基因杂合型（−/＋）和野生型（＋/＋）小鼠在接受 γ 射线照射之后的肿瘤发生情况记录如表 5-9 所示。问：该基因是否影响小鼠对肿瘤的易感性？

表 5-9　53$BP2$ 基因与小鼠肿瘤易感性的关系

	肿瘤	无瘤	合计
野生型	3	16	19
杂合型	9	10	19
合计	12	26	38

计算各种组合的概率，如表 5-10 所示。进行双尾检验，$ad-bc=-114$。

（1）零假设 H_0：该基因与小鼠对肿瘤的易感性无关。备择假设 H_A：该基因与小鼠对肿瘤的易感性相关。

（2）确定显著水平：$\alpha=0.05$。

（3）计算概率：

$$P = (P_1+P_2+P_3+P_4)+(P_{10}+P_{11}+P_{12}+P_{13}) = 0.0778$$

（4）推断：$P>\alpha$，接受 H_0。即认为该基因的不同基因型小鼠肿瘤发生率相同，该基因与小鼠肿瘤的易感性无关。

表 5-10　精确概率法各种组合的概率计算

i	a	b	c	d	$ad-bc$	P_i
1	0	19	12	7	-228	0.0000
2	1	18	11	8	-190	0.0005
3	2	17	10	9	-152	0.0058
4	3	16	9	10	-114	0.0331
5	4	15	8	11	-76	0.1082
6	5	14	7	12	-38	0.2164
7	6	13	6	13	0	0.2719
8	7	12	5	14	38	0.2164
9	8	11	4	15	76	0.1082
10	9	10	3	16	114	0.0331
11	10	9	2	17	152	0.0058
12	11	8	1	18	190	0.0005
13	12	7	0	19	228	0.0000
合计					0	1.0000

5.3　适合性检验

　　适合性检验(test of goodness of fit)是 χ^2 检验应用的另一种类型,检验实际的观测数与通过某一理论模型计算所得理论数是否相符,相当于 $1\times c$ 列联表的 χ^2 检验,也称为单因素离散型数据的 χ^2 检验。

　　对参数的假设检验总是假定对照总体的分布属于某个确定的类型(如正态分布),从而对研究总体的未知参数(如平均数、方差)进行假设检验。因此,知道一个总体的概率分布十分重要。有时可以根据对事物本质的分析,利用概率论的知识给予回答。但是在多数情况下,只能从样本数据中发现规律,判断总体的分布,这就是所谓的拟合问题。

　　如研究人员获得了 100 个实验数据,在对该组数据进行参数检验之前,首先需要判断该组数据是否符合正态分布,这就可以通过 χ^2 适合性检验来实现。有时候需要将观测数分布与某一公认的理论数分布进行比较,如已知小鼠雄性和雌性出生性别的频数分布比为 1:1,研究者想检验某一种系小鼠的出生性别是否符合该理论数分布,这也是 χ^2 适合性检验的一个例子。χ^2 适合性检验的统计量与独立性检验的 χ^2 相同,也是通过比较观测数与理论数的差异大小作出推断。下面以正态分布和二项分布的适合性检验为例来说明适合性检验的过程。

5.3.1　正态分布的适合性检验

　　在对连续型变量进行 χ^2 适合性检验时,首先要将全部观测值划分为 k 类,整理成频数表,然后根据正态分布计算各组的理论数,最后比较观测数与理论数之间的差异。若差异显著,说明观测数不符合该理论分布;反之,则认为符合该理论分布。

理论数的计算步骤如下：

(1) 编制频数分布表：χ^2检验要求各组理论数不小于 5,不满足要求时需对相邻的组进行合并；

(2) 计算各组的理论数：对各组上下限进行标准化,计算各组段的正态分布概率,然后根据概率和观测总次数计算理论数。

自由度 $df=k-1-r$,其中,k 为数据分组数,r 为利用样本估计的总体参数的个数。当总体参数 μ 和 σ 均已知时,$r=0$;当总体参数 μ 和 σ 均未知时,$r=2$。

【例 5.6】 某农业技术推广站为了考察某种大麦穗长的分布情况,随机抽取 100 个麦穗,测得长度(cm)及频数如表 5-11 所示,穗长均值为 6.02 cm,标准差为 0.613 cm。检验麦穗长度是否服从正态分布。

表 5-11　大麦穗长频数分布表

分组	3.95~ 4.25	4.25~ 4.55	4.55~ 4.85	4.85~ 5.15	5.15~ 5.45	5.45~ 5.75	5.75~ 6.05	6.05~ 6.35	6.35~ 6.65	6.65~ 6.95	6.95~	合计
频数	1	1	2	4	10	14	17	23	13	10	5	100

原始数据已整理成频数分布表(表 5-11)。由于 χ^2 检验要求理论数不小于 5,需对前 4 组观测数进行合并。

对各组组限 x_i 进行标准化,得标准限值 u_i。由于 μ 与 σ 未知,用样本均数(6.02)与标准差(0.613)代替。

查附录 A 得各标准限值 u_i 对应的正态分布的累积概率 $\Phi(u_i)$,根据累积概率 $\Phi(u_i)$ 计算各组的概率 P_i,然后计算各组的理论数(表 5-12,χ^2 各分量已列入表中)。

表 5-12　正态分布理论数的计算

分　　组	观测数(O_i)	限值(x_i)	标准限值(u_i)	累积概率 $\Phi(u_i)$	组段概率(P_i)	理论数(E_i)	χ^2
~5.15	8	$-\infty$		0.0000	0.0779	7.79	0.0056
5.15~5.45	10	5.15	-1.4192	0.0779	0.0983	9.83	0.0029
5.45~5.75	14	5.45	-0.9299	0.1762	0.1536	15.36	0.1201
5.75~6.05	17	5.75	-0.4405	0.3298	0.1897	18.97	0.2048
6.05~6.35	23	6.05	0.0489	0.5195	0.1853	18.53	1.0777
6.35~6.65	13	6.35	0.5383	0.7048	0.1431	14.31	0.1205
6.65~6.95	10	6.65	1.0277	0.8480	0.0874	8.74	0.1810
6.95~	5	6.95	1.5171	0.9354	0.0646	6.46	0.3307
		$+\infty$		1.0000			

(1) 零假设 H_0:麦穗长度服从正态分布。备择假设 H_A:麦穗长度不服从正态分布。

(2) 确定显著水平:$\alpha=0.05$。

(3) 检验计算:

$$\chi^2 = \sum \frac{(O-E)^2}{E} = 2.0433$$

由于总体参数未知,自由度 $df=k-1-r=8-1-2=5$。查附录 D 得,$\chi^2_{0.05}=11.071$,$P>0.05$。

(4) 推断:接受 H_0。即认为该种麦穗长度服从正态分布。

5.3.2 二项分布的适合性检验

遗传学上,经常需要回答某一遗传性状是否受一对等位基因的控制,该性状在后代的分离比例是否符合自由组合规律等问题。一些遗传学实验的结果为两种互斥的情况之一,例如孟德尔实验中豌豆子叶的颜色为黄色或绿色,新生婴儿为男孩或女孩,而根据遗传学的规律,出现不同表型的概率是确定的。这些都符合二项分布的特点。下面就以遗传学上的例子来具体说明二项分布的适合性检验的步骤。

二项分布适合性检验的理论数通过理论分布的比例进行计算。由于分布的比例是确定的,不存在参数的估计,所以自由度 $df=k-1$。需要注意,当自由度 $df=1$ 时,计算统计量时需要进行连续性矫正。

【例 5.7】 在孟德尔杂交实验中,纯合的黄圆豌豆($Y\_R\_$)和绿皱豌豆($yyrr$)杂交后,F_1 代仅表现为黄圆($YyRr$),F_1 代自交所得 F_2 代各种表型的数目如表 5-13 所示,问:黄绿和圆皱表型是否符合基因的独立分配定律?

表 5-13 实验数据及统计量计算表

表 型	黄圆($Y\_R\_$)	黄皱(Y_rr)	绿圆($yyR\_$)	绿皱($yyrr$)	合 计
O_i	315	101	108	32	556
P_i	9/16	3/16	3/16	1/16	1
E_i	312.75	104.25	104.25	34.75	556
χ^2	0.016	0.101	0.135	0.218	0.470

F_1 代仅有黄圆一种表型,说明黄圆为显性性状,绿皱为隐性性状。根据基因的独立分配定律,F_2 代出现的 4 种不同表型的比例为:$Y\_R\_ : Y\_rr : Y\_rr : Y\_R\_ = 9 : 3 : 3 : 1$。

(1) 零假设 H_0:黄圆和绿皱豌豆杂交 F_2 代的表型符合基因的独立分配定律(9:3:3:1)。备择假设 H_A:黄圆和绿皱豌豆杂交 F_2 代的表型不符合基因的独立分配定律(9:3:3:1)。

(2) 确定显著水平:$\alpha = 0.05$。

(3) 检验计算:

$$\chi^2 = \sum \frac{(O_i - E_i)^2}{E_i} = 0.016 + 0.101 + 0.135 + 0.218 = 0.470$$

自由度 $df = k-1 = 4-1 = 3$,查附录 D 得,$\chi^2_{0.05} = 7.815$,$\chi^2 < \chi^2_{0.05}$,$P>0.05$。

(4) 推断:接受 H_0。即认为黄圆和绿皱豌豆杂交实验的表型符合基因的独立分配定律。

习题

习题 5.1 次数资料 χ^2 检验需满足哪些条件?检验中如何计算自由度 df?

习题 5.2 用两种方法检查已确诊的血铬阳性患者 300 人。用 FIA-化学发光法检出阳性 168 人,用电热原子吸收法检出阳性 144 人,两种方法同时检出阳性 90 人。问:两种方法的检出结果有无差异?

习题 5.3 用某化学物质诱发肿瘤试验,试验组的 15 只白鼠中有 4 只发生癌变,对照组的 15 只白鼠均未发生癌变。问:两组白鼠的癌变率有无差别?

第**6**章　　方差分析

前面介绍过两个样本平均数差数的 t 检验法,但当需要比较的样本平均数扩展为三个或更多时,如果用多次 t 检验,不仅费时费力,犯第Ⅰ类错误的概率也会大幅提高,需要寻找一种新的更为有效的方法。英国统计学家 R.A.Fisher 于 1923 年提出了方差分析(analysis of variance,ANOVA)方法来解决两个以上样本平均数差异显著性的检验问题。

与 t 检验不同,方差分析将全部观测值作为一个整体来看待,把数据的变异总量分解为不同变异原因引起的若干部分,比如处理分量和误差分量,然后进行 F 检验,判断处理的变异是否显著地大于随机误差引起的变异,从而在全局高度来判断试验处理是否显著有效。

方差分析实质上是关于观测值变异源的数量分析,不仅适用于单因素试验,也适用于两个或以上因素及综合性试验设计得到的试验结果,具有强大的分析各因素的主效应、交互作用以及误差效应的功能;方差分析还能与回归分析结合使用,分析初始条件对处理效应的影响,使检验的效率得到极大提高。

6.1 方差分析的原理与步骤

6.1.1 方差分析的相关术语

(1)试验指标(index):在试验中为研究某个效应具体测定的性状或观测的项目。如葡萄或柑橘鲜果贮藏后的失重、生物个体的月增重、作物的产量等。

(2)试验因素(factor):试验中人为设置的影响试验指标的因素。如对葡萄的涂膜处理、对患者的给药等。考察的因素只有一个时,称为单因素试验;同时研究两个或以上的因素对试验指标的影响时,则称为两因素或多因素试验。试验因素常用大写字母 A、B、C 等表示。

(3)试验水平(level):试验因素所处的某种特定状态或数量等级。如药物处理为 A 因素,设有 0 mg/mL、10 mg/mL、20 mg/mL 和 30 mg/mL 4 个不同浓度,每一个浓度就是一个水平,分别用 A_1、A_2、A_3、A_4 表示;时间处理为 B 因素,设有 0 h、2 h 和 4 h 3 个不同的时长,每一个时长就是一个水平,分别用 B_1、B_2、B_3 表示。

(4)试验处理(treatment):实施在试验材料上的具体项目称为试验处理,简称处理。单因素试验的一个水平就是一个处理,两因素以上的试验中,各因素的一个水平组合就是一个处理,如上述研究药物和时间两因素试验,就会有 A_1B_1,A_1B_2,$\cdots$,A_4B_3 共 12 个处理。

(5)试验单位(unit):试验中接受不同试验处理的独立的试验材料,也称试验载体。如一只小鼠、一个植株、一份鲜果样品等。

（6）重复（repetition）：同一试验处理实施的试验单位数。需要指出，重复是指统计学意义上的重复，即不同试验单位的重复，如 3 只动物、5 份果样、4 个小区等。同一个样品的多次重复测定属于技术重复，不是统计学意义上的重复。科学研究中，往往是试验方案的全部处理成批地重复实施，安排每个重复批次的试验单位群体称为区组。

（7）效应（effect）：对试验单位施加试验处理而引起的试验指标的改变，同一因素不同水平表现出来的单独作用称为主效应（main effect），或称简单效应（simple effect）。如因施肥而引起的作物产量增加，使用保鲜膜减少鲜果水分的散失量等。

（8）互作（interaction）：多因素试验中，两个及以上因素间相互促进或相互抑制所产生的新效应，即不能用各因素主效应解释的试验指标的改变部分，称为交互作用，简称互作。如同时给作物施肥和浇水，施肥和浇水各有其主效应，但增产量并不一定与施肥和浇水的主效应符合，相差的部分就是水肥的互作。互作可能是正效应，也可能是负效应或不明显。仅由两个因素共同作用产生的互作称为一级互作，三个因素共同作用产生的互作称为二级互作，以此类推。

6.1.2　方差分析的基本思路

通过试验获得一批数据，可以计算其总平均数，也可以计算不同处理的平均数，每一个观测值与总平均数间的差异是数据的总变异，同一处理的每一观测值与该处理平均数间的差异称为组内变异，不同处理平均数间的差异称为组间变异。直观上理解，组内变异是由随机误差引起的，而组间变异是由随机误差和处理效应共同引起的。如果不存在处理效应，则组间变异与组内变异会比较接近；如果存在处理效应，则组间变异会明显大于组内变异。

方差分析就是通过将数据的总变异分解为组间变异和组内变异，然后比较、检验组间变异相对于组内变异的悬殊程度。通常用方差 s^2 描述数据的变异性，方差比衡量两者的悬殊程度，且由于两个方差之比服从 F 分布，故可用 F 检验法检验组间变异和组内变异的比值是否显著。

F 检验是全局性的分析，当处理效应显著后，需在统一的误差背景（使用同一个标准误）下进行平均数间的多重比较，以确定任意两个平均数间的差异显著性。

6.1.3　方差分析的数学模型

设有 k 个处理，每个处理有 n 次重复的试验，共获得 kn 个观测数据，其数据可列为表 6-1 所示的一般形式，其中 x_{ij} 为第 i 个处理、第 j 次重复的观测值。

表 6-1　方差分析数据的一般形式

处　　理	观　　测　　值						总和 T_i	平均值 x_i
A_1	x_{11}	x_{12}	$\cdots$	x_{1j}	$\cdots$	x_{1n}	T_1	x_1
A_2	x_{21}	x_{22}	$\cdots$	x_{2j}	$\cdots$	x_{2n}	T_2	x_2
$\vdots$	$\vdots$	$\vdots$	$\vdots$	$\vdots$	$\vdots$	$\vdots$	$\vdots$	$\vdots$
A_i	x_{i1}	x_{i2}	$\cdots$	x_{ij}	$\cdots$	x_{in}	T_i	x_i
$\vdots$	$\vdots$	$\vdots$	$\vdots$	$\vdots$	$\vdots$	$\vdots$	$\vdots$	$\vdots$
A_k	x_{k1}	x_{k2}	$\cdots$	x_{kj}	$\cdots$	x_{kn}	T_k	x_k

k 组数据相当于从 k 个总体获得的随机样本,各有一个总体平均数 μ_i,如果用 ε_{ij} 表示观测值的随机误差,则

$$x_{ij} = \mu_i + \varepsilon_{ij} \tag{6-1}$$

其中,$i=1,2,\cdots,k$;$j=1,2,\cdots,n$。如果令 $\mu=\dfrac{\sum \mu_i}{k}$,$\alpha_i=\mu_i-\mu$,则

$$x_{ij} = \mu + \alpha_i + \varepsilon_{ij} \tag{6-2}$$

其中,μ 表示全部观测值的总体平均数;α_i 是第 i 组的处理效应,表示对该组观测值产生的影响,显然有 $\sum \alpha_i = 0$。ε_{ij} 是随机误差,相互独立且服从正态分布 $N(0,\sigma^2)$。

对式(6-2)进行移项,得

$$x_{ij} - \mu = \alpha_i + \varepsilon_{ij} \tag{6-3}$$

可见数据的变异由处理效应和随机误差两部分组成。如果用样本统计数来表示,式(6-2)可表示为

$$x_{ij} = \bar{x} + a_i + e_{ij} \tag{6-4}$$

其中,a_i 是第 i 组的处理效应,e_{ij} 是随机误差。

6.1.4　方差分析的步骤

方差分析是将总变异分解为组间变异的方差和组内变异的方差,并通过 F 检验推断处理效应是否显著的过程,而方差是通过平方和与自由度计算出来的,所以方差分析首先需要进行平方和与自由度的分解。具体步骤如下。

1.平方和的分解

为了方便表述,用 $\bar{x}.$ 表示全部观测值的平均数,$\bar{x}_i$ 表示第 i 组的平均值,T 表示全部观测值的总和,T_i 表示第 i 组的和。

全部观测值的总变异的平方和称为总平方和,记为 SS_T,即

$$SS_T = \sum_{i=1}^{k}\sum_{j=1}^{n}(x_{ij}-\bar{x}.)^2 \tag{6-5}$$

因为

$$\sum_{i=1}^{k}\sum_{j=1}^{n}(x_{ij}-\bar{x}.)^2 = \sum_{i=1}^{k}\sum_{j=1}^{n}[(\bar{x}_i-\bar{x}.)+(x_{ij}-\bar{x}_i)]^2$$

$$= \sum_{i=1}^{k}\sum_{j=1}^{n}[(\bar{x}_i-\bar{x}.)^2+2(\bar{x}_i-\bar{x}.)(x_{ij}-\bar{x}_i)+(x_{ij}-\bar{x}_i)^2]$$

$$= \sum_{i=1}^{k}\sum_{j=1}^{n}(\bar{x}_i-\bar{x}.)^2+2\sum_{i=1}^{k}\sum_{j=1}^{n}(\bar{x}_i-\bar{x}.)(x_{ij}-\bar{x}_i)+\sum_{i=1}^{k}\sum_{j=1}^{n}(x_{ij}-\bar{x}_i)^2$$

$$= \sum_{i=1}^{k}\sum_{j=1}^{n}(\bar{x}_i-\bar{x}.)^2+2\sum_{i=1}^{k}(\bar{x}_i-\bar{x}.)\sum_{j=1}^{n}(x_{ij}-\bar{x}_i)+\sum_{i=1}^{k}\sum_{j=1}^{n}(x_{ij}-\bar{x}_i)^2$$

且 $\sum_{j=1}^{n}(x_{ij}-\bar{x}_i)=0$,所以

$$\sum_{i=1}^{k}\sum_{j=1}^{n}(x_{ij}-\bar{x}.)^2 = \sum_{i=1}^{k}\sum_{j=1}^{n}(\bar{x}_i-\bar{x}.)^2+\sum_{i=1}^{k}\sum_{j=1}^{n}(x_{ij}-\bar{x}_i)^2 \tag{6-6}$$

其中,$\sum_{i=1}^{k}\sum_{j=1}^{n}(\bar{x}_i-\bar{x}.)^2$ 为各组平均数与总平均数间的离差平方和,称为处理平方和或组间

平方和,反映不同处理之间的变异,记为 SS_t。即

$$SS_t = \sum_{i=1}^{k} \sum_{j=1}^{n} (\bar{x}_i - \bar{x}.)^2 = n \sum_{i=1}^{k} (\bar{x}_i - \bar{x}.)^2 \tag{6-7}$$

$\sum_{i=1}^{k} \sum_{j=1}^{n} (x_{ij} - \bar{x}_i)^2$ 为各组内观测值与该组的平均数间离差平方和的总和,简称误差平方和或组内平方和,反映随机误差引起的变异,记为 SS_e。即

$$SS_e = \sum_{i=1}^{k} \sum_{j=1}^{n} (x_{ij} - \bar{x}_i)^2 \tag{6-8}$$

式(6-6)可以简写为:$SS_T = SS_t + SS_e$。由于实际计算时误差平方和是总平方和减去处理平方和后的剩余部分,所以也称剩余平方和,即误差平方和可以这样计算:

$$SS_e = SS_T - SS_t \tag{6-9}$$

平方和也可以不计算平均数直接用原始数据计算,这时需先计算矫正数:$C = T^2/(kn)$。即

$$SS_T = \sum \sum x_{ij}^2 - C \tag{6-10}$$

$$SS_t = \frac{1}{n} \sum T_i^2 - C \tag{6-11}$$

2.自由度的分解

计算总平方和时,各个观测值受 $\sum_{i=1}^{k} \sum_{j=1}^{n} (x_{ij} - \bar{x}.) = 0$ 的约束,所以总自由度

$$df_T = kn - 1 \tag{6-12}$$

计算处理平方和时,各组平均数 $\bar{x}_i$ 受 $\sum_{i=1}^{k} (\bar{x}_i - \bar{x}.) = 0$ 的约束,所以处理自由度

$$df_t = k - 1 \tag{6-13}$$

误差平方和是各组离差平方和的总和,计算时受 k 个 $\sum_{j=1}^{n} (x_{ij} - \bar{x}_{i.}) = 0$ 的约束,故误差自由度

$$df_e = k(n-1) \tag{6-14}$$

总自由度是处理自由度与误差自由度之和,所以误差自由度也可以这样计算:

$$df_e = df_T - df_t$$

自由度的分解看起来简单却非常有用。在利用统计软件进行方差分析时,可以通过检查自由度是否正确而对统计软件分析的结果加以验证。总平方和、总自由度的可分解性,或反过来叫各分量平方和、各分量自由度的可加性,就是 R.A.Fisher 创建方差分析方法时发现的规律,是方差分析原理的核心内容,和后面的可加性假定不一样。

3.均方和 F 统计量的计算

平方和与自由度分解完成后,根据各自的平方和及自由度计算均方(就是方差,方差分析中习惯称为均方,记为 MS)。即处理均方 MS_t 和误差均方 MS_e 分别为

$$MS_t = \frac{SS_t}{df_t} \tag{6-15}$$

$$MS_e = \frac{SS_e}{df_e} \tag{6-16}$$

误差均方 MS_e 实质上是各组内方差按自由度算得的加权平均数,所以也称为合并方差。

进行 F 检验时，F 统计量为处理均方和误差均方之比。即

$$F = \frac{MS_t}{MS_e} \tag{6-17}$$

进行两个样本方差的同质性检验时要求用大方差做分子、小方差做分母，但在方差分析中始终是用处理均方做分子、误差均方做分母。如果处理均方小于误差均方，则直接推断处理效应（平均数间的差异）不显著。

4.方差分析表

列表表示上述各计算结果，即为方差分析表。方差分析表的一般形式如表 6-2 所示。

表 6-2 方差分析表的一般形式

变异源	平方和 SS	自由度 df	均方 MS	F
处理（组间）	$SS_t = \sum(T_i^2/n) - C$	$df_t = k-1$	$MS_t = SS_t/df_t$	$F = MS_t/MS_e$
误差（组内）	$SS_e = SS_T - SS_t$	$df_e = k(n-1)$	$MS_e = SS_e/df_e$	
总变异	$SS_T = \sum\sum x_{ij}^2 - C$	$df_T = kn-1$		

方差分析表除上述已有计算结果外，有时还列出第一自由度 df_t、第二自由度 df_e 的 $F_{0.05}$ 和 $F_{0.01}$ 临界值，以便与 F 值比较。如果 $F > F_{0.05}$，在 F 值右上角标"*"；如果 $F > F_{0.01}$，在 F 值右上角标"**"；如果 $F < F_{0.05}$，则不做任何标记。

【例 6.1】 使用白芨胶为葡萄鲜果表面涂保鲜膜以延长其物流期。以 A、B、C 三种涂膜方式和 CK（不涂膜）进行葡萄鲜果保鲜试验，每个处理设置 4 个重 1 kg 的果样以获取重复观测值，9 天后观测鲜果的失重（g），结果如表 6-3 所示。试分析涂膜能否显著减少葡萄鲜果的失重；如果可以，哪种涂膜方式的保鲜效果最好？

表 6-3 白芨胶处理葡萄鲜果的失重（g）结果

处理 i	观	测	值		T_i	$\bar{x}_i$
CK	32.4	33.2	32.3	31.9	129.8	32.45
A	24.7	21.2	25.8	27.5	99.2	24.80
B	22.7	21.3	18.4	21.6	84.0	21.00
C	23.3	21.1	22.3	21.9	88.6	22.15

（1）基础数据计算。

根据原始数据计算各处理之和及平均数（如表 6-3 的后 2 列），并计算平方和分解需用到的其他数据：

$$T = \sum\sum x_{ij} = \sum T_i = 129.8 + 99.2 + 84.0 + 88.6 = 401.6$$

$$\sum\sum x_{ij}^2 = 32.4^2 + 33.2^2 + \cdots + 22.3^2 + 21.9^2 = 10433.42$$

$$C = T^2/(kn) = 401.6^2/(4 \times 4) = 10080.16$$

（2）平方和与自由度分解。

$$SS_T = \sum\sum x_{ij}^2 - C = 10433.42 - 10080.16 = 353.26$$

$$df_T = kn - 1 = 4 \times 4 - 1 = 15$$

$$SS_t = \frac{1}{n} \sum T_i^2 - C = \frac{129.8^2 + 99.2^2 + \cdots + 88.6^2}{4} - 10080.16 = 318.50$$

$$df_t = k - 1 = 4 - 1 = 3$$

$$SS_e = SS_T - SS_t = 353.26 - 318.50 = 34.76$$

$$df_e = k(n-1) = 4 \times (4-1) = 12$$

（3）列方差分析表，进行 F 检验。

表 6-4 为方差分析表。经过 F 检验，$F > F_{0.01}$，否定 H_0，推断试验因素的处理效应（处理平均数间的差异）极显著。但该结论并不意味着任意两个处理平均数间的差异都显著或极显著，还需进一步检验任意两个处理平均数间的差异显著性。

表 6-4　白芨胶处理葡萄鲜果的方差分析表

变异源	SS	df	MS	F	$F_{0.05}$	$F_{0.01}$
处理	318.50	3	106.167			
误差	34.76	12	2.897	36.651**	3.490	5.953
总变异	353.26	15				

6.1.5　多重比较

方差分析中对任意两个处理平均数之间进行的差异显著性比较检验，称为多重比较（multiple comparison）。由于多重比较是在方差分析之后进行的检验，所以也称为事后检验（post hoc tests）。多重比较有多种方法，常用的有最小显著差数法、Duncan、Tukey、Newman-Keuls、Bonferroni、Scheffee 与 Dunnett 等，各种方法的基本过程都是找出一个或几个最小显著差数的标准，再进行不同平均数之间的比较。每种方法都有其特点与局限性，这里介绍最为常用的最小显著差数法和 Duncan 法，并简单介绍其他方法的优、缺点及用途。

1.最小显著差数法

最小显著差数（least significant difference，LSD）法是 R.A.Fisher 提出的，是最早用于检验各组均数间两两差异的方法，因此也叫做 Fisher's LSD 检验。LSD 法在形式上与成组数据的 t 检验法类似，当显著水平为 α 时，先计算出达到显著差异的最小差数 LSD_α，然后用任意两个平均数的差数绝对值与 LSD_α 比较，若差数的绝对值大于 LSD_α，则两者在 α 水平上差异显著，反之，则差异不显著。

LSD_α 是根据成组 t 检验推导出来的。但在方差分析中，每一组的组内方差均为误差均方，所以 $s_1^2 = s_2^2 = MS_e$，且 $n_1 = n_2 = n$，此时自由度为 df_e，统计量

$$t = \frac{\bar{x}_1 - \bar{x}_2}{s_{\bar{x}_1 - \bar{x}_2}}$$

其中

$$s_{\bar{x}_1 - \bar{x}_2} = \sqrt{\frac{2MS_e}{n}} \tag{6-18}$$

当 $t = t_{\alpha/2}$ 时，可以计算最小显著差数的标准，即

$$LSD_\alpha = t_{\alpha/2} s_{\bar{x}_1 - \bar{x}_2} \tag{6-19}$$

当显著水平 $\alpha = 0.05$ 或 0.01 时，从附录 C 中按自由度 df_e 查出临界值 $t_{\alpha/2}$，代入式(6-19)即可计算 $LSD_{0.05}$ 和 $LSD_{0.01}$。利用 LSD 法进行多重比较时，可按以下步骤进行：

（1）计算最小显著差数 $LSD_{0.05}$ 和 $LSD_{0.01}$；

（2）按从大到小的顺序排列各组平均数，并列出平均数差数的梯形表；

（3）比较平均数差数与 $LSD_{0.05}$ 和 $LSD_{0.01}$，对 $\alpha = 0.01$ 水平显著的差数标注"＊＊"，对 $\alpha = 0.05$ 水平差异显著的差数标注"＊"，最后作出统计推断，如表 6-5 所示。

表 6-5　白芨胶处理葡萄的 LSD 法多重比较

处理 i	x_i	$x_i - x_B$	$x_i - x_C$	$x_i - x_A$
CK	32.45	11.45＊＊	10.30＊＊	7.65＊＊
A	24.80	3.80＊＊	2.65＊	
C	22.15	1.15		
B	21.00			

上例数据，$s_{\bar{x}_1 - \bar{x}_2} = \sqrt{2 \times 2.897/4} = 1.203$，$df_e = 12$；查附录 C 得，$t_{0.05/2} = 2.179$，$t_{0.01/2} = 3.055$。于是 $LSD_{0.05} = 2.179 \times 1.203 = 2.622$，$LSD_{0.01} = 3.055 \times 1.203 = 3.676$。

结果表明，与不涂膜的对照组 CK 比较，三种涂膜方式都能极显著地降低葡萄的失重，而涂膜方式 A 与 B 之间差异极显著，A 与 C 之间差异显著，B 与 C 之间差异不显著。

科技文献中，常用字母标记法表示多重比较结果。以小写字母标记 0.05 水平的差异显著性，大写字母标记 0.01 水平的差异显著性。其步骤如下：

（1）先将各处理平均数由大到小按顺序排成一列，在最大平均数后标记字母 a，并将该平均数依次与下方比它小的各平均数相比，凡差异不显著的均标记同一字母 a，直到某一与其差异显著的平均数标记字母 b；然后以标有字母 b 的平均数为标准，依次与上方比它大的各个平均数比较，凡差异不显著的一律再加标 b，直至显著为止，此时意味着字母标记的第一轮完成；

（2）再以标记有字母 b 的最大平均数为标准，依次与下方比它小且尚未标记字母的平均数相比，凡差异不显著的，继续标记字母 b，直至某一与其差异显著的标记字母 c；然后以标有字母 c 的平均数为标准，依次与上方比它大的各个平均数比较，凡差异不显著一律再加标 c，直至显著为止，此时意味着字母标记的第二轮完成；

（3）如此循环，直至最小的一个平均数被标记字母并依次向上比较完毕。

任意两个平均数间没有相同字母的为差异显著，有相同字母的为差异不显著。用字母标记法表示多重比较结果时，常在三角梯形表法的基础上进行，以便标记完整。

本例 LSD 法多重比较结果用字母标记法表示，如表 6-6 所示。

虽然 LSD 法是根据 t 检验建立的最小显著差数，但以 F 检验中的误差自由度 df_e 查临界值 t_α，用误差均方 MS_e 计算差数标准误，不同于每次利用两组数据进行多个平均数两两比较的 t 检验，克服了 t 检验法程序烦琐，无统一试验误差且估计误差的精确性和检验的灵敏性低的缺点，在各组处理与对照组相比较时，使用方便，结果明

表 6-6　多重比较结果的字母标记法

处理 i	x_i	$\alpha = 0.05$	$\alpha = 0.01$
CK	32.45	a	A
A	24.80	b	B
C	22.15	c	BC
B	21.00	c	C

确。但 LSD 法不区分秩次距（按降序排列后的平均数间的距离，如果两个平均数相邻则秩次距为 2，如果两个平均数间隔 1 个平均数则秩次距为 3，如果间隔 2 个平均数则秩次距为 4，以此类推），未解决犯第Ⅰ类错误风险增加的问题。对于多个处理平均数间的两两差数比较，平均数间秩次距不同时应有不同的比较标准。

2.Duncan 检验法

针对 LSD 法只有一个统一差数标准的问题,最小显著极差法(Least significant ranges,LSR 法)根据秩次距的不同而采用不同的显著极差标准进行比较,这类方法也称为 Newman-Keuls 检验法。其中,由 D. B. Duncan 于 1955 年提出的最短显著极差(SSR,shortest significant ranges)法,又称 Duncan 检验法或新复极差法,使用较为广泛。步骤如下:

(1)计算平均数差数标准误 $s_{\bar{x}}$,即

$$s_{\bar{x}} = \sqrt{\frac{MS_e}{n}} \tag{6-20}$$

(2)根据自由度 df_e 及秩次距 k,从附录 F 中查出显著水平 $\alpha = 0.05$ 和 0.01 的 SSR_α;

(3)根据 $s_{\bar{x}}$ 和 SSR_α 值计算不同秩次距的最小显著极差 LSR_α,即

$$LSR_\alpha = SSR_\alpha s_{\bar{x}} \tag{6-21}$$

(4)列出各平均数按降序排列后的差值表,并与相应的最小显著极差 LSR_α 比较,并作出统计推断。

上例数据,$df_e = 12$,$k = 2, 3, 4$,$s_{\bar{x}} = \sqrt{MS_e/n} = \sqrt{2.897/4} = 0.851$。查附录 F 得 SSR_α,并计算 LSR_α 值,结果如表 6-7 所示。

表 6-7　SSR_α 及 LSR_α 值

df_e	秩次距 k	$SSR_{0.05}$	$SSR_{0.01}$	$LSR_{0.05}$	$LSR_{0.01}$
	2	3.081	4.320	2.622	3.676
12	3	3.225	4.504	2.744	3.833
	4	3.312	4.622	2.819	3.933

Duncan 法多重比较结果如表 6-8 所示。结果表明,与不涂膜的对照组 CK 比,三种涂膜方式都能极显著地降低葡萄的失重;涂膜方式 A 与 B、A 与 C 之间差异显著,B 与 C 之间差异不显著。

表 6-8　白芨胶处理葡萄的 Duncan 法多重比较

处理 i	x_i	$x_i - x_B$	$x_i - x_C$	$x_i - x_A$	$\alpha = 0.05$	$\alpha = 0.01$
CK	32.45	11.45**	10.30**	7.65**	a	A
A	24.80	3.80*	2.65*		b	B
C	22.15	1.15			c	B
B	21.00				c	B

其他多重比较方法多与 Duncan 法类似。统计软件中常用多重比较方法的用途及优、缺点如表 6-9 所示,供选用时参考。

表 6-9　几种常用多重比较方法的比较

检验方法	检验目的	优　点	缺　点
成组 t 检验	简单比对	1.计算方法简单。 2.检验效率高。 3.重复数不同的处理也可用。	1.α 值变大。 2.多重的犯第Ⅰ类错误。 3.结果不可信。
Tukey	简单比对	1.用于确认性研究。 2.降低犯第Ⅰ类错误风险。 3.重复数不同的处理也可用。	1.无法检验复杂比对。 2.犯第Ⅱ类错误风险大。 3.对探索性研究不理想。
Newman-Keuls	简单比对	1.比 Tukey 法检验效率高。 2.犯第Ⅱ类错误风险低。 3.容易发现微小但显著的差异。	1.不能用于复杂比对。 2.处理的重复数须相同。 3.犯第Ⅰ类错误风险大。
Scheffee	所有处理的比对,包括简单的和复杂的	1.可用于原始数据组合后的比较。 2.检验效率相对较高。 3.犯第Ⅱ类错误风险低。	1.犯第Ⅰ类错误的风险大。 2.处理重复数须相同。 3.也检验无关的比对。
Bonferroni	选择性比对,包括简单的和复杂的	1.α 值不增大。 2.在对照组与试验组及试验组之间比对。	1.处理的重复数须相同。 2.所有比对须由研究者定义。 3.对探索性研究不理想。
Dunnett	对照组与处理组,或处理组的组合数据比对	1.检验效率高,尤其是检验的微小差异。 2.针对处理与对照组的检验	1.对试验组之间无法检验。 2.对探索性研究不理想

6.2　单因素方差分析

　　试验中只考虑一个因素对试验指标影响的试验为单因素试验(one factor experiment),其方差分析比较简单,目的在于判断试验因素各水平的效应。在设计试验时,通常要求组内重复次数相等,以便对试验误差进行统计控制并方便数据的统计分析。但有些情况下可能发生数据丢失,这时组内重复次数就不相同了,单因素方差分析分为组内重复次数相等和组内重复次数不等两种情况。组内重复次数相等的数据的方差分析方法与前面介绍的方法步骤完全一致,不再赘述。这里介绍组内重复次数不等的数据的方差分析方法。

　　与组内重复次数相等的数据的方差分析相比,组内重复次数不等的数据的方差分析只是平方和及自由度的计算略有差别,比较说明如下。

　　设有 k 个处理,每个处理的重复次数为 n_i,则总观测次数为 $\sum n_i$。与 k 个处理,重复次数均为 n 的数据相比,平方和、自由度的计算有以下变化(其中 $C = T^2 / \sum n_i$):

$$SS_T = \sum\sum x_{ij}^2 - C$$
$$SS_t = \sum \frac{T_i^2}{n_i} - C \qquad\qquad\qquad (6\text{-}22)$$
$$SS_e = SS_T - SS_t$$

处理平方和 SS_t 计算公式的证明和式(6-6)的证明类似。

$$df_T = \sum n_i - 1$$
$$df_t = k - 1 \qquad\qquad\qquad (6\text{-}23)$$
$$df_e = \sum n_i - k$$

均方、F 值的计算与重复次数相等的数据的方差分析完全一致。方差分析表如表 6-10 所示。

表 6-10　组内重复次数不等时的方差分析表

变异源	平方和 SS	自由度 df	均方 MS	F
处理	$SS_t = \sum (T_i^2/n_i) - C$	$df_t = k-1$	$MS_t = SS_t/df_t$	$F = MS_t/MS_e$
误差	$SS_e = SS_T - SS_t$	$df_e = \sum n_i - k$	$MS_e = SS_e/df_e$	
总变异	$SS_T = \sum\sum x_{ij}^2 - C$	$df_T = \sum n_i - 1$		

多重比较计算标准误时,以平均观测次数 n_0 代替 n 进行计算,其计算式为

$$n_0 = \frac{\left(\sum n_i\right)^2 - \sum n_i^2}{(k-1)\sum n_i} \qquad\qquad\qquad (6\text{-}24)$$

【例 6.2】　用白芨胶涂抹柑橘鲜果表面,有利于贮藏保鲜。试验设置了不涂膜(CK)和 3 种涂膜方式 A、B、C 共 4 个处理,每份果样鲜重约为 1 kg,每组设 4~6 个不同的重复,10 天后测果样的失重(g),结果见表 6-11。试进行方差分析。

表 6-11　柑橘鲜果表面经不同处理后失重(g)观测值的整理

处理 i	柑橘失重(g)的观测值						n_i	T_i	$\sum x_{ij}^2$
CK	134	102	115	108	101	110	6	670	75550
A	105	92	109	87	96		5	489	48155
B	95	88	104	93	102	94	6	576	55474
C	102	92	96	90			4	380	36184
$\sum$							21	2115	215363

(1) 数据整理:

$$k=4, \qquad \sum n_i = 21, \qquad C = T^2/\sum n_i = 2115^2/21 = 213010.71$$

(2) 平方和与自由度分解:

$$SS_T = \sum\sum x_{ij}^2 - C = 215363 - 213010.71 = 2352.29, \qquad df_T = \sum n_i - 1 = 20$$

$$SS_t = \sum \frac{T_i^2}{n_i} - C = \left(\frac{670^2}{6} + \frac{489^2}{5} + \frac{576^2}{6} + \frac{380^2}{4}\right) - 213010.71 = 1026.16, \qquad df_t = k - 1 = 3$$

$$SS_e = SS_T - SS_t = 2352.29 - 1026.16 = 1326.13， \quad df_e = \sum n_i - k = 21 - 4 = 17$$

（3）列方差分析表：计算 MS_t、MS_e 及 F 值，将计算结果填入方差分析表（表 6-12）。

表 6-12　白芨胶处理柑橘数据方差分析表

变　异　源	df	SS	MS	F	$F_{0.05}$
处理	3	1026.16	342.05	4.38*	3.197
误差	17	1326.13	78.01		
总和	20	2352.29			

结果表明，$F > F_{0.05}$，$P < 0.05$，即白芨胶处理柑橘可以显著地减少柑橘的失重，达到保鲜效果。

多重比较时，平均观测次数

$$n_0 = \frac{\left(\sum n_i\right)^2 - \sum n_i^2}{(k-1)\sum n_i} = \frac{21^2 - (6^2 + 5^2 + 6^2 + 4^2)}{(4-1) \times 21} = 5.21$$

6.3　两因素方差分析

如果同时研究两个因素对观测指标的影响，由于两个因素的作用可能相互独立，也可能相互影响，因此在两因素试验中需要考察因素的主效应和交互作用。如熬制果树消毒剂的两因素试验中，选用好配方再加好工艺对提高有效硫的转化率超过单纯使用好配方和好工艺所能达到的效果之和，称两因素相互促进，即有正的交互作用；如果同时采用某配方和某工艺没能使有效硫的转化率超过单纯使用该配方和该工艺所能达到的效果之和，就称为两因素相互抑制，即有负的交互作用。不论互作是正还是负，其作用越大，表现出来的互作效应平方和就越大。所以两因素方差分析要同时检验因素的主效应和交互作用的显著性，在分析方法和步骤上较单因素方差分析复杂，须分别计算出总平方和、各因素主效应平方和、互作效应平方和、随机误差平方和以及各自相应的自由度，再按期望均方计算 F 统计量，若差异显著，仍需进行多重比较。两因素方差分析分为有重复观测值的方差分析和无重复观测值的方差分析两种情况。

6.3.1　无重复观测值的两因素方差分析

从严格意义上讲，两因素试验都应当设置重复观测值，以便检验交互作用是否真实存在，对试验误差有更准确的估计，从而提高检验效率。但根据专业知识或先前的试验已经证实两个因素间不存在交互作用时，试验可以不设置重复。

1.数学模型

对于 A、B 两个因素的无重复试验，设 A 因素有 a 个水平，B 因素有 b 个水平，共有 ab 个水平组合，每个水平组合只有一个观测值，全部观测值共有 ab 个，其数据的一般形式如表 6-13 所示。

表 6-13　两因素无重复观测值的数据形式

A 因素	B 因素						总和 $T_i.$	平均值 $\bar{x}_i.$
	B_1	B_2	$\cdots$	B_j	$\cdots$	B_b		
A_1	x_{11}	x_{12}	$\cdots$	x_{1j}	$\cdots$	x_{1b}	$T_1.$	$\bar{x}_1.$
A_2	x_{21}	x_{22}	$\cdots$	x_{2j}	$\cdots$	x_{2b}	$T_2.$	$\bar{x}_2.$
$\vdots$	$\vdots$	$\vdots$	$\vdots$	$\vdots$	$\vdots$	$\vdots$	$\vdots$	$\vdots$
A_i	x_{i1}	x_{i2}	$\cdots$	x_{ij}	$\cdots$	x_{ib}	$T_i.$	$\bar{x}_i.$
$\vdots$	$\vdots$	$\vdots$	$\vdots$	$\vdots$	$\vdots$	$\vdots$	$\vdots$	$\vdots$
A_a	x_{a1}	x_{a2}	$\cdots$	x_{aj}	$\cdots$	x_{ab}	$T_a.$	$\bar{x}_k.$
总和 $T_{.j}$	$T_{.1}$	$T_{.2}$	$\cdots$	$T_{.j}$	$\cdots$	$T_{.b}$	T	
平均值 $\bar{x}_{.j}$	$\bar{x}_{.1}$	$\bar{x}_{.2}$	$\cdots$	$\bar{x}_{.j}$	$\cdots$	$\bar{x}_{.b}$		$\bar{x}..$

两因素无重复观测值数据的线性模型为

$$x_{ij} = \mu + \alpha_i + \beta_j + \varepsilon_{ij} \tag{6-25}$$

其中，$i=1,2,\cdots,a,j=1,2,\cdots,b$；$\mu$ 为总平均数；α_i 为 A_i 的效应；β_j 为 B_j 的效应；ε_{ij} 为随机误差，相互独立且都服从 $N(0,\sigma^2)$。

如果 $\mu_i.$、$\mu_{.j}$ 分别为 A_i、B_j 各个水平的总体平均数，则 $\alpha_i=\mu_i.-\mu,\beta_j=\mu_{.j}-\mu$，且 $\sum\limits_{i=1}^{a}\alpha_i=0$，$\sum\limits_{j=1}^{b}\beta_j=0$。

2.平方和的分解

将 B 因素的 b 个水平作为 A 因素的 b 次重复，同时将 A 因素的 a 个水平作为 B 因素的 a 次重复，参照单因素平方和分解的方法，可以计算 A 因素的平方和 SS_A 和 B 因素的平方和 SS_B，并根据 $SS_T=SS_A+SS_B+SS_e$ 计算误差平方和 SS_e（矫正数 $C=T^2/ab$）。

$$\left.\begin{aligned} SS_T &= \sum_{i=1}^{a}\sum_{j=1}^{b}x_{ij}^2 - C \\ SS_A &= \frac{1}{b}\sum_{i=1}^{a}T_i^2. - C \\ SS_B &= \frac{1}{a}\sum_{j=1}^{b}T_{.j}^2 - C \\ SS_e &= SS_T - SS_A - SS_B \end{aligned}\right\} \tag{6-26}$$

3.自由度的分解

各项自由度分解仍然受到离均差和等于 0 的限制。所以有

$$\left.\begin{aligned} df_T &= ab - 1 \\ df_A &= a - 1 \\ df_B &= b - 1 \\ df_e &= (a-1)(b-1) \end{aligned}\right\} \tag{6-27}$$

4.均方和 F 统计量计算

各项均方分别为平方和与相应自由度之比，A、B 因素的 F 统计量为相应的均方与误差均方之比。即

$$MS_A = SS_A/df_A$$
$$MS_B = SS_B/df_B \qquad (6\text{-}28)$$
$$MS_e = SS_e/df_e$$

$$F_A = MS_A/MS_e$$
$$F_B = MS_B/MS_e \qquad (6\text{-}29)$$

5.方差分析表

方差分析表如表 6-14 所示。

表 6-14 两因素无重复观测值的方差分析表

变异源	平方和 SS	自由度 df	均方 MS	F
因素 A	$SS_A = \sum T_{i\cdot}^2/b - C$	$df_A = a-1$	$MS_A = SS_A/df_A$	$F_A = MS_A/MS_e$
因素 B	$SS_B = \sum T_{\cdot j}^2/a - C$	$df_A = b-1$	$MS_B = SS_B/df_B$	$F_B = MS_B/MS_e$
误差	$SS_e = SS_T - SS_A - SS_B$	$df_e = (a-1)(b-1)$	$MS_e = SS_e/df_e$	
总变异	$SS_T = \sum\sum x_{ij}^2 - C$	$df_T = ab-1$		

【例 6.3】 白芨胶涂抹在葡萄鲜果果面上可以增加果粒间支持力,对果穗还有定型和保湿作用。试验安排三种涂膜方式 A_2、A_3、A_4,将巨峰葡萄表面涂保鲜膜以减少物流环节失重,加上对照 A_1(不涂膜)共 4 个处理;不同成熟度的试验材料分 B_1,B_2,$\cdots$,B_6 共 6 个组。获得观测值为 5 天前后 1 kg 果样的质量差,如表 6-15 所示。试分析白芨胶涂膜方式和成熟度两个因素对葡萄失重有无显著影响。

表 6-15 不同成熟度巨峰葡萄鲜果涂膜后失重(g)结果

处　　理	B_1	B_2	B_3	B_4	B_5	B_6	$T_{i\cdot}$
A_1	20.7	22.8	23.0	21.7	61.2	69.5	218.9
A_2	6.2	3.1	16.6	12.8	56.8	49.6	145.1
A_3	8.3	5.2	12.8	8.9	46.9	57.4	139.5
A_4	6.2	4.2	11.5	14.0	42.9	44.1	122.9
$T_{\cdot j}$	41.4	35.3	63.9	57.4	207.8	220.6	$T=626.4$

$a=4$,$b=6$,根据公式可计算出

$$C = T^2/(ab) = 626.4^2/24 = 16349.04$$

(1)平方和与自由度分解。

分别按式(6-28)和式(6-29)计算各项平方和与自由度:

$$SS_T = 10351.620, \quad SS_A = 906.940, \quad SS_B = 9196.765, \quad SS_e = 247.915$$
$$df_T = 4 \times 6 - 1 = 23, \quad df_A = 4 - 1 = 3, \quad df_B = 6 - 1 = 5, \quad df_e = 3 \times 5 = 15$$

(2)均方、F 统计量计算及方差分析表。

根据各项平方和、自由度计算均方,各因素均方、误差均方计算 F 值。将计算结果填入方

差分析表(表 6-16)。

表 6-16　巨峰葡萄不同处理失重(g)的方差分析表

变　异　源	df	SS	MS	F	$F_{0.05}$	$F_{0.01}$
A 因素	3	906.940	302.313	18.291**	3.29	5.42
B 因素	5	9196.765	1839.353	111.289**	2.90	4.56
误差	15	247.915	16.528			
总变异	23	10351.620				

结果表明,涂膜处理和果实成熟度对葡萄鲜果的失重都有极显著影响,需进行多重比较(略)。

6.3.2　有重复观测值的两因素方差分析

前述无重复观测值的两因素方差分析只能研究两个试验指标的主效应,不能考察因素间的交互作用,只有在确定因素间不存在交互作用时才能进行无重复观测值的试验和分析。为准确估计因素的主效应、交互作用和随机误差,每个水平组合都应设置重复。下面以交叉组合的两因素数据为例。

1.数学模型

设 A、B 两因素分别有 a、b 个水平,共有 ab 个水平组合,每个水平组合有 n 次重复,则共有 abn 个观测值。数据一般形式如表 6-17 所示。

表 6-17　两因素有重复观测值的交叉组合数据形式

A 因素	B 因素				总和 $T_{i.}$	平均值 $\bar{x}_{i.}$
	B_1	B_2	$\cdots$	B_b		
A_1	x_{111} x_{112} $\vdots$ x_{11n}	x_{121} x_{122} $\vdots$ x_{12n}	$\cdots$ $\cdots$ $\vdots$ $\cdots$	x_{1b1} x_{1b2} $\vdots$ x_{1bn}	$T_{1.}$	$\bar{x}_{1.}$
A_2	x_{211} x_{212} $\vdots$ x_{21n}	x_{221} x_{222} $\vdots$ x_{22n}	$\cdots$ $\cdots$ $\vdots$ $\cdots$	x_{2b1} x_{2b2} $\vdots$ x_{2bn}	$T_{2.}$	$\bar{x}_{2.}$
$\vdots$	$\vdots$	$\vdots$	$\vdots$	$\vdots$	$\vdots$	$\vdots$
A_a	x_{a11} x_{a12} $\vdots$ x_{a1n}	x_{a21} x_{a22} $\vdots$ x_{a2n}	$\cdots$ $\cdots$ $\vdots$ $\cdots$	x_{ab1} x_{ab2} $\vdots$ x_{abn}	$T_{a.}$	$\bar{x}_{a.}$
总和 $T_{.j.}$	$T_{.1}$	$T_{.2}$	$\cdots$	$T_{.b}$	T	
平均值 $\bar{x}_{.j}$	$\bar{x}_{.1}$	$\bar{x}_{.2}$	$\cdots$	$\bar{x}_{.b}$		$\bar{x}_{..}$

线性模型为

$$x_{ijk} = \mu + \alpha_i + \beta_j + (\alpha\beta)_{ij} + \varepsilon_{ijk} \tag{6-30}$$

其中，$i=1,2,\cdots,a$，$j=1,2,\cdots,b$，$k=1,2,\cdots,n$；μ 为总平均数；α_i 为 A_i 的效应；β_j 为 B_j 的效应；$(\alpha\beta)_{ij}$ 为 A_i 与 B_j 的互作效应；ε_{ijk} 为随机误差，相互独立且都服从 $N(0,\sigma^2)$。

如果 μ_i、$\mu_{.j}$、μ_{ij} 为 A_i、B_j、A_iB_j 各个水平的总体平均数，则

$$\alpha_i = \mu_{i.} - \mu, \quad \beta_j = \mu_{.j} - \mu, \quad (\alpha\beta)_{ij} = \mu_{ij} - \mu_{i.} - \mu_{.j} + \mu$$

且

$$\sum_{i=1}^{a} \alpha_i = \sum_{j=1}^{b} \beta_j = 0, \quad \sum_{k=1}^{n} (\alpha\beta)_{ij} = \sum_{i=1}^{a} (\alpha\beta)_{ij} = \sum_{j=1}^{b} (\alpha\beta)_{ij} = \sum_{i=1}^{a} \sum_{j=1}^{b} (\alpha\beta)_{ij} = 0$$

2.平方和与自由度的分解、均方计算

与无重复观测值的两因素数据相比，有重复观测值的两因素数据的平方和与自由度的分解多出两因素的互作效应项，即总平方和分解为 A 因素所引起的平方和 SS_A，B 因素所引起的平方和 SS_B，A 和 B 交互作用所引起的平方和 SS_{AB} 及误差平方和 SS_e。因为

$$\begin{aligned}
\sum_{i=1}^{a} \sum_{j=1}^{b} \sum_{k=1}^{n} (x_{ijk} - \bar{x}..)^2 &= \sum_{i=1}^{a} \sum_{j=1}^{b} \sum_{k=1}^{n} \left[(\bar{x}_{i.} - \bar{x}..) + (\bar{x}_{.j} - \bar{x}..) \right. \\
&\quad \left. + (\bar{x}_{ij} - \bar{x}_{i.} - \bar{x}_{.j} + \bar{x}..) + (x_{ijk} - \bar{x}_{ij}) \right]^2 \\
&= bn \sum_{i=1}^{a} (\bar{x}_{i.} - \bar{x}..)^2 + an \sum_{j=1}^{b} (\bar{x}_{.j} - \bar{x}..)^2 \\
&\quad + n \sum_{i=1}^{a} \sum_{j=1}^{b} (\bar{x}_{ij} - \bar{x}_{i.} - \bar{x}_{.j} + \bar{x}..)^2 + \sum_{i=1}^{a} \sum_{j=1}^{b} \sum_{k=1}^{n} (x_{ijk} - \bar{x}_{ij})^2
\end{aligned}$$

所以各项平方和的简易计算公式为（矫正数 $C = T^2/(abn)$）：

$$\left.\begin{aligned}
SS_T &= \sum_{i=1}^{a} \sum_{j=1}^{b} \sum_{k=1}^{n} x_{ijk}^2 - C \\
SS_A &= \frac{1}{bn} \sum_{i=1}^{a} T_{i.}^2 - C \\
SS_B &= \frac{1}{an} \sum_{j=1}^{a} T_{.j}^2 - C \\
SS_{AB} &= \frac{1}{n} \sum_{i=1}^{a} \sum_{j=1}^{b} \left(\sum_{k=1}^{n} x_{ijk} \right)^2 - SS_A - SS_B - C \\
SS_e &= SS_T - SS_A - SS_B - SS_{AB}
\end{aligned}\right\} \tag{6-31}$$

根据各项平方和的限制，对应的自由度分别为

$$\left.\begin{aligned}
df_T &= abn - 1 \\
df_A &= a - 1 \\
df_B &= b - 1 \\
df_{AB} &= (a-1)(b-1) \\
df_e &= ab(n-1)
\end{aligned}\right\} \tag{6-32}$$

各项的均方为平方和与相应自由度的比值。

3.F 统计量计算

试验因素分为可控因素和不可控因素两类，如果因素是人为可控的，如温度、时间、浓度等，称为固定因素（fixed factor），其效应为固定效应（fixed effect）；如果因素是不可控的，如土壤、气候等，称为随机因素（random factor），产生的是各水平之间的变异性，效应是随机效应

(random effect)。方差分析模型根据因素类型的不同分类,所有因素均为固定因素的为固定效应模型,所有因素均为随机因素的为随机效应模型,既有固定因素又有随机因素的为混合效应模型。

不同模型中均方的数学期望不同,而方差分析计算 F 统计量时要求分子的数学期望只比分母的数学期望多出其效应项(固定因素)或方差项(随机因素),所以 F 统计量的计算不总是以误差均方为分母,而是要根据各均方的数学期望确定。

单因素和无重复观测值的两因素数据因不涉及互作问题,效应均方均只比误差均方多出一个效应项或方差项,计算时均以误差均方为分母。有重复观测值的两因素数据不同模型各项均方的数学期望和 F 统计量计算如表 6-18 所示。

表 6-18　两因素不同模型的期望均方与 F 统计量计算

变异源	固定效应模型		随机效应模型		混合效应模型(A 随机、B 固定)	
	期望均方	F	期望均方	F	期望均方	F
A	$bn\eta_\alpha^2 + \sigma^2$	MS_A/MS_e	$bn\sigma_a^2 + n\sigma_{\alpha\beta}^2 + \sigma^2$	MS_A/MS_{AB}	$bn\sigma_a^2 + \sigma^2$	MS_A/MS_e
B	$an\eta_\beta^2 + \sigma^2$	MS_A/MS_e	$an\sigma_\beta^2 + n\sigma_{\alpha\beta}^2 + \sigma^2$	MS_B/MS_{AB}	$an\eta_\beta^2 + n\sigma_{\alpha\beta}^2 + \sigma^2$	MS_B/MS_{AB}
$A\times B$	$n\eta_{\alpha\beta}^2 + \sigma^2$	MS_{AB}/MS_e	$n\sigma_{\alpha\beta}^2 + \sigma^2$	MS_{AB}/MS_e	$n\sigma_{\alpha\beta}^2 + \sigma^2$	MS_{AB}/MS_e
误差	σ^2		σ^2		σ^2	

4.方差分析表

根据因素类型选择合适的模型计算 F 统计量,制作方差分析表(表 6-19)。

表 6-19　有重复观测值的两因素数据方差分析表

变异源	平方和	自由度	均方	F
A	$SS_A = \dfrac{1}{bn}\sum\limits_{i=1}^{a} T_{i.}^2 - C$	$df_A = a-1$	$MS_A = SS_A/df_A$	
B	$SS_B = \dfrac{1}{an}\sum\limits_{j=1}^{a} T_{.j}^2 - C$	$df_B = b-1$	$MS_B = SS_B/df_B$	依
$A\times B$	$SS_{AB} = \dfrac{1}{n}\sum\limits_{i=1}^{a}\sum\limits_{j=1}^{b}\left(\sum\limits_{k=1}^{n} x_{ijk}\right)^2 - SS_A - SS_B - C$	$df_{AB} = (a-1)(b-1)$	$MS_{AB} = SS_{AB}/df_{AB}$	模
误差	$SS_e = SS_T - SS_A - SS_B - SS_{AB}$	$df_e = ab(n-1)$	$MS_e = SS_e/df_e$	型 而 异
总变异	$SS_T = \sum\limits_{i=1}^{a}\sum\limits_{j=1}^{b}\sum\limits_{k=1}^{n} x_{ijk}^2 - C$	$df_T = abn-1$		

【例 6.4】　利用湘西北地区的散石灰熬煮石硫合剂,设计 3 类原料配方(A 因素)和 2 种工序(B 因素)的试验组合,检测样品的有效硫含量并重复 3 次,与原料中的硫黄粉投放量换算有效硫转化率(%),结果如表 6-20 所示。试进行方差分析。

表 6-20　不同配方及工序的有效硫转化率(%)

	A_1	A_2	A_3	$T_{.j}$	$\bar{x}_{.j}$
	97.3	98.1	61.0		
B_1	105.5	99.2	68.1	805.4	89.489
	109.8	105.0	61.4		
T_{ij}	312.6	302.3	190.5		
	100.9	92.9	45.2		
B_2	99.8	80.7	51.3	707.7	78.633
	94.8	93.5	48.6		
T_{ij}	295.5	267.1	145.1		
$T_i.$	608.1	569.4	335.6	1513.1	
$\bar{x}_i.$	101.350	94.900	55.933		84.061

(1) 数据整理:$a=3,b=2,n=3,A,B$ 均为固定因素。计算各组的合计值、平均值,一并列入表 6-20 中。矫正数 $C=T^2/(abn)=1513.1^2/18=127192.867$。

(2) 平方和、自由度分解计算:

$$SS_T = \sum_{i=1}^{a} \sum_{j=1}^{b} \sum_{k=1}^{n} x_{ijk}^2 - C = 135321.130 - 127192.867 = 8128.263$$

$$df_T = abn - 1 = 17$$

$$SS_A = \frac{1}{bn} \sum_{i=1}^{a} T_{i.}^2 - C = \frac{608.1^2 + 569.4^2 + 335.6^2}{2 \times 3} - 127192.867 = 7245.354$$

$$df_A = a - 1 = 2$$

$$SS_B = \frac{1}{an} \sum_{j=1}^{b} T_{.j}^2 - C = \frac{805.4^2 + 707.7^2}{3 \times 3} - 127192.867 = 530.294$$

$$df_B = b - 1 = 1$$

$$SS_{AB} = \frac{1}{n} \sum_{i=1}^{a} \sum_{j=1}^{b} \left(\sum_{k=1}^{n} x_{ijk} \right)^2 - SS_A - SS_B - C = \frac{312.6^2 + 302.3^2 + \cdots + 145.1^2}{3}$$
$$- 7245.354 - 530.294 - 127192.867 = 68.474$$

$$df_{AB} = (a-1)(b-1) = 2$$

$$SS_e = SS_T - SS_A - SS_B - SS_{AB} = 8128.263 - 7245.354 - 530.294 - 68.474 = 284.140$$

$$df_e = ab(n-1) = 12$$

(3) 列方差分析表:将平方和、自由度数据填入表 6-21,计算各项均方,并根据固定效应模型计算 F 值,查附录 E 得临界 F 值,列出方差分析表。

表 6-21　原料配方及工序对有效硫转化率(%)的方差分析表

变　异　源	df	SS	MS	F	$F_{0.05}$	$F_{0.01}$
配方 A	2	7245.354	3622.677	152.995**	3.885	6.927
工序 B	1	530.294	530.294	22.396**	4.747	9.330
$A \times B$	2	68.474	34.237	1.446	3.885	6.927
误差	12	284.140	23.678			
总变异	17	8128.263				

结果表明,不同原料配方及工序对有效硫转化率影响极显著,而原料配方及工序组合的互作对有效硫转化率的影响不显著。

由于原料配方有 3 种,故需对原料配方进行多重比较;工序只有 2 种,无须进行多重比较。如果交互作用显著,则还应在 6 种组合之间进行多重比较。

两因素试验设计是试验设计最常用的形式,两因素方差分析也最为常用。除这里介绍的两因素交叉组合设计外,常用的两因素设计还有两因素随机区组设计、裂区设计、两因素系统分组设计等,其方差分析方法在试验设计部分介绍。

6.4 三因素方差分析

多于两个因素的试验称为多因素试验,其试验结果采用多因素方差分析方法进行分析。这里以三因素交叉组合数据的方差分析为例,简单说明多因素方差分析的基本过程及不同模型均方数学期望的推导方法。

1.线性模型

设有 A、B、C 三个因素,且分别有 a、b、c 个水平,每个因素水平组合有 n 次重复观测值,则对任意一个观测值 x_{ijkl},其线性模型为

$$x_{ijkl} = \mu + \alpha_i + \beta_j + \gamma_k + (\alpha\beta)_{ij} + (\alpha\gamma)_{ik} + (\beta\gamma)_{jk} + (\alpha\beta\gamma)_{ijk} + \varepsilon_{ijkl} \tag{6-33}$$

其中,$i = 1,2,\cdots,a$,$j = 1,2,\cdots,b$,$k = 1,2,\cdots,c$,$l = 1,2,\cdots,n$;$(\alpha\beta)_{ij}$、$(\alpha\gamma)_{ik}$、$(\beta\gamma)_{jk}$、$(\alpha\beta\gamma)_{ijk}$ 分别为交互作用 $A \times B, A \times C, B \times C, A \times B \times C$ 的互作效应;ε_{ijkl} 为试验误差,独立变量且服从 $N(0,\sigma^2)$;$\sum \alpha_i = \sum \beta_j = \sum \gamma_k = 0$,$\sum (\alpha\beta)_{ij} = \sum (\alpha\gamma)_{ik} = \sum (\beta\gamma)_{jk} = \sum (\alpha\beta\gamma)_{ijk} = 0$。

2.平方和的分解

在三因素方差分析中,总平方和 SS_T 总共需分解为 8 个分量,包括 3 个主效应的平方和,3 个两因素一级互作效应的平方和,1 个三因素二级互作效应的平方和,以及误差平方和 SS_e,即

$$SS_T = SS_A + SS_B + SS_C + SS_{AB} + SS_{AC} + SS_{BC} + SS_{ABC} + SS_e \tag{6-34}$$

实际应用时,先计算总平方和 SS_T,矫正数 $C = T^2/(abcn)$,即

$$SS_T = \sum_{i=1}^{a} \sum_{j=1}^{b} \sum_{k=1}^{c} \sum_{l=1}^{n} (x_{ijkl} - \bar{x}...)^2 = \sum_{i=1}^{a} \sum_{j=1}^{b} \sum_{k=1}^{c} \sum_{l=1}^{n} x_{ijkl}^2 - C \tag{6-35}$$

并计算所有处理效应的平方和 SS_t,即

$$SS_t = \sum_{i=1}^{a} \sum_{j=1}^{b} \sum_{k=1}^{c} \sum_{l=1}^{n} (\bar{x}_{ijk} - \bar{x}...)^2 = \sum_{i=1}^{a} \sum_{j=1}^{b} \sum_{k=1}^{c} (\sum_{l=1}^{n} x_{ijkl})^2/n - C \tag{6-36}$$

再按两因素方差分析的平方和分解方法计算主效应的平方和 SS_A、SS_B、SS_C,两因素一级互作效应的平方和 SS_{AB}、SS_{AC}、SS_{BC}。

然后计算三因素二级互作效应的平方和 SS_{ABC},即

$$SS_{ABC} = SS_t - (SS_A + SS_B + SS_C + SS_{AB} + SS_{AC} + SS_{BC}) \tag{6-37}$$

最后计算误差平方和 SS_e,即

$$SS_e = SS_T - SS_t$$

3.自由度的分解和均方计算

受离均差之和为 0 的限制,各因素主效应及一级互作的自由度与两因素方差分析时的自

由度相同,总自由度、二级互作的自由度及误差自由度为

$$
\left.\begin{array}{l}
df_T = abcn - 1 \\
df_{ABC} = (a-1)(b-1)(c-1) \\
df_e = abc(n-1)
\end{array}\right\} \tag{6-38}
$$

根据平方和与自由度计算出各项均方后,根据模型计算 F 统计量。

多因素试验在实际应用中往往会因为完全组合试验规模太大而倾向于采用正交试验或其他多因素试验设计方式,每种试验设计都具有相应的方差分析方法,非交叉组合资料的方差分析在试验设计部分介绍。

4.期望均方的演算与 F 统计量计算

F 统计量计算时要求分子的数学期望只比分母的数学期望多出其效应项或方差项,所以 F 统计量的计算是由均方的数学期望确定的。这里以三因素方差分析的混合效应模型为例,简要介绍表解法计算期望均方的过程。其具体步骤如下:

(1)制作表头:模型中变异的每个分量占一行,每个下标占一列。在三因素试验中,总变异共有 8 个分量和 4 个下标。

(2)找出行下标中有与列下标相同字母的位置,固定因素填"0",随机因素填"1";行下标与列下标不同位置填因素水平数。假定 A 因素为固定因素,B 因素和 C 因素为随机因素。

(3)去除含有行下标的列,含有相同下标的行的方差与所有列的积累加,即得该分量的期望均方;固定效应为 η^2,随机方差为 σ^2。结果如表 6-22 所示。

表 6-22　三因素混合效应模型(A 固定,B 随机、C 随机)的期望均方演化和 F 统计量

因素类型		固定	随机	随机	随机	期　望　均　方	F 统计量
因素水平		a	b	c	n		
列下标		i	j	k	l		
变异源	α_i	0	b	c	n	$\sigma^2 + bcn\eta_\alpha^2 + cn\sigma_{\alpha\beta}^2 + bn\sigma_{\alpha\gamma}^2 + n\sigma_{\alpha\beta\gamma}^2$	
	β_j	a	1	c	n	$\sigma^2 + acn\sigma_\beta^2 + an\sigma_{\beta\gamma}^2$	MS_B / MS_{BC}
	γ_k	a	b	1	n	$\sigma^2 + abn\sigma_\gamma^2 + an\sigma_{\beta\gamma}^2$	MS_C / MS_{BC}
	$\alpha\beta_{ij}$	0	1	c	n	$\sigma^2 + cn\sigma_{\alpha\beta}^2 + n\sigma_{\alpha\beta\gamma}^2$	MS_{AB} / MS_{ABC}
	$\alpha\gamma_{ik}$	0	b	1	n	$\sigma^2 + bn\sigma_{\alpha\gamma}^2 + n\sigma_{\alpha\beta\gamma}^2$	MS_{AC} / MS_{ABC}
	$\beta\gamma_{jk}$	a	1	1	n	$\sigma^2 + an\sigma_{\beta\gamma}^2$	MS_{BC} / MS_e
	$\alpha\beta\gamma_{ijk}$	0	1	1	n	$\sigma^2 + n\sigma_{\alpha\beta\gamma}^2$	MS_{ABC} / MS_e
	ε_{ijkl}	1	1	1	1	σ^2	

6.5 方差分析的基本假定与缺失数据估计

6.5.1　方差分析的基本假定及检验

1.方差分析的基本假定

根据方差分析数据的数学模型,进行方差分析的数据应满足效应可加性、误差正态性和方

差同质性三个基本假定,这是进行方差分析的基本前提。如果数据不满足方差分析的这些基本假定,就会出现错误的结果。

方差分析的数学模型中,处理效应和误差效应的可加性已由式(6-6)给出。而在方差分析的基本假定中,效应可加性指处理效应和重复效应可加,才能将总变异准确分解为各种原因引起的变异,并确定各变异的方差相对于误差方差的比值,对试验结果作出正确的 F 检验。

误差正态性指试验误差是服从正态分布 $N(0,\sigma^2)$ 且独立的随机变量。方差分析只能估计随机误差,要求每个观测值均围绕其平均数呈正态分布。顺序排列或系统取样的资料不能进行方差分析,但有些非正态分布的资料不符合正态性假定也不能直接做方差分析。

方差的同质性指各处理的方差应同质,要求试验处理不影响随机误差的方差。方差分析将各处理的变异(组内变异)合并得到一个共同的误差方差并用于检验各处理效应的显著性及平均数间的多重比较,必然要求所有处理具有一个共同的方差。大多数试验处理得到的数据形式能够满足方差同质性的要求,但有些试验处理会导致误差方差增大,如杀虫剂、除草剂、肥料等试验。

进行方差分析前应该对数据进行检验,以保证数据满足方差分析的基本假定。数据的非正态分布、效应不可加和方差不同质常连带出现,通常情况下满足误差正态性和效应可加性的数据,也能满足方差同质性。误差正态性检验可用前述正态分布的适合性检验方法进行检验。

2.效应可加性检验

某因素效应可加时,会在其他因素的各个水平上表现一致,可据此进行效应的可加性检验。例如,有 2 个处理和 2 个重复的随机化完全区组设计试验,观察得到处理 A 的结果为 190 和 125,处理 B 的结果为 170 和 105。若数据完全没有误差引起的波动,即总变异中没有误差引起的变异分量,则处理的效应均为 20,重复效应均为 65,即数据为线性变化形式,所以效应是可加的。也就是说,处理效应和重复效应可加的前提是原数据有线性变化规律。

3.方差同质性检验

前面介绍了两个样本方差同质性检验的 F 检验法,为避免增加犯第 I 类错误的概率,与多个样本平均数的不宜用多次 t 检验一样,多个样本方差的同质性检验也不宜用多次 F 检验。多个方差的同质性检验常用 Bartlett 检验、$F_{\max}$ 检验和对数方差分析的方法,这里介绍 Bartlett 检验法。

零假设 $H_0:\sigma_1^2=\sigma_2^2=\cdots=\sigma_k^2$ (k 个样本的方差同质)。

备择假设 $H_A:\sigma_i^2\neq\sigma_j^2$ ($i\leqslant k,j\leqslant k$,样本的方差不完全同质)。

检验统计量

$$\chi^2=\{\ln s_e^2\sum_{i=1}^{k}(n_i-1)-\sum_{i=1}^{k}[(n_i-1)\ln s_i^2]\}/C \qquad (6\text{-}39)$$

服从 $df=k-1$ 的 χ^2 分布。其中,k 为样本数,$s_e^2=\sum_{i=1}^{k}s_i^2(n_i-1)/\sum_{i=1}^{k}(n_i-1)$ 为合并方差,s_i^2

为样本 i 的方差,$C=1+\dfrac{1}{3(k-1)}\left[\sum_{i=1}^{k}\dfrac{1}{n_i-1}-\dfrac{1}{\sum_{i=1}^{k}(n_i-1)}\right]$ 为矫正数。

【例 6.5】 已知 3 个样本的方差分别为 8.00、4.67 和 4.00,样本容量分别为 9、6 和 5,请检验方差是否同质。

$k=3$;　$n_1=9$,　$n_2=6$,　$n_3=5$

$$C = 1 + \frac{1}{3(k-1)}\left[\sum_{i=1}^{k}\frac{1}{n_i-1} - \frac{1}{\sum_{i=1}^{k}(n_i-1)}\right] = 1 + \frac{1}{3(3-1)}\left(\frac{1}{8}+\frac{1}{5}+\frac{1}{4}-\frac{1}{17}\right) = 1.086$$

$$s_e^2 = \sum_{i=1}^{k}s_i^2(n_i-1)\Big/\sum_{i=1}^{k}(n_i-1) = 103.35/17 = 6.079$$

$$\sum_{i=1}^{k}\left[(n_i-1)\lg s_i^2\right] = (9-1)\ln8+(6-1)\ln4.67+(5-1)\ln4 = 29.887$$

$$\chi^2 = (17 \times \ln 6.079 - 12.980)/1.086 = 0.733$$

$\chi_{0.05}^2 = 5.992, \chi^2 = 0.733 < 5.992$。即认为 3 个样本的方差同质,表明 3 个样本所属的总体方差相等。

6.5.2　方差分析的数据转换

生物学研究中有时会遇到样本所来自的总体与方差分析基本假定抵触的数据,有的不能进行方差分析,有的经过适当的转换后可以进行方差分析。这里简要介绍常用的数据转换方法。

1.对数转换

生物学研究中经常出现具有倍性效应的数据,有按一定比例变化的规律,效应本身不可加,这样的数据进行对数转换后可满足可加性。对数转换是通过对原数据取对数,使效应由相乘性变为相加性。转换时如果原数据包括 0,可将所有数据加 1 后进行转换。

表 6-23 的数据,在 2 个重复中效应分别为 75 和 60,在 2 个处理中效应分别为 40 和 25,不满足可加性要求。但进行对数转换后(括号中的数据),重复间和处理间的效应变为一致,从而满足可加性要求。

表 6-23　具有倍性效应的数据及其对数转换

处　理	I	II	重复效应($I-II$)
A	200(2.30103)	125(2.09691)	75(0.20412)
B	160(2.20412)	100(2.0000)	60(0.20412)
处理效应($A-B$)	40(0.09691)	25(0.09691)	

2.反正弦转换

服从二项分布的资料,如种子发芽率、发病率等,其方差与平均数间存在函数关系,平均数接近极端值时方差较小,而平均数处于中间数值时方差较大,从而不满足正态性假定。对于这样的数据,可取数据的反正弦值并将其转换为角度值(数值较小时可先开平方再进行转换),使极端值的方差增大,并消除方差与平均数的函数关系,使其满足正态性假定。当数据中存在较多极端值时,方差分析前须对数据进行反正弦转换。

表 6-24 为不同采收期采集桂花种子的发芽率及其反正弦转换结果,由于数据偏小,所以转换前先对数据进行开平方处理,然后求其反正弦值并转换为角度。应当注意的是,对转换后的角度值进行方差分析时,F 检验差异显著,则平均数的多重比较应用转换后的角度值平均数进行。只是在解释分析最终结果时,才有必要还原为原来的发芽率百分数。

表 6-24　不同采收期桂花种子的发芽率及反正弦转换结果

采　收　期	发　芽　率			发芽率反正弦值		
A_1	0.00	0.00	0.00	0.00	0.00	0.00
A_2	0.09	0.07	0.09	17.46	15.34	17.46
A_3	0.13	0.15	0.12	21.13	22.79	20.27
A_4	0.44	0.42	0.45	41.55	40.40	42.13

3.平方根转换

有的生物学观测数据呈泊松分布而不是正态分布,如草原群落单位面积的昆虫数量,这时方差和平均数呈比例关系从而方差不同质,可通过将数据开平方来减小方差差异而满足方差同质性要求。

对数转换、反正弦转换和平方根转换是常用的三种数据转换方法。对于一般非连续性的数据,在方差分析前最好先检查各组间平均数与相应组内均方是否存在相关性和各组均方间的变异情况。如果存在相关性或者变异较大,则应考虑数据转换。有时确定适当的转换方法并不容易,可先选取几个平均数大、中、小不同的处理进行试验,找出能使组间平均数与组内均方相关性最小的转换方法进行转换。当各组观测值的标准差与其平均数的平方成比例时,也可进行倒数转换。

6.5.3　缺失数据的估计

方差分析的数据一般是事先设计好的,但意外事件可能导致部分数据丢失。对于单因素资料,可按组内重复次数不等的数据进行方差分析;对于多因素资料,则须对缺失数据进行估计后才能进行方差分析。估计缺失数据的原则是补上缺失数据后误差平方和最小,保证 F 检验具有最高的灵敏度。

以表 6-15 的数据为例,如果 A_2B_3、A_4B_5 两个处理的观测值缺失(表 6-25),可对其进行估计。

表 6-25　不同成熟度巨峰葡萄鲜果涂膜后失重(g)结果

处　　理	B_1	B_2	B_3	B_4	B_5	B_6
A_1	20.7	22.8	23.0	21.7	61.2	69.5
A_2	6.2	3.1	x	12.8	56.8	49.6
A_3	8.3	5.2	12.8	8.9	46.9	57.4
A_4	6.2	4.2	11.5	14.0	y	44.1

根据剩余法,误差平方和

$$
\begin{aligned}
SS_e &= SS_T - SS_A - SS_B = \sum\sum x_{ij}^2 - \frac{1}{b}\sum_{i=1}^{a} x_{i.}^2 - \frac{1}{a}\sum_{j=1}^{b} x_{.j}^2 + \frac{T^2}{ab} \\
&= (20.7^2 + 22.8^2 + \cdots + x^2 + \cdots + y^2 \cdots + 44.1^2) \\
&\quad - \frac{219^2 + (128.5+x)^2 + 139.4^2 + (80.1+y)^2}{6} \\
&\quad - \frac{41.5^2 + 35.3^2 + (47.4+x)^2 + 57.4^2 + (164.9+y)^2 + 220.6^2}{4} + \frac{(567+x+y)^2}{24}
\end{aligned}
$$

为使 SS_e 最小,根据最小二乘法,令 $\dfrac{\partial SS_e}{\partial x}=0$,$\dfrac{\partial SS_e}{\partial y}=0$,得方程组

$$\begin{cases} 2x-(128.5+x)/3-(47.4+x)/2+(567+x+y)/12=0 \\ 2y-(80.1+y)/3-(164.9+y)/2+(567+x+y)/12=0 \end{cases}$$

解方程组得:$x=12.2$,$y=48.7$。

将估计的缺失数据补上后,可进行方差分析。但须注意,估计缺失数据只是为了不影响方差分析的进行,不能提供所缺失的实际观测值的任何信息;由于进行估计时使 SS_e 值最小,所以总自由度和误差自由度都相应减小,计算时须将其扣除。如果只缺失一个观测值,通过对 SS_e 求微分用一个方程就可算出。

习题

习题 6.1 方差分析数据的一般形式中,平方和、自由度的总量怎样分解为两个分量?误差均方的实质是什么?

习题 6.2 两个以上处理平均数的两两比较为什么不能用 t 检验?

习题 6.3 结合方差分析的原理和基本假定简述平方和分量的可加性。

习题 6.4 在洞庭湖区背瘤丽蚌肌肉营养成分分析的过程中,分别就其外套膜、闭壳肌、斧足三种器官进行水分含量(%)的测定,各获得 6 个水分含量的观测值如下。试进行方差分析。

器 官	水分含量(%)的观测值					
外套膜	86.6	86.6	86.0	85.9	87.2	87.0
闭壳肌	85.9	85.7	84.9	86.1	86.0	85.0
斧足	81.4	82.4	81.4	82.6	80.7	80.8

习题 6.5 在设施葡萄园抽样观察品种为红地球的 6 株葡萄,获得每个单株上冬季修剪选留下来的结果母枝上着生的结果枝数量,结果为①1、1、1、1、3;②3、3、1、2、1、3;③1、1、3、1、2、1、2;④1、3、1、3、1、1;⑤1、3、2、3、1、1;⑥0、0、0、0、0、0。请分析该品种单株之间的结果枝数差异是否显著。

习题 6.6 使用不同浓度 GA3 处理桂花种子,观测了对 6 批成熟度不同的桂花种子的发芽率(%)的影响,结果如下。试对其进行反正弦转换,然后按无重复观测值的两因素数据形式进行方差分析。

GA3 浓度	I	II	III	IV	V	VI
0 mg/L	11.0	13.3	11.0	9.0	43.7	42.0
10 mg/L	10.0	13.7	11.7	10.3	43.3	43.7
50 mg/L	17.7	17.0	21.0	12.7	47.0	50.3
100 mg/L	21.0	22.3	24.0	23.0	52.0	54.0

习题 6.7 有一个由不同提取物种类及浓度组合成的 9 种茶叶提取液(A、B、C、D、E、F、G、H、I 共 9 个处理,J 为对照)抑制发芽效果的试验,重复 3 次,培养萝卜种子 30 h 后,每份 50 粒种子的萌发数的观测值整理如下,将该观察结果进行对数转换后再完成包括多重比较在内的方差分析全过程。

重复	A	B	C	D	E	F	G	H	I	J
I	3	27	36	2	18	30	10	25	45	48
II	6	24	38	2	16	24	7	28	44	50
III	3	18	34	3	20	27	10	29	43	47

习题 6.8　推广棕彩棉(A_1)的施肥试验,对照品种为湘杂 2 号(A_2),氮肥按每 667 m² 施 0 kg(B_1)、10 kg(B_2)、20 kg(B_3)、30 kg(B_4)设计数量水平,得到 2000—2004 年籽棉产量(kg) 的重复观察结果视年份为 5 个重复,整理出部分数据如下,试按两因素固定效应模型完成方差 分析。

年　份	A_1				A_2			
	B_1	B_2	B_3	B_4	B_1	B_2	B_3	B_4
2000	126.9	162.7	197.7	149.1	212.7	248.4	323.3	345.2
2001	131.5	157.9	192.1	158.6	187.0	237.4	323.5	342.5
2002	131.5	158.2	184.3	157.3	191.6	253	309.2	332.8
2003	134.4	168.4	190.9	142.6	218.6	264.9	283.9	302.6
2004	133.2	169.7	191.8	143.1	224.5	288.7	293.1	307.7

习题 6.9　为什么有些数据必须先进行数据转换才能进行方差分析?

习题 6.10　缺失数据的估计值有无实际意义? 为什么要以 SS_e 为最小值的原则进行缺区 估计?

第7章 一元回归与相关分析

前面各章讨论的问题都只涉及一个变量,即在一定的试验处理下,试验指标的观察值的变化。由于客观事物在发展过程中是相互联系、相互影响的,因而在科研实践中常常需要研究两个或两个以上变量之间的关系。例如,蛋白质含量与吸光度、种子内脂肪含量与蛋白质含量等。为了分析引起事物发生变化的原因,或者通过一个变量的变化来预测另一个变量的变化,经常需要研究变量间的关系。

在自然界中,变量间的关系可分为两大类:①确定性关系,又称函数关系,可以用精确的数学公式来表示。例如,正方形的面积与边长的关系、一定速度下车辆行驶的距离与时间的关系。②非确定性关系,一个变量发生变化,另一个变量也跟着发生变化,但变量间不存在完全的函数关系。例如身高与体重之间存在身高越高体重越重的关系,但又不完全对应,无法用确定的函数关系来表达。统计学上把这种变量间的相互关系称为协变关系(covariant relation),具有协变关系的变量称为协变量(covariate)。在统计学上,用回归(regression)和相关(correlation)的方法来研究协变量之间的关系,探讨它们之间的变化规律。

变量间的协变关系分为两类:一类是因果关系,即一个变量的变化受另一个或几个变量的影响,例如酶活性的变化受底物浓度、反应时间、温度等多个变量的影响;另一类是平行关系,即变量间相互影响或共同受到其他因素的影响,例如身高与体重的关系等。

如果变量之间是因果关系,统计学上一般采用回归分析(regression analysis)方法进行研究。表示原因的变量称为自变量(independent variable),用 x 表示。自变量是固定的(试验时事先确定的),没有随机误差。表示结果的变量称为因变量或依变量(dependent variable),用 y 表示。y 是随 x 的变化而变化的,具有随机误差。如施肥量与作物产量的关系,施肥量是事先确定的,为自变量;作物产量是随施肥量变化而变化的,为因变量,同样的施肥量下作物产量不完全一样,所以具有随机误差。通过回归分析,可以找出因变量 y 随自变量 x 变化的规律,并通过 x 预测 y 的取值范围。

在回归分析中,如果自变量 x 的每一个值 x_i,因变量 y 均有一个分布与其对应,则称因变量 y 对自变量 x 存在回归关系。根据自变量的数量,回归分析分为一元回归分析和多元回归分析,研究因变量与一个自变量的关系的回归分析称为一元回归(one factor regression)分析,研究因变量与多个自变量的关系的回归分析称为多元回归(multiple regression)分析。根据回归的数学模型,回归分析分为线性回归(linear regression)分析和非线性回归(nonlinear regression)分析两类。回归分析的目的在于揭示出呈因果关系的相关变量间的联系形式,通过建立回归方程,然后利用回归方程由自变量来预测或控制因变量。

如果变量之间是平行关系,统计学上采用相关分析(correlation analysis)的方法进行研究。在相关分析中,两个变量 x 和 y,无自变量与因变量的区分,都具有随机误差,都是随机变量。如果对于一个变量的每一个取值,另一个变量都有一个分布与其对应,则称这两个变量之间存在相关关系。研究两个变量间的直线关系的分析称为直线相关(linear correlation)分析或简单相关(simple correlation)分析,研究多个变量与一个变量间线性关系的分析称为复相关(multiple correlation)分析,研究其他变量保持不变时两个变量间线性相关的分析称为偏相关(partial correlation)分析。相关分析研究变量间相关的性质和程度,不能用一个变量的变化去预测其他变量的变化或依靠其他变量的变化来预测一个变量的变化。本章介绍两个变量间回归和相关关系的研究方法。

7.1 直线回归

直线回归是回归分析中最简单的类型,研究两个变量间的直线关系。变量间的直线关系用直线回归方程来描述,经过检验证明两个变量间存在直线关系时,可以用自变量的变化来预测因变量的变化。

7.1.1 直线回归方程的建立

1.直线回归的数学模型

设自变量为 x,因变量为 y,两个变量的 n 对观测值为 $(x_1,y_1),(x_2,y_2),\cdots,(x_n,y_n)$。可以用直线函数关系来描述变量 x、y 之间的关系:

$$Y = \beta_0 + \beta_1 x + \varepsilon \tag{7-1}$$

其中 β_0、β_1 为待定系数,随机误差 $\varepsilon \sim N(0,\sigma^2)$。设 $(x_1,Y_1),(x_2,Y_2),\cdots,(x_n,Y_n)$ 是取自总体 (x,Y) 的一组样本,而 $(x_1,y_1),(x_2,y_2),\cdots,(x_n,y_n)$ 是该样本的一组观察值,$x_1,x_2,\cdots,x_n$ 是随机取定的不完全相同的数值,而 $y_1,y_2,\cdots,y_n$ 为随机变量 Y 在试验后取得的具体数值,则有

$$y_i = \beta_0 + \beta_1 x_i + \varepsilon_i \tag{7-2}$$

其中 $i = 1,2,\cdots,n,\varepsilon_1,\varepsilon_2,\cdots,\varepsilon_n$ 相互独立。该模型可理解为对于自变量 x 的每一个特定的取值 x_i,都有一个服从正态分布的 Y_i 取值范围与之对应,这个正态分布的期望是 $\beta_0 + \beta_1 x_i$,方差是 σ^2。$Y \sim N(\beta_0 + \beta_1 x,\sigma^2)$,$E(Y) = \beta_0 + \beta_1 x$,回归分析就是根据样本观察值求解 β_0 和 β_1 的估计 b_0 和 b。对于给定的 x 值,有

$$\hat{y} = b_0 + bx \tag{7-3}$$

作为 $E(Y) = \beta_0 + \beta_1 x$ 的估计,式(7-3)称为 y 关于 x 的直线回归方程,其图像称为回归直线,b_0 称为回归截距(regression intercept),b 称为回归系数(regression coefficient)。

2.参数 β_0、β_1 的估计

在样本观察值 $(x_1,y_1),(x_2,y_2),\cdots,(x_n,y_n)$ 中,对每个 x_i,可由直线回归方程(7-3)确定一个回归估计值,即

$$\hat{y}_i = b_0 + bx_i \tag{7-4}$$

这个回归估计值 $\hat{y}_i$ 与实际观察值 y_i 之差

$$y_i - \hat{y}_i = y_i - (b_0 + bx_i)$$

表示 y_i 与回归直线 $\hat{y} = b_0 + bx$ 的偏离度。

为使建立的回归直线 $\hat{y} = b_0 + bx$ 尽可能地靠近各对观测值的点 $(x_i,y_i)(i = 1,2,\cdots,n)$,

需使离回归平方和(或称剩余平方和)$Q = \sum\limits_{i=1}^{n} (y_i - \hat{y}_i)^2 = \sum (\hat{y} - b_0 - bx_i)^2$ 最小。

根据最小二乘法,要使 Q 最小,需求 Q 关于 b_0、b 的偏导数,并令其为零,即

$$\begin{cases} \dfrac{\partial Q}{\partial b_0} = -2 \sum\limits_{i=1}^{n} (y_i - b_0 - bx_i) = 0 \\ \dfrac{\partial Q}{\partial b} = -2 \sum\limits_{i=1}^{n} (y_i - b_0 - bx_i) x_i = 0 \end{cases}$$

整理得正规方程组

$$\begin{cases} nb_0 + \left(\sum\limits_{i=1}^{n} x_i \right) b = \sum\limits_{i=1}^{n} y_i \\ \left(\sum\limits_{i=1}^{n} x_i \right) b_0 + \left(\sum\limits_{i=1}^{n} x_i^2 \right) b = \sum\limits_{i=1}^{n} x_i y_i \end{cases} \tag{7-5}$$

解方程组得

$$\begin{cases} b_0 = \bar{y} - b\bar{x} \\ b = \dfrac{\sum (x - \bar{x})(y - \bar{y})}{\sum (x - \bar{x})^2} = \dfrac{SP_{xy}}{SS_x} \end{cases} \tag{7-6}$$

b_0 和 b 为 β_0 和 β_1 的最小二乘估计。在式(7-6)中,分子 $\sum (x - \bar{x})(y - \bar{y})$ 为 x 的离均差与 y 的离均差的乘积和,简称乘积和(sum of products),记作 SP_{xy};分母 $\sum (x - \bar{x})^2$ 为 x 的离均差平方和,简称平方和(sum of squares),记作 SS_x。

b_0 为回归截距,是回归直线与 y 轴交点的纵坐标,总体回归截距 β_0 的无偏估计值;b 称为回归系数,是回归直线的斜率,总体回归系数 β_1 的无偏估计值。回归直线具有以下性质:

(1)离回归的和等于零,即 $\sum\limits_{i=1}^{n} (y_i - \hat{y}_i) = 0$;

(2)离回归平方和最小,即 $\sum\limits_{i=1}^{n} (y_i - \hat{y}_i)^2$ 最小;

(3)回归直线通过散点图的几何重心 $(\bar{x}, \bar{y})$。

【例 7.1】 采用考马斯亮蓝法测定某蛋白质含量,在作标准曲线时,测得小牛血清白蛋白(BSA)浓度(mg/mL)与吸光度的数据,如表 7-1 所示。试建立吸光度与 BSA 间的直线回归方程。

表 7-1　BSA 浓度与吸光度的关系

BSA 浓度 x/(mg/mL)	0.0	0.2	0.4	0.6	0.8	1.0	1.2
吸光度 y	0.000	0.208	0.375	0.501	0.679	0.842	1.064

进行回归或相关分析前,为观察变量间关系的大致情况,一般先作散点图。将表 7-1 中的数值在以 BSA 浓度(x)为横坐标,吸光度(y)为纵坐标的直角坐标系中作散点图(图 7-1)。可以看出,两者直线关系明显,没有极端值。

已知 $n = 7$,根据观测值可计算出

$$\bar{x} = \sum x/n = 4.2/7 = 0.6$$

$$\bar{y} = \sum y/n = 3.669/7 = 0.5241$$

$$SS_x = \sum x^2 - \left(\sum x\right)^2/n$$
$$= 3.64 - 4.2^2/7 = 1.12$$

$$SP_{xy} = \sum xy - \left(\sum x\right)\left(\sum y\right)/n$$
$$= 3.1542 - 4.2 \times 3.669/7$$
$$= 0.9528$$

$$SS_y = \sum y^2 - \left(\sum y\right)^2/n$$
$$= 2.7370 - 3.669^2/7$$
$$= 0.8139$$

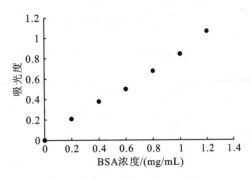

图 7-1　BSA 浓度与吸光度的关系

于是可计算回归系数 b 和回归截距 b_0,分别为

$$b = SP_{xy}/SS_x = 0.9528/1.12 = 0.8507$$
$$b_0 = \bar{y} - b\bar{x} = 0.5241 - 0.8507 \times 0.6 = 0.0137$$

即直线回归方程为:$\hat{y} = 0.0137 + 0.8507x$。其含义为 BSA 浓度每增加 1 mg/mL,吸光度增加 0.8507。

7.1.2　直线回归的假设检验

即使 x 和 y 变量间不存在直线关系,由 n 对观测值(x_i, y_i)也可以根据上面介绍的方法求得一个回归方程 $\hat{y} = b_0 + bx$,所以回归方程建立后,需要进行假设检验来判断变量 y 与 x 间是否确实存在直线关系。检验回归方程是否成立即检验假设 $H_0: \beta_1 = 0$ 是否成立,可采用 F 检验和 t 检验两种方法。

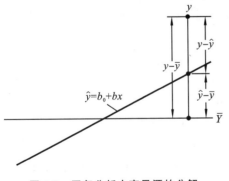

图 7-2　回归分析中变异源的分解

1.回归方程的 F 检验

1) 平方和与自由度的分解

回归数据的总变异$(y_i - \bar{y})$由随机误差$(y_i - \hat{y}_i)$和回归效应$(\hat{y}_i - \bar{y})$两部分组成,如图 7-2 所示。

总平方和 SS_y 可以分解为回归平方和 SS_R 及离回归平方和(误差平方和)SS_e。各项的定义为

$$\left. \begin{aligned} SS_y &= \sum (y_i - \bar{y})^2 \\ SS_R &= \sum (\hat{y}_i - \bar{y})^2 \\ SS_e &= \sum (y_i - \hat{y}_i)^2 \end{aligned} \right\} \qquad (7\text{-}7)$$

不难证明

$$SS_y = SS_R + SS_e \qquad (7\text{-}8)$$

其中

$$SS_R = \sum (\hat{y}_i - \bar{y})^2$$
$$= \sum [(b_0 + bx_i) - (b_0 + b\bar{x})]^2 = b^2 \sum (x_i - \bar{x})^2$$

$$= b^2 SS_x = b \frac{SP_{xy}}{SS_x} SS_x = bSP_{xy} = \frac{SP_{xy}^2}{SS_x}$$

$b^2 SS_x$ 直接反映出 y 受 x 的线性影响而产生的变异,而 bSP_{xy} 的算法则可推广到多元线性回归分析。

SS_y 是因变量 y 的离均差平方和,所以自由度 $df_y = n-1$;SS_R 反映由 x 引起的 y 的变异,所以自由度 $df_r = 1$;SS_e 反映除 x 对 y 的线性影响以外的其他因素引起的 y 的变异,自由度为 $df_e = df_y - df_R = n-2$。即

$$\left. \begin{array}{l} df_y = n-1 \\ df_R = 1 \\ df_e = n-2 \end{array} \right\} \tag{7-9}$$

平方和与相应自由度的比为相应的均方,即

$$\left. \begin{array}{l} MS_R = \dfrac{SS_R}{df_R} = SS_R \\[2mm] MS_e = \dfrac{SS_e}{df_e} = \dfrac{SS_e}{n-2} \end{array} \right\} \tag{7-10}$$

2)F 检验

零假设 $H_0 : \beta_1 = 0$,备择假设 $H_A : \beta_1 \neq 0$。统计量

$$F = \frac{MS_R}{MS_e} = \frac{SS_R}{SS_e/(n-2)} = (n-2)\frac{SS_R}{SS_e} \tag{7-11}$$

自由度 $df_1 = df_R = 1, df_2 = df_e = n-2$。当 $F > F_\alpha$ 时,$P < \alpha$,否定 H_0,表明回归关系显著;当 $F \leqslant F_\alpha$ 时,$P > \alpha$,接受 H_0,此时回归关系不显著。

和方差分析的 F 检验一样,回归方程的显著性 F 检验也总是使用回归均方做分子,离回归均方做分母。

【例 7.2】 检验例 7.1 回归方程是否显著($\alpha = 0.01$)。

已知 $n = 7$,$SS_y = 0.8139$,$SP_{xy} = 0.9528$,$SS_x = 1.12$,于是有

$$SS_R = bSP_{xy} = \frac{SP_{xy}^2}{SS_x} = \frac{0.90783}{1.12} = 0.81056$$

$$SS_e = SS_y - SS_R = 0.8139 - 0.81056 = 0.00334$$

$$df_y = n-1 = 7-1 = 6, \quad df_R = 1, \quad df_e = 7-2 = 5$$

$$MS_R = SS_R = 0.81056, \quad MS_e = SS_e/df_e = 0.00334/5 = 0.00067$$

$$F = MS_R/MS_e = 0.81056/0.00067 = 1209.689$$

表 7-2 为方差分析表。因为 $F = 1209.689 > F_{0.01} = 16.258, P < 0.01$,表明蛋白质浓度与吸光度之间存在着极显著的直线关系。回归方程 $\hat{y} = 0.0137 + 0.8507x$ 具有统计学上极显著的意义,是有效的。

表 7-2 BSA 浓度与吸光度回归关系的方差分析表

变异源	SS	df	MS	F	$F_{0.01}$
回归	0.81056	1	0.81056	1209.689	16.258
剩余	0.00334	5	0.00067		
总变异	0.81391	6			

2.回归系数的 t 检验

对直线关系的检验也可通过对回归系数 b 进行 t 检验完成。在模型式(7-1)条件下,可以证明回归系数 b 的期望和方差分别为 $E(b) = \mu_b = \beta_1$,$D(b) = \sigma_b^2 = \sigma^2 / SS_x$。如果 σ^2 未知,则用离回归均方代替,求得 σ_b^2 的估计值 s_b^2,即

$$s_b^2 = MS_e / SS_x \tag{7-12}$$

由式(7-12)可知,样本回归系数的变异度不仅取决于误差方差的大小,也取决于自变量 x 的变异程度。自变量 x 的变异越大(取值越分散),回归系数的变异就越小,由回归方程所估计出的值就越精确。

于是,回归系数标准误

$$s_b = \sqrt{s_b^2} = \sqrt{\frac{MS_e}{SS_x}} \tag{7-13}$$

对回归系数 t 检验的假设为 $H_0 : \beta_1 = 0$,$H_A : \beta_1 \neq 0$。检验统计量 t 的计算公式为

$$t = \frac{b - \beta_1}{s_b} = \frac{b}{s_b} \tag{7-14}$$

统计量 t 服从 $df = n-2$ 的 t 分布。t 与 t_α 比较,判断回归的显著性。对于上例的数据:

$$s_b = \sqrt{MS_e / SS_x} = \sqrt{0.00067/1.12} = 0.0245$$

$$t = b/s_b = 0.8507/0.0245 = 34.781$$

$df = n-2 = 7-2 = 5$,查表得 $t_{0.01} = 4.032$,因 $t = 34.781 > t_{0.01}$,$P < 0.01$。

否定 H_0,接受 H_A,回归系数 $b = 0.8507$ 极显著,表明 BSA 浓度与吸光度间存在极显著的直线关系,可用所建立的直线回归方程进行蛋白质浓度的测算。

对直线回归而言,t 检验和 F 检验是等价的,事实上 $F = t^2$。

有时也对回归截距 b_0 的显著性进行检验。回归截距的大小对回归的显著性没有影响,检验的目的是看回归直线是否通过原点,仍使用 t 检验法检验。检验时,零假设为 $\beta_0 = 0$(回归直线通过原点),回归截距标准误

$$s_{b_0} = \sqrt{MS_e \left(\frac{1}{n} + \frac{\bar{x}^2}{SS_x} \right)} \tag{7-15}$$

统计量

$$t = \frac{b_0 - \beta_0}{s_{b_0}} = \frac{b_0}{s_{b_0}} \tag{7-16}$$

7.1.3　回归方程的评价

通过对回归方程的假设检验,如果显著(或极显著),说明 x、y 两变量间存在一定的直线关系,但不能明确指出两者直线关系的密切程度。为说明变量间回归关系的密切程度,可从拟合度和偏离度两个方面对回归方程进行评价。

1.回归方程的拟合度

建立回归方程的过程称为拟合。如果资料中各散点的分布紧密围绕于所建立的回归直线附近,说明两变量之间的直线关系紧密,所建立的回归方程的拟合度就好;反之,拟合度就差。统计学上使用决定系数来评价回归方程拟合度的好坏。决定系数定义为回归平方和占(因变量)总平方和的比例,理解为回归关系引起的变异,计算公式为

$$r^2 = \frac{\sum (\hat{y} - \bar{y})^2}{\sum (y - \bar{y})^2} = \frac{SS_R}{SS_y} = \frac{SP_{xy}^2}{SS_x SS_y} = \frac{SP_{xy}}{SS_x} \cdot \frac{SP_{xy}}{SS_y} = b_{yx} b_{xy} \tag{7-17}$$

$0 \leqslant r^2 \leqslant 1$，即决定系数的取值范围为$[0,1]$。

上例数据，决定系数 $r^2 = SS_R / SS_y = 0.8106/0.8139 = 0.9960$，表示吸光度的总变异中，BSA 浓度对吸光度的线性影响占 99.60%。

2.回归方程的偏离度

离回归均方 MS_e 是回归模型中 σ^2 的估计值。离回归均方的算术根称为离回归标准误，记为 s_{yx}，即

$$s_{yx} = \sqrt{\frac{\sum (y - \hat{y})^2}{n-2}} = \sqrt{MS_e} \tag{7-18}$$

离回归标准误 s_{yx} 表示回归估测值 $\hat{y}$ 与实际观测值 y 偏差的程度。统计学上使用离回归标准误来度量回归方程的偏离度。上例数据，$s_{yx} = \sqrt{MS_e} = \sqrt{0.00067} = 0.0259$。

7.1.4 直线回归的区间估计

为衡量回归系数的精度，可对其进行区间估计，即计算其置信度为 $P = 1 - \alpha$ 的置信区间。置信区间的幅度表示 b 和 b_0 与参数 β_1 和 β_0 的接近程度，置信区间幅度越小，说明 b 与 β_1、b_0 与 β_0 越接近，估计值越精确。

1.回归系数 β_1 的区间估计

由于 $t = (b - \beta_1)/s_b$，$P(-t_a \leqslant (b - \beta_1)/s_b \leqslant t_a) = 1 - \alpha$，故

$$P(b - t_a s_b \leqslant \beta_1 \leqslant b + t_a s_b) = 1 - \alpha$$

即置信度 $P = 1 - \alpha$ 时，β_1 的置信区间为 $[b - t_a s_b, b + t_a s_b]$，$t_a$ 为服从 $df = n-2$ 的 t 分布的概率为 α 的临界值。上例数据，当 $\alpha = 0.05$，$df = 5$ 时，$t_{0.05/2} = 2.571$，由于 $s_b = 0.0245$，所以 $L_1 = 0.8507 - 2.571 \times 0.0245 = 0.7877$，$L_2 = 0.8507 + 2.571 \times 0.0245 = 0.9137$。即回归系数的取值有 95% 的可能落在区间 $[0.7877, 0.9137]$ 内。

2.回归截距 β_0 的区间估计

由于 $t = (b_0 - \beta_0)/s_{b_0}$，$P(-t_a \leqslant (b_0 - \beta_0)/s_{b_0} \leqslant t_a) = 1 - \alpha$，故

$$P(b_0 - t_a s_{b_0} \leqslant \beta_0 \leqslant b_0 + t_a s_{b_0}) = 1 - \alpha$$

即置信度 $P = 1 - \alpha$ 时，β_0 的置信区间为 $[b_0 - t_a s_{b_0}, b_0 + t_a s_{b_0}]$，$t_a$ 为服从 $df = n-2$ 的 t 分布的概率为 α 的临界值。

3.对总体平均数 y_0 的区间估计

$x = x_0$ 时，对应的 y 总体的期望均值为 $y_0 = \beta_0 + \beta_1 x_0$，点估计 $\hat{y}_0 = b_0 + bx_0$，即 $\hat{y}_0 = \bar{y} + b(x_0 - \bar{x})$。$\hat{y}_0$ 的方差为 $\sigma_y^2 = \sigma^2 \left[\frac{1}{n} + \frac{(x_0 - \bar{x})^2}{SS_x} \right]$，总体方差 σ^2 未知时，用离回归均方 MS_e 代替。于是有

$$s_{\hat{y}} = \sqrt{MS_e \left(\frac{1}{n} + \frac{(x_0 - \bar{x})^2}{SS_x} \right)} \tag{7-19}$$

可构造统计量 $t(df = n-2)$：

$$t = \frac{\hat{y}_0 - (\beta_0 + \beta_1 x_0)}{s_{\hat{y}}} \tag{7-20}$$

于是可得 $y_0 = \beta_0 + \beta_1 x_0$ 的置信度 $P = 1 - \alpha$ 的置信区间为

$$[\hat{y}_0 - t_a s_{\hat{y}}, \hat{y}_0 + t_a s_{\hat{y}}] \tag{7-21}$$

上例，$x_0 = 0.7$ 时，计算可得 $s_{\hat{y}} = 0.01$，$\hat{y}_0 = 0.6092$。$\alpha = 0.05$ 时，$t_{0.05/2} = 2.571$，y_0 的置信度为 $P = 1 - \alpha$ 的置信区间为 $\hat{y}_0 \pm t_a s_{\hat{y}} = 0.6092 \pm 0.0257$。

4.对因变量 y_i 的估计

$x = x_0$ 时，可用回归方程直接计算因变量的预测值 $\hat{y}_0$。为估计 $\hat{y}_0$ 的精度，可对 $\hat{y}_0$ 进行区间估计。可以推导，$\hat{y}_0$ 的方差为：$\sigma_{\hat{y}}^2 = \sigma^2 \left[1 + \dfrac{1}{n} + \dfrac{(x_0 - \bar{x})^2}{SS_x} \right]$，总体方差 σ^2 未知时，用离回归均方 MS_e。于是有

$$s_y = \sqrt{MS_e \left[1 + \frac{1}{n} + \frac{(x_0 - \bar{x})^2}{SS_x} \right]} \tag{7-22}$$

构造统计量 t：

$$t = \hat{y}_i / s_y \tag{7-23}$$

可得 y_0 的置信度为 $P = 1 - \alpha$ 的置信区间为

$$\hat{y}_i \pm t_a s_y \tag{7-24}$$

上例，$x_0 = 0.7$ 时，计算可得 $s_y = 0.0953$，$\hat{y}_i = b_0 + bx_0 = \hat{y}_0 = 0.6092$。$\alpha = 0.05$ 时，$t_{0.05} = 2.571$，y_i 的置信度为 $P = 1 - \alpha$ 的置信区间为 $\hat{y}_i \pm t_a s_y = 0.6092 \pm 0.2450$。显然 y_i 的置信区间比 y_0 的置信区间大。

7.1.5　回归方程的应用

1.预测

建立回归方程的目的是研究因变量随自变量变化的过程，并预测自变量不同取值时因变量的变化。预测时只需将自变量的取值代入回归方程，就可计算出因变量的取值。如上例，当 BSA 浓度为 0.7 mg/mL 时，吸光度为 0.6092。

2.控制

质量标准要求产品的某项质量指标 y 在一定范围内取值，否则产品被视为不合格。为保证因变量 y 在区间 (y_1, y_2) 内取值，需要对自变量 x 的取值进行控制。由因变量 y 反推自变量 x 的取值范围的问题，称为控制问题。

控制是预测的反问题，即以 $P = 1 - \alpha$ 的置信度求出区间 (x_1, x_2)，当 x 在 (x_1, x_2) 内取值时，观察值 y 落在 (y_1, y_2) 内。实际应用中常用单个观察值的预测区间 $\hat{y}_0 \pm t_a s_y$ 反向求解。

$$\begin{cases} y_1 = \hat{y}_0 - s_y t_a = b_0 + bx_1 - s_y t_a \\ y_2 = \hat{y}_0 + s_y t_a = b_0 + bx_2 + s_y t_a \end{cases} \tag{7-25}$$

解出 x_1、x_2 来，即为 $P = 1 - \alpha$ 置信度控制区间的自变量 x 取值的上下限。

3.校正

生物机能指标（如呼吸强度）的测定通常要求在一定的条件下（如 20℃）进行。因为在不同条件下这类指标会发生较大变化，而野外调查或田间试验时又很难保证在标准条件下进行测定。为解决这类问题，可测定同一试验材料在不同条件下（如不同的温度）的指标变化，建立回归方程，弄清试验指标与试验条件的关系，通过回归关系对测定结果进行校正。

7.2 直线相关

研究两个随机变量 x 和 y 的直线相关的基本任务是利用观测数据(x_i,y_i),计算出表示 x 和 y 两个变量间线性相关程度和性质的统计量——相关系数,并对其进行显著性检验。

7.2.1 相关系数和决定系数

乘积和 SP_{xy} 可以表示变量 x 和 y 的相互关系和密切程度,但其数值的大小不仅受变量 x 和 y 的变异程度的影响,还受度量单位以及样本容量的影响,不同资料的乘积和无可比性。消除这些影响后可以进行不同资料之间的相关性比较,因此定义相关系数

$$\rho = \frac{1}{N} \sum \left(\frac{x - \mu_x}{\sigma_x} \cdot \frac{y - \mu_y}{\sigma_x} \right) = \frac{\sum (x - \mu_x)(y - \mu_y)}{\sqrt{(x - \mu_x)^2 \cdot (x - \mu_y)^2}} \tag{7-26}$$

对于样本数据,相关系数

$$r = \frac{\sum (x_i - \bar{x})(y_i - \bar{y})}{\sqrt{\sum (x_i - \bar{x})^2 \cdot \sum (y_i - \bar{y})^2}} = \frac{SP_{xy}}{\sqrt{SS_x \cdot SS_y}} \tag{7-27}$$

r 的取值范围为$[-1,1]$。r 数值的大小表示两个变量相关的程度,$r=\pm 1$ 时两个变量完全相关(呈函数关系),$r=0$ 时两个变量完全无关或零相关;r 的正与负表示两个变量相关的性质,r 为正值表示正相关,x 增大 y 也增大,r 为负值表示负相关,x 增大时 y 减小。

从式(7-27)可以看出,在相关系的计算中,两个变量是平等的,这是相关与回归的主要区别。

在直线回归分析中用于评价回归方程的决定系数 r^2 是统计学上用来度量变量间相关程度的另一个统计量。比较式(7-17)和式(7-27)可知,决定系数就是相关系数的平方。

决定系数取值范围为 $0 \leqslant r^2 \leqslant 1$,它只能表示两变量相关的程度,不能表示相关性质。

【例 7.3】 测定某品种大豆籽粒内的脂肪含量(%)和蛋白质含量(%)的关系,样本容量 $n=42$,结果列于表 7-3。试计算脂肪含量与蛋白质含量间的相关系数。

表 7-3 某品种大豆籽粒脂肪含量(%) x 和蛋白质含量(%) y

x	y	x	y	x	y	x	y	x	y	x	y
15.4	44.0	19.4	42.0	21.9	37.2	17.8	40.7	20.4	39.1	24.2	37.6
17.5	38.2	20.4	37.4	23.8	36.6	19.1	39.8	21.8	39.4	17.4	42.2
18.9	41.8	21.6	35.9	17.0	42.8	20.4	40.0	23.4	33.2	18.9	39.9
20.0	38.9	22.9	36.0	18.6	42.1	21.5	37.8	16.8	43.1	20.8	37.1
21.0	38.4	16.1	42.1	19.7	37.9	22.9	34.7	18.4	40.9	22.3	38.6
22.8	38.1	18.1	40.0	20.7	36.2	15.9	42.6	19.7	38.9	24.6	34.8
15.8	44.6	19.6	40.2	22.0	36.7	17.9	39.8	20.7	35.8	19.9	39.8

乘积和:$SP_{xy} = \sum xy - (\sum x)(\sum y)/n = -224.6967$

平方和:$SS_x = \sum x^2 - (\sum x)^2/n = 237.8048$,$SS_y = \sum y^2 - (\sum y)^2/n = 292.6583$

$$r = \frac{SP_{xy}}{\sqrt{SS_x \cdot SS_y}} = \frac{-224.6967}{\sqrt{237.8048 \times 292.6583}} = -0.8517$$

大豆籽粒内脂肪含量和蛋白质含量的相关系数为 -0.8517。

7.2.2　相关系数的假设检验

相关系数 r 值的大小受样本数量的影响很大，其显著性需进行统计检验来证明，不能从数值进行直观判断。

相关系数 r 是总体相关系数 ρ 的估计值，对 r 的检验是检验其是否来自 $\rho \neq 0$ 的总体。零假设 $H_0: \rho = 0$，备择假设 $H_A: \rho \neq 0$；可采用 F 检验法、t 检验法或查表法进行检验。

1.F 检验法

将 y 变量的平方和剖分为相关平方和与非相关平方和，即

$$\mathrm{SS}_y = \sum (y - \bar{y})^2 = r^2 \sum (y - \bar{y})^2 + (1 - r^2) \sum (y - \bar{y})^2 \tag{7-28}$$

其中，$r^2 \sum (y - \bar{y})^2$ 为相关平方和，$(1 - r^2) \sum (y - \bar{y})^2$ 为非相关平方和。

y 的自由度也可以进行相应分解：相关平方和的自由度为 1，非相关平方和的自由度为 $n - 2$。于是统计量

$$F = \frac{r^2 \sum (y - \bar{y})^2 / 1}{(1 - r^2) \sum (y - \bar{y})^2 / (n - 2)} = \frac{(n - 2) r^2}{1 - r^2} \tag{7-29}$$

F 统计量服从 $df_1 = 1$、$df_2 = n - 2$ 的 F 分布。通过比较 F 与 F_α 的大小作出统计推断。

2.t 检验法

相关系数的标准误为 $s_r = \sqrt{(1 - r^2)/(n - 2)}$，检验统计量

$$t = \frac{r}{s_r} \tag{7-30}$$

服从自由度 $df = n - 2$ 的 t 分布。通过比较 t 与 t_α 的大小作出统计推断。显然，t 与 F 有如下关系：$t^2 = F$。即 F 检验与 t 检验结果一致。

3.查表法

根据上述 F 检验法和 t 检验法，检验统计量的计算只与自由度和 r 本身有关。为便于应用，可将不同自由度时的相关系数临界值求出并制表供查询，以便简化相关系数检验过程。

查表时，自由度 $df = n - 2$，变量个数 $M = 2$，用 $|r|$ 与 r_α 比较推断相关系数的显著性。上例，$df = n - 2 = 40$，查附录 G，$r_{0.05} = 0.3044$，$r_{0.01} = 0.3932$。$|r| = 0.8517$，$P < 0.01$。表明该品种大豆籽粒内脂肪含量与蛋白质含量呈极显著负相关。

7.2.3　应用直线回归和相关分析时需注意的事项

使用直线回归和相关分析时应注意以下事项。

（1）变量间的直线回归和相关分析要有相关学科专业知识作为指导。直线回归和相关分析是揭示变量间统计关系的一种数学方法，在将这些方法应用于生物科学研究时，必须考虑研究对象本身的客观情况。如果不以一定的客观事实，科学依据为前提，把风马牛不相及的资料随意凑到一起进行直线回归和相关分析，会发生根本性的错误。

（2）要严格控制研究对象（x 和 y）以外的有关因素。在直线回归和相关分析中必须严格控制被研究的两个变量以外的其他各个相关变量的波动范围，使其尽可能稳定一致。否则，直线回归、相关分析很可能导致完全虚假的结果。

（3）要正确判断直线回归和相关分析的结果。一个不显著的直线回归系数或相关系数并不一定意味着 x 和 y 没有关系。一个显著的直线回归系数或相关系数也并不一定具有实践上的预测意义。换句话说，不要将直线回归系数或相关系数的显著性与相关或回归关系的强弱混为一谈。

（4）在实际应用中要考虑到回归方程、相关系数的适用范围和应用条件；进行研究时样本容量 n 要尽可能大些，以提高直线回归和相关分析的准确性。

（5）利用回归方程进行预测时，预测自变量的取值范围一般应在用于建立回归方程的自变量取值范围内，除非能够证明否则不能外延；回归方程也不能逆转使用，不能由因变量估计自变量的取值。

7.3 常用非线性回归及其直线化

许多试验的两个变量之间并不呈线性关系，而是呈非线性关系，这就需要用曲线来描述。用来表示两变量间关系曲线的种类很多，并且许多曲线类型可以转化成直线形式，利用直线回归方法拟合直线回归方程，然后还原成曲线回归方程，这就是曲线回归分析（curvilinear regression analysis）。

7.3.1 曲线类型的确定和直线化方法

1.确定曲线类型的方法

（1）图示法：根据所获试验资料绘出散点图，然后按散点趋势画出能够反映它们之间变化规律的曲线，并与已知的曲线相比较，找出较为相似的曲线图形，该曲线即为选定的类型。

（2）直线化法：根据散点图进行直观的比较，选出一种曲线类型，将曲线方程直线化，并将原变量转换，用转换后的数据绘出散点图，若该图形为直线趋势，即表明选取的曲线类型是恰当的，否则将重新进行选择。

（3）多项式回归法：若找不到已知的函数曲线与数据的分布趋势相接近，可利用多项式回归，通过逐渐增加多项式的次数来拟合，直到满意为止。

2.曲线直线化方法

曲线方程的直线化指通过变量代换，将曲线方程转化为直线回归方程求解的过程。直线化的方法有直接引入新变量和变换后再引入新变量两种方法，具体根据曲线类型而确定。

7.3.2 常用曲线回归模型

1.倒数函数曲线

倒数函数曲线的一般形式为

$$y = b_0 + \frac{b}{x} \tag{7-31}$$

其图像如图 7-3 所示。直线化时令 $x' = \dfrac{1}{x}$ ，则 $y = b_0 + bx'$ 。

2.指数函数曲线

指数函数曲线的一般形式为

$$y = b_0 e^{bx} \tag{7-32}$$

其图像如图 7-4 所示。直线化时两边同时取对数，$\ln y = \ln b_0 + bx$，令 $y' = \ln y$，$b_0' = \ln b_0$，则 $y' = b_0' + bx$。

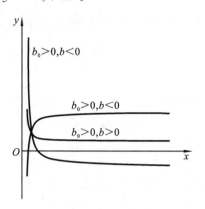

图 7-3　倒数函数曲线图像

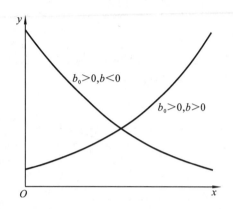

图 7-4　指数函数曲线图像

3.对数函数曲线

对数函数曲线的一般形式为

$$y = b_0 + b\ln x \tag{7-33}$$

其图像如图 7-5 所示。直线化时令 $x' = \ln x$，则 $y = b_0 + bx'$。

4.幂函数曲线

幂函数曲线的一般形式为

$$y = b_0 x^b \tag{7-34}$$

其图像如图 7-6 所示。直线化时两边同时取对数，$\ln y = \ln b_0 + b\ln x$，令 $y' = \ln y$，$b_0' = \ln b_0$，$x' = \ln x$ 则 $y' = b_0' + bx'$。

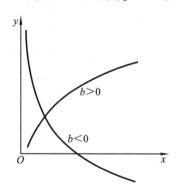

图 7-5　对数函数曲线图像

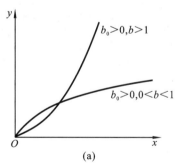

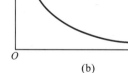

(a)　　　　　　　　　　(b)

图 7-6　幂函数曲线图像

5.多项式回归分析

多项式回归模型为

$$y = b_0 + b_1 x + b_2 x^2 + \cdots + b_m x^m \tag{7-35}$$

$m=1$ 时为直线回归，$m>1$ 时为曲线回归。令 $x_1 = x$，$x_2 = x^2$，$\cdots$，$x_m = x^m$，则多项式方程转变成多元线性回归方程：

$$y = b_0 + b_1 x_1 + b_2 x_2 + \cdots + b_m x_m \tag{7-36}$$

可利用多元线性回归方程求解。

7.3.3 Logistic 曲线

Logistic 曲线模型为

$$y = \frac{K}{1 + b_0 e^{-bx}} \tag{7-37}$$

其中,e 是自然对数的底;K 是 y 的极限值;b 为增长速度。当 $x=0$ 时,$y=K/(1+b_0)$ 为起始大小,当 $x \to \infty$ 时,$y=K$。

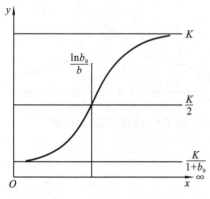

图 7-7 Logistic 曲线图像

曲线略呈 S 形,故又称为 S 曲线。其特点为增长速度在开始阶段随时间的增加而递增,经过 $x = \ln b_0/b$,$y = K/2$ 拐点后,增长速度逐渐减缓,并逼近极限值 K(图 7-7)。

Logistic 曲线在生态学中用于描述生物种群在有限空间中的增长过程,在动物饲养、植物栽培、资源环境领域也得到广泛应用。拟合 Logistic 模型时,通常采用三点法计算 K 值。假设 x_1、x_2、x_3 等间距(通常为时间),对应的 y 值分别为 y_1、y_2、y_3,则

$$K = \frac{y_2^2(y_1 + y_3) - 2y_1 y_2 y_3}{y_2^2 - y_1 y_3} \tag{7-38}$$

求出 K 后,方程两边同时乘以 $\dfrac{1 + b_0 e^{-bx}}{y}$,并移项得 $\dfrac{K-y}{y} = b_0 e^{-bx}$,两边同时取对数,得 $\ln \dfrac{K-y}{y} = \ln b_0 - bx$。令 $y' = \ln \dfrac{K-y}{y}$,$b_0' = \ln b_0$,$b' = -b$,则原方程化为直线方程:$y' = b_0' + bx'$。

【例 7.4】 表 7-4 是测定某种肉鸡在良好的生长条件下生长过程的质量数据。试拟合 Logistic 曲线方程。

表 7-4 肉鸡生长过程的资料

周次 x	质量 y/kg	$(K-y)/y$	$y' = \ln[(K-y)/y]$
2	0.30	8.4233	2.1310
4	0.86	2.2872	0.8273
6	1.73	0.6341	0.4555
8	2.20	0.2850	1.2553
10	2.47	0.1445	1.9345
12	2.67	0.0588	−2.8336
14	2.80	0.0096	−4.6415

(1) 求 K。取 $x_1=2$、$x_2=8$ 和 $x_3=14$ 时的数据计算:

$$K = \frac{2.20^2 \times (0.30 + 2.80) - 2 \times 0.30 \times 2.20 \times 2.80}{2.20^2 - 0.30 \times 2.80} \text{ kg} = 2.827 \text{ kg}$$

(2) 将 y 转换为 y'。计算出 $(K-y)/y$ 和 $y' = \ln[(K-y)/y]$,列于表 7-4 右半部。

(3) 计算基础数据:$SS_x = 112$,$SS_{y'} = 30.8067$,$SP_{xy'} = -58.2363$,$\bar{x} = 8$,$\bar{y}' = -1.1660$。

(4) 求 b_0 和 b,建立 Logistic 方程。计算 b' 和 b_0',并转换成 b 和 b_0。

$$b' = \frac{SP_{xy'}}{SS_x} = \frac{-58.2636}{112} = -0.5200$$

$$b'_0 = \bar{y}' - b'x$$
$$= -1.1660 - (-0.5200 \times 8)$$
$$= 2.9938$$
$$b_0 = e^{b'_0} = 2.71828^{2.9938} = 19.9606$$
$$b = -b' = 0.5200$$

所以 Logistic 曲线方程为

$$y = \frac{2.827}{1 + 19.9606e^{-0.5200x}}$$

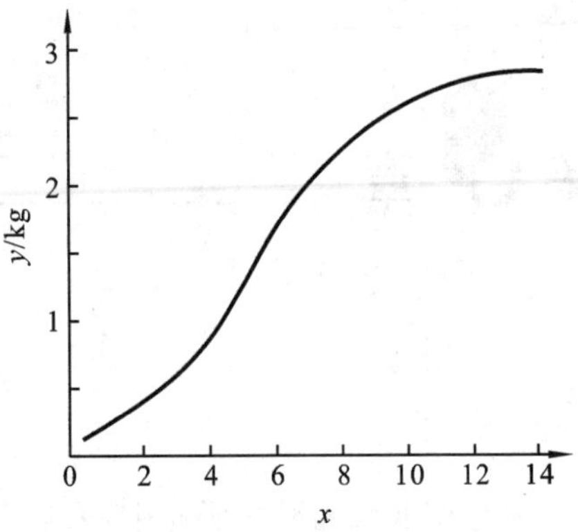

（5）显著性检验：回归和相关是同一类问题，进行回归的显著性检验时，可计算相关系数然后用相关系数的临界值进行推断。

图 7-8　肉鸡的 Logistic 增长曲线

$$r_{y'x} = \frac{-58.2363}{\sqrt{112 \times 30.8067}} = -0.9914$$

$df = 5$，$|r_{y'x}| = 0.9914 > r_{0.01} = 0.8745$，说明回归关系极显著。即此种肉鸡生长符合 Logistic 增长曲线（图 7-8）。

由回归方程还可判断，$\hat{y} = K/2 = 1.4135$，$x = \ln b_0/b = 5.76$，是曲线的拐点，生长速率从越来越快开始变为越来越慢，这是此种肉鸡生长的关键时期。

习题

习题 7.1　什么是回归分析？直线回归方程和回归截距、回归系数的统计意义是什么？

习题 7.2　什么是相关分析？相关系数和决定系数的意义是什么？如何计算？

习题 7.3　相关系数与拟合回归直线有何关系？进行回归和相关分析时应注意哪些事项？

习题 7.4　能直线化的曲线类型主要有哪些？能直线化的曲线回归分析的基本过程是什么？

习题 7.5　采用比色法测定某葡萄酒中总酚的含量，得到以下数据：

吸光度 x	0	0.095	0.179	0.270	0.365	0.520	0.880
酚浓度 $y/(g/L)$	0	0.05	0.10	0.15	0.25	0.30	0.50

试求 y 对 x 的线性回归方程、相关系数 r 及剩余平方和，对回归方程进行显著性检验，并预测 $x = 0.3$ 时的总酚浓度。

习题 7.6　在进行乳酸菌发酵实验时，为了测得乳酸菌生长曲线，得到以下数据：

培养时间 x/h	0	6	12	18	24	30	36
活菌数 $y/(10^7/mL)$	4.07	6.03	13.49	31.62	87.10	141.25	199.53

试求 y 对 x 的回归方程，并进行显著性检验。

第8章　抽样的原理与方法

　　在生产实践和科学研究中,人们总是希望能对所研究的总体进行全面的了解,但由于人力、物力和时间的限制,不可能对总体的每个个体都进行观测,而只能抽取其中的一部分个体加以研究,并由样本的结果对总体的情况作出估计和推断,这就是抽样(sampling)。如在医学上,经常抽取一滴血作为样本进行化验,诊断健康与否。科学的调查研究应该有严密的抽样设计,以便能对所获得的调查研究结果作出正确的估计和合理的推断。

　　抽样调查(sampling survey)是指从研究总体中,采用一定的方法抽取一个样本,用样本的结果来估计、推断其所属总体的情况。抽样调查要求样本是随机抽取的,以克服主观影响,同时要求样本具有代表性,使其能够代表总体的一般情况。抽样调查的过程也是一种试验,需要在抽样前制定科学完善的计划,以保证样本对要抽检的总体最具代表性,且成本最小。抽样方案包括以下基本内容:抽样目的、研究指标、抽样方法、样本容量、抽样调查表格及组织形式等。其中,抽样方法和样本容量的研究称为抽样技术(sampling techniques),是抽样设计要解决的两个主要问题,也是统计学的一个重要分支,这里仅作初步介绍。

8.1　抽样调查方案

　　抽样调查方案应遵循处理间"唯一差异"原则,当环境条件难以全面控制时,设计抽样调查方案应力求相对一致,以保证不同处理结果的可比性,并通过抽样调查技术进行调节和弥补。抽样方案的基本内容为确定抽样单位、抽样方法以及样本容量。在有限总体的情况下,还包括与样本容量密切相关的抽样比例(sampling fraction)的确定。

1.抽样单位

抽样单位(simple unit)随调查研究目的而定。田间抽样常用的抽样单位举例如下。

(1)面积:如每平方米内的产量、株数、害虫只数等。为便于田间操作,常用铁丝或木料制成测框供调查时使用,撒播或小株密植的作物或生态学上草本植物群落的调查,常用边长为1 m的测框为抽样单位。

(2)长度:如1~2行若干长度内的产量、株数,或植株上的害虫只数等。为便于田间操作,常用一定长度的木尺或绳子为工具。条播作物或植物监测常采用一定长度为抽样单位。

(3)株穴:如水稻连续20穴的苗数、分蘖数、结实粒数等。穴播或大株作物常以一定株、穴数为抽样单位。

(4)器官:以一定数量的器官作为一个抽样单位。如水稻、小麦千粒重,大豆、玉米百粒重,每100个棉铃上的红铃虫只数,每张叶片的病斑数等。

（5）时间：如单位时间内见到的昆虫只数，每天开始开花的株数等。

（6）器械：如每一个显微镜视野内的细菌数、孢子数、花粉发芽粒数等。

（7）容量或质量：如每毫升水体的细菌数、每千克种子内的害虫只数等。

其他，如一个田块、一个农场等概念性的单位。抽样单位的确定与调查结果的准确性和精确性密切相关。不同类型及大小的抽样单位，抽样效果并不一样。例如条播作物行距的变异小，株距的变异大，长度法比测框法或株穴法好；撒播作物植株交错，同样面积下方形测框比长形测框边界小，计数株数的误差小等。

2.抽样方法

抽样方法（sampling method）正确与否直接影响着由样本推断总体的效果。许多产品技术标准中都明确规定了抽样调查使用的方法。基本抽样方法有顺序抽样、典型抽样、随机抽样三类，其中随机抽样符合统计方法中估计随机误差并由误差进行统计推断的原理。

（1）顺序抽样，也称等距抽样、机械抽样或系统抽样，按照某种既定的顺序抽取一定数量的抽样单位组成样本。例如，按总体各单元编号中逢 1 或逢 5 或一定数量间隔依次抽取；按田间行次每隔一定行数抽取一个抽样单位等。对角线式、棋盘式、分行式、平行线式、Z 形式等抽样方法都属顺序抽样，顺序抽样在操作上方便易行。

农作物田间测产的抽样调查，通常采用实收产量的抽样调查或产量因素的抽样调查两种方法，视测产的时间及要求决定。如小麦成熟前的测产，在面积不大的田块上常采用棋盘式五点抽样，每样点 1 m²（抽样单位为 1 m² 的测框），计数样点中有效穗数，并从中连续数取 20～50 个穗的单穗粒数，根据品种常年千粒重及土地利用系数估计单位面积产量。

（2）典型抽样，也称代表性抽样。按调查研究目的从总体内有意识地选取一定数量有代表性的抽样单位，至少要求所选取的单位能在几个地段上进行调查。在样本容量较小时效果相对较好，但可能因调查人员的主观片面性而产生偏差。

（3）随机抽样（random sampling）也称等概率抽样。在抽样时，总体内各单位有同等被抽取的机会。随机抽样可以采用抽签法、随机数字法等。还有一系列衍生的随机抽样法，如分层随机抽样法、整群随机抽样法、巢式随机抽样法等。复杂的随机抽样需预先确定总体不同部分被抽取的概率。

在一个抽样调查计划中可以综合地应用以上三种方法。例如，从总体内先用典型抽样法选取典型田块或典型单位群，然后从中进行随机抽样或顺序抽样。

3.样本容量

样本容量的大小与抽样调查结果的准确性和精确性密切相关，并直接决定调查工作量。总工作量一定时，样本容量可适当大些而抽样单位适当小些，但并不是样本容量越大越好，因为抽样单位大小也容易导入误差。样本容量和抽样单位大小的最佳配置一般可由试验综合权衡后确定。样本容量与抽样比例是绝对值和相对值的关系。在有限性总体中，由样本估计总体时需注意抽样比例。

设计抽样方案时须考虑以下几方面：

（1）所要求的准确度与精确度高时，样本容量应大些。

（2）是否需进行统计分析。随机抽样可以进行统计分析，而其他抽样方法由于缺乏合理的误差估计，对统计分析的影响很大。但田间调查采用随机抽样较麻烦，可以采用综合抽样法。例如棋盘式五点抽样，在确定 5 个点的方位后，由抛掷测框或其他物件下落的偶然性决定各点的位置，从而减少主观偏向和系统误差的影响，然后借用随机抽样的统计分析方法作为近似估计。

（3）与人力、物力、时间等条件相适应，抽样单位和样本容量大时，须权衡需要与可能，在保证一定精确性的情况下，尽量降低消耗。

（4）注意调查研究对象的特点。例如，害虫发生量的抽样方法应适合于该昆虫田间分布类型的特点，一般均匀分布的害虫采用对角线式、棋盘式、分行式，非均匀分布的害虫则常采用平行线式、Z形式等。

8.2 常用抽样方法及其统计分析

简单顺序抽样及简单典型抽样通常只计算平均数作为总体的估计值。简单随机抽样及综合抽样方法可以计算平均数和标准差，并估计置信区间。

8.2.1 简单随机抽样法

简单随机抽样时，每个抽样单位具有相同概率被抽入样本。总体编号方法及随机抽取方法依调查对象而定。

【例 8.1】 在一块休闲地上调查小地蚕幼虫虫口密度。测框面积为 1 m^2，随机取 30 个样点，调查结果列于表 8-1 中。请进行小地蚕幼虫虫口密度估计。

表 8-1　30 个单位的小地蚕幼虫数

幼虫数 x	0	1	2	3	4	5	6	7	8	9	10	11	12	$\sum$
单位数 f	1	2	3	8	4	4	2	2	2	1	0	0	1	30
虫口密度 f_x	0	2	6	24	16	20	12	14	16	9	0	0	12	131

$$\bar{x} = \left(\sum f_x\right) / \sum f = 131/30 = 4.37$$

$$s = \sqrt{\frac{\sum f_x^{\,2} - \left(\sum f_x\right)^2 / n}{n-1}} = \sqrt{\frac{773 - 131^2/30}{30-1}} = 2.63$$

$$s_{\bar{x}} = s/\sqrt{n} = 2.63/\sqrt{30} = 0.48$$

$P = 95\%$ 的置信区间为

$$\bar{x} \pm t_{0.05} s_{\bar{x}} = 4.37 \pm 2.045 \times 0.48 = 4.37 \pm 0.98$$

即该休闲地小地蚕幼虫虫口密度估计为 3.39～5.35 只/m^2，折合每亩 2260.0～3566.7 只，这个估计的可靠性为 95%。

上面是将抽样的总体作为无限总体时的情况。如果是在一个有限总体中抽样，则受抽样比例的影响。这时有

$$s_{\bar{x}} = (s/\sqrt{n})\sqrt{1 - n/N} \tag{8-1}$$

其中，n/N 为抽样比例，即抽样单位数占总体总单位数的比例。上例中，如果该休闲地的总面积为 300 m^2，则

$$s_{\bar{x}} = (2.63/\sqrt{30})\sqrt{1 - 30/300} = 0.46$$

$P = 95\%$ 的置信区间为

$$\bar{x} \pm t_{0.05} s_{\bar{x}} = 4.37 \pm 2.045 \times 0.46 = 4.37 \pm 0.93$$

即以 95% 的可靠性估计,该休闲地小地蚕幼虫虫口密度估计为 $3.44 \sim 5.40$ 只/m^2,折合每亩 $2293.3 \sim 3600.0$ 只。

根据式(8-1),抽样比例很小或总体较大时,抽样比例对平均数的置信区间影响不大。

8.2.2　分层随机抽样法

当所调查的总体有明显的系统差异,能够区分出不同的层次或段落时,可以采用分层抽样法,即从各个层次或段落分别进行随机抽样或顺序抽样。这里介绍分层随机抽样法(stratified random sampling)。

(1)划分区层:将所调查的总体按变异情况分为相对同质的若干部分,称为区层,各区层大小可以相等,也可以不等。区层数依总体的异质情况决定,同一区层的同质程度越高,抽样调查结果的准确性和精确性越好。

(2)随机抽样:从每一区层按所定样本容量进行随机抽样。各区层所抽单位数可以相同,也可以不同。区层大小不同时,可以按区层在总体中的比例确定抽样单位数,也可根据各区层的大小、变异程度以及抽取一个单位的费用综合权衡,确定抽样误差小、费用低的配置方案。

(3)根据所定抽样计划获得数据后,分别计算各区层样本的平均数(或百分数)及标准差。根据各区层的平均数和标准差,采用加权法计算总平均数和总标准误。如果共分为 k 个区层,则总平均数

$$\bar{x} = p_1\bar{x}_1 + p_2\bar{x}_2 + \cdots + p_i\bar{x}_i + \cdots + p_k\bar{x}_k = \sum p_i\bar{x}_i \tag{8-2}$$

总标准误

$$s_{\bar{x}} = \sqrt{p_1^2 s_1^2/n_1 + p_2^2 s_2^2/n_2 + \cdots + p_k^2 s_k^2/n_k} = \sqrt{\sum p_i^2 s_i^2/n_i} \tag{8-3}$$

其中 $\bar{x}_i$、s_i、n_i、p_i 分别为第 i 区层的平均数、标准差、样本容量和 i 区层所占比例。若各区层抽样单位数按区层比例配置,则

$$s_{\bar{x}} = s/\sqrt{\sum n_i} \tag{8-4}$$

其中 $s = \sqrt{\dfrac{\sum\sum (x_{ij} - \bar{x}_i)^2}{\sum (n_i - 1)}} = \sqrt{\dfrac{\sum (n_i - 1)s_i^2}{\sum (n_i - 1)}}$。

8.2.3　整群抽样法

当调查总体可以区分为多个包含若干抽样单位的群时,可采用随机抽取整群的方法即整群随机抽样法(random group sampling),被抽取的整群中各抽样单位都进行调查,按群计算平均数及标准差,并估计其置信区间。整群抽样的"群"相当于扩大了的抽样单位。如果将顺序抽样的五点棋盘式、三点对角线式等看作一个群,而在群间进行随机抽样,则可以克服顺序抽样缺乏合理的误差估计值不能计算置信区间的不足。当然要记住"群"与"点"是不同级别的抽样单位,此处"点"不随机,而"群"随机。

【例 8.2】　设某农场调查水稻螟害发生情况,在全场 100 个田块(条田)中随机抽取 9 个进行调查,每个田块采用平行线式取 10 点,每点连续查 20 穴,经初步整理后将结果列于表 8-2。

表 8-2　某农场水稻螟害发生情况调查结果

田　　块	1	2	3	4	5	6	7	8	9
调查茎秆数	1980	2062	2154	2512	2315	2098	2421	1867	2248
螟害茎秆数	178	211	335	345	212	238	460	119	295
螟害率/(%)	8.99	10.23	15.55	13.74	9.16	11.34	19	6.37	13.25

资料以田块为抽样单位进行分析。

$$\bar{x} = \sum x/n = (8.99 + 10.23 + \cdots + 13.25)/9 = 11.96$$

$$s = \sqrt{\frac{\sum (x - \bar{x})^2}{n-1}} = 3.85 , \quad s_{\bar{x}} = \frac{s}{\sqrt{n}} \sqrt{1 - \frac{n}{N}} = \frac{3.85}{\sqrt{9}} \sqrt{1 - \frac{9}{100}} = 1.22$$

于是，$\bar{x}$ 置信度为 95% 的置信区间为

$$\bar{x} \pm t_{0.05} s_{\bar{x}} = 11.96 \pm 2.306 \times 1.22 = 11.96 \pm 2.82$$

即全场 100 个田块平均螟害率有 95% 的可能在 9.14%～14.78% 范围内。

由于本例是频率资料，如果田块间的差异不大，也可以采用频率资料的分析方法，即由总调查茎秆数和总螟害茎秆数求出总螟害率 $P = 2396/19657 = 12.14\%$，得

$$s_p = \sqrt{pq/n} = \sqrt{0.1214 \times (1 - 0.1214)/19657} = 0.0023 = 0.23\%$$

置信度为 95% 的置信区间为 $p \pm 1.960 s_p = 12.14 \pm 1.960 \times 0.23 = 12.14 \pm 0.45$，即 11.69%～12.59%。

这个区间比前面所估计的要小，是因为前面以田块为抽样单位，而不是以茎秆为单位，除了有茎秆受害的随机误差外，还包括田块间的差异。内部存在差异的数据不宜采用频率的误差估计方法。

8.2.4　分级随机抽样法

分级随机抽样法也称为嵌套式随机抽样法(nested random sampling)，最简单的是二级随机抽样。例如要了解一个县的棉花结铃数，可以随机抽取几个乡(镇)，乡(镇)内随机抽取若干户进行调查，这时乡(镇)为初级抽样单位，户为次级抽样单位。

例如研究农药在叶面上的残留量，随机抽取 4 个植株，然后在每个植株上随机抽取 4 个叶片，可获得如表 8-3 所示的数据。

表 8-3　某农药残留量分析调查

植　株	叶片上的农药残留量				合　计	平　均　值
1	3.28	3.09	3.03	3.03	12.43	3.11
2	3.52	3.48	3.38	3.38	13.76	3.44
3	2.88	2.80	2.81	2.76	11.25	2.81
4	3.34	3.38	3.23	3.26	13.21	3.30

嵌套式随机抽样数据可以应用方差分析法计算各阶段的抽样误差，从而估计平均数的标准误。数据分析方法见第 9 章嵌套设计部分。

8.3　样本容量的确定

抽样时样本容量是一个非常重要的因素,它与抽样调查结果的准确性、精确性以及人力物力消耗(费用)有密切关系。估计样本容量时,追求大样本会造成不必要的浪费,同时可能引入更多混杂因素,影响研究结果;样本容量偏少又会使检验功效偏低,导致本来存在的差异未能检验出来。因此,在决定样本容量时一定要有科学依据。抽样时,必须根据研究对象的性质,借助适当的公式,进行样本容量的估计。本节讨论简单随机抽样、分层抽样的样本容量确定,以及抽样单位大小与样本容量的相互决定方法。

8.3.1　简单随机抽样

简单随机抽样确定样本容量时,首先要对调查对象的标准差作出估计,并提出预定准确性(样本平均数与总体平均数的差值)和置信度的要求,然后据此确定样本容量。

因为 $t = \dfrac{\bar{x} - \mu}{s_{\bar{x}}} = \dfrac{\bar{x} - \mu}{s/\sqrt{n'}}$,故

$$n' = \frac{t^2 s^2}{(\bar{x} - \mu)^2} = \frac{t^2 s^2}{d^2} \tag{8-5}$$

其中,n' 为样本容量,$d = \bar{x} - \mu$ 代表预定的准确度要求,即所得样本平均数与总体平均数差异的最大值。可见,样本容量(n')随变异程度(s^2)和置信度($1-\alpha$)的增加而增加,并随容许误差(d)的增加而减少。

若 s 估计值来自大样本,则取 $df \to \infty$ 时的 t 临界值。$P=95\%$ 置信度下 $t=1.960 \approx 2.0$,故

$$n' = 4s^2/d^2 \tag{8-6}$$

若 s 估计值不是来自大样本,可先将 $df \to \infty$ 时的 t_α 代入计算,求得 n_1';再以 $df = n_1' - 1$ 时的 t_α 代入,求得 n_2',再以 $df = n_2' - 1$ 时的 t_α 代入,求得 n_3';以此类推,直至求出的 n' 稳定为止。

【例 8.3】　某食品水分活度经常保持在 0.58,$s=0.02$,如果对该食品进行水分活度检测,并希望检测结果与 0.58 相差 0.015 时可以得出目前该食品的水分活度与经常值差异显著,问:应检测多少份样品?

已知 $d = \pm 0.015$,$s=0.02$,将 $t_{0.05} = 1.960$ 代入式(8-5),得

$$n_1' = t_\alpha^2 s^2/d^2 = 1.960^2 \times 0.02^2/0.015^2 = 6.83 \approx 7$$

再将 $df = 7-1 = 6$,$t_{0.05} = 2.447$ 代入式(8-5),得

$$n_2' = t_\alpha^2 s^2/d^2 = 2.447^2 \times 0.02^2/0.015^2 = 10.664 \approx 11$$

按上述方法反复计算,得 $n' = 10$。即至少应检测 10 份样品。

当总体是有限总体时,还需考虑抽样比例的影响,因而有

$$n' = \frac{t^2 s^2}{d^2} \cdot \left(1 - \frac{n'}{N}\right) \to n' = 1 / \left(\frac{d^2}{t^2 s^2} + \frac{1}{N}\right) \tag{8-7}$$

当 N 很大时,对 n' 的影响不明显,可以忽略。一般情况下,先按无限总体计算 n' 的近似值 n_0'。如果 n_0'/N 值不大,可直接使用 n_0',否则需计算 n' 值,这时

$$n' = \frac{1}{1 + n'/N} = \frac{N n_0'}{N + n_0'} \tag{8-8}$$

【例 8.4】 为估计 222 块田的小麦产量,根据相关经验,田块间方差为 90.3 kg,现问:在置信度为 99%、容许误差为 2 kg 时,应测算多少块田?

置信度为 99% 时,$t = 2.576 \approx 2.6$,得

$$n_0' = 2.6^2 \times 90.3/2^2 = 152.6$$

由于 $n_0'/N = 152.6/222 = 0.69$,这一比值很大,所以应计算精确 n' 值,因此有

$$n' = 152.6/(1 + 0.69) = 90.4$$

此例为总体方差已知,若无准确估计值,可先用小样本直接估计 s^2。

8.3.2 分层抽样

若各区层比例为 $p_i = N_i/N$,则当总样本容量为 n' 时,各区层样本容量可按比例 $p_i n'$ 进行分配,因此只要估计出 n',便可确定各区层的 n_i'。

n' 的计算方法与简单随机抽样相同,只是 $s^2 = \sum p_i s_i^2$。

习题

习题 8.1　试解释以下术语:无限总体与有限总体,抽样单位与样本容量,抽样方案与抽样比例。

习题 8.2　随机抽样与典型抽样有何区别? 随机抽样方法有哪几种? 各有哪些特点? 怎样进行抽样单位的随机选择?

习题 8.3　假定从 30 亩小麦田内随机抽到 10 个测框(每框为 1 m^2)的样本,脱粒计产如下:12、15、10、13、10、15、12、12、13、13,计产单位为 50 g。试计算每亩产量(kg)及 30 亩田的总产量(kg),同时计算标准误和 95% 置信度的置信区间。

习题 8.4　试比较简单随机抽样、分层抽样、整群抽样、分级抽样的特点,说明其应用的场合。

第**9**章　常用试验设计与统计分析

试验设计（experimental design）是应用统计学的一个分支，是由 R.A.Fisher 于 19 世纪 20 年代应农业科学的需要而创立和发展起来的。科学试验的结论来源于科学的试验设计。试验设计的科学性、正确性直接关系到试验结果的可信度、代表性和准确性。因此，生物学的试验设计必须遵循一定的原则，按照一定的方法，采用严格的控制条件进行，以保证试验结果的正确性和可重复性。常用的田间试验设计可以归纳为顺序排列的试验设计和随机排列的试验设计两大类。前者侧重使试验实施比较方便，常用在处理数量大、精确度要求不高、无须做统计推论的早期试验或预备试验；后者强调有合理的试验误差估计，以便通过试验的表面效应与试验误差相比较后作出推论，常用于对精确度要求较高的试验。

9.1　试验设计的基本原则

9.1.1　试验误差及其控制

1.试验误差的概念

同一处理的不同观测值间的差异称为误差或变异，观测值间存在的误差可分为两种情况：一种是完全偶然性的，找不出确切原因的，称为偶然性误差（spontaneous error）或随机误差（random error）；另一种是有原因的，称为偏差（bias）或系统误差（systematic error）。系统误差使数据偏离其理论真值，偶然误差使数据分散，因而系统误差影响数据的准确性，即观测值与其理论真值间的符合程度，而偶然误差影响数据的精确性，即观测值间的符合程度。

2.试验误差的来源

试验中由于非处理因素的干扰和影响，使观测值与真值间产生偏离而形成试验误差。试验误差主要来源于试验材料、测试方法、仪器设备及试剂、试验环境条件、试验操作等。

（1）试验材料固有的差异。在田间试验中供试材料常是生物体，它们在遗传和生长发育上往往存在着差异，如试验用材料基因型的不一致、种子生活力的差别、秧苗素质的差异等，均能造成试验结果的偏差。

（2）试验时操作和管理技术的不一致所引起的差异。系统误差是一种有原因的偏差，因而在试验过程中要防止这种偏差的出现。导致系统偏差的原因可能不止一个，方向也不一定相同，这有赖于经验的积累，请教同行专家也是十分重要的。

田间试验中，试验过程的各个管理环节稍有不慎均会增加试验误差。例如：播种前整地、施肥的不一致及播种时播种深浅的不一致；在作物生长发育过程中，田间管理包括中耕、除草、灌溉、施肥、防病、治虫及使用除草剂、生长调节剂等完成时间及操作标准的不一致;收获脱粒时操作质量的不一致以及观测测定时间、人员、仪器等的不一致。

（3）试验时外界条件的差异。例如,土壤条件差异是田间试验最主要、最常见的误差,其他还有病虫害侵袭、人畜践踏、风雨影响等。

试验中涉及的因素越多,试验的环节越多,时间越长,误差发生的可能性便越大。随机误差不可能避免,但可以减少,主要依赖于控制试验过程,尤其控制那些随机波动性大的因素。不同专业领域有其各自的主要随机波动因素,这同样需要经验的积累。系统误差是可以通过试验条件的设置及试验过程的仔细操作而控制的,一些主要的系统误差较易控制,而有些细微系统误差则较难控制。一般研究工作在分析数据时把误差中的一些主要系统误差排除以后,剩下都归结为随机误差,因而估计出来的随机误差有可能比实际的要大。

试验误差与试验中发生的错误是两个完全不同的概念。在试验过程中,错误是决不允许发生的。试验中应采取一切措施,减少各种误差来源,降低误差,保证试验的准确性和精确性。

3.试验误差的控制

控制试验误差必须针对试验材料、操作管理、试验条件等的一致性逐项落实。为控制系统误差,试验应严格遵循"唯一差异"原则,尽量排除其他非处理因素的干扰。常用的控制措施有以下几方面:

（1）选择同质一致的试验材料。严格要求试验材料的基因型同质一致,至于生长发育的一致性,则可按大小、壮弱分级,然后将同一规格的试验材料安排在同一区组（block,相对一致的小环境）的各处理组。

（2）改进操作和管理技术,使之标准化。原则是除了操作要仔细,一丝不苟,把各种操作尽可能做到完全一样外,一切管理、观测测量和数据收集都应以区组为单位进行,减少可能发生的差异。

（3）控制引起差异的主要外部因素。土壤差异是最主要的也是较难控制的因素。通过选择肥力均匀的试验地、采用适当的小区技术、应用良好的试验设计和相应的统计分析可以较好地控制土壤差异。事实上,控制和消除试验干扰的主要方法就是要严格遵循试验设计的三大基本原则,尽量减少误差。

9.1.2 试验设计的基本原则

试验处理必须在基本一致的条件下进行,尽量控制或消除各种干扰因素的影响,严格遵循试验设计的三大基本原则。

1.重复

重复（replication）是指试验中同一处理设置的试验单位数。重复的主要作用是估计试验误差,试验误差是客观存在的,只能通过同一处理的重复间的差异来计算;重复的另一个重要作用是降低试验误差,提高试验精度,更准确地估计处理效应。

2.随机

随机（random）是指试验中的某一处理或处理组合安排的试验单位不按主观意见,而是随机安排。随机的作用一是降低或消除系统误差,因为随机可以使一些客观因子的影响得到平衡;二是保证对随机误差的无偏估计,因为随机安排与重复相结合,能提供无偏的试验误差估计值。但应当注意,随机不等于随意性,随机也不能克服不良的试验技术所造成的误差。

3.局部控制

局部控制(local control)是将整个试验环境分成若干个相对一致的小环境,再在小环境内设置整套处理,比如田间分范围、分地段地控制土壤差异等非处理因素,动物试验根据体重、性别、年龄等控制个体差异,使非处理因素对各试验单位的影响尽可能一致,从而降低试验误差。

试验设计的三个基本原则中,重复和局部控制是为了降低试验误差,重复和随机化可以保证对误差的无偏估计。

9.2　单因素试验设计及统计分析

9.2.1　单因素两水平试验设计

单因素两水平试验设计一般可分为两种情况:一是成组设计或非配对设计;二是配对设计。通过两个水平的样本平均数的差异显著性检验,比较两个水平间是否存在显著差异。

1.成组设计法

成组设计是将试验单位完全随机地分成两组,然后对两组随机施加一个处理。两组试验单位相互独立,所得的 2 个样本也相互独立,其含量不一定相等。成组设计试验资料的一般形式见表 9-1。结果采用成组数据的 t 检验法统计分析。

表 9-1　成组设计试验资料的一般形式

处　　理	观测值 x_{ij}				样本容量 n_i	平均数 $\bar{x}$	总体平均数
1	x_{11}	x_{12}	$\cdots$	x_{1n}	n_1	$\bar{x}_1 = \sum x_{1j} / n_1$	μ_1
2	x_{21}	x_{22}	$\cdots$	x_{2n}	n_2	$\bar{x}_2 = \sum x_{2j} / n_2$	μ_2

2.配对设计法

成组设计要求试验单位尽可能一致。如果试验单位变异太大,如试验动物的年龄、体重等相差较大,采用上述方法就有可能使处理效应受到系统误差的影响而降低试验的准确性与精确性。为了控制这种影响,可以利用局部控制的原则,即采用配对设计法。一般情况下,配对设计的精确性高于成组设计的精确性。

配对设计是指根据配对的要求将试验单位两两配对,然后将配成对的两个试验单位随机地分配到两个处理组中。配对的要求是:配对的两个试验单位初始条件尽量一致,不同配对间初始条件允许有差异,每个配对就是试验处理的一个重复。配对方式有两种,即自身配对与同源配对。

(1)自身配对:指同一试验单位在两个不同时间上分别接受前后两次处理,对其前后两次的观测值进行比较;或同一试验单位的不同部位的观测值或不同方法的观测值进行自身对照比较。如观测某种病畜治疗前后临床检查结果的变化,观测用两种不同方法对畜产品中毒物或药物残留量的测定结果变化等。

(2)同源配对:指将来源相同、性质相同的两个个体配成一对,如将品种、窝别、性别、年龄、体重相同的两个试验动物配成一对,然后对配对的两个个体随机地实施不同处理。

在配对设计中,各个配对间存在系统误差,配对的两个试验单位条件基本一致,配对设计试验资料的一般形式见表 9-2。结果采用配对数据的 t 检验法进行统计分析。

表 9-2　配对设计试验资料的一般形式

处　　理	观测值 x_{ij}				样本容量	样本平均数	总体平均数
1	x_{11}	x_{12}	$\cdots$	x_{1n}	n	$\bar{x}_1 = \sum x_{1j}/n$	μ_1
2	x_{21}	x_{22}	$\cdots$	x_{2n}	n	$\bar{x}_2 = \sum x_{2j}/n$	μ_2
$d_j = x_{1j} - x_{2j}$	d_1	d_2	$\cdots$	d_n	n	$\bar{d} = \bar{x}_1 - \bar{x}_2$	$\mu_d = \mu_1 - \mu_2$

9.2.2　单因素多水平试验设计

1.完全随机设计

完全随机设计(completely random design)是根据试验处理数将全部试验单位随机地分成若干组,然后按组实施不同的处理。这种设计是成组法的扩展形式,处理数 $k \geqslant 3$,试验只考察一个因素,每个试验单位具有相同机会接受任何一种处理。这种设计应用了重复和随机化两个原则,使试验结果受非处理因素的影响基本一致,能真实反映出处理效应。其随机性包括试验单位随机分组、各组随机接受试验处理、各试验处理顺序随机安排。随机分组可用抽签法或随机数法,抽签法较为简单方便,随机数法更为客观。

1) 完全随机分组的随机数法

随机数通常指 $(0,1)$ 区间内的小数,可利用随机数表从某一位置开始沿一定方向按顺序读取或用计算机生成随机数。用随机数法进行分组步骤如下。

(1) 将试验单位按一定的顺序排列并编号,如 $1,2,\cdots,kn$;对试验处理(因素的各个水平)也进行编号,如 $A,B,\cdots,K$。

(2) 确定分配试验单位给处理的顺序:获得一个随机数 R,确定最先获得试验单位分配的处理编号,编号为随机数 R 乘以 k 取整后加1;再次获取随机数,确定后面的处理顺序,如果随机数对应编号的处理已排序则跳过;直到 k 个处理的顺序均被确定。

(3) 分配试验单位给处理:获得一个随机数 R,编号为随机数 R 乘以 kn 取整后加1,将这个编号的试验单位分配给首先获得试验单位的处理;再次获取随机数,依次分配给后面的处理,如果试验单位已分配则跳过;分配完 k 个试验单位后,进行第二轮分配,直到第 n 轮 kn 个试验单位均被分配。

例如,进行4个处理($k=4$)3次重复($n=3$)的试验,$kn=12$。

为排列处理接受试验单位的顺序,取得随机数为 0.6996、0.9721、0.8852、0.0027、0.1853、0.2560,将随机数乘以4取整后加1,得3、4、4、1、1、2,于是确定试验处理安排试验单位顺序为 C、D、A、B。

为分配试验单位,取得一组随机数并乘以12取整后加1,得 12、9、12、5、10、2、7、10、1、4、3、1、8、11、12、5、6,于是分配给各处理的试验单位编号为 C:12、2、3;D:9、7、8;A:5、1、11;B:10、4、6。

2) 完全随机设计试验结果的统计分析

对于完全随机设计的试验数据统计分析,如果各处理重复数相等,则采用重复数相等的单因素方差分析法进行统计分析;如果在试验中因受到条件的限制或出现数据缺失而各处理重复数不等,则采用重复数不等的单因素方差分析法进行统计分析。

3) 完全随机设计的优缺点

完全随机设计方法简单,较好地体现了重复和随机化这两个原则,处理数与重复数都不受限制,适用于试验条件、环境、试验材料差异较小的试验;统计分析简单。但由于未应用局部控制原则,非试验因素的影响被归入试验误差,在处理数较多时,试验误差增大,试验的精确性会降低;在试验条件、环境、试验材料差异较大时,不宜采用此种设计方法。

2.随机区组设计

随机区组设计(randomized block design)是根据局部控制原则,如将性别、体重、年龄、长势、环境条件等基本相同的试验单位归为一个区组,每一区组内的试验单位数等于处理数,并将各区组的试验单位随机分配给各处理。

1) 随机区组设计方法

随机区组设计时,不同区组间的试验单位允许存在差异,同一区组内的试验单位则要尽可能一致,且对区组内的试验单位要进行随机分配。通常不考虑区组和试验因素间的交互作用,这时每种处理在一个区组内只出现一次。

例如,为了比较 5 种不同中草药饲料添加剂对小鼠增重的效果,从 4 只雌鼠所产的仔鼠中,每窝选出性别相同、体重相近的仔鼠各 5 只,共 20 只,组成 4 个区组,每一区组有仔鼠 5 只,每只仔鼠随机地喂以不同的饲料添加剂。这就是处理数为 5、区组数为 4 的随机区组设计。

随机区组设计中的试验单位可以是动物个体、植物个体,也可以是田间小区。此外,还可根据不同试验场,以及同一试验场内不同房间、不同池塘、不同地块等划分区组。随机区组设计主要是对区组内试验单位随机进行试验处理的安排。

2) 随机区组设计试验结果的统计分析

随机区组设计的试验结果采用方差分析法进行统计分析。分析时将区组也看成一个因素,连同试验因素一起,采用两因素无重复观测值的方差分析法分析;平方和、自由度分解为区组间、处理间和误差三部分。

3) 随机区组设计的优缺点

随机区组设计与分析方法简单易行,并同时体现了试验设计的三个原则;在统计分析时,能将区组间的变异从试验误差中分离出来,有效地降低了试验误差,因而提高了试验的精确性;把条件一致的试验单位分在同一区组,再将同一区组的试验单位随机分配给不同的处理,加大了处理间的可比性。但是,当处理数目很多时,各区组内的试验单位数目也很多,就很难保证各区组内试验单位的初始条件一致,因而随机区组设计的处理数通常不超过 10。

9.3　多因素试验设计及统计分析

9.3.1　裂区设计

裂区设计(split-plot design)是先按第一因素的处理数划分小区,称为主区(整区),在主区里随机安排主处理,在主区内引进第二个因素的各个处理(副处理),即主处理的小区内分设与副处理相等的下一级小区,称为副区(裂区),在副区里随机排列副处理。在这种试验设计中,对第二个因素来说,主区就是一个区组;从整个试验所有处理组合来说,主区又是一个不完全区组。在进行统计分析时,可分别估算主区与副区的试验误差,而副区的试验误差小于主区的试验误差,因为主区内的副区之间比主区之间的试验空间更为接近。

1.裂区的设计

试验设计需要增加一个试验因素,可在原设计中的小区(主区)中再划分小区(副区),增加一个试验因素,就成了裂区设计。

(1)在一个因素的各处理比另一个因素的各处理需要更大区域时,将需要较大区域的因素作为主处理,设在主区,需要较小区域的因素作为副处理,设在副区。

(2)试验中某一因素的主效比另一因素的主效更为重要,而且要求的精度较高时,将要求精度较高的因素作为副处理,另一因素作为主处理。

(3)根据先前的研究,知道某因素的效应比另一因素的效应更大时,将可能表现较大差异的因素作为主处理。

2.裂区设计的统计分析

设 A、B 两个因素的二裂式裂区设计试验,A 因素为主处理,有 a 个水平;B 因素为副处理,有 b 个水平;设置 n 个重复的试验,则该试验共有 abn 个观测值。裂区设计的数学模型为

$$x_{ijk} = \mu + \alpha_i + \gamma_k + \delta_{ik} + \beta_j + (\alpha\beta)_{ij} + \varepsilon_{ijk} \tag{9-1}$$

其中,$i = 1, 2, \cdots, a$,$j = 1, 2, \cdots, b$,$k = 1, 2, \cdots, n$;x_{ijk} 为 A 因素第 i 水平 B 因素第 j 水平处理组合的第 k 次观测值;μ 为总体平均数;δ_{ik} 和 ε_{ijk} 分别为主区误差和副区误差;γ_k 为区组效应;α_i、β_j、$(\alpha\beta)_{ij}$ 为主、副处理效应及其互作效应。

裂区设计的试验结果采用方差分析法进行统计分析,由于其涉及区组及两个试验因素,故其方差分析较一般数据的方差分析复杂。进行方差分析时,主区与副区分开;分解平方和与自由度时,主区部分分解为区组、A 因素和主区误差 3 项,副区部分分解为 B 因素、两因素互作和副区误差 3 项。$C = T^2/abn$,主区部分的平方和和自由度分别为

$$
\left.
\begin{aligned}
SS_T &= \sum x^2 - C, & df_T &= abn - 1 \\
SS_m &= \frac{1}{b} \sum T_m^2 - C, & df_m &= an - 1 \\
SS_A &= \frac{1}{bn} \sum T_A^2 - C, & df_A &= a - 1 \\
SS_R &= \frac{1}{ab} \sum T_R^2 - C, & df_R &= n - 1 \\
SS_{e_a} &= SS_m - SS_A - SS_R, & df_{e_a} &= (a-1)(n-1)
\end{aligned}
\right\} \tag{9-2}
$$

副区部分的平方和和自由度分别为

$$
\left.
\begin{aligned}
SS_t &= \frac{1}{n} \sum T_t^2 - C, & df_t &= ab - 1 \\
SS_B &= \frac{1}{an} \sum T_B^2 - C, & df_B &= b - 1 \\
SS_{AB} &= SS_t - SS_A - SS_B, & df_{AB} &= (a-1)(b-1) \\
SS_{e_b} &= SS_T - SS_t - SS_R - SS_{e_a}, & df_{e_b} &= a(b-1)(n-1)
\end{aligned}
\right\} \tag{9-3}
$$

二裂式裂区试验和两因素随机区组试验在分析上不同,前者有主区和副区两部分,因而误差也分为主区误差 e_a 和副区误差 e_b,分别用于检验主区处理和副区处理以及主、副互作的显著性;而两因素随机区组设计的误差项只有一个 SS_e,自由度为 df_e。因此,裂区设计比多因素随机区组设计在变异源上多了误差项的再分解,这是由裂区设计时每一主区都包括一套副处理的特点决定的。

【**例 9.1**】　进行小麦中耕次数(A)和施肥量(B)对产量影响的试验,A 为主处理,分 3 个水平,B 为副处理,分 4 个水平,裂区设计,重复 3 次,计产面积为 33 m²,其田间排列和产量(kg)如图 9-1 所示。试进行分析。

重复Ⅰ　　　　　　　　重复Ⅱ　　　　　　　　重复Ⅲ

A_1		A_3		A_2	
B_2	B_1	B_3	B_2	B_4	B_3
37	29	15	31	13	13
B_3	B_4	B_4	B_1	B_1	B_2
18	17	16	30	28	31

A_3		A_2		A_1	
B_1	B_3	B_4	B_3	B_2	B_3
27	14	12	13	32	14
B_4	B_2	B_2	B_1	B_4	B_1
15	28	28	29	16	28

A_1		A_3		A_2	
B_4	B_3	B_2	B_4	B_1	B_2
15	17	31	13	25	29
B_3	B_1	B_3	B_2	B_3	B_4
31	32	26	11	10	12

图 9-1　小麦中耕次数和施肥量裂区试验的田间排列和产量(kg)

(1)基础数据整理。

将图 9-1 的资料按区组和处理作两向分组整理、按 A 因素和 B 因素作两向分类整理成表 9-3、表 9-4,得计算所需基础数据。

表 9-3　小麦中耕次数和施肥量裂区试验的产量(kg)

主处理 A 中耕次数	副处理 B 施肥量	重复区组			T_{AB}	T_A
		Ⅰ	Ⅱ	Ⅲ		
A_1	B_1	29	28	32	89	
	B_2	37	32	31	100	
	B_3	18	14	17	49	
	B_4	17	16	15	48	
	T_m	101	90	95		286
A_2	B_1	28	29	25	82	
	B_2	31	28	29	88	
	B_3	13	13	10	36	
	B_4	13	12	12	37	
	T_m	85	82	76		243
A_3	B_1	30	27	26	83	
	B_2	31	28	31	90	
	B_3	15	14	11	40	
	B_4	16	15	13	44	
	T_m	92	84	81		257
T_R		278	256	252		$T=786$

表 9-4　小麦中耕次数和施肥量裂区试验的产量(kg)的两向表

	B_1	B_2	B_3	B_4	T_A
A_1	89	100	49	48	286
A_2	82	88	36	37	243
A_3	83	90	40	44	257
T_B	254	278	125	129	$T=786$

（2）平方和与自由度分解。

$$C = T^2/(abn) = 786^2/(3 \times 4 \times 3) = 17161$$

主区部分：

$$SS_T = \sum x^2 - C = 29^2 + 37^2 + \cdots + 13^2 - 17161 = 2355$$

$$SS_m = \sum T_m^2/b - C = (101^2 + 85^2 + \cdots + 81^2)/4 - 17161 = 122$$

$$SS_R = \sum T_R^2/(ab) - C = (278^2 + 256^2 + 252^2)/(3 \times 4) - 17161 = 32.67$$

$$SS_A = \sum T_A^2/(bn) - C = (286^2 + 243^2 + 257^2)/(4 \times 3) - 17161 = 80.17$$

$$SS_{e_a} = SS_m - SS_A - SS_R = 122 - 32.67 - 80.17 = 9.16$$

副区部分：

$$SS_t = \sum T_t^2/n - C = (89^2 + 100^2 + \cdots + 44^2)/3 - 17161 = 2267$$

$$SS_B = \sum T_B^2/(an) - C = (254^2 + 278^2 + 125^2 + 129^2)/(3 \times 3) - 17161 = 2179.67$$

$$SS_{AB} = SS_t - SS_A - SS_B = 2267 - 80.17 - 2179.67 = 7.16$$

$$SS_{e_b} = SS_T - SS_t - SS_R - SS_{e_a} = 2355 - 2267 - 32.67 - 9.16 = 46.17$$

根据表 9-3 计算各项变异源的自由度，并填入表 9-5 中。

表 9-5　小麦中耕次数和施肥量(kg)裂区试验的方差分析表

变异源		df	SS	MS	F	$F_{0.05}$	$F_{0.05}$
	区组	2	32.67	16.34	7.14*	6.944	18.000
主区部分	A 因素	2	80.17	40.09	17.51*	6.944	18.000
	误差 e_a	4	9.16	2.29			
	总变异	8	122.00				
	B 因素	3	2179.67	726.56	282.71**	3.160	5.092
副区部分	$A \times B$	6	7.16	1.19	<1		
	误差 e_b	18	46.17	2.57			
	总变异	35	2355.00				

（3）F 检验。

选用固定模型，F 为处理均方与相应误差的比值。由表 9-5 的结果可知，区组间及 A 因素各水平间有显著差异，B 因素各水平间有极显著差异，$A \times B$ 互作效应不显著。说明本试验的区组在控制土壤肥力上有显著效果，从而显著地减小了误差；不同的中耕次数间有显著差异，不同的施肥量间有极显著差异，中耕的效应不因施肥量多少而异，施肥量的效应也不因中耕次数多少而异。

（4）主处理与副处理的多重比较。

进行主处理（中耕次数）间的多重比较时，用 MS_{e_a} 计算标准误，观测次数为 bn；进行副处理（施肥量）间的多重比较时，用 MS_{e_b} 计算标准误，观测次数为 an。

通过计算和比较可知，中耕次数 A_1 显著优于 A_2 和 A_3，施肥量 B_2 极显著优于 B_1、B_3、B_4。由于 $A \times B$ 互作不存在，故 A、B 效应可直接相加，最优组合为 A_1B_2。

9.3.2　嵌套设计(系统分组设计)

嵌套设计(nested design)也称为系统分组设计。在某些多因素试验中,先按一个因素(A因素)设计试验,然后在该因素的不同水平安排另一个因素(B因素)的各个水平,这时对B因素而言,其试验条件相似但不相同,这样的设计称为B因素的水平被套在A因素的水平下的嵌套设计。例如,一家医院有两间候诊室(Ⅰ和Ⅱ)。候诊室Ⅰ的患者被随机地安排见咨询师A或B。候诊室Ⅱ的患者被随机地安排见咨询师C或D。因此,咨询师A和B被嵌套在候诊室Ⅰ,而咨询师C和D被嵌套在候诊室Ⅱ。

1.二级嵌套设计

二级嵌套设计是将B因素嵌套在A因素中的设计。例如,5月的降水量对南方葡萄分化翌年的花芽影响很大,观测红地球葡萄的排水情况,分全排A_1、半排A_2两种方式,每种方式调查 4 个垄块,每个垄块随机获得 10 个单株果枝率。这种试验设计可用图 9-2(a)表示。

这是一个二级嵌套设计,垄块被嵌套在排水方式下,A_1和A_2下的 4 个垄块虽然标注都是 1、2、3、4,但是由于各个垄块只是相似,不可能相同,所以每个垄块只属于它所嵌套的排水方式。为了强调A_1和A_2排水方式下,垄块不同这一特点,用图 9-2(b)表示二级嵌套设计更符合实际。

图 9-2　二级嵌套设计

2.二级嵌套设计的统计分析

二级嵌套设计数据的数学模型为

$$x_{ijk} = \mu + \alpha_i + \beta_{j(i)} + \varepsilon_{(ij)k} \tag{9-4}$$

其中,$i=1,2,\cdots a, j=1,2,\cdots,b, k=1,2,\cdots,n$。$A$因素有$a$个水平,$B$因素的$b$个水平被嵌套在$A$因素的各个水平下,$n$是重复数。$\beta$的下标$j(i)$表示$B$因素的第$j$个水平被嵌套在$A$因素的第$i$个水平下,$\varepsilon_{(ij)k}$为随机误差。这种二级嵌套设计在$A$因素的每个水平内$B$因素的水平数相等,并且重复数也相等,称为平衡嵌套设计。由于B因素的每个水平不能与A因素的每个水平一起出现,所以A和B之间没有交互作用。

1) 平方和与自由度分解

总平方和与自由度分解为A因素、A因素的各水平下B因素和误差部分。而$C = T^2/(abn)$。

$$\left. \begin{array}{l} SS_T = \sum\sum\sum x_{ijk}^2 - C \\[2mm] SS_A = \dfrac{1}{bn}\sum T_i^2 - C \\[2mm] SS_{B(A)} = \dfrac{1}{n}\sum\sum T_{ij}^2 - \dfrac{1}{bn}\sum T_i^2 \\[2mm] SS_e = SS_T - SS_A - SS_{B(A)} \end{array} \right\} \quad \left. \begin{array}{l} df_T = abn - 1 \\[2mm] df_A = a - 1 \\[2mm] df_{B(A)} = a(b-1) \\[2mm] df_e = ab(n-1) \end{array} \right\} \tag{9-5}$$

2）期望均方与 F 值计算

二级嵌套设计（两因素系统分组）资料的期望均方和 F 值计算见表 9-6。

表 9-6　二级嵌套设计（两因素系统分组）资料的期望均方与 F 值计算

变异源	df	固定模型		随机模型		A 固定、B 随机	
		期望均方	F	期望均方	F	期望均方	F
A	$a-1$	$bn\eta_a^2+\sigma^2$	MS_A/MS_e	$bn\sigma_a^2+n\sigma_\epsilon^2+\sigma^2$	$MS_A/MS_{B(A)}$	$bn\eta_a^2+n\sigma_\epsilon^2+\sigma^2$	$MS_A/MS_{B(A)}$
$B(A)$	$a(b-1)$	$n\eta_\epsilon^2+\sigma^2$	$MS_{B(A)}/MS_e$	$n\sigma_\epsilon^2+\sigma^2$	$MS_{B(A)}/MS_e$	$n\sigma_\epsilon^2+\sigma^2$	$MS_{B(A)}/MS_e$
误差	$ab(n-1)$	σ^2		σ^2		σ^2	
总和	$nab-1$						

注：A 随机、B 固定时，F 值的计算同固定模型。

【例 9.2】 5 月的降水量对南方葡萄翌年花芽的分化影响很大，为观测排水对葡萄的影响，设置全排 A_1 和半排 A_2 两种排水方式，每种方式调查 4 个垄块，每个垄块随机获得 10 个单株的果枝率。观测值经反正弦转换后列于表 9-7 中。试进行分析。

表 9-7　葡萄不同排水方式果枝率（％）的观测结果整理

排水	垄块	葡萄单株果枝率（％）的反正弦值										T_{ij}	T_i
	B_{11}	33.4	33.6	17.6	0.0	0.0	0.0	39.0	46.0	60.0	38.3	267.9	
	B_{12}	31.4	0.0	50.0	44.2	38.5	31.6	51.0	46.0	63.4	37.8	393.9	
A_1	B_{13}	45.0	41.4	46.4	0.0	46.2	50.4	0.0	63.8	0.0	62.3	355.5	1416.5
	B_{14}	55.8	56.8	0.0	52.0	0.0	52.7	52.2	63.8	65.9	0.0	399.2	
	B_{21}	0.0	0.0	0.0	16.8	0.0	15.0	16.8	43.1	16.8		108.5	
	B_{22}	19.5	0.0	0.0	25.7	9.7	42.6	30.0	30.0			157.5	
A_2	B_{23}	0.0	0.0	0.0	0.0	21.9	0.0	0.0	0.0	0.0		21.9	371.2
	B_{24}	25.1	0.0	20.7	20.7	16.8	0.0					83.3	

计算平方和如下：

矫正数 $C=T^2/(abn)=1787.84^2/80=39948.391$

$$SS_T=\sum\sum\sum x^2-C=80749.250-39948.391=40800.859$$

$$SS_A=\frac{\sum T_i^2}{bn}-C=\frac{1416.5^2+371.2^2}{4\times10}-39948.391=13658.151$$

$$SS_{B(A)}=\frac{\sum\sum T_{ij}^2}{n}-\frac{\sum T_i^2}{bn}=\frac{267.9^2+393.9^2+\cdots+83.3^2}{10}-\frac{1416.5^2+371.2^2}{4\times10}$$

$$=2060.009$$

$$SS_e=SS_T-SS_A-SS_{B(A)}=40800.859-13658.151-2060.009=25082.699$$

计算各项自由度、均方和 F 值，列方差分析表（表 9-8）。

表 9-8　葡萄果枝率(%)观测结果的 F 检验

变异源	df	SS	MS	F	$F_{0.05}$	$F_{0.01}$	P
A	1	13658.151	13658.151	39.206**	3.974	7.001	0.000
$B(A)$	6	2060.009	343.335	0.986	2.227	3.063	0.442
误差	72	25082.699	348.371				
总变异	79	40800.859					

结果表明,设施葡萄园排水状况对提高葡萄单株果枝率的影响极显著,而垄块差异对果枝率的影响不明显。

9.4　正交试验设计

正交试验设计(orthogonal experimental design)是一种多因素试验的设计方法,利用正交表来安排与分析多因素试验。多因素试验中,如果对全面试验组合数进行试验,随着因素和水平的增加,组合数呈几何级数增长,实际工作中很难安排这样的试验。为解决这一问题,当试验目的只是从各因素的不同水平中挑选合适的水平进行组合用于生产实践时,可以进行部分试验,找出最优的水平组合并进行验证来达到这一目的。

例如,影响酶水解大豆蛋白质的因素有酶的种类、温度和 pH 值,如果每个因素都有 3 个水平,则各因素水平共有 27 种组合,如果进行全面试验,不仅工作量大,还会引入较大的误差。如果试验的目的主要是寻求 3 个因素的最优水平组合,则可利用 $L_9(3^4)$ 正交设计安排试验达到这一目的。试验组合为

$A_1B_1C_1$、$A_1B_2C_2$、$A_1B_3C_3$、$A_2B_1C_2$、$A_2B_2C_3$、$A_2B_3C_1$、$A_3B_1C_3$、$A_3B_2C_1$、$A_3B_3C_2$

这个组合能保证试验是均衡的,即 A 因素的每个水平与 B 因素、C 因素的各个水平在试验中各搭配一次,具有很强的代表性,即正交式。

9.4.1　正交表及其特性

1.正交表

正交设计安排试验和分析试验结果都要用正交表,正交表如表 9-9 所示,用 $L_n(m^p)$ 表示,如 $L_8(2^7)$。其中"L"代表正交表,因此正交表可简称 L 表;L 右下角的数字"n"表示有 n 行,用这张正交表安排试验包含 n 个处理(水平组合);括号内的底数"m"表示因素的水平数,指数"p"表示有 p 列,用这张正交表最多可以安排 p 个因素(含互作效应)。

表 9-9　$L_8(2^7)$ 正交表

试验号	列 号						
	1	2	3	4	5	6	7
1	1	1	1	1	1	1	1
2	1	1	1	2	2	2	2
3	1	2	2	1	1	2	2
4	1	2	2	2	2	1	1
5	2	1	2	1	2	1	2
6	2	1	2	2	1	2	1
7	2	2	1	1	2	2	1
8	2	2	1	2	1	1	2

常用的 2 水平正交表有 $L_4(2^3)$、$L_{16}(2^{15})$，3 水平正交表有 $L_9(3^4)$、$L_{27}(2^{13})$ 等(附录 H)。

2.正交表的特性

正交表都有以下两个特性：

(1) 任何一列中，不同数字(因素水平)出现的次数相等。例如 $L_8(2^7)$ 中不同数字只有 1 和 2，各在每一列中出现 4 次；$L_9(3^4)$ 中不同数字有 1、2 和 3，各在每一列中出现 3 次。

(2) 任何两列中，同一行所组成的数字对出现的次数相等。例如 $L_8(2^7)$ 中(1,1)，(1,2)，(2,1)，(2,2)各出现两次；$L_9(3^4)$ 中(1,1)，(1,2)，(1,3)，(2,1)，(2,2)，(2,3)，(3,1)，(3,2)，(3,3)各出现 1 次。即每个因素的一个水平与另一因素的各个水平互碰次数相等，表明任意两列各个数字之间的搭配是均匀的。

根据以上两个特性，用正交表安排的试验具有均衡分散和整齐可比的特点。所谓均衡分散，是指用正交表挑选出来的各因素水平组合在全部水平组合中的分布是均匀的。整齐可比是指每个因素的各水平间具有可比性，因为正交表中每一因素的任一水平下都均衡地包含其他因素的各个水平，当比较某因素不同水平时，其他因素的效应都彼此抵消。

3.正交表的类别

正交表分为相同水平正交表和混合水平正交表两类。相同水平正交表是指表中所有因素水平均相同的正交表，如 $L_4(2^3)$、$L_8(2^7)$、$L_{12}(2^{11})$ 等为 2 水平正交表，$L_9(3^4)$、$L_{27}(3^{13})$ 等为 3 水平正交表。混合水平正交表是指因素的水平不完全一样的正交表，如 $L_8(4\times2^4)$，该表可以安排 1 个 4 水平因素和 4 个 2 水平因素。

9.4.2　正交试验设计的基本程序

1.选择合适的正交表

在确定试验的因素、水平和交互作用后，选择适用的正交表。选用正交表的原则如下：既能安排下试验的全部因素(含互作所占的列)，处理数又尽可能少。如果因素全是 2 水平，选用 $L(2^*)$ 表；如果因素全是 3 水平，选 $L(3^*)$ 表；如果因素的水平数不同，则选择适用的混合水平表。

选择正交表还要考虑试验精度的要求。精度要求高时，宜选择试验次数多的正交表。如果试验费用昂贵，或人力和时间都比较紧张，则不宜选试验次数太多的正交表。如果无适用的正交表可选，可适当修改原定的因素水平数。如果对因素或交互作用的影响不了解，应尽量选用大表，让因素和互作各占适当的列，这样既可以减少试验的工作量，又不至于漏掉重要的信息。

2.用正交表安排试验

1) 表头设计

所谓表头设计，就是把试验因素和要考察的交互作用分别安排在正交表适当的列上。表头设计的原则如下：①不让主效应间、主效应与交互作用间有混杂现象，正交表一般都有交互列，试验因素少于列数时，尽量不要在交互列上安排试验因素，以防混杂；②考察交互作用时，需查交互作用表，把交互作用安排在合适的列上。$L_8(2^7)$ 表头设计如表 9-10 所示。

表 9-10　$L_8(2^7)$ 表头设计

列　　号	1	2	3	4	5	6	7
因素	A	B	$A\times B$	C	$A\times C$	$B\times C$	空

2）列出试验方案

根据设计好的表头,将正交表各列(不包括交互作用列)的数字换为各因素的水平,即为试验的正交设计方案。

【例 9.3】 硫酸法提取鲤鱼抗菌精蛋白试验中,以不同浓度的硫酸溶液(A)、在不同温度(B)和时间(C)下进行提取,每个因素取 4 水平,如表 9-11 所示,以得到鲤鱼抗菌精蛋白的抗菌活性指标。试进行试验方案设计。

表 9-11　硫酸法提取鲤鱼抗菌精蛋白试验因素水平表

水　平	A 硫酸浓度/(%)	B 提取温度/℃	C 提取时间/h
1	5.0	0	1
2	7.5	10	2
3	10.0	20	3
4	12.5	30	4

(1)选择正交表:3 因素 4 水平试验,应选用 $L_n(4^p)$ 正交表。如果不需考察交互作用,$p > 3$ 即可,可以选用 $L_{16}(4^5)$;如果要考察交互作用,则 $p > 6$,需选用 $L_{64}(4^{21})$ 正交表。这里考虑到 3 个因素间不存在交互作用,故选用 $L_{16}(4^5)$ 正交表。

(2)表头设计:由于 $L_{16}(4^5)$ 正交表"任意二列的交互作用出现在另外三列",试验因素可随机安排在各列上。将硫酸浓度(A)、提取温度(B)和时间(C)依次安排在第 1、2、3 列上,第 4、5 列为空列,如表 9-12 所示。

(3)列试验方案:把正交表中第 1 列的各数字换为因素 A(硫酸浓度)的实际值,第 2 列的各数字换为因素 B(提取温度)的实际值,第 3 列的各数字换为因素 C(提取时间)的实际值,即为正交试验方案,如表 9-12 所示。

表 9-12　硫酸法提取鲤鱼抗菌精蛋白试验正交试验方案及结果

试　验　号	1 A	2 B	3 C	4 空列	5 空列	试验结果
1	1(5.0)	1(0)	1(1)	1	1	56.57
2	1(5.0)	2(10)	2(2)	2	2	58.87
3	1(5.0)	3(20)	3(3)	3	3	53.68
4	1(5.0)	4(30)	4(4)	4	4	50.45
5	2(7.5)	1(0)	2(2)	3	4	55.26
6	2(7.5)	2(10)	1(1)	4	3	52.21
7	2(7.5)	3(20)	4(4)	1	2	49.35
8	2(7.5)	4(30)	3(3)	2	1	52.12
9	3(10.0)	1(0)	3(3)	4	2	68.68
10	3(10.0)	2(10)	4(4)	3	1	64.13
11	3(10.0)	3(20)	1(1)	2	4	65.76
12	3(10.0)	4(30)	2(2)	1	3	63.67
13	4(12.5)	1(0)	4(4)	2	3	60.12
14	4(12.5)	2(10)	3(3)	1	4	65.32
15	4(12.5)	3(20)	2(2)	4	1	64.54
16	4(12.5)	4(30)	1(1)	3	2	55.73

9.4.3 正交试验结果分析

由于正交试验通常是为了寻找不同因素水平的最优组合，所以常用极差分析法进行分析，也可以用方差分析法统计分析。

1.极差分析法

极差分析法通过计算各因素不同水平的平均值，寻找其最优值，作为该因素的最好水平与其他因素组合使用；通过比较各因素不同水平平均值之间的极差，确定不同因素对试验结果影响的重要程度，在确定组合时，影响（极差）大的因素选择其最优水平，影响（极差）小的因素选择经济水平。

【例 9.4】 按例 9.3 正交设计方案试验的结果如表 9-12 右列，试进行极差分析并筛选最优组合。

（1）根据试验结果，汇总各因素不同水平的总和 T_{ij}，计算平均值 $\bar{x}_{ij}$，以及各因素的不同水平平均数的极差 R_i，如表 9-13 所示。

表 9-13　硫酸法提取鲤鱼抗菌精蛋白正交试验方案试验结果极差分析表

试　验　号	1	2	3	4	5
	A	B	C	空列	空列
$T_{.1}$	219.57	240.63	230.27	234.91	237.36
$T_{.2}$	208.94	240.53	242.34	236.87	232.63
$T_{.3}$	262.24	233.33	239.80	228.80	229.68
$T_{.4}$	245.71	221.97	224.05	235.88	236.79
$\bar{x}_{.1}$	54.89	60.16	57.57	58.73	59.34
$\bar{x}_{.2}$	52.24	60.13	60.59	59.22	58.16
$\bar{x}_{.3}$	65.56	58.33	59.95	57.20	57.42
$\bar{x}_{.4}$	61.43	55.49	56.01	58.97	59.20
$R.$	13.42	4.67	4.58	2.02	1.92

（2）比较各因素平均数的极差 R_i 可知，A 因素对试验结果影响大，是主要因素。B、C 因素的极差相差不大，均为次要因素。

（3）选择各因素的水平，形成最优组合：A 因素为主要因素，选择指标最好的水平 A_3；B 为次要因素，根据环境情况可选 B_1 或 B_2；C 因素也为次要因素，C_2 相对较好。最优水平组合为 $A_3B_1C_2$ 或 $A_3B_2C_2$。这两个组合都未包含在 16 个试验中，说明正交试验具有预见性。

（4）用选出的组合做验证试验。用 $A_3B_1C_2$ 和 $A_3B_2C_2$ 各做一次验证试验。结果 $A_3B_1C_2$ 的抑菌率为 68.70%，$A_3B_2C_2$ 的抑菌率为 68.81%。最后确定最优生产条件为 $A_3B_2C_2$。

极差分析法简单明了，通俗易懂，计算工作量少，便于推广普及。但这种方法不能将试验中由于试验条件改变引起的数据波动同试验误差引起的数据波动区分开来，即不能区分因素各水平间对应的试验结果的差异是由于因素水平不同引起的，还是由于试验误差引起的，无法估计试验误差的大小。此外，无法进行各因素对试验结果影响精确的数量估计，缺乏用来判断所考察因素作用是否显著的标准。为了弥补极差分析的缺陷，可进行方差分析。

2.方差分析法

正交试验结果的方差分析与其他数据的方差分析完全一样，只是较一般交叉分组设计试验的试验次数少,所以总自由度和误差自由度较小。进行 F 检验时,要用到误差平方和 SS_e 及其自由度 df_e,故进行方差分析的正交表至少应留出一定空列用于误差估计。因 $df_e=1$ 时 F 检验的灵敏度很低,为了增大 df_e,在进行显著性检验之后,可将各交互作用不显著项的平方和、自由度与误差的合并,使误差的平方和与自由度增大,提高 F 检验的灵敏度。

设有 $L_n(m^p)$ 正交表试验结果,共有 n 个试验数据 $x_1,x_2,\cdots,x_n$。则其总平方和

$$SS_T = \sum (x-\bar{x})^2 = \sum x^2 - T^2/n \tag{9-6}$$

总自由度为 $df_T=n-1$。如果用 r 表示每列中各水平的重复数,则 $r=n/m$。第 j 列的平方和

$$SS_j = \sum T_{jk}^2 - T^2/n \tag{9-7}$$

T_{jk} 是第 j 列(因素或互作)第 k 水平的观测数据之和。对于因素,自由度为 $m-1$;对于互作,自由度为 $(m-1)^2$。如果全部效应列的总平方和 $SS_t = \sum SS_j$,自由度 $df_t = \sum df_j$,则

$$SS_e = SS_T - SS_t \tag{9-8}$$

$$df_e = df_T - df_t \tag{9-9}$$

根据各项平方和与自由度可计算相应的均方,根据因素性质、效应模型利用均方和相应误差项可计算 F 值并进行检验。

【例 9.5】　按例 9.3 正交设计方案试验的结果如表 9-12 右列,试进行方差分析。

(1) 计算平方和与自由度:

$C = T^2/n = 936.46^2/16 = 54809.833$

$SS_T = \sum x^2 - C = 56.57^2 + 58.87^2 + \cdots + 55.73^2 - 54809.833 = 574.429$

$df_T = 16-1 = 15$

$SS_A = \sum T_{Ak}^2/r - C = (219.57^2 + 208.94^2 + \cdots + 245.71^2)/4 - 54809.833 = 442.699$

$df_A = 4-1 = 3$

$SS_B = \sum T_{Bk}^2/r - C = (240.63^2 + 240.53^2 + \cdots + 221.97^2)/4 - 54809.833 = 57.929$

$df_B = 4-1 = 3$

$SS_C = \sum T_{Ck}^2/r - C = (230.27^2 + 242.34^2 + \cdots + 224.05^2)/4 - 54809.833 = 54.015$

$df_C = 4-1 = 3$

$SS_e = SS_T - SS_t = 574.429 - (442.699 + 57.929 + 54.015) = 19.787$

$df_e = 15-9 = 6$

(2) 计算均方、F 值并进行检验。列方差分析表,如表 9-14 所示。

表 9-14　硫酸法提取鲤鱼抗菌精蛋白正交试验方案试验结果方差分析表

变 异 源	SS	df	MS	F	$F_{0.05}$	$F_{0.01}$	P
硫酸浓度 A	442.699	3	147.566	44.747**	4.757	9.780	0.000
提取温度 B	57.929	3	19.310	5.855*	4.757	9.780	0.032
提取时间 C	54.015	3	18.005	5.460*			0.038
误差	19.787	6	3.298				
总变异	574.429	15					

(3) 比较各因素的 F 值,可知 A 因素的 F 值较 B、C 因素的大得多,平均值间有极显著差

异,是主要因素;B、C 因素的 F 值相差不大,平均数间差异为显著水平,均为次要因素。

(4) 选择各因素的水平,形成最优组合:A 因素为主要因素,选使指标最好的水平 A_3;B 为次要因素,B_1 或 B_2 相差不大,可根据环境情况选择;C 因素也为次要因素,C_2 相对较好;最优水平组合为 $A_3B_1C_2$ 或 $A_3B_2C_2$。由于正交设计主要用于优选因素组合,一般不进行多重比较。

与极差法相比,方差分析方法可检验试验因素或交互作用对试验指标的影响是否显著及显著的水平,这是统计学上很重要的问题。如果某列对指标影响不显著,讨论试验指标随它的变化趋势没有任何意义,因为在某列对指标的影响不显著时,即使从表中的数据可以看出该列水平变化时,试验指标的数值也以某种"规律"变化,但可能是试验误差所致,将它作为客观规律是不可靠的。

对于有交互作用的正交设计,进行数据分析时两个因素间的交互作用占一列,列的位置根据正交表的表头设计或二列间的交互作用表确定,自由度为交互作用的两因素的自由度之积。

有时会遇到一个正交设计有多个试验指标,而数据分析后不同指标的最优组合不一致的情况,这时可以主要试验指标为依据,或不同试验指标综合平衡的办法确定试验的因素水平组合。

习题

习题 9.1   完全随机设计、随机区组设计的试验结果分析有何异同? 在进行处理间比较时,以小区平均数计算的标准误与以处理总和或亩产量计算的标准误有何关系? 完全随机和随机区组试验的线性模型及期望均方包括哪些分量?

习题 9.2   小麦栽培试验的产量结果(kg)如下,随机区组设计,小区计产面积为 12 m²,试作分析。在表示最后结果时需转换为每亩产量(kg)。假定该试验为一完全随机设计,试分析后将其试验误差与随机区组时的误差进行比较,看看划分区组的效果如何。

处　理	区　　组			
	Ⅰ	Ⅱ	Ⅲ	Ⅳ
A	6.2	6.6	6.9	6.1
B	5.8	6.7	6.0	6.3
C	7.2	6.6	6.8	7.0
D	5.6	5.8	5.4	6.0
E	6.9	7.2	7.0	7.4
F	7.5	7.8	7.3	7.6

习题 9.3   有一小麦裂区试验,主区因素 A,分深耕(A_1)、浅耕(A_2)两个水平,副区因素 B,分多肥(B_1)、少肥(B_2)两个水平,重复 3 次,小区计产面积为 15 m²,其田间排列和产量如下,试作分析。

A_1	A_2
B_1	B_1
9	7
B_2	B_2
6	2

区组Ⅰ

A_2	A_1
B_2	B_1
3	11
B_1	B_2
5	4

区组Ⅱ

A_2	A_1
B_2	B_2
1	4
B_1	B_1
6	12

区组Ⅲ

习题 9.4　有一大豆试验，A 因素为品种，有 4 个水平，B 因素为播期，有 3 个水平，随机区组设计，重复 3 次，小区计产面积为 25 m^2，其田间排列和产量(kg)如下，试作分析。

区组 I	A_1B_1 12	A_2B_2 13	A_3B_3 14	A_4B_2 15	A_2B_1 13	A_4B_3 16	A_3B_2 14	A_1B_3 13	A_4B_1 16	A_1B_2 12	A_3B_1 14	A_2B_3 14

区组 II	A_4B_2 16	A_1B_3 14	A_2B_1 14	A_3B_3 15	A_1B_2 12	A_2B_3 13	A_4B_1 16	A_3B_2 13	A_2B_2 13	A_3B_1 15	A_1B_1 13	A_4B_3 17

区组 III	A_2B_3 13	A_3B_1 15	A_1B_2 11	A_2B_1 14	A_4B_3 17	A_3B_2 14	A_2B_2 12	A_4B_1 15	A_3B_3 15	A_1B_3 13	A_4B_2 15	A_1B_1 13

习题 9.5　用正交试验方法探讨某种保健饮料的研制。以有效成分含量(‰)为试验指标，选用 A、B、C 三个因素，用 $L_9(3^4)$ 安排试验，试验方案及结果如下，试作分析。

试验号	1	2	3	4	试验结果
	A	B	空列	C	
1	1	1	1	1	0.13
2	1	2	2	2	0.15
3	1	3	3	3	0.11
4	2	1	2	3	0.13
5	2	2	3	1	0.1
6	2	3	1	2	0.08
7	3	1	3	2	0.15
8	3	2	1	3	0.17
9	3	3	2	1	0.12

第 **10** 章 协方差分析

方差分析中,要求除试验因素外的其他条件保持在相同水平上才能对试验结果的差异显著性进行比较,然而有些非试验因素很难或不可能人为控制,此时如果使用方差分析法推断处理之间的差异显著性,往往会导致错误的结果。为解决试验条件不同对试验结果的影响,统计学上将回归分析与方差分析结合起来,通过回归关系排除试验条件对试验结果的影响,称为协方差分析(analysis of covariance,ANCOVA)。由于矫正后的结果是应用统计方法将试验条件控制一致而得到的,故协方差分析是一种统计控制(statistical control)。

10.1 协方差分析的基本原理

10.1.1 协方差分析的基本思想

协方差分析是把方差分析与回归分析结合起来的一种统计分析方法,用于比较一个变量 y 在一个因素或几个因素不同水平上的差异,但这个变量在受试验因素影响的同时,还受到另一个变量 x 的影响,而且变量 x 的取值难以人为控制,不能作为方差分析中的一个因素来处理。此时如果 x 与 y 之间可以建立回归关系,则可用协方差分析的方法排除 x 对 y 的影响,然后进行方差分析对各因素水平的影响作出统计推断。在协方差分析中,y 为因变量(dependent variable),x 为协变量(covariate)。

协方差分析的核心思想是通过对因变量 y 的值进行调整,消除协变量 x 的影响,从而能对试验因素不同水平的影响进行统计检验。为此,首先需判断协变量 x 对因变量 y 是否存在影响,如果影响显著,则需去除其影响后对试验结果进行检验;如果影响不显著,则直接对试验结果进行检验。

统计学上研究两个变量间是否存在影响的方法为回归分析,所以进行协方差分析时首先对数据进行回归分析,如果回归关系显著,说明变量 x 对变量 y 的影响显著,需对试验结果进行矫正后进行方差分析;如果回归关系不显著,说明变量 x 对变量 y 的影响不显著,直接对试验结果进行方差分析。

10.1.2 协方差分析的作用

协方差分析有两个方面的作用:一是对试验进行统计控制,二是对协方差组分进行估计(分析不同变异源的相关关系)。

1.对试验进行统计控制

为了提高试验的精确性和准确性,对处理以外的一切条件都需要采取有效措施严加控制,使它们在各处理间尽量一致,这称为试验控制(experimental control)。但在有些情况下,难以实现试验控制,需要辅助统计控制,经过统计学上的矫正,使试验误差减小,对试验处理效应的估计更为准确。如果 y 的变异主要由 x 的不同造成(处理没有显著效应),则矫正后的 y' 间将没有显著差异(但原 y 间的差异可能是显著的)。如果 y 的变异除去 x 不同的影响外,尚存在不同处理的显著效应,则可期望各 y' 间将有显著差异(但原 y 间差异可能是不显著的)。此外,矫正后的 y' 和原 y 的大小次序也常不一致。因此,处理平均数的回归矫正和矫正平均数的显著性检验,能够提高试验的准确性和精确性,从而更真实地反映试验处理的效应。

2.估计协方差组分

将相关系数公式 $r = \dfrac{\sum (x - \bar{x})(y - \bar{y})}{\sqrt{\sum (x - \bar{x})^2 \sum (y - \bar{y})^2}}$ 右边分子分母同除以自由度$(n-1)$,得

$$r = \frac{\dfrac{\sum (x - \bar{x})(y - \bar{y})}{n - 1}}{\sqrt{\dfrac{\sum (x - \bar{x})^2}{n - 1} \dfrac{\sum (y - \bar{y})^2}{n - 1}}} \tag{10-1}$$

其中, $\dfrac{\sum (x - \bar{x})^2}{n - 1}$、$\dfrac{\sum (y - \bar{y})^2}{n - 1}$ 分别为 x、y 的均方 MS_x、MS_y。类似地,将 $\dfrac{\sum (x - \bar{x})(y - \bar{y})}{n - 1}$ 称为均积,记为 MP_{xy},即

$$MP_{xy} = \frac{\sum (x - \bar{x})(y - \bar{y})}{n - 1} = \frac{\sum xy - \dfrac{(\sum x)(\sum y)}{n}}{n - 1} \tag{10-2}$$

于是相关系数 r 可表示为

$$r = \frac{MP_{xy}}{\sqrt{MS_x \cdot MS_y}} \tag{10-3}$$

均方 MS_x、MS_y 对应的参数为总体方差 σ_x^2、σ_y^2,均积对应的参数称为总体协方差(covariance),记为 COV_{xy} 或 σ_{xy}。统计学上可证明,均积 MP_{xy} 是协方差 COV_{xy} 的无偏估计量。均积与均方具有相似的形式,也有相似的性质。在方差分析中,一个变量的总平方和与自由度可按变异源进行剖分,从而求得相应的均方。统计学已证明:两个变量的总乘积和与自由度也可按变异源进行分解而获得相应的均积。这种把两个变量的总乘积和与自由度按变异源进行剖分并获得相应均积的方法也称为协方差分析。

在随机模型的方差分析中,根据均方 MS 和期望均方的关系,可以得到不同变异源的方差组分的估计值。同样,在随机模型的协方差分析中,根据均积 MP 和期望均积的关系,可得到不同变异源的协方差组分的估计值。有了这些估计值,就可进行相应的总体相关分析。

10.2　协方差分析的过程

设试验有 k 个处理,观测指标 y 为因变量,x 为协变量,每个处理设置 n 次重复,每组内均

有 n 对观测值 x、y,则该资料为具有 kn 对观测值的双变量资料,其数据一般模式如表 10-1 所示。

表 10-1 协方差分析数据的一般形式

处理 1		处理 2		$\cdots$	处理 i		$\cdots$	处理 k	
x	y	x	y	$\cdots$	x	y	$\cdots$	x	y
x_{11}	y_{11}	x_{21}	y_{21}	$\cdots$	x_{i1}	y_{i1}	$\cdots$	x_{k1}	y_{k1}
x_{12}	y_{12}	x_{22}	y_{22}	$\cdots$	x_{i2}	y_{i2}	$\cdots$	x_{k2}	y_{k2}
$\vdots$	$\vdots$	$\vdots$	$\vdots$	$\cdots$	$\vdots$	$\vdots$	$\vdots$	$\vdots$	$\vdots$
x_{1j}	y_{1j}	x_{2j}	y_{2j}	$\cdots$	x_{ij}	y_{ij}	$\cdots$	x_{kj}	y_{kj}
$\vdots$	$\vdots$	$\vdots$	$\vdots$	$\cdots$	$\vdots$	$\vdots$	$\vdots$	$\vdots$	$\vdots$
x_{1n}	y_{1n}	x_{2n}	y_{2n}	$\cdots$	x_{in}	y_{in}	$\cdots$	x_{kn}	y_{kn}
$T_{x_1.}$	$T_{y_1.}$	$T_{x_2.}$	$T_{y_2.}$	$\cdots$	$T_{x_i.}$	$T_{y_i.}$	$\cdots$	$T_{x_k.}$	$T_{y_k.}$
$\bar{x}_1.$	$\bar{y}_1.$	$\bar{x}_2.$	$\bar{y}_2.$	$\cdots$	$\bar{x}_i.$	$\bar{y}_i.$	$\cdots$	$\bar{x}_k.$	$\bar{y}_k.$

1.数学模型

在协方差分析中,因变量的每个观察值可用以下线性数学模型表示:

$$y_{ij} = \mu + \alpha_i + \beta(x_{ij} - \bar{x}) + \varepsilon_{ij} \tag{10-4}$$

其中,$i = 1,2,\cdots k, j = 1,2,\cdots,n$;$y_{ij}$ 为试验因素第 i 水平的第 j 次观察值;x_{ij} 为试验因素第 i 水平的第 j 次观察的协变量取值;$\bar{x}$ 为 x_{ij} 的总平均数;μ 为 y_{ij} 的总平均数;α_i 为第 i 水平的效应;β 是 Y 对 X 的线性回归系数;ε_{ij} 为随机误差。且满足以下基本假定:①ε_{ij} 独立,且服从正态分布 $N(0,\sigma^2)$;②$\beta \neq 0$,即 y 与 x 存在线性关系,且各水平回归系数相等,即协变量的影响不随水平的变化而改变;③处理效应之和为 0,即 $\sum \alpha_i = 0$。试验因素为固定因素;如果为随机因素,则是处理效应的方差为 0。

2.平方和、乘积和与自由度的分解

根据式(10-4),因变量 y 的总变异包括处理效应、协变量 x 的影响和随机误差三部分,根据直线回归和方差的计算方法,需要对不同变异源的平方和、乘积和与自由度进行分解,计算均方并进行统计检验。

平方和与自由度的分解与方差分析部分相同。参照平方和分解的方法,可将乘积和也分解为总变异乘积和 SP_T、处理间乘积和 SP_t 及误差乘积和 SP_e 三部分,即

$$\left.\begin{aligned} SP_T &= \sum\sum(x-\bar{x})(y-\bar{y}) = \sum\sum xy - T_x T_y/(kn) \\ SP_t &= n\sum(\bar{x}_i. - \bar{x})(\bar{y}_i. - \bar{y}) = \sum(T_{x_i.} T_{y_i.})/n - T_x T_y/(kn) \\ SP_e &= \sum\sum(x-\bar{x}_i.)(y-\bar{y}_i.) = \sum\sum xy - \sum(T_{x_i.} T_{y_i.})/n \end{aligned}\right\} \tag{10-5}$$

3.回归系数的计算及回归显著性检验

根据式(10-4)的数学模型,处理间的差异是由于处理效应 α_i 不同引起的,而误差则包括协变量 x 的影响和随机误差两部分,所以回归系数的计算在组内进行,于是有

$$b^* = SP_e/SS_{e_x} \tag{10-6}$$

回归关系的显著性可用 F 检验法或 t 检验法进行检验。这时误差项回归自由度 $df_{e_U} = 1$,其回归平方和

$$U_e = SS_{e_y} - b^* SP_e = SP_e^2 / SS_{e_x} \tag{10-7}$$

误差项离回归平方和

$$Q_e = SS_{e_y} - U_{e_y} = SS_{e_y} - SP_e^2 / SS_{e_x} \tag{10-8}$$

离回归自由度

$$df_{e_Q} = df_e - df_{e_U} = k(n-1) - 1 \tag{10-9}$$

用 F 检验法检验时，$df_1 = df_{e_U} = 1$，　$df_2 = df_{e_Q} = k(n-1) - 1$，统计量

$$F = [k(n-1) - 1] U_e / Q_e \tag{10-10}$$

4. 矫正平均数的差异显著性检验

如果回归关系不显著，直接对试验结果进行方差分析；如果回归关系显著，则用回归系数对 y 进行矫正，消除 x 的影响后，对矫正后的数据进行方差分析。

要检验矫正后的 y 值差异的显著性，在进行平方和的计算时，并不需要将各矫正的 y 值求出后重新计算，统计学上已证明，矫正后的总平方和、误差平方和及自由度等于相应变异项的离回归平方和及自由度。于是平方和与自由度如式(10-11)式(10-12)所示。

$$\left. \begin{array}{l} SS'_T = SS_{T_y} - SP_T^2 / SS_{T_x} \\ SS'_e = SS_{e_y} - SP_e^2 / SS_{e_x} \\ SS'_t = SS'_T - SS'_e \end{array} \right\} \tag{10-11}$$

$$\left. \begin{array}{l} df'_T = (nk - 1) - 1 = nk - 2 \\ df'_t = k - 1 \\ df'_e = k(n-1) - 1 \end{array} \right\} \tag{10-12}$$

根据平方和、自由度分别计算处理均方和误差均方，并进行 F 检验。

5. 矫正平均数的多重比较

如果 F 检验处理间差异显著，需进行多重比较。进行多重比较时，需使用矫正后的平均数。矫正公式为

$$\bar{y}'_i = \bar{y}_i - b^* (\bar{x}_i - \bar{x}) \tag{10-13}$$

矫正平均数的比较可以使用 t 检验法、LSD 法和 Duncan 法等。用 t 检验进行比较时，统计量

$$t = (\bar{y}'_i - \bar{y}'_j) / s'_{\bar{d}} \tag{10-14}$$

其中，$s'_{\bar{d}}$ 为两矫正平均数差数间的标准误，计算公式为

$$s'_{\bar{d}} = \sqrt{MS'_e \left[\frac{2}{n} + \frac{(\bar{x}_i - \bar{x}_j)^2}{SS_{e_x}} \right]} \tag{10-15}$$

当误差自由度较大($df_e \geq 20$)且 x 的变异较小时，可采用 LSD 法、Duncan 法等。这时两矫正平均数差数间的标准误不再根据两组样本 x 均值差计算。对于 LSD 法，有

$$s'_{\bar{d}} = \sqrt{\frac{2MS'_e}{n} \left[1 + \frac{SS_{t_x}}{(k-1) SS_{e_x}} \right]} \tag{10-16}$$

对于 Duncan 法，有

$$s'_{\bar{d}} = \sqrt{\frac{MS'_e}{n} \left[1 + \frac{SS_{t_x}}{(k-1) SS_{e_x}} \right]} \tag{10-17}$$

协方差分析过程如上所述，例 10.1 以单向分组资料(相当于单因素方差分析资料)的协方差分析为例说明其计算步骤。

【例 10.1】 为寻找哺乳仔猪的食欲增进剂,以提高断奶重,进行了试验。试验设对照、配方 1、配方 2、配方 3 共 4 个处理,重复 12 次,选择初始条件尽量相近的哺乳仔猪 48 头,完全随机分为 4 组进行试验,结果见表 10-2。试作分析。

表 10-2 不同食欲增进剂仔猪生长初生重(kg)与 50 日龄重(kg)

处 理	对照		配方 1		配方 2		配方 3	
	初生重	50 日龄重	初生重	50 日龄重	初生重	50 日龄重	初生重	50 日龄重
	x	y	x	y	x	y	x	y
x, y	1.50	12.4	1.35	10.2	1.15	10.0	1.20	12.4
	1.85	12.0	1.20	9.4	1.10	10.6	1.00	9.8
	1.35	10.8	1.45	12.2	1.10	10.4	1.15	11.6
	1.45	10.0	1.20	10.3	1.05	9.2	1.10	10.6
	1.40	11.0	1.40	11.3	1.40	13.0	1.00	9.2
	1.45	11.8	1.30	11.4	1.45	13.5	1.45	13.9
	1.50	12.5	1.15	12.8	1.30	13.0	1.35	12.8
	1.55	13.4	1.30	10.9	1.70	14.8	1.15	9.3
	1.40	11.2	1.35	11.6	1.40	12.3	1.10	9.6
	1.50	11.6	1.15	8.5	1.45	13.2	1.20	12.4
	1.60	12.6	1.35	12.2	1.25	12.0	1.05	11.2
	1.70	12.5	1.20	9.3	1.30	12.8	1.10	11.0
$T_{x_i.}, T_{y_i.}$	18.25	141.8	15.40	130.1	15.65	144.8	13.85	133.8
$\bar{x}_i., \bar{y}_i.$	1.5208	11.8167	1.2833	10.8417	1.3042	12.0667	1.1542	11.1500

基础数据计算:

$k=4, n=12, kn=4 \times 12=48$;各处理总和、均值计算列入表 10-2 后两行。

$$T_x = \sum T_{x_i.} = 18.25 + 15.40 + 15.65 + 13.85 = 63.15$$

$$C_x = T_x^2/(kn) = 63.15^2/48 = 83.082$$

$$T_y = \sum T_{y_i.} = 141.8 + 130.1 + 144.8 + 133.8 = 550.5$$

$$C_y = T_y^2/(kn) = 550.5^2/48 = 6313.547$$

$$C_{xy} = T_x T_y/(kn) = 63.13 \times 550.5/48 = 724.252$$

$$\sum \sum x^2 = 1.50^2 + 1.85^2 + \cdots + 1.10^2 = 84.833$$

$$\sum \sum y^2 = 12.4^2 + 12.0^2 + \cdots + 11.0^2 = 6410.310$$

$$\sum \sum xy = 1.50 \times 12.4 + 1.85 \times 12.0 + \cdots + 1.10 \times 11.0 = 732.500$$

(1)平方和、乘积和与自由度的计算。

① x 变量的平方和

$$SS_{T_x} = \sum \sum x^2 - C_x = 84.833 - 83.082 = 1.751$$

$$SS_{t_x} = \sum T_{x_{i\cdot}}^2/n - C_x = (18.25^2 + 15.40^2 + \cdots + 13.85^2)/12 - 83.082 = 0.832$$

$$SS_{e_x} = SS_{T_x} - SS_{t_x} = 1.751 - 0.832 = 0.919$$

② y 变量的平方和

$$SS_{T_y} = \sum\sum y^2 - C_y = 6410.310 - 6313.547 = 96.763$$

$$SS_{t_y} = \sum T_{y_{i\cdot}}^2/n - C_y = (141.8^2 + 130.1^2 + \cdots + 133.8^2)/12 - 6313.547$$
$$= 11.681$$

$$SS_{e_y} = SS_{T_y} - SS_{t_y} = 96.763 - 11.681 = 85.082$$

③ x 变量与 y 变量的乘积和

$$SP_T = \sum\sum xy - C_{xy} = 732.500 - 724.252 = 8.248$$

$$SP_t = \sum T_{x_{i\cdot}} T_{y_{i\cdot}}/n - C_{xy} = (18.25 \times 141.8 + 15.40 \times 130.1$$
$$+ \cdots + 13.85 \times 133.8)/12 - 724.252 = 1.635$$

$$SP_e = SP_T - SP_t = 8.248 - 1.635 = 6.613$$

④ 自由度

$$df_T = kn - 1 = 48 - 1 = 47$$
$$df_t = k - 1 = 4 - 1 = 3$$
$$df_e = df_T - df_t = k(n-1) = 4 \times (12-1) = 44$$

以上结果列于表 10-3，并分别对变量 x、y 进行方差分析。

表 10-3　初生重(kg)与 50 日龄重(kg)的方差分析表

变异源	df	x			y			F_α
		SS	MS	F	SS	MS	F	
组间	3	0.832	0.277	13.289**	11.681	3.894	2.014	$F_{0.05}=2.816$
组内(误差)	44	0.919	0.021		85.082	1.934		$F_{0.01}=4.261$
总变异	47	1.75			96.76			

结果表明，4 种处理的供试仔猪初生重间存在极显著差异，而 50 日龄的平均重差异不显著，所以需要进行协方差分析，以消除初生重不同对试验结果的影响，减小试验误差，揭示出可能被掩盖的处理间差异的显著性。

（2）回归关系的显著性检验。

① 计算误差项回归系数 b^*。

$$b^* = SP_e/SS_{e_x} = 6.613/0.919 = 7.1998$$

② 回归关系的显著性检验。

误差项回归平方和与自由度

$$U_e = SP_e^2/SS_{e_x} = 6.613^2/0.919 = 47.615, \quad df_{e_U} = 1$$

误差项离回归平方和

$$Q_e = SS_{e_y} - U_{e_y} = 85.082 - 47.615 = 37.468, \quad df_{e_Q} = df_e - 1 = 43$$

列回归关系显著性检验表，如表 10-4 所示。结果表明，误差项回归关系极显著，表明哺乳仔猪 50 日龄重与初生重间存在极显著的线性回归关系，需对 y 进行矫正后再进行方差分析。

表 10-4　哺乳仔猪 50 日龄重(kg)与初生重(kg)的回归关系检验表

变　异　源	SS	df	MS	F	$F_{0.05}$	$F_{0.01}$
误差回归	47.615	1	47.615	54.645**	4.067	7.264
误差离回归	37.468	43	0.871			
误差总和	85.082	44				

(3) 矫正平均数的差异显著性检验。

矫正后 y 的总平方和、误差平方和及自由度等于相应变异项的离回归平方和及自由度。于是各项平方和与自由度为

$$SS'_T = SS_{T_y} - SP_T^2/SS_{T_x} = 96.763 - 8.248^2/1.751 = 57.902$$

$$df'_T = kn - 2 = 48 - 46$$

$$SS'_e = SS_{e_y} - SP_e^2/SS_{e_x} = 85.082 - 6.613^2/0.919 = 37.468$$

$$df'_e = k(n-1) - 1 = 44 - 1 = 43$$

$$SS'_t = SS'_T - SS'_e = 57.902 - 37.468 = 20.434$$

$$df'_t = k - 1 = 4 - 1 = 3$$

列方差分析表,如表 10-5 所示。

表 10-5　哺乳仔猪 50 日龄重(kg)与初生重(kg)的协方差分析表

变异源	df	SS_x	SS_y	SP	b	矫正后的变异			F_a
						df'	SS'	MS'	
组间	3	0.832	11.681	1.635					
组内	44	0.919	85.082	6.613	7.1998	43	37.468	0.871	
总变异	47	1.751	96.763	8.248		46	57.902		
矫正后的组间						3	20.434	6.812	7.817**

查 F 表:$df_1 = 3, df_2 = 43$ 时,$F_{0.05} = 2.822, F_{0.01} = 4.273$,由于 $F = 7.817 > F_{0.01}$,$P < 0.01$,表明对于矫正后的 50 日龄重不同食欲增进剂配方间存在极显著差异。需进行多重比较,进一步检验不同处理间的差异显著性。

(4) 矫正平均数的多重比较。

① 矫正平均数的计算。

根据回归关系计算各处理的矫正平均数,计算公式为 $\bar{y}'_i = \bar{y}_i - b^*(\bar{x}_i - \bar{x})$,其中 $\bar{x}$ 为平均初生重,$\bar{x} = T_x/(kn) = 63.15/48 = 1.3156$,计算结果如表 10-6 所示。

表 10-6　各处理的矫正 50 日龄平均重(kg)计算表

处理	$\bar{x}_i.$	$\bar{x}_i. - \bar{x}$	$b^*(\bar{x}_i. - \bar{x})$	实际 50 日龄平均重	矫正 50 日龄平均重
对照	1.5208	0.2052	1.4775	11.8167	10.3392
配方 1	1.2833	−0.0323	−0.2325	10.8417	11.0742
配方 2	1.3042	−0.0115	−0.0825	12.0667	12.1492
配方 3	1.1542	−0.1615	−1.1625	11.1500	12.3125

② LSD 法多重比较。

$df'_e = 43$,且 x 的变异较小时,可选用 LSD 法、Duncan 法进行多重比较,这里用 LSD 法。

标准误

$$s'_{\bar{d}} = \sqrt{\frac{2MS'_e}{n}\left[1 + \frac{SS_{t_x}}{(k-1)SS_{e_x}}\right]} = \sqrt{\frac{2 \times 0.871}{12}\left(1 + \frac{0.832}{11 \times 0.919}\right)} = 0.4348$$

$df'_e = 43$ 时，$t_{0.05} = 2.017$，$t_{0.01} = 2.695$，于是有

$$LSD_{0.05} = 2.017 \times 0.4348 = 0.8769, \quad LSD_{0.01} = 2.695 \times 0.4348 = 1.1718$$

不同食欲增进剂配方与对照矫正 50 日龄平均重比较结果如表 10-7 所示。

表 10-7　不同食欲增进剂配方与对照间的效果比较表

添　加　剂	矫正 50 日龄平均重	对照矫正 50 日龄平均重	差　　数
配方 1	11.0742	10.3392	0.7350
配方 2	12.1492	10.3392	1.8100**
配方 3	12.3125	10.3392	1.9733**

结果表明：与对照的矫正 50 日龄平均重相比，食欲增进剂配方 1 的差异不显著；食欲增进剂配方 2、配方 3 的差异极显著，它们均极显著高于对照。

如果需要进一步比较不同配方间的差异显著性，可采用 Duncan 法。

对于双向分组资料（相当于无重复观测值的两因素方差分析资料）的协方差分析，其过程与单向分组资料的基本相同，只是进行平方和与自由度的分解时，处理部分需分解为两项，参见两因素无重复观测值的方差分析。

10.3　协方差分析与多因素方差分析

如果把协方差分析资料中的协变量看作多因素方差分析资料中的一个因素时，两类资料有相似之处，但两类资料有本质的不同。在方差分析中，各因素的水平是人为控制的，即使是随机因素也是人为选定的；而在协方差分析中，协变量不能人为控制。

例如，当考虑动物窝别对增重的影响时，一般可以把窝别当作随机因素，将不同窝看作不同水平，进行随机区组设计，同一窝的几只动物分别接受另一因素不同水平的处理，数据做方差分析。

又如，如果考虑试验开始前动物初始体重的影响，以初始体重为一个因素，不同初始体重作为不同水平，进行随机区组设计，初始体重相同的动物为一组，分别接受另一因素不同水平的处理，数据做方差分析也无问题。

但是，如果可供试验的动物很少，初始体重又有明显差异，无法选到足够相同或相近体重的动物，只好对不同初始体重的动物进行不同饲料配方的处理，此时应当认为初始体重 x 与增重 y 有回归关系，采用协方差分析的方法排除初始体重的影响，然后再来比较其他因素（如饲料种类、数量）对增重的影响。

消除初始体重影响的另一种方法是对最终体重与初始体重的差值即 $y-x$ 进行统计分析，但这种方法与协方差分析的生物学意义是不同的。对差值进行分析是假设初始体重对以后的体重增量没有任何影响，而协方差分析则是假设最终体重中包含初始体重的影响，这种影响的大小与初始体重成正比，即协方差分析是假设初始体重在以后的生长过程中也发挥作用，而对差值进行方差分析是假设初始体重以后不再发挥作用。

由于协方差分析过程包含了对协变量影响是否存在及其大小等一系列统计检验与估计，

它显然比对差值进行分析等方法有更广泛的适用范围,因此除非有明显证据说明对差值进行分析的生物学假设是正确的,一般情况下还是应采用协方差分析的方法。

这两种生物学假设显然不同,对于一种统计方法,不仅要注意它与其他方法在算法上的不同,更要注意算法背后的生物学假设有什么不同,这种深层次的理解有助于工作中选取正确的统计方法。

习题

习题 10.1　何为试验控制？如何对试验进行统计控制？

习题 10.2　什么是均积、协方差？均积与协方差有何关系？

习题 10.3　对试验进行统计控制的协方差分析的步骤有哪些？

习题 10.4　为使小麦变矮,增强抗倒伏力,喷洒了三种药物。x 为喷药前株高(cm),y 为喷药后株高(cm)。先进行单因素方差分析,再进行协方差分析,并对结果加以比较。

药物 1	x	29	31	33	33	37	40
	y	112	106	115	117	120	117
药物 2	x	40	41	43	46	48	49
	y	112	106	110	117	121	114
药物 3	x	33	34	37	37	41	42
	y	107	112	117	109	120	116

习题 10.5　为比较三头公牛后代产奶量,收集以下数据:y 为头胎产奶量(kg/a),x 为产奶期间的平均体重(kg)。请进行统计检验。

A	x	364	368	397	317	348	407	319
	y	4370	4720	5310	3340	4360	5560	3360
B	x	344	330	336	352	267	315	
	y	2990	3820	4200	4490	3740	3920	
C	x	377	325	324	347	324		
	y	4700	5010	4160	3870	5510		

习题 10.6　进行一饲养试验,设有两种中草药饲料添加剂和对照三处理,重复 9 次,共有 27 头猪参与试验,两个月增重(kg)资料如下。由于各个处理供试猪只初始体重差异较大,试对资料进行协方差分析。

2 号添加剂	初始体重 x	30.5	24.5	23.0	20.5	21.0	28.5	22.5	18.5	21.5
	增重 y	35.5	25.0	21.5	20.5	25.5	31.5	22.5	20.5	24.5
1 号添加剂	初始体重 x	27.5	21.5	20.0	22.5	24.5	26.0	18.5	28.5	20.5
	增重 y	29.5	19.5	18.5	24.5	27.5	28.5	19.0	31.5	18.5
对照组	初始体重 x	28.5	22.5	32.0	19.0	16.5	35.0	22.5	15.5	17.0
	增重 y	26.5	18.5	28.5	18.0	16.0	30.5	20.5	16.0	16.0

第11章

非参数检验

前面所涉及的平均数假设检验或方差分析,是推断两个或多个平均数间的差异显著性的主要方法,是对总体参数的检验,因此称为"参数检验"。参数检验要求总体服从正态分布,但在很多情况下,样本并非都来自正态总体,或者其分布难以确定,或不满足参数检验的条件,如观测值明显偏离正态分布、方差不同质等,这时可采用非参数检验(non-parametric test)对数据进行统计分析,前述 χ^2 检验就属于非参数检验。

非参数检验利用样本数据之间的大小比较及大小顺序,对两个或多个样本所属总体是否相同进行检验,是一类与总体分布无关的检验方法,其假定条件要比参数检验宽松得多,适用面也较参数检验广,不仅可用于定量资料的分析研究,也适用于分类等级资料、定性资料的分析研究。

非参数检验具有计算简便、易于掌握、适用面广等优点,但非参数检验法不能充分利用样本内所有的数量信息,所以检验效率一般比参数检验低,在可能的情况下应尽量使用参数检验。本章介绍符号检验、秩和检验、秩相关分析和 Ridit 分析等常用的非参数检验方法。

11.1 符号检验

符号检验(sign test)是用于配对资料的一种非参数检验方法,根据各对样本数据差值的正负符号来检验两个样本所属总体的分布是否相同,而不考虑差值大小。每对观察值之差为正值时用"十"表示,负值用"一"表示。因此,符号检验更适用于对不便用数字表示的分类资料进行比较。

符号检验基本原理如下:基于二项分布,如果假设两个样本所属总体分布相同,则正负号出现的次数应相等,或相差不大。当其相差超过一定数值时,就认为两个样本所属总体分布差异显著。这种检验比较的是中位数而非平均数,但分布对称时中位数与平均数相等。

符号检验对数据分布的性质和形状均无特殊要求,无须了解检验对象的分布规律。这种检验方法简单易用,但由于利用信息较少,所以检验功效较低,精确性也差。当样本数据少于6 对时,符号检验法不能检验其差别;数据为 7~12 对时,检验敏感性也较低;数据为 20 对以上时,符号检验效果较好,但也只有 t 检验的 65%。

配对资料符号检验的基本步骤如下:

(1) 零假设 H_0:差值 d 总体的中位数=0。备择假设 H_A:差值 d 总体的中位数≠0。

(2) 计算差值并赋予符号:计算两个处理的配对数据的差值 d_i,即

$$d_i = x_i - y_i \tag{11-1}$$

如果 $d_i > 0$，记为"＋"；如果 $d_i < 0$，记为"－"；如果 $d_i = 0$，记为"0"。"＋"号数用 n_+ 表示，"－"号数用 n_- 表示。

$$n_+ = \text{count}(d_i \mid d_i > 0) \tag{11-2}$$

$$n_- = \text{count}(d_i \mid d_i < 0) \tag{11-3}$$

令 n 为样本中的有效对子数（$d = 0$ 的对子不提供任何信息，所以不计入），则

$$n = n_+ + n_- \tag{11-4}$$

检验的统计量 K 为 n_+、n_- 中的较小者，即

$$K = \min\{n_+, n_-\} \tag{11-5}$$

（3）统计推断：根据 n 查符号检验用 K 临界值表（附录 I）。如果 $K > K_a$，则 $P > \alpha$，认为两组数据在 α 水平上差异不显著；反之，则数据差异显著。

【例 11.1】 测得 10 头某种动物进食前后血糖含量（mg/dL）变化如表 11-1 所示。请检验进食前后血糖平均含量差异是否显著。

表 11-1 动物进食前后的血糖含量（mg/dL）变化

编号	1	2	3	4	5	6	7	8	9	10
饲前	120	110	100	130	123	127	118	130	122	145
饲后	125	125	120	131	123	129	120	129	123	140
差值	−5	−15	−20	−1	0	−2	−2	1	−1	5
秩次	−	−	−	−		−	−	＋	−	＋

（1）零假设 H_0：进食前后血糖含量差值 d 总体的中位数 $= 0$。备择假设 H_A：进食前后血糖含量差值 d 总体的中位数 $\neq 0$。

（2）计算差值并赋予符号：差值 d 及符号列于表 11-1。计数得 $n_+ = 2$，$n_- = 7$，于是

$$n = n_+ + n_- = 9$$
$$K = \min\{n_+, n_-\} = n_+ = 2$$

（3）统计推断：当 $n = 9$ 时，查附录 I，得临界值 $K_{0.05} = 1$。因 $K > K_{0.05}$，$P > 0.05$，表明进食前后血糖的平均含量差异不显著。

符号检验的统计推断也可用 χ^2 检验法或 u 检验法进行检验。

如果用 χ^2 检验法，则统计量 χ^2 的计算公式为

$$\chi^2 = (|n_+ - n_-| - 1)^2 / n \tag{11-6}$$

本例，$\chi^2 = (|2 - 7| - 1)^2 / 9 = 1.778$。自由度 $df = 1$ 时 $\chi_{0.05}^2 = 3.841$，$\chi^2 < \chi_{0.05}^2$，所以进食前后血糖含量差异不显著。

如果用近似正态法进行 u 检验，则统计量 u 的计算公式为

$$u = \frac{|\hat{p} - p_0|}{s_{\hat{p}}} = \frac{|\hat{p} - p_0|}{\sqrt{p_0 q_0 / n}} = \frac{0.5 - k/n}{\sqrt{0.5 \times 0.5 / n}} = \frac{n - 2k}{\sqrt{n}} \tag{11-7}$$

当 $n\hat{p} \leqslant 30$ 或 $n(1 - \hat{p}) \leqslant 30$ 时，需进行校正。本例需要对 u 值进行校正，即

$$u_c = \frac{|\hat{p} - p_0| - 0.5/n}{s_{\hat{p}}} = \frac{0.5 - k/n - 0.5/n}{\sqrt{0.5 \times 0.5 / n}} = \frac{n - 2k - 1}{\sqrt{n}} \tag{11-8}$$

本例，$u_c = (n - 2k - 1)/\sqrt{n} = (9 - 2 \times 2 - 1)/\sqrt{9} = 1.333$。$u_c < 1.960, P > 0.05$，样本百分数 $\hat{p}$ 与总体百分数 $p_0 = 0.5$ 差异不显著，即进食前后血糖含量差异不显著。

符号检验还可用于单个样本的检验，即检验样本中位数与总体中位数间的差异是否显著。该检验实际是判断该样本是否来自已知中位数的总体，是配对样本检验的一种特例。

11.2　秩和检验

针对符号检验信息利用度低，检验效率不高的问题，Wilcoxon 对符号检验进行了改进，建立了符号秩和检验(signed rank-sum test)法，简称秩和检验(rank-sum test)。与符号检验相比，秩和检验不仅考虑差值的正负，还考虑各对数据差值大小的秩次高低。具体做法如下：先将数据从小到大，或等级变量资料从弱到强转换成秩次，再求出秩次之和以及相应的检验统计量，与临界值比较后确定 P 值，然后与 α 比较进行推断。不满足 t 检验、F 检验应用条件的数量性状资料或等级资料，可用秩和检验进行检验。

11.2.1　配对设计资料的秩和检验

检验基本思路如下：设有两个对称分布的连续总体，从两个总体中随机抽取观察值，组成 n 对观测值时，每对观测值之差记为 $d_i (d_i = x_i - y_i)$，如果两个总体的分布相同，则 $P(d_i > 0) = P(d_i < 0)$。

其基本步骤如下：

(1) 提出假设。零假设 H_0：差值 d 的总体中位数等于 0。备择假设 H_A：差值 d 的总体中位数不等于 0。

(2) 求差值：求出配对数据的差值 d_i，并标上正负号。

(3) 编定秩次：将差值按绝对值从小到大的顺序排列。每个差值对应的序号即为其秩次，在秩次前标上与原差值相同的符号；如果有多个差值的绝对值相等，需要求平均秩次；如果差值为 0，则忽略不计。

(4) 求秩和及确定统计量 T：分别计算正秩次及负秩次的和，并统计正、负差值的总个数 n。分别以 T_+、T_- 表示正、负秩和，以秩和绝对值较小者为检验统计量 T，即

$$T = \min\{T_+, T_-\} \tag{11-9}$$

(5) 统计推断：T 与临界值 T_α 比较，如果 $T > T_\alpha$，则 $P > \alpha$，表明两处理在 α 水平上差异不显著；反之，则差异显著。临界值 T_α 可用下列公式计算：

$$T_{0.05} = (n^2 - 7n + 10)/5 \tag{11-10}$$

$$T_{0.01} = 11n^2/60 - 2n + 5 \tag{11-11}$$

【例 11.2】　研究维生素 E 含量与肝脏中维生素 A 含量的关系，随机选择 9 窝大白鼠，每窝选择性别相同、体重相近的 2 只大白鼠配成对子，再将每对中两只大白鼠随机分配到正常饲料组和维生素 E 缺乏饲料组。经过一段时间后测定大白鼠肝中维生素 A 的含量(IU/g)，结果如表 11-2 所示。试检验两种饲料中不同维生素 E 含量对大白鼠肝中维生素 A 含量的影响是否有差异。

表 11-2　不同饲料鼠肝维生素 A 含量(IU/g)资料

鼠 对 别	1	2	3	4	5	6	7	8	9
正常饲料组	3550	2000	3100	3000	3950	3800	3750	3450	3050
维生素 E 缺乏组	2450	2400	3100	1800	3200	3250	2700	2700	1750
差值 d_i	1100	−400	0	1200	750	550	1050	750	1300
秩次	+6	−1		+7	+3.5	+2	+5	+3.5	+8

(1) 提出假设。零假设 H_0：两组大白鼠肝中维生素 A 含量差值 d 总体中位数等于 0。备择假设 H_A：两组大白鼠肝中维生素 A 含量差值 d 总体中位数不等于 0。

(2) 求差值：求配对数据的差值 d，并标上正负号(列于表 11-2 中)。

(3) 编定秩次：舍去 $d=0$ 的对子，有效差值 $n=8$。为每对有效差值标秩次和正负号。其中差值绝对值为 750 的有两个，相应的秩次分别为 3 和 4，平均秩次为 $(3+4)/2=3.5$。

(4) 求秩和及统计量 T：
$$T_+ = 2+3.5+3.5+5+6+7+8 = 35, \quad T_- = 1, T = \min(T_+, T_-) = 1$$

(5) 推断：由 $n=8$，根据式(11-10)及式(11-11)可计算得，$T_{0.05}=3.6$，$T_{0.01}=0.7$，$T_{0.01}<T<T_{0.05}$，$0.01<P<0.05$，说明饲料中维生素 E 含量对动物肝中维生素 A 含量有显著影响。

11.2.2　非配对资料的秩和检验

非配对资料的秩和检验是对计量资料或等级资料的两个样本所属总体分布进行检验。这种检验比配对资料的秩和检验应用更为普遍。非配对资料秩和检验的方法包括 Wilcoxon 秩和检验和 Mann-Whitney U 检验。两者检验过程相似，结果等价，只是使用的统计量有所不同，因此合称 Wilcoxon-Mann-Whitney 检验，目前统计软件以 Mann-Whitney U 检验为主。

Wilcoxon-Mann-Whitney 秩和检验的基本思想如下：设有两个连续分布的总体，其概率累积函数分别为 F_x 和 F_y。建立的假设：H_0 为 $F_y(u)=F_x(u)$。如果 H_0 成立，两个样本中的任何观察值取秩为 $1 \sim N$(总样本容量)的概率相等。因此，每个观察值所对应的秩的理论值(平均秩)都为 $(N+1)/2$，样本中 n_1 个观察值对应的秩和 T 的理论值为 $\mu_T = n_1(N+1)/2$；T 统计量的抽样分布以 $n_1(N+1)/2$ 为中心，呈对称分布；当 n_1、n_2 都较大时，T 统计量服从平均值为 $n_1(N+1)/2$，方差为 $n_1 n_2(N+1)/12$ 的正态分布。如果 H_0 不成立，T 统计量偏离 $n_1(N+1)/2$，呈偏态分布。

如果成组计量资料不能满足参数检验(t 检验)的条件，可应用 Wilcoxon-Mann-Whitney 检验进行分析，该检验是可替代 t 检验的非参数检验，统计检验效能强大，有时甚至高于 t 检验。该检验的基本步骤如下：

(1) 提出假设。零假设 H_0：两样本所在总体的中位数相等。备择假设 H_A：两样本所在总体的中位数不相等。

(2) 编秩次：设两样本的含量为 n_1 和 n_2；先将两样本数据混合，从小到大编秩次，最小值的秩次为"1"，最大值的秩次为"n_1+n_2"；遇到相同数值，取平均秩次。

(3) 求秩和及统计量 U。分别统计两样本各自的秩和 T_1 和 T_2；按下式计算样本 U 值：
$$U_i = T_i - n_i(n_i+1)/2 \tag{11-12}$$
并以其中较小的值作为 U 检验的统计量，即
$$U = \min\{U_1, U_2\} \tag{11-13}$$

（4）统计推断：如果 $n \leqslant 20$，可根据 n_1、n_2 查 Mann-Whitney U 检验用临界值表（附录 K），得临界值 U_a。U 与临界值 U_a 比较，如果 $U > U_a$，则 $P > \alpha$，表明两组数据在 α 水平上差异不显著；反之则差异显著。当 $n_1 > 20$ 或 $n_2 > 20$ 时，超出附录 K 范围，可用正态近似法进行 u 检验。统计量 u 的计算公式为

$$u = \frac{T - n_x(N+1)/2}{\sqrt{n_1 n_2 (N+1)/12}} \tag{11-14}$$

其中，T 为 T_1 和 T_2 中的较小者；n_1、n_2 分别为两样本容量，n_x 为 T 对应组的样本容量。如果多个观察值同秩，则需要对 u 值进行校正：

$$u_c = \frac{T - n_x(n_1 + n_2 + 1)/2}{\sqrt{[n_1 n_2/(n_1 + n_2 + 1)/12] - [n_1 n_2 \sum (t_j^3 - t_j)]/12(n_1 + n_2)(n_1 + n_2 - 1)}}$$

$$\tag{11-15}$$

其中，$t_j (j = 1, 2, \cdots)$ 表示某个同秩的个数。计算 u 或 u_c 值后，可根据 $\alpha = 0.05$ 或 $\alpha = 0.01$ 时的临界值 1.960、2.576（或单侧时的 1.645、2.326）进行统计推断。

【例 11.3】　比较两种不同能量水平饲料对 5~6 周龄肉仔鸡增重（g）的影响，资料如表 11-3 所示。两种不同能量水平的饲料对肉仔鸡增重的影响有无差异？

表 11-3　两种不同能量水平饲料肉仔鸡增重（g）及秩和检验

饲料	肉仔鸡增重/g									
高能量	603	585	598	620	617	650				$n_1 = 6$
秩次	12	8.5	11	14	13	15				$T_1 = 73.5$
低能量	489	457	512	567	512	585	591	531	467	$n_2 = 9$
秩次	3	1	4	7	5	8.5	10	6	2	$T_2 = 46.5$

（1）提出假设。零假设 H_0：高能量饲料与低能量饲料组增重的总体中位数相等。备择假设 H_A：高能量饲料与低能量饲料组增重的总体中位数不相等。

（2）编秩次：$n_1 = 6$，$n_2 = 9$。将两组数据混合从小到大排列编秩次。低能量组有两个"512"，其秩次分别为 4 和 5，可不求平均秩次；在高、低两组有一对数据为"585"，需求平均秩次 $(8+9)/2 = 8.5$。

（3）求秩和及统计量 U：两样本秩和 T_1 和 T_2 分别为 73.5 和 46.5，根据式（11-12）有

$$U_1 = T_1 - n_1(n_1 + 1)/2 = 73.5 - 6 \times (6+1)/2 = 52.5$$
$$U_2 = T_2 - n_2(n_2 + 1)/2 = 46.5 - 9 \times (9+1)/2 = 1.5$$
$$U = \min\{U_1, U_2\} = 1.5$$

（4）统计推断：根据 $n_1 = 6$、$n_2 = 9$，查附录 K，$U_{0.05} = 10$ 和 $U_{0.01} = 5$。因 $U < U_{0.01}$，$P < 0.01$，故否定 H_0，表明两种饲料组增重总体的中位数不相等，差异极显著。

如果进行 u 检验，$T = \min\{T_1, T_2\} = 46.5$，根据式（11-15）计算得 $u_c = -3.011$，因 $|u| > u_{0.01}$，$P < 0.01$，与查表法结果一致。

对于等级资料的数据，其检验方法与成组数据一致，只是由于同一等级的数据的秩次相同，所以计算秩和时，均采用次数与平均秩的乘积计算。检验结果与 χ^2 检验结果相同。

11.2.3　多组资料的秩和检验

单因素资料不完全满足方差分析的基本假定时，可进行数据转换后再进行方差分析，但有

时数据转换后仍不满足方差分析的基本假定,就只能进行秩和检验了。多组资料秩和检验的主要方法为 Kruskal-Wallis 检验,也称 Kruskal-Wallis 秩和方差分析或 H 检验。Kruskal-Wallis 不要求总体呈正态分布,但要求各总体方差相等,为连续总体,各组效应相互独立,所有样本来自随机抽样,利用秩和来推断样本所在总体分布是否相同。

Kruskal-Wallis 秩和检验的基本思想如下:在 H_0 成立的前提下,k 个样本中的任何观察值取秩为 $1 \sim N$ 的概率相等。因此,每个样本平均秩的期望值均为 $\bar{R} = (N+1)/2$,检验统计量 $H = 12 \sum (\bar{R}_i - \bar{R}_j)^2 / [N(N+1)]$ 反映实际获得的 k 个独立样本的平均秩与期望值的偏离程度。样本平均秩与 $\bar{R}$ 相差越大,则 H 值越大,P 越小;反之,则 H 值越大,P 值越小。当 H_0 成立时,随着样本容量的增大,H 近似服从自由度为 $k-1$ 的 χ^2 分布。当 k 及样本容量较小时,可直接计算统计量 H 的概率分布,构造适于实际应用的 H 临界值表,以确定 P 值。当 k 及样本容量较大时,可利用 χ^2 分布进行检验。

Kruskal-Wallis 秩和检验的基本步骤如下:

(1) 提出假设。零假设 H_0:各样本的总体分布相同。备择假设 H_A:各样本的总体分布不完全相同。

(2) 编秩次、求秩和:将各样本数据混合,从小到大编秩次。遇观察值相同者,求平均秩次。将各样本观察值对应的秩次分别累加,求出各样本的秩和。

(3) 确定检验统计量 H:其计算公式为

$$H = \frac{12}{N(N+1)} \sum_{j=1}^{k} \frac{R_j^2}{n_j} - 3(N+1) \tag{11-16}$$

其中,R_j 为第 j 个样本的秩和;n_j 为第 j 个样本容量;N 为样本总数,$N = \sum n_i$。如多个观察值同秩,按下式求校正的 H_c:

$$H_c = \frac{1}{s^2} \left[\sum_{j=1}^{k} \frac{R_j^2}{n_j} - \frac{N(N+1)^2}{4} \right]$$

其中,s^2 为所有观察值秩转换后形成的秩变量的方差,与观察值的方差相同,即

$$s^2 = \frac{1}{N-1} \left(\sum_{j=1}^{k} \sum_{i=1}^{n_j} R_{ij}^2 - \frac{N(N+1)^2}{4} \right)$$

R_{ij} 为第 j 个样本第 i 个观察值的秩次。或

$$H_c = H \left/ \left[1 - \frac{\sum(t_j^3 - t)}{N^3 - N} \right] \right.$$

其中,$t_j(j=1,2,\cdots)$ 表示某个同秩的个数。

(4) 统计推断:当 $k \leqslant 3$ 且 $n_i \leqslant 5$ 时,可直接查 Kruskal-Wallis 秩和检验临界值表(附录 J),H 与临界值 H_a 比较,如果 $H < U_a$,则 $P > \alpha$,表明各样本总体分布在 α 水平上差异不显著,反之则差异显著。当样本数 $k > 3$ 或 $n_i > 5$ 时,H 近似地服从 $df = k-1$ 的 χ^2 分布,可进行 χ^2 检验。

1.计量资料的秩和检验

【例 11.4】 将 50 只小鼠随机分为 5 组,每组 10 只,饲喂不同饲料。一定时间后,测定小鼠肝中铁含量($\mu g/g$),结果见表 11-4。试检验各组小鼠肝中铁含量的差别有无统计学意义。

(1) 零假设 H_0:各组小鼠肝中铁含量总体分布相同。备择假设 H_A:各组小鼠肝中铁含量总体分布不完全相同。

（2）编秩次、求秩和：将各样本数据混合，从小到大编秩次。有 2 个 0.96，平均秩次为（5＋6）/2＝5.5。有 2 个 1.35，平均秩次为（15＋16）/2＝15.5。各样本的秩和见表 11-4 中"合计"项。

（3）计算检验统计量 H：

$$s^2 = \frac{1}{N-1}\left(\sum_{j=1}^{k}\sum_{i=1}^{n_j} R_{ij}^2 - \frac{N(N+1)^2}{4}\right) = \frac{1}{50-1}\left(30^2 + 11^2 + \cdots + 42^2 - \frac{50(50+1)^2}{4}\right)$$

$$= 212.48$$

或

$$s^2 = \frac{\sum(x-\bar{x})^2}{N-1} = \frac{(2.23^2 + 1.14^2 + \cdots + 5.21^2 + 5.12^2) - 140.96}{50-1} = 212.48$$

$$H_c = \frac{1}{s^2}\left(\sum_{j=1}^{k}\frac{R_j^2}{n_j} - \frac{N(N+1)^2}{4}\right)$$

$$= \frac{1}{212.48} \times \left(\frac{188.5^2 + 280.5^2 + \cdots + 291^2}{10} - \frac{50 \times (50+1)^2}{4}\right) = 27.86$$

表 11-4 五种饲料对小鼠肝中铁含量（μg/g）的影响

饲料组	1	(R_1)	2	(R_2)	3	(R_3)	4	(R_4)	5	(R_5)
肝中铁含量	2.23	30	5.59	44	4.50	39	1.35	15.5	1.40	18
	1.14	11	0.96	5.5	3.92	38	1.06	9	1.51	19
	2.63	33	6.96	48	10.33	50	0.74	3	2.49	31
	1.00	7	1.23	13	8.23	49	0.96	5.5	1.74	25
	1.35	15.5	1.61	22	2.07	28	1.16	12	1.59	21
	2.01	27	2.94	34	4.90	41	2.08	29	1.36	17
	1.64	23	1.96	26	6.84	47	0.69	2	3.00	35
	1.13	10	3.68	36	6.42	46	0.68	1	4.81	40
	1.01	8	1.54	20	3.72	37	0.84	4	5.21	43
	1.70	24	2.59	32	6.00	45	1.34	14	5.12	42
合计		188.5		280.5		420		95		291

（4）推断：$df = 5 - 1 = 4$，查附录 D 得 $\chi_{0.01}^2 = 13.277$，$H_c > \chi_{0.01}^2$，$P < 0.01$，即认为各组小鼠肝中铁含量有极显著差异。

2.等级资料的秩和检验

【例 11.5】 对某种疾病进行针刺治疗，治疗方法包括一穴、二穴、三穴三种，治疗效果分为控制、显效、有效、无效 4 级，结果见表 11-5。试检验 3 种针刺治疗方式疗效有无明显差异。

表 11-5 3 种针刺治疗方式的治疗效果及秩和检验

等级	一穴	二穴	三穴	合计	秩次范围	平均秩次	(R_1)	(R_2)	(R_3)
控制	21	30	10	61	1～61	31.0	651.0	930.0	310.0
显效	18	10	22	50	62～111	86.5	1557.0	865.0	1903.0
有效	15	8	11	34	112～145	128.5	1927.5	1028.0	1413.5
无效	5	2	8	15	146～160	153.0	765.0	306.0	1224.0
合计	59	50	51	160			4900.5	3129.0	4850.5

（1）零假设 H_0：三种针刺方法疗效相同。备择假设 H_A：三种针刺方法疗效不完全相同。

（2）编秩次、求秩和：结果见表 11-5，因同一组所包含的秩次属同一等级，所以均以平均秩次代表，平均秩次为各等级组秩次下限、上限的平均值；各组秩和 R_1、R_2、R_3 列于表 11-5 右侧。

（3）计算统计量：

$$H = \frac{12}{N(N+1)} \sum \frac{R_i^2}{n_i} - 3(N+1)$$

$$= \frac{12}{160 \times (160+1)} \times \left(\frac{4900.5^2}{59} + \frac{3129.0^2}{50} + \frac{4850.5^2}{51} \right) - 3 \times (160+1) = 12.7293$$

因为各等级组均以平均秩次为代表，相同秩次较多，所以对 H 进行校正：

$$H_c = H \Big/ \left[1 - \frac{\sum (t_j^3 - t_j)}{N^3 - N} \right] = 12.7293 \Big/ \left[1 - \frac{(61^3 - 61) + (50^3 - 50) + \cdots + (15^3 - 15)}{160^3 - 160} \right]$$

$$= 14.0860$$

（4）推断：$df = 3 - 1 = 2$，查附录 D，得 $\chi_{0.01}^2 = 9.210$，$H_c > \chi_{0.01}^2$，$P < 0.01$，表明三种针刺疗法疗效差异极显著。

11.3　秩相关分析

相关与回归分析法只适用于正态分布资料，对于非正态分布资料，需要使用新的分析方法。秩相关分析也称为等级相关分析，是分析成对等级随机变量 x、y 间是否相关的统计分析方法，可用来分析等级尺度和秩次度量的两个变量间的相关性。一般是先按 x、y 两变量的大小次序，分别由小到大编秩次，再看两个变量的等级间是否相关，用秩相关系数（coefficient of rank correlation）表示等级相关的性质及其相关程度。常用的秩相关分析法包括 Spearman 秩相关、Kendall 秩相关等。这里以 Spearman 秩相关分析为例，说明秩相关分析的基本步骤。

1.计算等级相关系数 r_s

已知相关系数计算公式为

$$r = \frac{SP_{xy}}{\sqrt{S_{xx}S_{yy}}} = \frac{\sum xy - (\sum x)(\sum y)/n}{\sqrt{[\sum x^2 - (\sum x)^2/n][\sum y^2 - (\sum y)^2/n]}}$$

由于等级尺度和秩次度量的数据是自然数列，x 和 y 的取值都是 $1, 2, \cdots, n$，只是排列顺序不同。因此

$$\sum x = \sum y = 1 + 2 + \cdots + n = n(n-1)/2$$

$$\sum x^2 = \sum y^2 = 1^2 + 2^2 + \cdots + n^2 = n(n+1)(2n+1)/6$$

如果定义 $d = x - y$，则

$$\sum d^2 = \sum x^2 + \sum y^2 - 2\sum xy$$

$$\sum xy = (\sum x^2 + \sum y^2 - \sum d^2) = n(n+1)(2n+1)/6 - \sum(d)^2/2$$

将上述各值代入相关系数计算公式，得

$$r_s = 1 - \frac{6\sum d^2}{n(n^2-1)} \tag{11-17}$$

其中，r_s 为 Spearman 秩相关系数，n 为变量的对子数，d 为秩次之差。

当相同秩次较多时，应采用下面校正的 Spearman 等级相关系数 r'_s 计算公式：

$$r'_s = \frac{(n^3-3)/6 - (t_x+t_y) - \sum d^2}{\sqrt{[(n^3-n)/6 - 2t_x][(n^3-n)/6 - 2t_y]}} \tag{11-18}$$

其中，t_x、t_y 的计算公式相同，均为 $\sum (t_i^3 - t_i)/12$。在计算 t_x 时，t_i 为 x 变量相同秩次数；在计算 t_y 时，t_i 为 y 变量相同秩次数。

2.r_s 的显著性检验

（1）零假设 $H_0：\rho_s = 0$。备择假设 $H_A：\rho_s \neq 0$。

（2）统计推断：当 $n \leqslant 15$ 时，根据 n 查 Spearman 秩相关系数检验临界值表（附录 L），得临界值 $r_{s,a}$。如果 $|r_s| < r_{s,a}$，则 $P > \alpha$，表明两变量 x、y 在 α 水平等级相关不显著；反之，则两变量 x、y 在 α 水平等级相关显著。当 $n > 15$ 时，根据 $df = n-2$ 用简单相关系数查 r_a 进行统计推断。

【例 11.6】 两个鉴定员对 7 件产品进行质量鉴定，结果如表 11-6 所示。问：两人的评定结果是否相似？

表 11-6　两个鉴定员对产品质量鉴定结果

序　　号	1	2	3	4	5	6	7
鉴定员 A	4	1	6	5	3	2	7
鉴定员 B	4	2	5	6	1	3	7
d	0	-1	1	-1	2	-1	0
d^2	0	1	1	1	4	1	0

两人评定排序结果求差值 d 及 d^2，计算 Spearman 相关系数，得

$$r_s = 1 - \frac{6 \sum d^2}{n(n^2-1)} = 1 - \frac{6 \times (0+1+1+1+4+1+0)}{7 \times (7^2-1)} = 0.8571$$

本例 $n=7$，查附录 L，得 $r_{s,0.05} = 0.786$，$r_{s,0.01} = 0.929$，因为 $r_{s,0.05} < |r_s| < r_{s,0.01}$，$0.01 < P < 0.05$，等级相关显著，表明两人对产品的鉴定结果具有显著的一致性。

【例 11.7】 现有 10 只雌鼠月龄与所产仔鼠平均初生重（g）的资料如表 11-7 所示。请计算 Spearman 相关系数，并进行显著性检验。

表 11-7　10 只雌鼠月龄与所产仔鼠平均初生重（g）

序　　号	1	2	3	4	5	6	7	8	9	10
雌鼠月龄	12	7	4	9	7	2	9	5	8	4
秩次	10	5.5	2.5	8.5	5.5	1	8.5	4	7	2.5
仔鼠初生重	19	13	8	8	13	14	12	10	12	11
秩次	10	7.5	1.5	1.5	7.5	9	5.5	3	5.5	4
d	0	-2	1	7	-2	-8	3	1	1.5	-1.5
d^2	0	4	1	49	4	64	9	1	2.25	2.25

将数据分别按雌鼠月龄与仔鼠平均初生重从小到大排列秩次，并计算差值 d 及 d^2，如表 11-7 所示。由于相同的秩次较多，需用校正公式计算等级相关系数。

对于 x，有

$$t_i = \sum \frac{(t_i^3 - t_i)}{12} = \frac{2^3 - 2}{12} + \frac{2^3 - 2}{12} + \frac{2^3 - 2}{12} = 1.5$$

对于 y，有

$$t_i = \sum \frac{(t_i^3 - t_i)}{12} = \frac{2^3 - 2}{12} + \frac{2^3 - 2}{12} + \frac{2^3 - 2}{12} = 1.5$$

于是

$$r_s' = \frac{\frac{n^3 - 3}{6} - (t_x + t_y) - \sum d^2}{\sqrt{(\frac{n^3 - n}{6} - 2t_x)(\frac{n^3 - n}{6} - 2t_y)}} = \frac{\frac{10^3 - 3}{6} - (1.5 + 1.5) - 136.5}{\sqrt{(\frac{10^3 - 10}{6} - 3)(\frac{10^3 - 10}{6} - 3)}} = 0.1646$$

$n = 10$，查附录 L，得 $r_{s,0.05} = 0.648$，因为 $|r_s'| < r_{s,0.05}$，$P > 0.05$，表明雌鼠月龄与仔鼠平均初生重间相关关系不显著。

11.4 Ridit 分析

当试验结果表示为有序分组的变量，例如，药物疗效分为无效、有效、显效、控制，反应程度分为Ⅰ、Ⅱ、Ⅲ、Ⅳ级等，即资料为有序的等级数据时，不能用 χ^2 独立性检验法进行检验，而需用 Ridit 分析、秩和检验等方法进行分析。其中，Ridit 分析，即参照单位分析，是最常用的统计分析方法之一。

Ridit 分析的主要步骤如下。

1.检验统计量 $\bar{R}$ 的计算

先确定一个标准组作为特定总体，求得各等级（有序变量各水平）的标准值 R_j，计算公式为

$$R_j = \frac{F_j + f_j/2}{N_s} \tag{11-19}$$

其中，N_s 为标准组的总频数；f_j 为标准组第 j 个等级的频数；F_j 为第 $j-1$ 个等级的累积频数，$F_j = F_{j-1} + f_{j-1}$。

用各组各等级的频数与标准值 R_j 值加权平均，求得该组的平均参照值 $\bar{R}_i$，即

$$\bar{R}_i = \frac{\sum f_{ij} R_j}{N_i} \tag{11-20}$$

其中，N_i 为该组的总频数，f_{ij} 为该组第 j 个等级的频数；R_j 为第 j 个等级的标准值。标准组的平均参考值 $\bar{R}_s = 0.5$。

标准组的选择可根据各组中各等级的频数多少以及所研究的问题而定。通常是选择样本容量最大的试验组作为标准组。如果各组样本容量接近或都很少，可对各试验组频数进行合并，用合并后的各等级频数作为标准组。另外，如果设有对照组，可以对照组为标准组。例如，如果进行新、旧药物对比，则可以旧药为标准组；如果进行健康人和患者对比，可以健康人作为标准组。

2.统计量 $\bar{R}$ 的检验

如果 H_0（对比组来自标准总体）成立，则对比组总体 R 值的 $P = 1 - \alpha$ 置信区间包括 0.5；

可根据检验的显著水平 α 否定 H_0，认为对比组与标准组有显著差别。具体过程如下：

（1）计算标准组 $\bar{R}_s$ 的方差，即

$$\sigma_s^2 = \frac{N^3 - \sum F^3}{12N^2(N-1)} \tag{11-21}$$

其中，σ_s^2 为标准组 $\bar{R}_s$ 值的方差；N 为标准组样本容量；F 为标准组各等级的频数。

（2）计算各组的标准误，即

$$\sigma_{\bar{x}_i} = \sigma_s / \sqrt{n_i} \tag{11-22}$$

其中，σ_s 为标准组标准差；n_i 为该组的总样本容量。

（3）求各组数据 $\bar{R}_i$ 的置信区间，即

$$L_i = \bar{R}_i \pm u_\alpha \sigma_{\bar{x}_i} \tag{11-23}$$

（4）统计推断：比较各组数据置信区间的范围，如果两组数据在 α 水平的置信区间有交集，则接受 H_0，认为两组数据在 α 水平无显著差异；反之，则有显著差异。

【例 11.8】　用三种药物治疗某种疾病，治疗效果分为无效、好转、显效、治愈四等级（表11-8）。试比较三种药物的疗效。

表 11-8　三种药物疗效分析

疗效	A	B	C	合计
治愈	15	4	1	20
显效	49	9	15	73
好转	31	50	45	126
无效	5	22	24	51
合计	100	85	85	270

（1）选标准组：选 A 为标准组。各组样本容量接近，故分疗效合并数据为标准组。

（2）计算各级标准值 R_j，$N=270$。根据式（11-19），计算各分项及 R_i 值，如表11-9所示。

表 11-9　Ridit 方法分析三种药物疗效标准值 R_j 计算结果

疗效	f_j	$F_j = F_{j-1} + f_{j-1}$	$f_j/2$	$F_j + f_j/2$	R_j
治愈	20	0	10.0	10.0	0.0370
显效	73	20	36.5	56.5	0.2093
好转	126	93	63.0	156.0	0.5778
无效	51	219	25.5	244.5	0.9056

（3）计算各组平均参照值 $\bar{R}_i$，$N=270$。根据式（11-20），计算各组 $\bar{R}_i$ 值，如表11-10所示。

表 11-10　Ridit 方法分析三种药物疗效参考值 $\bar{R}$ 计算结果

疗效	A	B	C	S	R_j	$\bar{R}_A$	$\bar{R}_B$	$\bar{R}_C$	$\bar{R}_S$
治愈	15	4	1	20	0.0370	0.5556	0.1481	0.0370	0.7407
显效	49	9	15	73	0.2093	10.2537	1.8833	3.1389	15.2759
好转	31	50	45	126	0.5778	17.9111	28.8889	26.0000	72.8000
无效	5	22	24	51	0.9056	4.5278	19.9222	21.7333	46.1833
合计	100	85	85	270		0.3325	0.5981	0.5989	0.5000

（4）$\overline{R}$ 的显著性检验。

计算标准组方差：

$$\sigma_s^2 = [270^3 - (20^3 + 73^3 + 126^3 + 51^3)]/[12 \times 270^2 \times (270-1)] = 0.07289$$

计算各组的标准误：

$$\sigma_{\overline{x}_A} = \sigma_s / \sqrt{n_A} = \sqrt{0.07289/100} = 0.0270$$

$$\sigma_{\overline{x}_{B(C)}} = \sigma_s / \sqrt{n_B} = \sqrt{0.07289/85} = 0.0293$$

计算各组 95％ 和 99％ 置信区间，$u_{0.05} = 1.960$，$u_{0.05} = 2.576$，$L_i = \overline{R}_i \pm u_a \sigma_{\overline{x}_i}$。

A 药物组 95％ 置信区间为 $0.3325 \pm 1.960 \times 0.0270$，即（0.2796,0.3854）；

99％ 置信区间为 $0.3325 \pm 2.576 \times 0.0270$，即（0.2629,0.4020）。

B 药物组 95％ 置信区间为 $0.5981 \pm 1.960 \times 0.0293$，即（0.5408,0.6555）；

99％ 置信区间为 $0.5981 \pm 2.576 \times 0.0293$，即（0.5227,0.6736）。

C 药物组 95％ 置信区间为 $0.5989 \pm 1.960 \times 0.0293$，即（0.5415,0.6563）；

99％ 置信区间为 $0.5989 \pm 2.576 \times 0.0293$，即（0.5235,0.6744）。

推断：A 药物和 B、C 药物 $\overline{R}$ 平均值 99％ 置信区间不重叠，说明 A 药物和 B、C 药物间疗效有极显著差异；B、C 药物 $\overline{R}$ 平均值在 95％ 置信区间有重叠，说明它们的疗效没有显著差异。

习题

习题 11.1　非参数检验与参数检验有何区别？各有什么优缺点？

习题 11.2　测定噪声刺激前后某动物心率（次/分钟）的变化，结果如下。问：噪声刺激对动物心率有无显著影响？

编　号	1	2	3	4	5	6	7	8	9	10	11	12	13	14	15
刺激前心率	61	70	68	73	85	81	65	62	72	84	76	60	80	79	71
刺激后心率	75	79	85	77	84	87	88	76	74	81	85	78	88	80	84

习题 11.3　已知某品种成年公黄牛胸围中位数为 140 cm，现随机抽测 10 头该品种成年公黄牛，测得一组胸围（cm）：128.1、144.4、150.3、146.2、140.6、139.7、134.1、124.3、147.9、143.0。问：该地成年公黄牛胸围与该品种胸围中位数是否有显著差异？

习题 11.4　研究不同药物对某病的治疗效果。疗效的评价分为显效、有效和无效，数据如下。试对其进行非参数检验。

治疗方法	显　效	有　效	无　效	合　计
新药疗法	32	10	12	54
旧药疗法	12	14	38	64

习题 11.5　分别用最佳线性无偏预测（BLUP）法和相对育种值（RBV）法评定 12 头肉牛种公牛的种用价值，评定结果排序如下。问：两种评定方法是否显著相关？

序　号	1	2	3	4	5	6	7	8	9	10	11	12
BLUP 法	9	8	5	4	10	11	3	6	12	2	1	7
RBV 法	9	8	4	5	10	11	6	3	12	2	1	7

习题 11.6　用 4 种药物治疗猪气喘病,试验数据如下。试用 Ridit 分析比较各药物的疗效是否存在差异。

疗　效	中药 1 组	中药 2 组	中西药组	西药组
治愈	15	12	18	200
显效	10	10	15	101
好转	8	18	9	45
无效	5	11	3	4
合计	38	51	45	350

第**12**章 多元统计分析

多元统计分析是在经典统计分析的基础上发展起来的统计学分支，是分析和处理多个变量之间关系的统计分析方法。本章将介绍一个变量与一组变量间的回归与相关分析方法、样本和指标分类的方法，以及多个变量之间相关关系的分析方法。

由于多元统计分析的数据大多需用矩阵的形式表示，并涉及矩阵的变换和运算，先简要介绍矩阵的基础知识。

12.1 矩阵简介

12.1.1 矩阵的基本概念

1.矩阵的概念

在进行试验时，如果有 m 个样本，每个样本测量 n 个指标，则可以得到 $m \times n$ 个数据。如果以样本为行、指标为列，则可以把得到的 $m \times n$ 个数据排成一个 m 行 n 列的矩形数据列表。如果用 $a_{ij}(i=1,2,\cdots,m;j=1,2,\cdots,n)$ 表示第 i 行第 j 列的数据，则数据列表为

$$
\begin{bmatrix}
a_{11} & a_{12} & \cdots & a_{1n} \\
a_{21} & a_{22} & \cdots & a_{2n} \\
\vdots & \vdots & \ddots & \vdots \\
a_{m1} & a_{m2} & \cdots & a_{mn}
\end{bmatrix}
\tag{12-1}
$$

数学上把形如式(12-1)的 m 行 n 列数据列表称为 $m \times n$ 矩阵(matrix)，其中 a_{ij} 称为矩阵的第 i 行 j 列的元素，并规定了其运算方法。一般用加粗的斜体大写字母表示矩阵，如 $\boldsymbol{A}$、$\boldsymbol{B}$、$\boldsymbol{C}$ 等；要说明矩阵的行列规模，则在大写字母右边添加下标说明，如 $\boldsymbol{A}_{m\times n}$ 表示 $m \times n$ 矩阵 $\boldsymbol{A}$；要同时说明矩阵的规模和元素，则用加括号的矩阵元素加下标说明，如 $(a_{ij})_{m\times n}$ 表示元素为 a_{ij} 的 $m \times n$ 矩阵。

2.特殊矩阵

矩阵的所有元素都为 0 时，称其为零矩阵(zero matrix)，记为 $\boldsymbol{0}_{m\times n}$，在不引起混淆时简记为 $\boldsymbol{0}$。矩阵的行数和列数相等时，称其为方阵(square matrix)，称 $\boldsymbol{A}_{n\times n}$ 为 n 阶方阵 $\boldsymbol{A}$。只有 1 行或 1 列的矩阵习惯称为向量(vector)，向量分为行向量和列向量。

矩阵从左上到右下的对角线称为主对角线。主对角线下方(或上方)的元素全为 0 的矩阵称为三角矩阵(triangular matrix)，三角矩阵分为上三角矩阵和下三角矩阵。除主对角线外其

他位置的元素都为 0 的矩阵称为对角矩阵(diagonal matrix)。主对角线上的元素全为 1 的对角矩阵称为单位矩阵(unit matrix),用 $\boldsymbol{E}$ 表示,单位矩阵具有数字"1"的性质。

12.1.2　矩阵的基本运算和变换

1.矩阵的线性运算

两个具有相同行数和列数的矩阵称为同阶矩阵,两个同阶矩阵对应位置上的元素相等时称为两个矩阵相等。如 $\boldsymbol{A}=(a_{ij})_{m \times n}$,$\boldsymbol{B}=(b_{ij})_{s \times t}$,当且仅当 $s=m$,$t=n$,$a_{ij}=b_{ij}$ 时,$\boldsymbol{A}=\boldsymbol{B}$。

两个同阶矩阵对应位置上的元素相加(减)得到的新矩阵,称为矩阵的和(矩阵的差),如 $m \times n$ 矩阵 $\boldsymbol{A}=(a_{ij})$,$\boldsymbol{B}=(b_{ij})$,则 $\boldsymbol{A} \pm \boldsymbol{B}=(a_{ij} \pm b_{ij})_{m \times n}$。

例如,$\begin{pmatrix} 4 & 3 \\ 1 & 2 \end{pmatrix}+\begin{pmatrix} 1 & 2 \\ 3 & 4 \end{pmatrix}=\begin{pmatrix} 5 & 5 \\ 4 & 6 \end{pmatrix}$,$\begin{pmatrix} 4 & 3 \\ 1 & 2 \end{pmatrix}-\begin{pmatrix} 1 & 2 \\ 3 & 4 \end{pmatrix}=\begin{pmatrix} 3 & 1 \\ -2 & -2 \end{pmatrix}$。

以非零数 k 乘以矩阵 $\boldsymbol{A}$ 的每个元素所得的新矩阵称为数 k 与矩阵 $\boldsymbol{A}$ 的乘积,简称矩阵的数乘。如 $\boldsymbol{A}=(a_{ij})_{m \times n}$,则 $k\boldsymbol{A}=k(a_{ij})_{m \times n}=(ka_{ij})_{m \times n}$。

例如,$3 \times \begin{pmatrix} 1 & 2 & 3 \\ 4 & 5 & 6 \end{pmatrix}=\begin{pmatrix} 3 & 6 & 9 \\ 12 & 15 & 18 \end{pmatrix}$。

2.矩阵的乘积运算

前一矩阵第 i 行的元素与后一矩阵第 j 列对应元素的乘积之和组成新矩阵第 i 行第 j 列的元素,构成的新矩阵称为两个矩阵的乘积,前面的矩阵称为左乘矩阵,后面的矩阵称为右乘矩阵。

如 $\boldsymbol{A}=(a_{ij})_{m \times s}$,$\boldsymbol{B}=(b_{ij})_{s \times n}$,若 $\boldsymbol{A} \times \boldsymbol{B}=\boldsymbol{C}$,则 $\boldsymbol{C}=(c_{ij})_{m \times n}$,$c_{ij}=a_{i1}b_{1j}+a_{i2}b_{2j}+\cdots+a_{is}b_{sj}=\sum_{k=1}^{s} a_{ik}b_{kj}$,$\boldsymbol{A}$ 为左乘矩阵,$\boldsymbol{B}$ 为右乘矩阵。需要注意:①左乘矩阵的列数必须与右乘矩阵的行数相同;②矩阵乘法不满足交换律,即 $\boldsymbol{AB} \neq \boldsymbol{BA}$。

例如,$\begin{pmatrix} 4 & 2 \\ 3 & 1 \end{pmatrix} \times \begin{pmatrix} 1 & 2 & 3 \\ 4 & 5 & 6 \end{pmatrix}=\begin{pmatrix} 12 & 18 & 24 \\ 7 & 11 & 15 \end{pmatrix}$,$\begin{pmatrix} 1 & 2 & 3 \\ 4 & 5 & 6 \end{pmatrix} \times \begin{pmatrix} 6 & 3 \\ 5 & 2 \\ 4 & 1 \end{pmatrix}=\begin{pmatrix} 28 & 10 \\ 73 & 28 \end{pmatrix}$。

3.矩阵的转置

将矩阵的行与列互换,得到的新矩阵称为原矩阵的转置矩阵(transposed matrix),$\boldsymbol{A}$ 的转置矩阵记为 $\boldsymbol{A}^{\mathrm{T}}$。$m \times n$ 的矩阵 $\boldsymbol{A}$ 转置后 $\boldsymbol{A}^{\mathrm{T}}$ 为 $n \times m$ 矩阵。

例如,$\boldsymbol{A}=\begin{pmatrix} 1 & 2 & 3 \\ 4 & 5 & 6 \end{pmatrix}$,则 $\boldsymbol{A}^{\mathrm{T}}=\begin{pmatrix} 1 & 4 \\ 2 & 5 \\ 3 & 6 \end{pmatrix}$。

4.矩阵的初等变换

对矩阵进行的下列变换称为矩阵的初等变换(elementary transformation)。

(1)对换矩阵的某两行(列)元素;

(2)用一个非零数 k 乘以矩阵的某一行(列)的元素;

(3)矩阵的某行(列)元素的 k 倍,加到另一行(列)的对应元素。

对行进行的初等变换称为初等行变换,对行进行的初等变换称为初等列变换。初等变换是矩阵运算的重要方法。

5.逆矩阵

对于 n 阶方阵 A，若存在一个同阶方阵 B，使得 $AB=BA=E$，则称矩阵 A 可逆，矩阵 B 为矩阵 A 的逆矩阵（inverse matrix）。A 的逆矩阵记为 A^{-1}。

求逆矩阵的方法有多种，这里介绍表解法。表解法求逆矩阵的过程如下：在矩阵 A 的右侧拼接一个单位矩阵 E，经过初等行变换，将矩阵 A 变为单位矩阵 E，则原来的单位矩阵 E 就被变换为矩阵 A 的逆矩阵 A^{-1}。

例如，表解法求方阵 $A=\begin{bmatrix} 1 & 1 & 2 \\ 0 & 0 & 1 \\ 2 & 1 & 2 \end{bmatrix}$ 的逆矩阵 $A^{-1}=\begin{bmatrix} -1 & 0 & 1 \\ 2 & -2 & -1 \\ 0 & 1 & 0 \end{bmatrix}$ 的过程如下：

$$(A\mid E)=\begin{bmatrix} 1 & 1 & 2 & | & 1 & 0 & 0 \\ 0 & 0 & 1 & | & 0 & 1 & 0 \\ 2 & 1 & 2 & | & 0 & 0 & 1 \end{bmatrix} \xrightarrow[r_1+r_3]{r_3-2r_1} \begin{bmatrix} 1 & 0 & 0 & | & -1 & 0 & 1 \\ 0 & 0 & 1 & | & 0 & 1 & 0 \\ 0 & -1 & -2 & | & -2 & 0 & 1 \end{bmatrix}$$

$$\xrightarrow[r_3+r_2]{r_2-r_3} \begin{bmatrix} 1 & 0 & 0 & | & -1 & 0 & 1 \\ 0 & 1 & 3 & | & 2 & 1 & -1 \\ 0 & 0 & 1 & | & 0 & 1 & 0 \end{bmatrix} \xrightarrow{r_2-3r_3} \begin{bmatrix} 1 & 0 & 0 & | & -1 & 0 & 1 \\ 0 & 1 & 0 & | & 2 & -2 & -1 \\ 0 & 0 & 1 & | & 0 & 1 & 0 \end{bmatrix}=(E\mid A^{-1})。$$

12.1.3 矩阵的特征根与特征向量

1.特征根与特征向量的定义

对于 n 阶方阵 A，如果存在数 λ 和非零向量 X，使 $AX=\lambda X$（$X\neq 0$），则称 λ 是矩阵 A 的特征根（characteristic root，也称特征值），X 是矩阵 A 属于特征根 λ 的特征向量（characteristic vector）。线性无关的特征根和特征向量在统计学中有重要意义。

2.初等变换法求特征根与特征向量

利用矩阵初等变换在求得矩阵特征根的同时，可同步求得特征根所属的全部的线性无关的特征向量。

设 $F(\lambda)=\lambda E-A^{\mathrm{T}}$，且矩阵 $[F(\lambda)\mid E]$ 经初等列变换后，变换为矩阵 $[B(\lambda)\mid P(\lambda)]$，其中 $B(\lambda)$ 为上三角矩阵，则 $B(\lambda)$ 的主对角线上的全部元素的乘积的 λ 多项式的全部根恰为矩阵 A 的全部特征根。

将矩阵 A 的每一个特征根 λ_i 代入 $[B(\lambda)\mid P(\lambda)]$ 矩阵得矩阵 $[B(\lambda_i)\mid P(\lambda_i)]$，若 $B(\lambda_i)$ 中零向量数量与该特征根的重数相同，矩阵 $P(\lambda_i)$ 中和 $B(\lambda_i)$ 中零向量所对应的行向量转置为列向量后，是属于特征根 λ_i 的全部线性无关的特征向量；若零向量少于该特征根的重数，需对 $[B(\lambda_i)\mid P(\lambda_i)]$ 进行行变换，变换为 $[B(\lambda_i)^*\mid P(\lambda_i)^*]$，使 $B(\lambda_i)^*$ 中零向量个数与特征根的重数相同，矩阵 $P(\lambda_i)^*$ 中和 $B(\lambda_i)^*$ 中零向量所对应的行向量转置为列向量后，是属于特征根 λ_i 的全部线向无关的特征向量。

例如，矩阵 $A=\begin{bmatrix} 1 & 0 & 0 \\ -2 & -1 & 1 \\ 0 & 0 & 1 \end{bmatrix}$，因为

$$[F(\lambda)\mid E]=\begin{bmatrix} \lambda-1 & 2 & 0 & | & 1 & 0 & 0 \\ 0 & \lambda+1 & 0 & | & 0 & 1 & 0 \\ 0 & -1 & \lambda-1 & | & 0 & 0 & 1 \end{bmatrix} \rightarrow \begin{bmatrix} \lambda-1 & 2 & 0 & | & 1 & 0 & 0 \\ 0 & -1 & \lambda-1 & | & 0 & 0 & 1 \\ 0 & 0 & \lambda^2-1 & | & 0 & 1 & \lambda+1 \end{bmatrix}=[B(\lambda)\mid P(\lambda)]$$

所以 A 的特征根 $\lambda_1 = 1$(二重)，$\lambda_2 = -1$。

当 $\lambda_1 = 1$(二重)时，$[B(1) \mid P(1)] = \begin{bmatrix} 0 & 2 & 0 & 1 & 0 & 0 \\ 0 & -1 & 0 & 0 & 0 & 1 \\ 0 & 0 & 0 & 0 & 1 & 2 \end{bmatrix}$，由于 $B(1)$ 只有一个零向量，

需变换为 $[B(1)^* \mid P(1)^*] = \begin{bmatrix} 0 & 0 & 0 & 1 & 0 & 2 \\ 0 & -1 & 0 & 0 & 0 & 1 \\ 0 & 0 & 0 & 0 & 1 & 2 \end{bmatrix}$，所以 $\lambda_1 = 1$(二重)对应的特征向量为

$\begin{bmatrix} 1 \\ 0 \\ 2 \end{bmatrix}$ 和 $\begin{bmatrix} 0 \\ 1 \\ 2 \end{bmatrix}$；当 $\lambda_2 = -1$ 时，$[B(-1) \mid P(-1)] = \begin{bmatrix} -2 & 2 & 0 & 1 & 0 & 0 \\ 0 & -1 & -2 & 0 & 0 & 1 \\ 0 & 0 & 0 & 0 & 1 & 0 \end{bmatrix}$，所以 $\lambda_2 = -1$ 对

应的特征向量为 $\begin{bmatrix} 0 \\ 1 \\ 0 \end{bmatrix}$。即 A 的特征根为 1、1、-1，对应的特征向量分别为 $\begin{bmatrix} 1 \\ 0 \\ 2 \end{bmatrix}$、$\begin{bmatrix} 0 \\ 1 \\ 2 \end{bmatrix}$、$\begin{bmatrix} 0 \\ 1 \\ 0 \end{bmatrix}$。

12.2　多元线性回归与复相关分析

多元线性回归(multiple linear regression)是指具有一个因变量与两个或以上自变量，且各自变量都为一次项的回归分析。多元线性回归是直线回归的扩展，其模型和计算过程与直线回归的类似，只是在计算上更为复杂。

12.2.1　多元线性回归模型

设 y 是一个可观测的随机变量，受到 m 个非随机因素 $x_1, x_2, \cdots, x_m$ 和随机因素 ε 的影响，如果 y 与 $x_1, x_2, \cdots, x_m$ 间存在线性关系，则

$$y_i = \mu_y + \beta_1(x_1 - \mu_{x_1}) + \beta_2(x_2 - \mu_{x_2}) + \cdots + \beta_m(x_m - \mu_{x_m}) + \varepsilon_i \tag{12-2}$$

式(12-2)中，μ_y，μ_{x_1}，μ_{x_2}，$\cdots$，μ_{x_m} 依次为 $y, x_1, x_2, \cdots, x_m$ 的总体平均数，其对应的样本估计值依次为 $\bar{y}, \bar{x}_1, \bar{x}_2, \cdots, \bar{x}_m$；$\beta_j(j = 1, 2, \cdots, m)$ 为其他因素固定不变时，因素 x_j 变动一个单位时 y 变动的单位数，称为因素 x_j 对 y 的偏回归系数(partial regression coefficient)；ε_i 为随机误差，服从 $N(0, \sigma_y^2)$ 的正态分布，其中 σ_y^2 为离回归方差，其平方根 σ_y 为离回归标准差，也称为回归估计标准误。

如果令 $\beta_0 = \mu_y - \beta_1\mu_{x_1} - \beta_2\mu_{x_2} - \cdots - \beta_m\mu_{x_m}$，则多元线性回归模型可表示为

$$y_i = \beta_0 + \beta_1 x_1 + \beta_2 x_2 + \cdots + \beta_m x_m + \varepsilon_i \tag{12-3}$$

对于样本，多元线性回归方程为

$$\hat{y} = \bar{y} + b_1(x_1 - \bar{x}_1) + b_2(x_2 - \bar{x}_2) + \cdots + b_m(x_m - \bar{x}_m) \tag{12-4}$$

或

$$\hat{y} = b_0 + b_1 x_1 + b_2 x_2 + \cdots + b_m x_m \tag{12-5}$$

式(12-4)中，b_0 为 β_0 的样本估计值，可由下式求出：

$$b_0 = \bar{y} - b_1\bar{x}_1 - b_2\bar{x}_2 - \cdots - b_m\bar{x}_m \tag{12-6}$$

12.2.2 多元线性回归方程的建立

和直线回归方程的建立一样,多元线性回归方程的建立也可根据最小二乘法的原理,使

$$Q = \sum (y - \hat{y})^2 = \sum [(y - \bar{y}) - b_1(x_1 - \bar{x}_1) - b_2(x_2 - \bar{x}_2) - \cdots - b_m(x_m - \bar{x}_m)]^2$$ 有 最小值。

令 $Y = y - \bar{y}$, $X_1 = x_1 - \bar{x}_1$, $X_2 = x_2 - \bar{x}_2$, $\cdots$, $X_m = x_m - \bar{x}_m$,则

$$Q = \sum (Y - b_1 X_1 - b_2 X_2 - \cdots - b_m X_m)^2$$

要使 Q 有最小值,需 $b_1, b_2, \cdots, b_m$ 的偏微分方程的值为 0,即

$$\frac{\partial Q}{\partial b_1} = -2\sum (Y - b_1 X_1 - b_2 X_2 - \cdots - b_m X_m) X_1 = 0$$

$$\frac{\partial Q}{\partial b_2} = -2\sum (Y - b_1 X_1 - b_2 X_2 - \cdots - b_m X_m) X_2 = 0$$

$$\cdots\cdots\cdots\cdots$$

$$\frac{\partial Q}{\partial b_m} = -2\sum (Y - b_1 X_1 - b_2 X_2 - \cdots - b_m X_m) X_m = 0$$

经整理,并将平方和 $\sum X_i^2$ 记为 SS_i,乘积和 $\sum X_i X_j$ 记为 SP_{ij},$\sum X_i Y$ 记为 SP_{iy},得正规方程组

$$\begin{cases} b_1 SS_1 + b_2 SP_{12} + \cdots + b_m SP_{1m} = SP_{1y} \\ b_1 SP_{21} + b_2 SS_2 + \cdots + b_m SP_{2m} = SP_{2y} \\ \cdots\cdots \cdots\cdots \\ b_1 SP_{m1} + b_2 SP_{m2} + \cdots + b_m SS_m = SP_{my} \end{cases} \tag{12-7}$$

用矩阵形式表示为

$$\begin{bmatrix} SS_1 & SP_{12} & \cdots & SP_{1m} \\ SP_{21} & SS_2 & \cdots & SP_{2m} \\ \vdots & \vdots & \ddots & \vdots \\ SP_{m1} & SP_{m2} & \cdots & SS_m \end{bmatrix} \times \begin{bmatrix} b_1 \\ b_2 \\ \vdots \\ b_m \end{bmatrix} = \begin{bmatrix} SP_{1y} \\ SP_{2y} \\ \vdots \\ SP_{my} \end{bmatrix} \tag{12-8}$$

如果将系数矩阵记为 A,偏相关系数矩阵记为 b,常数矩阵记为 K,上式可写作:$Ab = K$。如果系数矩阵 A 的逆矩阵为 A^{-1},则 $b = A^{-1}K$。

若 $A^{-1} = \begin{bmatrix} c_{11} & c_{12} & \cdots & c_{1m} \\ c_{21} & c_{22} & \cdots & c_{2m} \\ \vdots & \vdots & \ddots & \vdots \\ c_{m1} & c_{m2} & \cdots & c_{mm} \end{bmatrix}$,则

$$\begin{bmatrix} b_1 \\ b_2 \\ \vdots \\ b_m \end{bmatrix} = \begin{bmatrix} c_{11} & c_{12} & \cdots & c_{1m} \\ c_{21} & c_{22} & \cdots & c_{2m} \\ \vdots & \vdots & \ddots & \vdots \\ c_{m1} & c_{m2} & \cdots & c_{mm} \end{bmatrix} \times \begin{bmatrix} SP_{1y} \\ SP_{2y} \\ \vdots \\ SP_{my} \end{bmatrix} \tag{12-9}$$

通过式(12-9),可以计算出偏回归系数 $b_1, b_2, \cdots, b_m$,加上式(12-6)估计的 b_0,完成了所有未知数的计算,即建立了因变量 y 与自变量 $x_1, x_2, \cdots, x_m$ 的 m 元线性回归方程。

【例 12.1】 表 12-1 是云南省主要城市气象站监测的某年份年均温度数据,试建立年均温

度与海拔、经纬度间的线性回归方程。

表 12-1　云南省主要城市气象站年均温度

站点	海拔 x_1 /m	经度 x_2 /(°)	纬度 x_3 /(°)	年均温度 y /℃	站点	海拔 x_1 /m	经度 x_2 /(°)	纬度 x_3 /(°)	年均温度 y /℃
香格里拉	3276.1	99.7	27.83	5.4	楚雄	1772.0	101.55	25.04	15.6
昭通	1949.5	103.71	27.34	11.6	玉溪	1636.8	102.54	24.36	16.2
丽江	2393.2	100.24	26.88	11.7	临沧	1502.4	100.08	23.88	17.2
曲靖	1898.7	103.82	25.61	14.5	思茅	1302.1	100.97	22.78	17.8
昆明	1891.2	102.68	25.02	14.7	文山	1271.6	104.24	23.37	17.8
大理	1990.5	100.22	25.60	15.0	蒙自	1300.7	103.40	23.37	18.6
怒江	1804.9	98.85	25.86	15.1	德宏	913.8	98.59	24.44	19.5
保山	1653.5	99.16	25.13	15.5	景洪	552.7	100.79	22.01	21.9

根据表 12-1 的数据，计算基础数据：

$\bar{x}_1 = 1694.356$，　$\bar{x}_2 = 101.284$，　$\bar{x}_3 = 24.908$，　$\bar{y} = 15.506$

$SS_1 = 5683876.899$，　$SS_2 = 53.346$，　$SS_3 = 39.533$，　$SS_y = 214.249$

$SP_{12} = -1433.669$，　$SP_{13} = 13090.384$，　$SP_{23} = -6.231$

$SP_{1y} = -34062.926$，　$SP_{2y} = 5.915$，　$SP_{3y} = -83.746$

可建立三元正规方程组

$$\begin{pmatrix} 5683876.899 & -1433.669 & 13090.384 \\ -1433.669 & 53.346 & -6.231 \\ 13090.384 & -6.231 & 39.533 \end{pmatrix} \times \begin{pmatrix} b_1 \\ b_2 \\ b_3 \end{pmatrix} = \begin{pmatrix} -34062.926 \\ 5.915 \\ -83.746 \end{pmatrix}$$

计算得系数矩阵的逆矩阵，即

$$\begin{pmatrix} b_1 \\ b_2 \\ b_3 \end{pmatrix} = \begin{pmatrix} 0.000001 & -0.000009 & -0.000248 \\ -0.000009 & 0.019205 & 0.005995 \\ -0.000248 & 0.005995 & 0.108431 \end{pmatrix} \times \begin{pmatrix} -34062.926 \\ 5.915 \\ -83.746 \end{pmatrix}$$

计算得 $b_1 = -0.0047, b_2 = -0.0832, b_3 = -0.5903$。代入式(12-6)，计算得 $b_0 = 46.5195$。

于是三元线性回归方程为

$$y = 46.5195 - 0.0047x_1 - 0.0832x_2 - 0.5903x_3$$

12.2.3　线性回归方程和回归系数的检验

和直线回归一样，建立的多元线性回归方程同样需要进行显著性检验，达到显著水平的线性回归方程才有意义。

1.线性回归方程的检验

与直线回归类似，因变量 y 的总平方和(SS_y)分解为回归平方和 U_y 和离回归平方和 Q_y 两部分。回归平方和 U_y 为回归关系形成的部分，其自由度为 m，其定义式为

$$U_y = b_1 SP_{1y} + b_2 SP_{2y} + \cdots + b_m SP_{my} \tag{12-10}$$

离回归平方和 Q_y 为实际观测值 y 和线性回归方程的估计值 $\hat{y}$ 之间的差值，即

$$Q_y = SS_y - U_y \tag{12-11}$$

建立方程时已用去 b_0 及 $b_1 \sim b_m$ 共 $m+1$ 个统计数,故离回归自由度

$$df = n - (m+1) = n - m - 1$$

与直线回归的检验类似,零假设 $H_0: \beta_1 = \beta_2 = \cdots = \beta_m = 0$。备择假设 $H_A: \beta_1, \beta_2, \cdots, \beta_m$ 不全为零。用 F 检验法进行检验,统计量

$$F = \frac{U_y/m}{Q_y/(n-m-1)} \tag{12-12}$$

服从 $df_1 = m, df_2 = n - m - 1$ 的 F 分布。根据计算所得的 F 值计算对应的概率,或与临界值比较推断回归关系的显著性。

【例 12.2】 检验例 12.1 建立的三元线性回归方程的显著性。

根据前面计算的结果,计算 F 值及其对应的概率,如表 12-2 所示。

表 12-2 例 12.1 三元线性回归关系的方差分析

变 异 源	SS	df	s^2	F	$F_{0.05}$	$F_{0.01}$	P
回归	207.4851	3	69.1617	122.6948	3.490	5.953	<0.001
离回归	6.7643	12	0.5637				
总变异	214.2494	15					

根据方差分析表,由于 F 值对应概率 $P < 0.001$,所以拒绝 H_0,接受 H_A。推断为云南气候站点的年均温度与海拔、经度和纬度建立的线性回归方程达到极显著水平。

根据假设 $H_A: \beta_1, \beta_2, \cdots, \beta_m$ 不全为零,并不是说 β_i 均不为零,所以需逐个对 β_i 进行检验,只有所有自变量的偏回归系数都达到显著水平时,回归方程才是最优回归方程。

2.偏回归系数的检验

偏回归系数 β_i 的显著性检验零假设 $H_0: \beta_i = 0$。备择假设 $H_A: \beta_i \neq 0$。具体可以采用 t 检验法或 F 检验法进行检验。

1)t 检验

偏回归系数 b_i 的标准误

$$s_{b_i} = s_y \sqrt{c_{ii}} \tag{12-13}$$

其中,s_y 为因变量 y 的标准误,$s_y = \sqrt{Q_y/(n-m-1)}$;c_{ii} 为建立线性回归方程时系数矩阵 $\boldsymbol{A}$ 的逆矩阵 $\boldsymbol{A}^{-1}$ 主对角线上对应自变量 x_i 的元素。

由于 $b_i - \beta_i/s_{b_i}$ 符合 $df = n - m - 1$ 的 t 分布,所以在零假设 H_0 为 $\beta_i = 0$ 时,根据

$$t = b_i/s_{b_i} \tag{12-14}$$

可检验 b_i 来自 $\beta_i = 0$ 的总体的概率。

2)F 检验

多元线性回归中,U_y 总是随着 m 的增加而增大,增加自变量 x_i 后增加的平方和 U_i,称为 y 在 x_i 上的偏回归平方和。其计算公式为

$$U_i = b_i^2/c_{ii} \tag{12-15}$$

由于增加变量 x_i 后增加的自由度为 1,所以由

$$F = \frac{U_i}{Q_y/(n-m-1)} \tag{12-16}$$

也可检验 b_i 来自 $\beta_i = 0$ 的总体的概率。

【例 12.3】 检验例 12.1 建立的三元线性回归方程中各偏回归系数的显著性。

根据例 12.1 的计算结果，分别用 t 检验法和 F 检验法进行检验：

首先计算 $s_y = \sqrt{Q_y/(n-m-1)} = \sqrt{6.7643/12} = 0.7508$，顺次计算其他统计量，结果整理如表 12-3 所示。

表 12-3　例 12.1 偏回归系数的检验

自　变　量	b_i	c_{ii}	$s_{b_i} = s_y \sqrt{c_{ii}}$	$t = b_i/s_{b_i}$	$U_i = b_i^2/c_{ii}$	$F = U_i/s_{b_i}^2$	P
海拔 x_1/m	-0.0047	0.0000	0.0006	-7.1806	29.0643	51.5608	<0.001
经度 x_2/(°)	-0.0832	0.0192	0.1040	-0.7993	0.3601	0.6389	0.4396
纬度 x_3/(°)	-0.5903	0.1084	0.2472	-2.3878	3.2140	5.7017	0.0343

根据表 12-3，海拔 x_1 的偏回归系数 b_1 达到极显著水平（$P < 0.001$），经度 x_2 的偏回归系数 b_2 未达到显著水平（$P = 0.4396$），纬度 x_3 的偏回归系数 b_3 达到显著水平（$P = 0.0343, P < 0.05$）。

另一方面，t 检验与 F 检验结果一致。事实上，有

$$F = \frac{U_i}{Q_y/(n-m-1)} = \frac{b_i^2/c_{ii}}{s_y^2} = \left(\frac{b_i}{s_y\sqrt{c_{ii}}}\right)^2 = \left(\frac{b_i}{s_{b_i}}\right)^2 = t^2$$

所以，对于偏回归系数的检验，t 检验和 F 检验的结果是完全一致的，选用其一即可。

12.2.4　最优线性回归方程的建立

在建立的线性回归方程中，只要有一个因素的偏回归系数达到显著水平，根据回归平方和只增不减的原理，线性回归方程总能达到显著水平。所以与直线回归不同，在多元线性回归中，偏回归系数的显著性与线性回归方程的显著性不同。上例中，年均温度与海拔、经度、纬度的线性回归方程达到极显著水平，但偏回归系数中经度未达到显著水平。

由于线性回归方程中含有不显著的因素时线性回归方程也可能显著，为使方程能正确表达变量间的关系，需要剔除线性回归方程中不显著的自变量，保证在线性回归方程中的自变量的偏回归系数均达到显著水平，这时的线性回归方程称为最优线性回归方程（optimal linear regression equation）。

建立最优线性回归方程采用逐步回归（stepwise regression）方法。逐步回归分为逐步引入自变量和逐步剔除自变量两种方法。

（1）逐步引入自变量的方法：

①用每个自变量与因变量建立直线线性回归方程并进行显著性检验或计算相关系数；

②按回归系数显著性或相关系数的大小顺序依次引入自变量建立线性回归方程并进行偏回归系数检验；

③直到引入自变量后该自变量的偏回归系数不显著为止。

（2）逐步剔除自变量的方法：

①用所有自变量与因变量建立线性回归方程并进行显著性检验；

②回归方程检验有显著性时，对偏回归系数进行显著性检验；

③存在不显著的偏回归系数时从偏回归系数最不显著的自变量开始，每次剔除一个自变量；

④重新建立线性回归方程，直到方程中所有自变量的偏回归系数均显著为止。

【例 12.4】　用表 12-1 的数据建立年均温度与海拔 x_1、经度 x_2、纬度 x_3 等的最优线性回归

方程。

根据例 12.1 至例 12.3 的计算结果,对于线性回归方程
$$y = 46.5195 - 0.0047x_1 - 0.0832x_2 - 0.5903x_3$$
经度 x_2 的偏回归系数 b_2 未达到显著水平,所以先去除经度 x_2 重新建立线性回归方程,得
$$y = 37.5153 - 0.0047x_1 - 0.5644x_3$$
对该线性回归方程进行检验,$F = 188.9717$,$P < 0.001$。对偏回归系数进行检验,$t_1 = -7.3639$,$P < 0.001$;$t_2 = -2.3354$,$P = 0.0362$。由于偏回归系数 b_1、b_3 均达到显著水平,故上式为最优线性回归方程。

根据上式,在云南,海拔每升高 100 m 年均温度约降低 0.47℃,纬度每增加 1° 年均温度约降低 0.5644 ℃。

若采用逐步引入自变量的方法,自变量海拔 x_1、经度 x_2、纬度 x_3 与年均温度 y 的相关系数分别为 -0.9761、0.055、-0.9100,先建立海拔 x_1 与年均温度 y 的直线线性回归方程,然后引入纬度 x_3,最后引入经度 x_2,结果经度 x_2 的偏回归系数 b_2 达不到显著水平。

12.2.5 复相关分析

1.复相关系数和决定系数

复相关(multiple correlation)或称多元相关,是研究多个自变量与因变量间的总相关的统计分析方法。多个自变量与因变量间的相关系数称为复相关系数(multiple correlation coefficient),表示一组自变量与因变量间关系的总的密切程度,以大写字母 R 表示。

由于 m 个自变量对 y 的平方和为 U_y,U_y 占 y 的平方和 SS_y 的比例越大,则表明 y 和这 m 个自变量的关系越密切。所以复相关系数定义为多元线性回归平方和与总变异平方和比值的平方根,即

$$R = \sqrt{\frac{U_y}{SS_y}} \tag{12-17}$$

R 的取值范围为 $[0,1]$,且随 m 的增大而增加,所以其值比任何一个自变量与 y 的相关系数的绝对值都大。

复相关系数的检验使用 F 检验法。零假设 $H_0 : \rho = 0$。备择假设 $H_A : \rho \neq 0$。则基于 H_0,有

$$F = \frac{df_2 R^2}{df_1(1 - R^2)} = \frac{(n - m - 1)R^2}{m(1 - R^2)} \tag{12-18}$$

服从 $df_1 = m$,$df_2 = n - m - 1$ 的 F 分布。R 的显著性与多元线性回归方程的显著性一致。

【例 12.5】 计算表 12-1 中年均温度 y 与海拔 x_1、经度 x_2、纬度 x_{13} 等的复相关系数。

根据例 12.2 计算结果,$U_y = 207.4851$,$SS_y = 214.249$。

$$R = \sqrt{U_y/SS_y} = \sqrt{207.4851/214.249} = 0.9841$$

$$F = \frac{(n - m - 1)R^2}{m(1 - R^2)} = \frac{12 \times 0.9841^2}{3 \times (1 - 0.9841^2)} = 122.6948 \quad (P < 0.001)$$

复相关系数的平方称为决定系数,用 R^2 表示。决定系数表示的是回归平方和占 y 的总平方和的比例,即 y 的总变异中可以用自变量的变化来解释的部分。

上例 $R^2 = 0.9684$,表示年均温度的变化有 96.84% 可以用海拔、经度和纬度的变化来解释,或者说年均温度的变化中,96.84% 是由海拔、经度和纬度决定的。

2.偏相关系数

在多个变量间的关系研究中,由于变量间相互影响,要正确反映两个变量间的关系,需消除其他变量的影响,这种排除其他变量影响后的两个变量之间的相关分析称为偏相关分析。在其他变量保持不变的情况下表示两个变量间相关程度的指标称为偏相关系数(partial correlation coefficient)。与之对应,未排除其他变量影响的两个变量间的相关系数称为简单相关系数(simple correlation coefficient)。

偏相关系数用带下标的 r 表示,为区分方便,偏相关系数的下标后加"."而简单相关系数不加"."。如 r_{12} 表示 x_1 与 x_2 的简单相关系数,$r_{12.}$ 表示去除其他变量影响后 x_1 与 x_2 的偏相关系数。

1)偏相关系数的计算

计算系数时,先计算简单相关系数矩阵 $\boldsymbol{R}$,再计算其逆矩阵 $\boldsymbol{R}^{-1}$,然后使用 $\boldsymbol{R}^{-1}$ 中的元素计算偏相关系数。设

$$\boldsymbol{R}=\begin{bmatrix} r_{11} & r_{21} & \cdots & r_{m1} \\ r_{12} & r_{22} & \cdots & r_{m2} \\ \vdots & \vdots & \ddots & \vdots \\ r_{1m} & r_{2m} & \cdots & r_{mn} \end{bmatrix}, \quad \boldsymbol{R}^{-1}=\begin{bmatrix} c_{11} & c_{21} & \cdots & c_{m1} \\ c_{12} & c_{22} & \cdots & c_{m2} \\ \vdots & \vdots & \ddots & \vdots \\ c_{1m} & c_{2m} & \cdots & c_{mn} \end{bmatrix}$$

则

$$r_{ij.}=\frac{-c_{ij}}{\sqrt{c_{ii}c_{jj}}} \tag{12-19}$$

【例 12.6】　计算表 12-1 中海拔 x_1、经度 x_2、纬度 x_3 和年均温度 y 间的偏相关系数。

首先计算简单相关系数矩阵 $\boldsymbol{R}$ 及其逆矩阵 $\boldsymbol{R}^{-1}$,得

$$\boldsymbol{R}=\begin{bmatrix} 1 & -0.0823 & 0.8730 & -0.9760 \\ -0.0823 & 1 & -0.1357 & 0.0553 \\ 0.8730 & -0.1357 & 1 & -0.9100 \\ -0.9760 & 0.0553 & -0.9100 & 1 \end{bmatrix}, \quad \boldsymbol{R}^{-1}=\begin{bmatrix} 22.3515 & 0.8397 & 2.3881 & 23.9418 \\ 0.8397 & 1.0791 & 0.6098 & 1.3148 \\ 2.3881 & 0.6098 & 6.3307 & 8.0580 \\ 23.9418 & 1.3148 & 8.0580 & 31.6272 \end{bmatrix}$$

根据 $\boldsymbol{R}^{-1}$ 计算各偏相关系数,得

$$r_{12.}=\frac{-c_{12}}{\sqrt{c_{11}c_{22}}}=\frac{-0.8397}{\sqrt{22.3515\times1.0791}}=-0.1708$$

同理可得

$r_{13.}=-0.1988$,　$r_{23.}=-0.2330$,　$r_{1y.}=-0.9007$,　$r_{2y.}=-0.2248$,　$r_{3y.}=-0.5675$

2)偏相关系数的检验

偏相关系数的检验和简单相关系数的检验类似,用 t 检验法。零假设 $H_0:\rho_{ij.}=0$。备择假设 $H_A:\rho_{ij.}\neq0$。则基于 H_0,有

$$t=\frac{\sqrt{n-m-1}\times r_{ij.}}{\sqrt{1-r_{ij.}^2}} \tag{12-20}$$

服从 $df=n-m-1$ 的 t 分布。也可使用相关系数临界值表根据变量数直接查其临界值。

【例 12.7】　检验例 12.6 中海拔 x_1、经度 x_2、纬度 x_3 和年均温度 y 间的偏相关系数的显著性。

将相关数据代入式(12-19),计算的检验统计量 t 和对应的概率 P,如表 12-4 所示。

表 12-4　例 12.6 偏相关系数的检验

变　　量	$r_{ij.}$	t	P
x_1、x_2	-0.1708	-0.6005	0.5594
x_1、x_3	-0.1988	-0.7027	0.4956
x_2、x_3	-0.2330	-0.8300	0.4228
x_1、y	-0.9007	-7.1819	<0.001
x_2、y	-0.2248	-0.7992	0.4396
x_3、y	-0.5675	-2.3876	0.0343

经检验,海拔 x_1 与年均温度 y 的偏相关系数 $r_{1y.}$ 达到极显著水平($P<0.001$),纬度 x_3 与年均温度 y 的偏相关系数 $r_{3y.}$ 达到显著水平($P=0.0343,P<0.05$);其他变量间的偏相关系数未达到显著水平。

12.2.6　通径分析

由于偏回归系数带有单位,所以不能直接用偏回归系数的大小来比较自变量对因变量影响的大小。为判断自变量对因变量影响的大小,需对偏回归系数进行标准化,去除单位后,用标准化的偏回归系数来进行比较。标准化后的偏回归系数称为通径系数(path coefficient),记为 p_i,表示自变量 x_i 对因变量 y 的直接影响程度。

通径系数定义为偏回归系数与变量标准差比的乘积,即

$$p_i = b_i \cdot \frac{s_i}{s_y} = b_i \sqrt{\frac{SS_i}{SS_y}} \tag{12-21}$$

通径系数可根据式(12-21),通过 b_i、SS_i 和 SS_y 直接计算。也可将式(12-21)变换为

$$b_i = p_i \sqrt{\frac{SS_y}{SS_i}} \tag{12-22}$$

将式(12-22)代入式(12-7),再对第 i 个方程两边同时除以 $\sqrt{SS_i \cdot SS_y}$,通过解正规方程组求得:

$$\begin{cases} p_1 + r_{12}p_2 + \cdots + r_{1m}p_m = r_{1y} \\ r_{12}p_1 + p_2 + \cdots + r_{2m}p_m = r_{2y} \\ \quad\cdots\cdots\cdots\cdots \\ r_{1m}p_1 + r_{2m}p_2 + \cdots + p_m = r_{my} \end{cases} \tag{12-23}$$

令 $y' = \dfrac{y - \bar{y}}{\sqrt{SS_y}}$,$x'_i = \dfrac{x_i - \bar{x}_i}{\sqrt{SS_i}}$($i = 1, 2, \cdots, m$),并将式(12-21)代入式(12-5),得标准化的回归方程

$$\hat{y}' = p_1 x'_1 + p_2 x'_2 + \cdots + p_m x'_m \tag{12-24}$$

由于标准化的回归方程为原回归方程的变形,所以标准化的回归方程与原多元线性回归方程的显著性一致。同理,通径系数为偏回归系数的变形,通径系数与偏回归系数的显著水平一致。

【例 12.8】　计算表 12-1 中海拔 x_1、纬度 x_3 与年均温度 y 间的通径系数。

将例 12.1 中计算的 b_1、SS_1 和 SS_y 代入式(12-21),得

$$p_1 = b_1\sqrt{\frac{SS_1}{SS_y}} = -0.0047 \times \sqrt{\frac{5683876.899}{214.249}} = -0.7644$$

同理可计算 $p_2 = -0.2424$。结果表明,海拔 x_1 对年均温度 y 的影响较纬度 x_3 的影响更大。

12.3　聚类分析

"物以类聚,人以群分",人们对事物进行分类随着人类社会的产生而开始,并随着社会的发展而发展。聚类分析(cluster analysis)是多元统计分析的一个分支,是解决事物分类的统计学方法。古老的分类学中,人们主要依靠经验和专业知识来对事物进行分类,致使分类结果常带有主观性和随意性,不能很好地反映事物的内在差别。随着生产技术和科学的发展,数学被引入分类学中,形成了数值分类学;随着多元统计分析方法的发展,多元统计分析技术在分类学中得到应用,并从数值分类学中分离出来,形成聚类分析这个相对独立的新分支。聚类分析,是通过样本(或变量)间相似程度的计算并逐步对样本(或变量)进行聚类的过程。样本(或变量)间的相似程度,可以用相似系数或距离系数来表示,但它们都是对试验数据计算的结果。而试验或调查收集的数据,可以分为数量性状数据(如长度、质量等)、质量等级数据(如抗病能力、产品等级等)和质量性状数据(如性别、土壤类型等)三种类型。不同类型的数据需要进行必要的变换处理才能用于计算。

12.3.1　数据的变换

1.数量性状数据的变换

为了克服原始数据因计量单位、数值大小造成的对聚类分析结果的影响,在聚类分析前,需对原始数据进行适当的变换处理。所谓数据变换,就是将原始数据矩阵中的每个元素,按照某种特定的运算法则,把它变为一个新值,而且数值的变化不依赖于原始数据集合中其他数据的变化的过程。数据变换的方法很多,下面介绍几种常用的方法。

1)中心化变换

中心化变换是将每个数据均减去该变量的平均值,使变换后的数据的平均值为 0。其计算公式为

$$x'_{ki} = x_{ki} - \bar{x}_i \tag{12-25}$$

其中,$\bar{x}_i$ 为第 i 个变量的平均值。中心化变换不会改变样本间的相互位置,也不会改变变量间的相关性。

2)标准化变换

标准化变换是对数据进行中心化变换后,再除以标准差,使变换后的数据平均值为 0,标准差为 1。其计算公式为

$$x'_{ki} = (x_{ki} - \bar{x}_i)/s_{ii} \tag{12-26}$$

其中,$s_{ii} = \sqrt{\sum (x_{ki} - \bar{x}_i)^2/(n-1)}$,表示变量 i 的标准差。标准化变换后的数据与变量的量纲无关,且在样本改变时仍然可以保持相对稳定性,是实际应用最多的数据变换方法。

3）极差正规变换

极差正规变换是将数据减去该变量的最小值再除以该变量的极差，使变换后的数据取值在 0 和 1 之间。其计算公式为

$$x'_{ki} = (x_{ki} - \min x_{ki})/R_i \tag{12-27}$$

其中，$R_i = \max x_{ki} - \min x_{ki}$。极差正规变换后的数据也无量纲。

4）对数变换

对数变换是将原来的数据取对数，其计算公式为

$$x'_{ki} = \lg x_{ki} \tag{12-28}$$

对数变换要求 $x_{ki} > 0$。进行对数变换后，将具有指数特征的数据结构变换为线性数据结构。

2.质量性状数据的变换

质量性状数据是不能直接用测量或度量的方法进行测定的数据，如豌豆的红花与白花，土壤的颜色如红（壤）、黄（壤）、棕（壤），植物叶片的针形、披针形、卵圆形等，表示的是事物的质量或性状而不是数量。

质量性状数据在使用时需进行数字化转换，将其变换为数量数据，其变换方法常用二值化或等级化两种方法。所谓二值化，是将性状数据变换为 0 和 1，如某一特征有无的数据通常采用这种方法；多态分类数据也常用转变为多变量后二值化处理的方法数字化。所谓等级化是对有序多态数据进行数量化的一种方法，通常取值为 0～1，最差的为 0，最好的为 1，其他等级采用插值法取中间的小数。

12.3.2　相似系数和距离系数

聚类分析是根据样本的相似性将样本进行归类的过程，分类中常用来表示样本（或变量）间相似性的指标有相似系数和距离系数两种形式。目前已有大量的相似系数和距离系数被使用，Mocre 曾列出了 40 多种。

1.数据矩阵

设通过试验或调查，取得 n 个样本的 p 个变量共 np 个观测数据 $x_{ij}(i=1,2,\cdots,n;j=1,2,\cdots,p)$，以样本为行、变量为列，可构成以下原始数据矩阵：

$$\boldsymbol{X} = \begin{bmatrix} x_{11} & x_{12} & \cdots & x_{1p} \\ x_{21} & x_{22} & \cdots & x_{2p} \\ \vdots & \vdots & \ddots & \vdots \\ x_{n1} & x_{n2} & \cdots & x_{np} \end{bmatrix} \tag{12-29}$$

进行聚类分析时，还要建立一个相似矩阵，该矩阵是由样本间的相似系数或距离系数排列而成，即

$$\boldsymbol{C}_{n \times n} = (c_{ij}) = \begin{bmatrix} c_{11} & c_{12} & \cdots & c_{1n} \\ c_{21} & c_{22} & \cdots & c_{2n} \\ \vdots & \vdots & \ddots & \vdots \\ c_{n1} & c_{n2} & \cdots & c_{nn} \end{bmatrix}$$

其中，c_{ij} 表示样本 i 和样本 j 间的相似系数或距离系数。因为 $c_{ij} = c_{ji}$，所以这种矩阵是对称矩阵，书写时可列出了上三角或下三角的部分；同时主对角线上的各个元素相等，即 $c_{11} = c_{22} = \cdots = c_{nn} = 1$（相似系数）或 0（距离系数）。

聚类分析时,根据样本间相似系数或距离系数的值对样本进行分类。若要对变量进行分类,也可以建立变量间的相似系数或距离系数矩阵,与样本相似系数矩阵相似,只是其行列数为 $p \times p$。

在多元统计分析中,一般将样本间的 $\boldsymbol{C}_{n \times n}$ 矩阵称为 Q 矩阵(Q-matrix),而将变量间的 $\boldsymbol{C}_{p \times p}$ 矩阵称为 R 矩阵(R-matrix)。进行聚类分析时,对样本的聚类称为 Q 型聚类,对变量的聚类称为 R 型聚类。

2.相似系数

相似系数是衡量全部样本或全部变量中任意两部分相似程度的指标,主要有匹配系数、内积系数等。由于内积系数是普遍应用于数量性状的相似指标,因而下面只对内积系数进行介绍。

1)内积系数

对于一个观测数据矩阵 $\boldsymbol{X}$,一个样本的数据可以认为是 p 维向量,同样变量的数据也可以认为是 n 维向量。两个同维向量的各个分量依次相乘再相加得到一个数值,称为两向量的内积。例如,第 i 变量和第 j 变量的数据分别是 $(x_{i1}, x_{i2}, \cdots, x_{ip})$ 和 $(x_{j1}, x_{j2}, \cdots, x_{jp})$,它们都是 p 维向量,内积为

$$Q_{ij} = \sum_{k=1}^{p} x_{ik} x_{jk} \tag{12-30}$$

其中,内积的数值可以作为反映两个向量相似程度的指标,称为相似系数。例如,3×3 矩阵 $\begin{bmatrix} 1 & 1 & 2 \\ 0 & 0 & 1 \\ 2 & 1 & 2 \end{bmatrix}$ 依据行向量按照式(12-30)可以求出:

$$Q_{12} = \sum_{k=1}^{3} x_{1k} x_{2k} = 1 \times 0 + 1 \times 0 + 2 \times 1 = 2$$

$$Q_{13} = \sum_{k=1}^{3} x_{1k} x_{3k} = 1 \times 2 + 1 \times 1 + 2 \times 2 = 7$$

$$Q_{23} = \sum_{k=1}^{3} x_{2k} x_{3k} = 0 \times 2 + 0 \times 1 + 1 \times 2 = 2$$

2)夹角余弦

模标准化后的内积是两个向量在原点处夹角 θ_{ij} 的余弦,即

$$\cos \theta_{ij} = \frac{Q_{ij}}{\sqrt{Q_{ii} Q_{jj}}} \tag{12-31}$$

如果 $x_{ik} > 0$、$x_{jk} > 0$,则 $Q_{ij} > 0, 0 \leqslant \cos \theta_{ij} \leqslant 1$。当 $i = j$ 时,$\cos \theta_{ij} = 1$;当两向量正交时,$\cos \theta_{ij} = 0$。对于上面的 3×3 矩阵,可以计算得 $Q_{11} = 6, Q_{22} = 1, Q_{33} = 9$,于是,$\cos \theta_{12} = 2/\sqrt{6 \times 1} = 0.8165$,$\cos \theta_{13} = 7/\sqrt{6 \times 9} = 0.9526$,$\cos \theta_{23} = 2/\sqrt{1 \times 9} = 0.6667$。

本例证实,经过模标准化的内积系数的范围为 $[0,1]$。该计算方法同样也适用于变量(指标)的相似性系数计算。

3)相关系数

离差标准化后的内积就是相关系数,其计算公式为

$$r_{ij} = \frac{\sum_{k=1}^{p} (x_{ki} - \bar{x}_i)(x_{kj} - \bar{x}_j)}{\sqrt{\sum_{k=1}^{p} (x_{ki} - \bar{x}_i)^2 \sum_{k=1}^{p} (x_{kj} - \bar{x}_j)^2}} = \frac{SP_{ij}}{\sqrt{SS_i \cdot SS_j}} \tag{12-32}$$

$-1 \leqslant r_{ij} \leqslant 1$。当 $i=j$ 时，r_{ij} 是变量 i 的自身相关系数，$r_{ij}=1$；当 $i \neq j$ 时，r_{ij} 是变量 i 和 j 的相关系数。

3.距离系数

如果把每个样本看作 p 维空间中的一个点，则可定义两个样本之间的距离为 p 维空间中两个点之间的距离。与相似系数相反，距离反映的是两个变量间的相异性。距离系数的种类很多，这里介绍几种常用的距离系数。

1)明氏距离

第 i 样本与第 j 样本之间的明氏距离记为 $d_{ij}(q)$，其计算公式为

$$d_{ij}(q) = \left(\sum_{k=1}^{p} |x_{ij} - x_{jk}|^q \right)^{\frac{1}{q}} \tag{12-33}$$

其中，q 为某一自然数。明氏距离常用的有以下三种特殊形式：

(1)$q=1$ 时，$d_{ij}(1) = \sum |x_{ik} - x_{jk}|$ 为绝对值距离，有时也称出租车距离或曼哈顿距离；

(2)$q=2$ 时，$d_{ij}(2) = \sqrt{\sum (x_{ik} - x_{jk})^2}$ 为欧氏距离，是应用最普遍的距离系数；

(3)$q=\infty$ 时，$d_{ij}(\infty) = \max |x_{ik} - x_{jk}|$，称为切比雪夫距离。

明氏距离有两个明显的缺点：一是受变量量纲的影响明显，二是没有考虑变量之间的相关性。为去除量纲的影响，或在变量的测量值差异较大时，可先对数据进行标准化变换，采用标准化后的数据计算距离；计算中假定变量相互独立，即样本变量空间为正交空间，在变量存在明显相关性时，不宜使用明氏距离作为距离系数。

2)兰氏距离

第 i 个样本与第 j 个样本之间的兰氏距离记为 $d_{ij}(L)$，其计算公式为

$$d_{ij}(L) = \sum_{k=1}^{p} \frac{|x_{ik} - x_{jk}|}{x_{ik} - x_{jk}}$$

其中 $x_{ij} \geqslant 0$，兰氏距离是一个自身标准化的指标，它对较大的异常值不敏感，因此对于高度偏倚的数据很实用。兰氏距离克服了变量量纲的影响，但也没有考虑变量之间的相关性。

明氏距离和兰氏距离都假定变量之间是相互独立的，即在正交空间中讨论距离，但在实际应用中，变量之间往往存在一定的相关性，为了克服变量之间相关性的影响，可采用斜交空间距离。

3)斜交空间距离

第 i 个样本与第 j 个样本之间的斜交空间距离 d_{ij} 定义为

$$d_{ij} = \frac{1}{p} \sqrt{\sum_{k=1}^{p} \sum_{l=1}^{p} (x_{ik} - x_{jk})(x_{il} - x_{jl}) r_{kl}} \tag{12-34}$$

其中，r_{kl} 是数据标准化意义下样本 k 与 l 之间的相关系数。当变量互不相关时，斜交空间距离退化为欧氏距离，即 $d_{ij} = d_{ij}(2)/p$。斜交空间距离去除了变量间相关性的影响，但仍然受变量量纲的影响。

4)马氏距离

设样本的协方差矩阵为 $\boldsymbol{S}$，其逆矩阵为 $\boldsymbol{S}^{-1}$。记为 $\boldsymbol{S} = (\sigma_{ij}^2)_{p \times p}$，其中，$i, j = 1, 2, \cdots, p$，如果 $\bar{x}_i = \frac{1}{p} \sum_{k=1}^{p} x_{ik}$，$\bar{x}_j = \frac{1}{p} \sum_{k=1}^{p} x_{jk}$，则 $\sigma_{ij} = \frac{1}{p-1} \sum_{k=1}^{p} (x_{ik} - \bar{x}_i)(x_{jk} - \bar{x}_j)$。

如果 $\boldsymbol{S}^{-1}$ 存在，则定义第 i 个样本与第 j 个样本之间的马氏距离 $d_{ij}(M)$ 为

$$d_{ij}(M) = \sqrt{(\boldsymbol{X}_i - \boldsymbol{X}_j)^{\mathrm{T}} \boldsymbol{S}^{-1} (\boldsymbol{X}_i - \boldsymbol{X}_j)} \tag{12-35}$$

其中，$\boldsymbol{X}_i = (x_{i1}, x_{i2}, \cdots, x_{ip})^{\mathrm{T}}$。

马氏距离解决了变量之间的相关性和变量量纲的问题，但马氏距离公式中的 $\boldsymbol{S}^{-1}$ 很难确定，因此在实际聚类分析中，马氏距离的应用也不很广泛。

12.3.3　系统聚类法

系统聚类分析(hierachical cluster analysis)是聚类分析中应用最广的方法，它是将类由多逐步变少，最后归为一类；凡是具有数值特征的样本和变量都可以选择适当的距离计算方法而获得满意的数值分类结果。由于聚类结果为聚类图，且类似系统图，故称为系统聚类法。

系统聚类的基本过程如下：寻找出能够度量样本或变量之间相似程度的统计数，计算样本或变量间的相似指标或距离系数，依次将相似程度最大或距离最小的两类合并为一类，合并后再重新计算类与类之间的距离；最后将关系密切的划归为一个小类，关系疏远的划归为一个大类，直到所有的样本归为一类，并用聚类图表示聚类结果。

聚类分析中通常用 G 表示类，x_i 和 x_j 表示类 G 中的元素。假设类 G 中有 k 个元素，用 d_{ij} 表示 x_i 和 x_j 间的距离，用 D_{pq} 表示类 G_p 和类 G_q 之间的距离。如果 T 为预先给定的阈值，则对任意的 $x_i \in G, x_j \in G$，有 $d_{ij} \leqslant T$，则称 G 为一个类。

从前面的分析可以看出，虽然已经计算了样本之间的距离，但聚类过程中还要计算类与类之间的距离，类间距离的定义也有许多方法。下面介绍几种应用比较广泛的类间距离计算方法。

1.类间距离的计算

1)最短距离法

G_p 与 G_q 的距离 $D_s(p,q)$ 定义为 G_p 的所有样本与 G_q 的所有样本间距离的最小值。即

$$D_s(p,q) = \min\ \{d_{ij} \mid i \in G_p, j \in G_q\} \tag{12-36}$$

最短距离法简单易用，应用也比较多。但两类合并后与其他类的距离是所有距离中的最小者，缩小了新合并类与其他类的距离，易产生空间收缩，因此它的灵敏度较低。

2)最长距离法

G_p 与 G_q 的距离 $D_{ce}(p,q)$ 定义为 G_p 的所有样本与 G_q 的所有样本间距离的最大值。即

$$D_{ce}(p,q) = \max\ \{d_{ij} \mid i \in G_p, j \in G_q\} \tag{12-37}$$

最长距离法与最短距离法相反，两类合并后与其他类的距离是所有距离中的最大者，易产生空间扩张。它克服了最短距离法连接聚合的缺陷，但当数据的离散程度较大时容易产生较多的类，且受异常值的影响较大。

3)重心法

G_p 与 G_q 的距离 $D_C(p,q)$ 定义为 G_p 的重心 $\bar{x}_p$ 和 G_q 的重心 $\bar{x}_q$ 间的距离。即

$$D_C(p,q) = d_{\bar{x}_p \bar{x}_q} \tag{12-38}$$

设 G_p 中有 l 个元素，G_q 中有 m 个元素，用 $\bar{x}_p$ 和 $\bar{x}_q$ 分别表示两个类的重心，则

$$\bar{x}_p = \frac{1}{l} \sum_{i=1}^{l} x_i, \quad \bar{x}_q = \frac{1}{m} \sum_{i=1}^{m} x_i$$

重心法较少受到异常值的影响，有较好的代表性。但每一次类的合并，都需要重新计算重心，计算很烦琐，且没有充分利用各个样本的信息，在一定程度上使用受限。

4）类平均法

G_p 与 G_q 的距离 $D_G(p,q)$ 定义为 G_p 的所有样本和 G_q 的所有样本间距离的平均值。即

$$D_G(p,q) = \frac{1}{lm} \sum_{i \in G_p} \sum_{j \in G_q} d_{ij} \tag{12-39}$$

类平均法充分利用了全部样本的信息，较少受到异常值的影响，被认为是较好的类间距离计算方法。

5）离差平方和法

G_p 与 G_q 的距离 $D_w^2(p,q)$ 定义为 G_p 与 G_q 合并后离差平方和的增加值。即

$$D_w^2(p,q) = |S_r - S_p - S_q| \tag{12-40}$$

其中，S_r、S_p、S_q 分别为合并后的新类、G_p、G_q 的离差平方和。设 G 中共有 n 个样本，x_i 为第 i 个样本，$\bar{x}$ 为 G 的重心，则 G 的离差平方和

$$S = \sum_{i=1}^{n} (x_i - \bar{x})^2$$

离差平方和法是几种方法中最具有统计特点的一种方法。它基于方差分析的思想，因而如果分类得当，同类样本之间的离差平方和较小，而类间的离差平方和较大。

类间距离的计算方法还有中间距离法、可变类平均法和可变法等，但应用较少。类间距离定义方法的不同，会使分类结果不太一致，实际问题中可尝试使用几种不同的方法进行计算，比较其分类结果，从而选择一个比较切合实际的分类方法。

6）类间距离计算的递推公式

各种类间距离计算方法的定义虽然不同，但计算原理是一样的，所以可以全部用一个递推公式表示，不同的定义使用不同的参数。递推公式为

$$D_{ir} = \alpha_p D_{kp}^2 + \alpha_q D_{kq}^2 + \beta D_{pq}^2 + \gamma |D_{ip}^2 - D_{iq}^2| \tag{12-41}$$

设 G_p 与 G_q 合并为新类 G_r，计算新类 G_r 与 $G_i(i \neq p, i \neq q)$ 之间的距离 D_{ir} 就用这个公式，不同的类间距离，只是系数 α_p、α_q、β、γ 的取值不同。各方法递推公式系数的取值如表 12-5 所示。递推公式使各种系统聚类方法完全统一起来，为编制系统聚类的计算程序提供了方便。

表 12-5　系统聚类递推公式系数表

距离定义	α_p	α_q	β	r
最短距离法	1/2	1/2	0	-1/2
最长距离法	1/2	1/2	0	1/2
类平均法	n_p/n_r	n_q/n_r	0	0
重心法	n_p/n_r	n_q/n_r	$-\alpha_p \alpha_q$	0
离差平方和法	$(n_i+n_p)/(n_i+n_r)$	$(n_i+n_q)/(n_i+n_r)$	$-n_i/(n_i+n_r)$	0
中间距离法	1/2	1/2	$[-1/4, 0]$	0
可变法	$(1-\beta)/2$	$(1-\beta)/2$	$[0,1)$	0
可变类平均法	$(1-\beta)n_p/n_r$	$(1-\beta)n_q/n_r$	$[0,1)$	0

2. 系统聚类法的步骤

（1）数据变换处理。在聚类分析过程中，需要对各个原始数据进行一些相互比较运算，而各个原始数据往往由于计量单位不同而影响这种比较和运算。因此，需要对原始数据进行必

要的变换处理,以消除不同量纲对数据值大小的影响。

　　(2)计算样本或变量间距离。聚类统计量是根据变换以后的数据计算得到的新数据。它用于表明各样本或变量间的关系密切程度。常用的统计量有距离系数和相似系数两大类。根据选定的距离系数计算样本间的距离,得到样本的距离矩阵。

　　(3)选择类间距离。选定一种类间距以确定类与类之间距离的计算方法。

　　(4)聚类。聚类的具体步骤如下:

　　① n 个样本各为一类,类间距离为样本间的距离 d_{ij};

　　②选择类间距离最小的两类合并为一个新类,此时总类数减少 1;

　　③根据选定的类间距离计算方法计算新类与其他类间的距离;

　　④重复步骤②和③,直到所有的样本聚为一类为止;

　　⑤根据聚类过程画出聚类图,并确定 T 值及各样本的归类。

　　【例 12.9】　为了选配出高产、优质、抗病的棉花新品种,引进了 10 个亲本材料,试验采用随机区组设计,3 次重复,并进行试验,每个品种选取 30 个单株进行室内考种,分别测定 8 个农艺性状,结果(各品种 30 个单株的平均值)如表 12-6 所示。试分析这批材料间的亲缘关系。

表 12-6　10 个棉花品种的 8 个农艺性状

品种	株高	果枝数	铃重	衣分	籽指	纤维长度	比强度	麦克隆值
①	85.2	10.6	6.3	42.1	9.8	29.6	30.6	3.8
②	89.1	9.8	4.5	44.6	11.2	31.2	38.5	4.9
③	95.0	11.2	7.2	45.7	10.8	33.5	28.7	5.2
④	78.1	8.7	4.2	39.8	11.2	29.8	26.4	4.5
⑤	66.9	9.5	6.9	42.5	9.7	28.6	31.2	4.3
⑥	68.8	8.9	5.2	43.6	10.5	32.3	31.5	3.8
⑦	75.1	9.3	5.8	40.8	10.8	30.8	28.9	3.7
⑧	71.9	10.8	5.1	39.9	12.3	31.1	33.2	4.5
⑨	66.2	11.1	4.7	45.5	10.6	34.3	36.5	5.3
⑩	97.8	12.3	6.7	46.2	10.9	27.6	27.8	3.9

　　(1)对数据进行标准化变换。变换公式为 $x'_{ij} = (x_{ij} - \bar{x}_j)/s_j$,结果如表 12-7 所示。

表 12-7　数据进行标准化处理

品种	株高	果枝数	铃重	衣分	籽指	纤维长度	比强度	麦克隆值
①	0.4955	0.3272	0.5970	−0.4020	−1.3260	−0.6110	−0.1908	−0.9912
②	0.8292	−0.3617	−1.0820	0.6341	0.5683	0.1528	1.8736	0.8568
③	1.3341	0.8439	1.4365	1.0900	0.0271	1.2507	−0.6873	1.3608
④	−0.1121	−1.3090	−1.3619	−1.3552	0.5683	−0.5155	−1.2883	0.1848
⑤	−1.0706	−0.6200	1.1566	−0.2362	−1.4613	−1.0884	−0.0340	−0.1512
⑥	−0.9080	−1.1367	−0.4291	0.2196	−0.3789	0.6778	0.0444	−0.9912
⑦	−0.3688	−0.7923	0.1306	−0.9408	0.0271	−0.0382	−0.6350	−1.1592
⑧	−0.6427	0.4995	−0.5224	−1.3137	2.0566	0.1050	0.4887	0.1848
⑨	−1.1305	0.7578	−0.8955	1.0071	−0.2435	1.6326	1.3510	1.5287
⑩	1.5738	1.7912	0.9701	1.2972	0.1624	−1.5657	−0.9224	−0.8232

（2）计算品种间的距离系数。采用欧式距离公式计算，结果如表 12-8 所示。

表 12-8　距离系数矩阵

品种	①	②	③	④	⑤	⑥	⑦	⑧	⑨
②	4.041								
③	3.870	4.071							
④	3.739	4.088	5.069						
⑤	2.160	4.445	4.490	3.889					
⑥	2.858	3.486	4.444	3.081	2.832				
⑦	2.212	4.032	4.407	2.342	2.601	1.799			
⑧	4.148	3.406	4.673	3.165	4.427	3.598	3.085		
⑨	4.688	2.973	3.991	5.015	4.614	3.669	4.676	4.001	
⑩	3.166	4.858	3.740	5.229	4.393	4.913	4.325	5.001	5.748

（3）聚类。选用离差平方和法定义类间距离进行聚类，结果如表 12-9 所示。

表 12-9　聚类结果

顺序	类 A（品种）	类 B（品种）	新类（包含的品种）	距　离
1	（⑥）	（⑦）	11{⑥,⑦}	0.899
2	（①）	（⑤）	12{①,⑤}	1.980
3	（②）	（⑨）	13{②,⑨}	3.466
4	11	（④）	14{⑥,⑦,④}	4.974
5	14	（⑧）	15{⑥,⑦,④,⑧}	6.834
6	（③）	（⑩）	16{③,⑩}	8.705
7	14	12	17{⑥,⑦,④,⑧,①,⑤}	11.013
8	13	16	18{②,⑨,③,⑩}	14.001
9	17	18	19{⑥,⑦,④,⑧,①,⑤,②,⑨,③,⑩}	17.546

（4）画聚类图。根据聚类结果画出聚类图，结果图 12-1 所示。

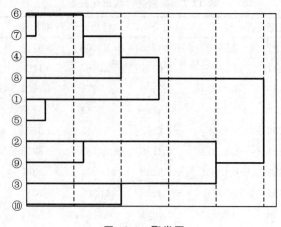

图 12-1　聚类图

从聚类结果可以看出,各品种先分为两大类,第一类为{⑥,⑦,④,⑧,①,⑤},第二类为{②,⑨,③,⑩};第一类的亲缘关系较第二类的近,其中⑥与⑦、①与⑤间的关系最近。如果要对这些品种进行分类,根据 T 值,可以分为 2~4 类。

12.4　主成分分析

科学研究中,为了更全面、更准确地反映出事物的特征及其发展规律,往往要考虑与其有关系的多个变量(指标),而多个变量之间存在的相关性,就会随着考虑变量的增多而增加问题的复杂性,且由于各变量均是对同一事物的反映,不可避免地造成信息的大量重叠,信息的重叠甚至会抹杀事物的真正特征与内在规律,不易发现事物的基本特征和规律。基于上述问题,人们希望在定量研究中涉及的变量较少,又得到较多的信息量。

主成分分析(principal component analysis),也称为主分量分析,是把多个变量转化为一组互不相关的新变量,这些新变量是原来变量的线性组合,且信息主要集中在前面少数几个变量上的统计分析方法。虽然新变量不能直接观测,但能用少数的几个变量来反映原来多个变量的信息,从而达到简化变量,揭示事物本质特征和规律的目的。

12.4.1　主成分分析的数学模型

1.主成分分析的几何意义

从代数上说,主成分是 p 个变量 $x_{(1)},x_{(2)},\cdots,x_{(p)}$ 的一些特殊的线性组合,而在几何上,这些线性组合是把变量 $x_{(1)},x_{(2)},\cdots,x_{(p)}$ 构成的坐标系旋转成新的坐标系 $y_{(1)},y_{(2)},\cdots,y_{(p)}$。为了方便,在二维空间中讨论主成分的几何意义,其结论很容易推广到多维空间。

假设测量 n 个样本的 2 个指标(变量),可在 x_1,x_2 组成的坐标系上根据各样本的取值 (x_{k1},x_{k2}) 绘制各样本的位置,由于两个变量相关,所以坐标系是斜交的(图 12-2(a))。可以看出,无论沿 x_1 方向还是 x_2 方向,这些样本均有较大离散性,其离散性程度可分别用观测值在 x_1 和 x_2 方向的方差表示,由于在两个方向上方差都比较大,无论只考虑 x_1 或 x_2 信息都会有较大的损失。如果对坐标轴进行旋转,在新的正交坐标系 y_1,y_2 下,原始数据在 y_1 方向的离散性较 y_2 方向的大得多(图 12-2(b)),为简化描述,y_1 也基本能说明数据的变化情况。

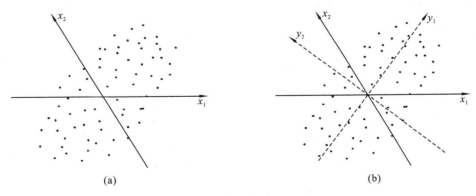

图 12-2　主成分正交旋转示意图

2.主成分的计算

假设有 n 个样本 p 个变量的研究数据,其标准化的数据矩阵为 X,且用向量 $x_{(1)},x_{(2)},\cdots,$ $x_{(p)}$ 表示矩阵的各列,则 $X=(x_{(1)},x_{(2)},\cdots,x_{(p)})$,其中 $x_{(i)}=(x_{1i},x_{2i},\cdots,x_{ni})^T$;对 X 进行线性变换,可以得到一个新的矩阵 Y,$Y=(y_{(1)},y_{(2)},\cdots,y_{(p)})$,$y_{(i)}$ 为 $x_{(1)},x_{(2)},\cdots,x_{(p)}$ 的线性组合,且 $y_{(1)},y_{(2)},\cdots,y_{(p)}$ 线性无关,则 $y_{(1)},y_{(2)},\cdots,y_{(p)}$ 为所求主成分。

为求 X 的主成分,可先求其协方差矩阵 S,$S=(s_{ij})_{p\times p}$(等于相关系数矩阵 $R=(r_{ij})_{p\times p}$),其中 $s_{ij}=\dfrac{1}{n-1}\sum_{k=1}^{n}(x_{ki}-\bar{x}_i)(x_{kj}-\bar{x}_j)$,$r_{ij}=s_{ij}/\sqrt{s_{ii}s_{jj}}$,对于标准化的数据,由于 $s_{ii}=s_{jj}=1$,所以 $r_{ij}=s_{ij}$。

如果相关系数矩阵 R 的特征值 $\lambda_1\geqslant\lambda_2\geqslant\cdots\geqslant\lambda_p$,且特征值 λ_i 对应的特征向量为 $\iota_{(i)}$,$\iota_{(i)}=(\iota_{i1},\iota_{i2},\cdots,\iota_{ip})^T$,则 $\iota_{(1)},\iota_{(2)},\cdots,\iota_{(p)}$ 间线性无关,即

$$\iota_{(i)}^T \iota_{(j)} = \begin{cases} 1, i=j \\ 0, i \neq j \end{cases} \tag{12-42}$$

于是主成分

$$y_{(i)} = X\iota_{(i)} \tag{12-43}$$

其中,$i=1,2,\cdots,p$,且各主成分也为线性无关的向量。

3.计算主成分的方差贡献率

主成分的方差贡献率为该主成分对应的特征值占特征值总和的比例,即 $\lambda_i/\sum\limits_{i=1}^{p}\lambda_i$。由于特征值 $\lambda_1\geqslant\lambda_2\geqslant\cdots\geqslant\lambda_p$,所以各主成分的方差贡献率 $y_{(1)}\geqslant y_{(2)}\geqslant\cdots\geqslant y_{(p)}$。

所有 p 个主成分的累计方差贡献率为 1,前 m 个主成分的累计方差贡献率为 $\sum\limits_{i=1}^{m}\lambda_i/\sum\limits_{i=1}^{p}\lambda_i$。在应用时,一般取累计方差贡献率 $W\geqslant0.85$ 的前 m 个主成分即可。即 m 满足

$$\sum_{i=1}^{m-1}\lambda_i/\sum_{i=1}^{p}\lambda_i < W < \sum_{i=1}^{m}\lambda_i/\sum_{i=1}^{p}\lambda_i \tag{12-44}$$

则 m 为所需主成分的个数,即原始数据的主要信息(0.85 以上)集中于前 m 个主成分上。

确定主成分后,需分析各主成分的实际意义。确定了 n 个主成分之后,结合相关专业知识,要对主成分进行实际意义分析。在主成分 $y_{(i)}=X\iota_{(i)}$ 的表达式中,取值大的系数表明这个主成分包含对因变量的信息就越多。

12.4.2 主成分分析的步骤

根据前述分析,主成分分析的计算过程如下:

(1)对原始数据进行标准化,得数据矩阵 $X_{n\times p}$;

(2)计算相关系数矩阵 $R_{p\times p}=(r_{ij})_{p\times p}$;

(3)求矩阵 R 的特征根和特征向量,且设 $\lambda_1\geqslant\lambda_2\geqslant\cdots\geqslant\lambda_p$,$\lambda_i$ 对应的特征向量为 $\iota_{(i)}$;

(4)计算主成分和荷载矩阵 $y_{(i)}=X\iota_{(i)}$,载荷矩阵 B 是将原始数据矩阵 X 转换为主成分矩阵 Y 的变换矩阵,可通过 $X=\tilde{Y}B$ 计算,其中

$$\tilde{Y}=(\tilde{y}_{(1)},\tilde{y}_{(2)},\cdots,\tilde{y}_{(p)})=(y_{(1)},y_{(2)},\cdots,y_{(p)})\begin{bmatrix} 1/\sqrt{\lambda_1} & & & \\ & 1/\sqrt{\lambda_2} & & \\ & & \ddots & \\ & & & 1/\sqrt{\lambda_p} \end{bmatrix}$$

(5)计算主成分的方差贡献率,并确定主成分个数;

(6)分析各主成分的变量组成及实际意义。

【例 12.10】 研究了 23 个棉花亲本的 13 个指标,包括衣分 x_1(%)、株高 x_2(cm)、果枝数 x_3、总铃数 x_4、铃重 x_5(g)、籽指 x_6(g)、茎粗 x_7(cm)、第一果枝节位 x_8、皮棉产量 x_9(g)等 9 个农艺性状和纤维长度 x_{10}(mm)、强力 x_{11}(gf/tex)、麦克隆值 x_{12}、整齐度 x_{13}(%)等 4 个品质因子。选取 30 个代表性植株测定结果求平均值列于表 12-10。试研究测定的性状指标间的关系。

表 12-10 23 个棉花亲本材料的 13 个指标测定结果

x_1	x_2	x_3	x_4	x_5	x_6	x_7	x_8	x_9	x_{10}	x_{11}	x_{12}	x_{13}
37.5	105.6	10.8	9.2	6.7	9.6	4.26	5.33	49.8	32.3	31.5	3.8	87.6
39.8	105.5	10.2	7.6	6.5	12.4	3.89	5.98	48.2	30.8	28.9	3.7	84.2
41.3	75.5	10.8	8.7	5.1	12.3	4.56	7.12	53.1	31.1	33.2	4.5	85.2
45.2	75.2	11.1	13.5	4.7	10.6	4.33	7.22	65.8	34.3	36.5	5.3	85.6
40.3	75.7	9.3	7.6	6.8	9.8	4.78	7.55	65.1	31.2	26.4	4.5	85.9
39.5	112.5	11.3	8.8	4.2	10.8	4.89	6.45	59.6	31.6	31.2	4.3	84.5
44.6	109.8	9.5	10.6	6.9	11.2	5.6	5.69	87.3	30.8	28.9	5.9	83.1
46.2	112.3	10.6	11.5	5.2	9.7	5.89	5.23	56.9	32.3	26.7	3.9	86.3
39.8	106.5	11.2	8.6	5.8	10.5	5.75	7.12	53.6	27.6	29.6	4.2	82.3
42.5	108.7	10.7	10.6	5.9	10.8	5.23	5.6	55.2	30.2	27.8	3.9	85.1
43.6	119.3	12.3	15.2	6.7	10.9	6.1	5.98	54.8	31.3	28.7	3.9	82.1
40.8	108.6	10.3	10.3	5.8	9.5	3.45	7.23	58.7	26.8	30.6	3.8	83.2
39.9	89.5	9.2	9.2	5.2	10.8	2.89	6.35	55.3	17.5	38.5	4.9	85.6
35.2	108.3	11.6	10.6	6.3	11.2	5.51	6.48	55.8	30.9	28.7	5.2	87.2
46.2	78.3	11.2	9.8	5.2	10.6	4.28	5.89	75.2	32.3	31.2	3.7	85.1
38.4	67.5	12.1	8.5	6.3	10.5	3.98	5.45	72.3	30.5	29.5	4.2	85.2
39.6	69.6	13.2	14.5	7.2	9.9	5.12	6.85	62.3	27.6	29.8	5.6	84.1
38.7	75.8	10.8	8.5	5.2	10.1	5.11	6.56	48.5	27.6	33.2	4.5	84.9
44.6	107.5	9.8	10.5	6.1	11.1	4.87	7.56	49.8	29.6	27.8	4.4	87.9
38.7	85.6	9.5	8.2	4.9	12.3	3.98	5.25	57.3	31.2	30.2	4.6	86.1
42.1	85.3	8.7	11.3	6.4	11.2	4.65	6.55	46.5	33.5	32.3	3.5	85.2
45.5	95.6	9.5	9.5	5.5	11.2	4.22	6.89	49.8	29.8	30.6	3.8	84.3
45.7	110.3	8.9	8.6	4.5	10.8	4.56	5.48	51.2	28.6	33.1	3.8	85.5

(1)对原始数据进行标准化,并计算相关系数,结果如表 12-11 所示。

表 12-11　例 12.10 相关系数表

	x_1	x_2	x_3	x_4	x_5	x_6	x_7	x_8	x_9	x_{10}	x_{11}	x_{12}
x_2	0.1576											
x_3	−0.2793	−0.1356										
x_4	0.3159	0.0818	0.4740									
x_5	−0.2510	0.0088	0.2119	0.2854								
x_6	−0.0057	0.0187	−0.2521	−0.2356	−0.1601							
x_7	0.1530	0.3592	0.3570	0.4192	0.2463	−0.1237						
x_8	−0.0169	−0.2425	−0.0081	0.0871	0.0573	−0.0883	−0.0455					
x_9	0.1951	−0.2257	0.1950	0.1259	0.1456	−0.1475	0.0688	−0.1500				
x_{10}	0.2130	0.0080	0.1387	0.1669	0.0672	0.1252	0.3961	−0.1423	0.1406			
x_{11}	−0.0027	−0.3382	−0.1711	−0.0257	−0.5090	0.0853	−0.5564	0.1071	−0.1229	−0.4088		
x_{12}	−0.1891	−0.2615	0.2147	0.2682	0.1554	0.0379	0.1559	0.2089	0.5078	−0.1802	0.1472	
x_{13}	−0.1411	−0.1425	−0.2323	−0.2189	−0.1311	−0.0155	−0.2080	−0.0948	−0.2181	0.1451	0.0375	0.0142

（2）根据相关系数矩阵，计算各特征值及对应的特征向量，如表 12-12 所示。13 个特征值总和为 13.0，并据此计算各特征值的方差贡献率及累计方差贡献率，列于表 12-12 最后两行。

表 12-12　例 12.10 入选的特征值和特征向量

特征向量 $\mathbf{l}_{(i)}$	$\mathbf{l}_{(1)}$	$\mathbf{l}_{(2)}$	$\mathbf{l}_{(3)}$	$\mathbf{l}_{(4)}$	$\mathbf{l}_{(5)}$	$\mathbf{l}_{(6)}$	$\mathbf{l}_{(7)}$	$\mathbf{l}_{(8)}$
x_1（衣分）	0.0740	−0.2282	0.6911	0.0196	0.1346	0.0300	−0.2876	−0.0006
x_2（株高）	0.1337	−0.4551	0.0233	−0.3248	−0.3083	−0.0302	0.0482	0.4307
x_3（果枝数）	0.3627	0.2574	−0.1393	−0.0734	0.1247	−0.2273	0.5094	−0.2393
x_4（总铃数）	0.3901	0.1456	0.2994	−0.2168	0.2627	0.0029	0.1997	0.1897
x_5（铃重）	0.3370	0.0921	−0.4061	−0.0440	−0.1290	0.1352	−0.3612	−0.0559
x_6（籽指）	−0.1761	−0.1454	0.0476	0.2843	−0.3186	0.6398	0.4174	−0.0617
x_7（茎粗）	0.4724	−0.1772	0.0212	−0.0479	0.0440	0.1701	0.1502	0.2275
x_8（第一果枝节位）	−0.0288	0.2767	0.0088	−0.3379	0.3572	0.5899	−0.3059	−0.1162
x_9（皮棉产量）	0.2305	0.2840	0.2677	0.4603	−0.3316	−0.1995	−0.2904	−0.0718
x_{10}（纤维长度）	0.2539	−0.2838	0.0515	0.4755	0.3781	0.1498	0.1212	−0.2635
x_{11}（强力）	−0.3820	0.3089	0.3151	−0.1274	0.0795	−0.1021	0.3003	0.0752
x_{12}（麦克隆值）	0.1437	0.5037	0.0560	0.2159	−0.1803	0.2416	0.0414	0.5185
x_{13}（整齐度）	−0.2007	−0.0736	−0.2615	0.3763	0.5127	−0.1050	−0.0622	0.5478
特征值	2.8025	2.0627	1.4783	1.3143	1.0876	1.0178	0.9508	0.8401
方差贡献率/(%)	21.56	15.87	11.37	10.11	8.37	7.83	7.31	6.46
累计百分率/(%)	21.56	37.43	48.80	58.91	67.28	75.11	82.42	88.88

由表 12-12 可见，测定的 13 个变量中，前 8 个主成分的累计贡献率超过了 85%，基本上反映了原来所有变量所含的信息，且这 8 个主成分变量彼此独立，而后面的主成分变量对棉花品质改良的贡献率很小。由此可建立新变量主成分方程

$$P_1 = 0.0740x_1 + 0.1337x_2 + 0.3627x_3 + \cdots - 0.2007x_{13}$$
$$P_2 = -0.2282x_1 - 0.4551x_2 + 0.2574x_3 + \cdots - 0.0736x_{13}$$
$$\cdots\cdots\cdots\cdots$$
$$P_8 = -0.0006x_1 + 0.4307x_2 - 0.2393x_3 + \cdots + 0.5478x_{13}$$

由于涉及的变量较多,变量间关系比较复杂,故主成分体系也比较复杂。与 P_1 有关的主要变量为 x_7(茎粗)、x_4(总铃数)、x_{11}(强力)、x_3(果枝数),与 P_2 有关的主要变量为 x_{12}(麦克隆值)、x_2(株高),与 P_3 有关的主要变量为 x_1(衣分)、x_5(铃重),与 P_4 有关的主要变量为 x_{10}(纤维长度)、x_9(皮棉产量)、x_{13}(整齐度),余类推。

由于各主成分变量相互独立,故同一主成分变量内的指标间相互影响较大,而不同主成分变量的指标间相互影响较小。所以根据主成分分析结果,棉花的强力与茎粗、总铃数和果枝数之间,麦克隆值与株高之间,衣分与铃重之间,纤维长度、皮棉产量与整齐度之间关系密切,作为主成分变量的主要指标,共同决定主成分变量的取值。从改善棉花品质的角度,应该注意目标性状与相关性状之间的关系。

12.5 典型相关分析

前面介绍过两个变量之间的直线相关分析,一个变量与一组变量之间的复相关分析和去除其他变量影响的两个变量之间的偏相关分析。研究两组具有联合分布的变量 $x_1, x_2, \cdots, x_p$ 和 $y_1, y_2, \cdots, y_q$ 之间的相关关系,可以分别对两组中的变量进行配对求其 pq 个简单相关系数来分析,但多个值千差万别不好分析,而且不容易抓住问题的核心。实际工作中大量的实际问题又需要把变量之间的联系扩展到两组随机变量之间的相互依赖关系,典型相关分析(canonical correlation analysis)就是为了解决此类问题而提出的统计方法。

典型相关分析利用了主成分分析的基本思想来讨论两组随机变量的相关性问题。首先找出第一组变量的某个线性组合,同时再找出第二组变量的某个线性组合,使得两个线性组合之间具有最大的相关性,然后在每一组变量中找到第二对线性组合,使其分别与第一对线性组合不相关,而两对线性组合之间具有次大的相关性,以此类推,直到把每组变量间的相关关系提取完为止。这样得到的线性组合就称为典型变量(canonical variable),两者之间的相关系数称为典型相关系数(canonical correlation coefficient)。这种用典型相关系数来代表两组变量之间相关系数的方法称为典型相关分析。

12.5.1 典型相关分析的数学模型

1.数学模型

假设有 n 个样本,样本 k 有两组观测指标(变量)x_{ki}、y_{kj}($k=1,2,\cdots,n, i=1,2,\cdots,p, j=1,2,\cdots,q$),对数据进行标准化后,得标准化的样本数据矩阵

$$\binom{\boldsymbol{X}}{\boldsymbol{Y}} = \begin{pmatrix} x_{11} & x_{21} & \cdots & x_{n1} \\ x_{12} & x_{22} & \cdots & x_{n2} \\ \vdots & \vdots & \ddots & \vdots \\ x_{1p} & x_{2p} & \cdots & x_{np} \\ \hline y_{11} & y_{21} & \cdots & y_{n1} \\ y_{12} & y_{22} & \cdots & y_{n2} \\ \vdots & \vdots & \ddots & \vdots \\ y_{1q} & y_{2q} & \cdots & y_{nq} \end{pmatrix} \tag{12-45}$$

如果 $a=(a_1,a_2,\cdots,a_p)^T$、$b=(b_1,b_2,\cdots,b_p)^T$ 是非零列向量，X、Y 的一对线性组合为

$$\begin{cases} U = a_1x_1 + a_2x_2 + \cdots + a_px_p = a^T X \\ V = b_1y_1 + b_2y_2 + \cdots + b_qy_p = b^T Y \end{cases} \quad (12\text{-}46)$$

则 U 与 V 就是一对典型变量。因为要寻找的第一对典型变量要求有最大相关，且 U、V 的平均值为 0，可假设 U、V 的方差为 1。从样本数据中得到的协方差矩阵（由于数据已标准化，协方差矩阵即为相关系数矩阵）为

$$S_{(p+q)\times(p+q)} = \begin{bmatrix} S_{11} & S_{12} \\ S_{21} & S_{22} \end{bmatrix} = \begin{bmatrix} R_{11} & R_{12} \\ R_{21} & R_{22} \end{bmatrix} = R_{(p+q)\times(p+q)} \quad (12\text{-}47)$$

对 U、V 求方差，有

$$\begin{cases} D(U) = a^T S_{11} a = a^T S_{11} a \\ D(V) = b^T S_{22} b = b^T R_{22} b \end{cases} \quad (12\text{-}48)$$

U、V 之间的相关系数 λ 即为典型相关系数，有

$$\lambda = a^T S_{12} b = a^T R_{12} b \quad (12\text{-}49)$$

2.典型相关系数的计算

问题转变为在方差为 1 的条件下，求使 λ 最大的 a、b 的问题。根据拉格朗日乘数法，拉格朗日函数为

$$F(a,b) = a^T R_{12} b - \frac{\lambda}{2}(a^T R_{11} a - 1) - \frac{\mu}{2}(b^T R_{22} b - 1) \quad (12\text{-}50)$$

分别对 a、b 求偏微分，得

$$\begin{cases} \dfrac{\partial F}{\partial a} = R_{12}b - \lambda R_{11}a = 0 \\ \dfrac{\partial F}{\partial b} = R_{12}a - \mu R_{11}b = 0 \end{cases} \quad (12\text{-}51)$$

其中，λ、μ 都是典型相关系数，且 $\lambda=\mu=a^T R_{12}b$，将式（12-51）中第二式的 μ 换为 λ，并经过简单变换，得

$$(R_{12} R_{22}^{-1} R_{21} - \lambda^2 R_{11})a = 0 \quad (12\text{-}52)$$

要使 a 有非零解，其充分必要条件为

$$|R_{12} R_{22}^{-1} R_{21} - \lambda^2 R_{11}| = 0 \quad (12\text{-}53)$$

这是一个特征方程，展开后可得到一个关于 λ 的 k 次方程，解方程得 λ 的 k 个不同的解，这些解就是典型相关系数，将第 i 个解 λ_i 代入式（12-52），可得出对应的特征向量 a_i。

当然，也可将式（12-51）中第一式的 λ 换为 μ，并经过简单变换，得

$$(R_{21} R_{11}^{-1} R_{12} - \mu^2 R_{22})b = 0 \quad (12\text{-}54)$$

要使 b 有非零解，其充分必要条件为

$$|R_{21} R_{11}^{-1} R_{12} - \mu^2 R_{22}| = 0 \quad (12\text{-}55)$$

解关于 μ 的 k 次方程，得 μ 的 k 个不同的解，将第 i 个解 μ_i 代入式（12-54），可得出对应的特征向量 b_i。事实上，排序后 $\mu_i=\lambda_i$。

将所求得的 k 个 $\lambda(\mu)$ 按从大到小的顺序排列，$\lambda_1\geqslant\lambda_2\geqslant\cdots\geqslant\lambda_k$，求得相应的特征向量 a_i、b_i，于是 $U_i=a_iX$，$V_i=b_iY$。其中 U_1，V_1 为第一对典型变量，U_2，V_2 为第二对典型变量，以此类推，可将全部典型变量求出。

12.5.2　典型相关系数的检验

典型相关和简单相关、偏相关一样,也需要对典型相关系数进行检验,只有典型相关系数显著,才能推断两组变量间存在相关关系。典型相关系数的检验用 Bartlett 检验法。

将 k 个典型相关系数 λ_i 按从大到小的顺序排列,$\lambda_1 \geqslant \lambda_2 \geqslant \cdots \geqslant \lambda_k$,并依次进行检验。对第 i 个典型相关系数 λ_i 进行检验时,假设 $H_0 : \lambda_i = 0$,令

$$\Lambda_i = \prod_{j=i}^{k} (1 - \lambda_j^2) \tag{12-56}$$

检验统计量为

$$\chi^2 = -[n - i - (p + q + 1)/2] \ln \Lambda_i \tag{12-57}$$

近似服从自由度 $df = (p - i + 1)(q - i + 1)$ 的分布。如果通过检验,说明第 i 个典型相关系数 λ_i 显著,或第 i 对典型变量 U_i, V_i 显著相关。

由于典型相关系数值是依序递减的,所以如果某一典型相关系数在给定显著水平下不显著,则其后排序就无须检验了。排除不显著的典型变量对于典型相关程度并没有太大的损失,排序在前的典型变量代表着可解释两组变量间相关的绝大部分,没有统计意义的典型变量可以忽略不计。

12.5.3　典型相关分析的计算过程

典型相关分析的计算过程如下:

(1)输入样本数据并求得标准化的数据矩阵 $(X, Y)_{n \times (p+q)}$;

(2)计算相关矩阵 R;

(3)解特征方程 $|R_{12} R_{22}^{-1} R_{21} - \lambda^2 R_{11}| = 0$ 或 $|R_{21} R_{11}^{-1} R_{12} - \mu^2 R_{22}| = 0$,求各典型相关系数 λ_i 及对应的特征向量 a_i, b_i;

(4)用 Bartlett 检验法检验典型相关系数的显著性。

【例 12.11】　研究 13 个棉花亲本材料的衣分 x_1(%)、株高 x_2(cm)、果枝数 x_3、总铃数 x_4、铃重 x_5(g)、籽指 x_6(g)、皮棉产量 x_7(g)等 7 个农艺性状和纤维长度 y_1(mm)、强力 y_2(gf/tex)、麦克隆值 y_3、整齐度 y_4(%)和纺纱均匀性指数 y_5 等 5 个品质因子间的关系。选取 30 个代表性植株测定结果求平均值列于表 12-13。请进行分析。

表 12-13　13 个棉花亲本材料的 12 个指标测量结果

x_1	x_2	x_3	x_4	x_5	x_6	x_7	y_1	y_2	y_3	y_4	y_5
38.4	112.5	10.3	10.3	5.8	9.5	65.8	27.6	28.9	5.9	86.1	133.5
39.6	109.8	9.2	9.2	5.2	10.8	62.3	30.2	26.7	3.9	85.2	140.5
38.7	112.3	11.6	8.7	6.3	11.2	48.5	31.3	31.2	3.7	84.3	149.8
37.5	105.6	10.8	9.2	6.7	9.6	55.2	32.3	30.6	3.8	87.2	156.2
41.3	107.5	11.3	8.8	5.9	10.6	49.8	26.8	29.5	4.2	85.5	137.2
45.2	110.3	10.7	10.6	5.2	10.5	57.3	17.5	29.8	5.6	82.3	141.1
40.3	106.5	11.2	9.8	6.1	9.9	46.5	30.9	33.2	4.5	85.1	165.5
39.5	108.7	12.1	8.5	4.9	10.1	49.8	31.2	27.8	4.4	82.1	142.5
44.6	119.4	13.2	7.6	6.4	11.1	51.2	31.6	30.2	4.6	83.2	138.7
46.2	108.6	10.8	8.5	5.5	12.3	53.6	30.8	32.3	3.5	85.6	139.8
39.8	105.4	10.2	7.6	6.5	12.4	54.8	32.3	33.1	3.8	85.9	178.1
35.2	108.3	9.5	8.2	6.8	11.2	58.7	30.5	29.6	4.2	84.5	145.2
38.7	85.6	9.5	7.6	5.2	10.8	59.4	27.6	28.7	3.9	83.1	121.5

(1)对原始数据进行标准化,并求得简单相关系数,如表 12-14 所示。

表 12-14　例 12.11 简单相关系数表

	x_1	x_2	x_3	x_4	x_5	x_6	x_7	y_1	y_2	y_3	y_4
x_2	0.3036										
x_3	0.4450	0.5439									
x_4	0.0954	0.2730	−0.1101								
x_5	−0.3595	0.2627	0.1071	−0.2390							
x_6	0.3304	−0.0082	−0.0932	−0.6240	0.1336						
x_7	−0.2556	−0.1826	−0.7140	0.2144	−0.1846	−0.1188					
y_1	−0.3747	0.0723	0.1577	−0.5720	0.4611	0.2068	−0.2805				
y_2	0.2397	0.0652	0.2211	−0.0961	0.5321	0.3954	−0.5135	0.2429			
y_3	0.1360	0.3204	0.1094	0.6599	−0.2043	−0.5496	0.3495	−0.6352	−0.2386		
y_4	−0.2744	0.0512	−0.3055	0.1275	0.5244	−0.0149	0.1708	0.4153	0.3480	−0.2570	
y_5	−0.1390	0.2024	0.0696	−0.0199	0.5405	0.2102	−0.3990	0.3907	0.6919	−0.2432	0.3999

(2)解特征方程,得典型相关系数 λ_i,如表 12-15 所示,各 λ_i 及对应的特征向量如表 12-16 所示。

表 12-15　例 12.11 典型相关系数及显著性检验

典型相关系数 λ_i	χ^2	df	$\chi^2_{0.05}$	$\chi^2_{0.01}$	P
0.9996 **	58.3718	35	49.802	57.342	0.008
0.9265	19.7303	24	36.415	42.980	0.712
0.7311	8.9756	15	24.996	30.578	0.879
0.6843	4.7703	8	15.507	20.090	0.782
0.4582	1.2960	3	7.815	11.345	0.730

经 χ^2 检验,只有 $\lambda_1 = 0.9996$ 达到显著水平,所以达到显著的典型变量也只有第一对,即

$$\begin{cases} U_1 = 0.2873x_1 - 0.9886x_2 + 0.4401x_3 + 1.1142x_4 + 0.6733x_5 + 0.9835x_6 - 0.1932x_7 \\ V_1 = -0.6835y_1 + 0.9553y_2 - 0.4578y_3 + 0.0631y_4 - 0.1143y_5 \end{cases}$$

典型相关分析表明,尽管 13 个棉花品种的产量性状和品质性状间可以求出多对典型变量 U 和 V,但是经过显著性检验,只有第一对典型变量的典型相关系数达到了极显著水平,其余均不显著,因此可以取第一对典型变量来分析两类性状之间的相关性。表 12-16 的结果显示,参试的棉花品种产量构成性状与品质性状间的相关主要是由总铃数、籽指与强力之间的相关引起的。

表 12-16　例 12.11 典型相关系数对应的特征向量

	x_1	x_2	x_3	x_4	x_5	x_6	x_7		y_1	y_2	y_3	y_4	y_5
a_1	0.2873	−0.9886	0.4401	1.1142	0.6733	0.9835	−0.1932	b_1	−0.6835	0.9553	−0.4578	0.0631	−0.1143
a_2	0.2255	−0.3380	0.4667	0.9401	0.4387	0.0581	0.7608	b_2	−0.4354	−0.0077	0.6700	0.6649	−0.0789
a_3	−0.0396	−0.9308	1.6829	0.4929	−0.4313	0.6250	0.8748	b_3	0.0009	0.5931	0.1260	−0.6186	−0.8528
a_4	0.6764	0.3919	−1.8590	−0.6953	−0.4270	−0.7101	−0.6654	b_4	−1.0934	−0.6731	−1.0219	0.3471	0.1479
a_5	−1.0178	0.2804	0.3749	1.0635	−0.8382	0.9381	−0.5876	b_5	−0.4329	−0.5354	0.0438	−0.6225	1.1958

采用典型相关分析,可以综合地反映两组变量间相关的本质,指出导致两组性状间的相关主要是由哪些性状间的相关引起的。因而,掌握这一主要信息有助于在多目标育种实践中采用简便易行的方法,利用易于选择的目标,抓主要矛盾,采取相应措施提高育种效率。正如研究所揭示的,在棉花育种中通过对总铃数、籽指的选择,即可达到对强力间接进行选择的理想效果。

习题

习题 12.1　简述建立最优多元线性回归方程的过程。怎样比较自变量对因变量相对作用的大小?

习题 12.2　简述复相关系数和决定系数的意义。偏相关系数和简单相关系数有何异同?

习题 12.3　简述系统聚类法的基本思想,并比较系统聚类各种方法的优缺点和使用范围。

习题 12.4　什么是贡献率和累计贡献率?其意义何在?为什么贡献率和累计贡献率能反映主成分所包含的原始变量的信息?

习题 12.5　简述典型相关分析的基本思想。典型相关分析适合分析何种类型的数据?典型相关系数和典型变量有何意义?

习题 12.6　云南主要气象站的年降水量(mm)数据如下,结合表 12-1 提供的海拔、经度、纬度数据,建立最优线性回归方程,并比较各因素对年降水量的影响。

站点	香格里拉	昭通	丽江	曲靖	昆明	大理	怒江	保山	楚雄	玉溪	临沧	文山	思茅	蒙自	德宏	景洪
年降水量	612.4	741.7	934.2	999.4	1002.2	1059.6	1188.4	968.2	808.6	881.9	1167.2	1543.6	1001.3	826.7	1652.7	1193.9

习题 12.7　试对例 12.11 的农艺性状和品质因子进行主成分分析分析,并说明其实际意义。

习题 12.8　试分析例 12.10 数据中农艺性状与品质因子间的关系。

第 **13** 章　SPSS 生物统计应用

因 SPSS 中文界面有关统计学术语的翻译欠准确,本章内容均以 SPSS22.0 英文版为准,介绍 SPSS 统计分析。若想使用中文界面,可打开 SPSS 数据电子表格上端菜单栏中的 Edit,在打开的下拉菜单中依次点击 Options、Language,设置输出和用户界面语言为简体中文。

13.1 SPSS 描述性统计

13.1.1 描述性统计

【例 13.1】　126 只基础母羊的体重资料见表 13-1,计算平均数等基本统计量。

表 13-1　126 只基础母羊的体重资料　　　　　　　　　　　　　　　（单位:kg）

品种	基础母羊体重																			
甲	53.0	50.0	51.0	57.0	56.0	51.0	48.0	46.0	62.0	51.0	61.0	56.0	62.0	58.0	46.5	48.0	46.0	50.0	54.5	56.0	40.0
	53.0	51.0	57.0	54.0	59.0	52.0	47.0	57.0	59.0	54.0	50.0	52.0	54.0	62.5	50.0	50.0	53.0	51.0	54.0	56.0	50.0
	52.0	50.0	52.0	43.0	53.0	48.0	50.0	60.0	58.0	52.0	64.0	50.0	47.0	37.0	52.0	46.0	45.0	42.0	53.0	58.0	47.0
乙	50.0	50.0	45.0	55.0	62.0	51.0	46.0	53.0	42.0	56.0	54.5	45.0	56.0	54.0	65.0	61.0	47.0	52.0	49.0	49.0
	51.0	45.0	52.0	54.0	48.0	57.0	45.0	53.0	54.0	57.0	54.0	54.0	44.0	52.0	50.0	52.0	52.0	55.0	50.0	54.0
	43.0	57.0	56.0	54.0	49.0	55.0	50.0	48.0	56.0	45.0	45.0	51.0	46.0	49.0	48.5	49.0	55.0	52.0	58.0	54.5

SPSS 操作步骤:

(1)建立数据文件并定义变量:将数据输入表格中一列,建立表示母羊体重的变量。另建立一个表示品种的分组变量,品种甲、品种乙分别用 1、2 表示。

(2)定义变量:点击 SPSS 电子表格左下角的变量视图 Variable View 或双击变量名,可定义变量。变量名 Name 尽量用英文或汉语拼音缩写,宜短不宜长。本例母羊体重变量命名为 *weight*,品种变量命名为 *breed*。在命名变量后,可指定变量类型 Type。点击 Type 相应单元中的按钮,在弹出的对话框中选择合适的变量类型并点击 OK 按钮确定,即可定义变量类型。常用的变量类型为数值型 Numeric 和字符串 String。本例变量 *weight* 和 *breed* 均可指定为数值型。在 *breed* 变量之后,还可指定变量标签 Label,一般用汉字比较好,可以比较长。本例 *weight* 变量标签可指定为基础母羊体重,*breed* 变量标签可指定为品种。对分组变量 *breed*,还可指定变量值(Value)。点击变量值单元格内的按钮,打开变量值对话框,在其中的 Value 后面的框内输入 1,在其下的 Label 框内输入"甲品种",点击 Add 按钮添加,同理可备注 2 为"乙品种"。其他变量定义可用缺省设置。定义变量后,点击左下角的数据视图 Data View 可返回。

（3）选择命令操作：SPSS 进行基本统计分析可用 3 种命令实现，即描述性分析（Descriptive）、频率分析（Frequencies）、探索性分析（Explore）。

下面分别讲述 3 种命令的基本操作方法。

（1）Descriptive 命令操作。

①Analyze＜Descriptive Statistics＜Descriptives，从左侧栏中选择 *weight* 变量，点击导入右侧的 Variable 变量栏中。

②点击 Options 按钮，选择要计算的统计量及其他项目。在选项卡上，可选择平均数（Mean）、合计（Sum）、最小值（Minimum）、最大值（Maximum）、极差（Range）、标准偏差（Std. Deviation）、方差（Variance）、平均数的标准误（Std. Error Mean）、观察值分布的偏度（Skewness）、峰度（Kurtosis）。峰度统计量的意义如下：峰度为 0 表示变量数据分布与正态分布陡缓程度相同；峰度大于 0 表示比正态分布高峰要更加陡峭，为尖顶峰；峰度小于 0 表示比正态分布的高峰要平坦，为平顶峰。偏度是描述某变量取值分布对称性的统计量：偏度为 0 表示数据分布形态与正态分布偏度相同；偏度大于 0 表示正偏差数值较大，为正偏或右偏，即有一条长尾巴拖在右边；偏度小于 0 表示负偏差数值大，为负偏或左偏，有一条长尾拖在左边。偏度的绝对值数值越大，表示分布形态的偏斜程度越大。本例选择输出所有统计量。注意，SPSS 不能直接输出几何均数（Geometrical Mean）和调和均数（Harmonic Mean）等统计量。

③输出计算结果。SPSS 的输出表格具有可编辑性。点击表格可选择复制重要的内容，复制到 Word、Excel 等文字图表软件中，加以修饰后应用。

Descriptive Statistics

	N	Range	Minimum	Maximum	Sum
	Statistic	Statistic	Statistic	Statistic	Statistic
基础母羊体重	126	28.00	37.00	65.00	6522.00
Valid N (listwise)	126				

Mean		Std. Deviation	Variance	Skewness		Kurtosis	
Statistic	Std. Error	Statistic	Statistic	Statistic	Std. Error	Statistic	Std. Error
51.7619	.46129	5.17792	26.811	.035	.216	.089	.428

输出结果中包括平均数、标准差等各种主要统计量（Statistic）。本例有效含量（Valid N）为 126 例，样本中观察值的极差为 28.00 kg，最小值、最大值分别为 37.00 kg、65.00 kg，观察值总和为 6522.00 kg。样本平均数、平均数标准误、标准差、样本方差（均方）、分布偏度、偏度标准误、峰度、峰度标准误分别为 51.7619、0.46129、5.17792、26.811、0.035、0.216、0.089、0.428。其中，观察值分布偏度和峰度值都很小（接近于 0），说明该样本观察值分布与正态分布比较接近。

（2）Frequencies 命令操作。

①Analyze＜Descriptive Statistics＜Frequencies，从左侧栏中选择 *weight* 变量，点击导入右侧栏 Variable 中。

②点击 Statistics，指定要计算的统计量及其他项目。

③点击 OK 确定，输出结果（此处不再陈列）。

（3）Explore 命令操作。

Explore 命令即探索性分析，是 SPSS 提供的一项很重要的分析功能，非常有用。一般在进行正式统计分析前，都应进行探索性分析。该命令操作步骤如下：

①Analyze＜Descriptive Statistics＜Explore，从左侧栏中选择 *weight* 变量，点击导入右侧 Dependent List 即因变量或因变量栏中，将 *breed* 变量选入 Factor List 栏中。

②点击图形 Plots 按钮。在打开的对话框中，点选 Normality plots with test，并在其下的 Spread vs level with Levene test 选项中点选不转换数据 Untranslated，点击 Continue 返回。

③点击 OK 确定，输出探索性分析结果。

Explore 分析除可分组输出基本统计量外，还可输出各样本正态分布和方差同质性检验结果。本例正态性检验 Tests of Normality 结果如下：

Tests of Normality

	品种	Kolmogorov-Smirnov[a]			Shapiro-Wilk		
		Statistic	df	Sig.	Statistic	df	Sig.
基础母羊体重	甲品种	.107	63	.068	.985	63	.651
	乙品种	.089	63	.200*	.975	63	.236

*.This is a lower bound of the true significance.

a.Lilliefors Significance Correction.

SPSS 用 Kolmogorov-Smirnov、Shapiro-Wilk 两种方法对样本进行正态分布检验。本例中，甲品种母羊 Kolmogorov-Smirnov 正态性检验统计量为 0.107，零假设成立概率（Sig.）即 $P = 0.068$；Shapiro-Wilk 检验统计量为 0.985，$P = 0.651$；两种检验结果均差异不显著，提示甲品种母羊的样本服从正态分布。乙品种母羊的样本 Kolmogorov-Smirnov、Shapiro-Wilk 检验 P 值分别为 0.200、0.236，表明乙品种母羊的样本观察值分布也与正态分布没有显著差异。

Test of Homogeneity of Variance 表格输出的是方差同质性检验结果。SPSS 提供了基于平均数（Based on mean）、基于中位数（Based on median）、基于中位数和校正自由度（Based on median and with adjusted df）、基于校正平均数（Based on trimmed mean）等不同情况下的 Levene 方差同质性检验结果。本例各种情况下的 P 值分别为 0.582、0.601、0.601、0.571，均大于 0.05，说明甲、乙两样本所在总体方差没有显著差异，即两样本总体方差满足方差同质性（齐性，同质性）前提条件，可进行 t 检验或方差分析，而无须进行校正。

Test of Homogeneity of Variance

		Levene Statistic	df1	df2	Sig.
基础母羊体重	Based on mean	.304	1	124	.582
	Based on median	.275	1	124	.601
	Based on median and with adjusted df	.275	1	120.084	.601
	Based on trimmed mean	.322	1	124	.571

13.1.2　统计绘图

在常用的统计软件中，SPSS 绘制的统计图较为美观，可满足科学研究中图表制作的要求。因此，SPSS 统计图应用非常广泛。

1.简单条形图

【例 13.2】　应用前例数据文件，绘制不同品种母羊的体重平均值条形图。

SPSS 操作步骤：

①图形 Graphs＜旧对话框 Legacy Dialogues＜条形图 Bar，打开条形图 Bar Charts 对话框，点选简单条形图命令 Simple，在其下的 Data in Chart Are 即图形数据定义中选择各组观察值分组汇总 Summaries for groups of cases。点击 Define 按钮，开启正式的条形图定义对话框。

②在 Define Bar Chart：Summaries for Groups of 对话框中，条形图代表类型 Bars Represent 点选框组其他统计功能 Other statistic，eg mean，再将左侧候选变量栏中的 *weight*

选入变量对话框 Variable 中；点击变更统计量 Change Statistic 按钮，在出现对话框中选择 Mean of values，点击 Continue 按钮返回上一级对话框。

③在分类轴 Category Axis 框中，选入 breed 变量。

④点击 OK 按钮，系统输出的简单条形图如图 13-1 所示。

除简单条形图外，SPSS 还可以绘制聚簇（复式）条形图（Cluster Bar Chart）、堆积（分段）条形图（Stacked Bar Chart）等。限于篇幅，在此不一一列举。

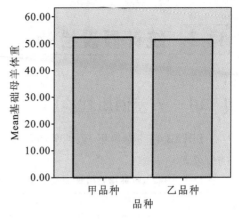

图 13-1　简单条形图

2.散点图

SPSS 散点图包括 simple、matrix（以矩阵的形式显示多个变量间两两的散点图）、Overlay（将多个变量间两两的散点图同时作在一张图上）和 3D（x、y、z 三个变量立体散点图）等 4 种。下面仅介绍简单散点图的绘制方法。

【例 13.3】　在某白鹅生产性能研究中，得到一组关于白鹅重（g）与 70 日龄重（g）的数据（表 13-2），试作散点图。

表 13-2　某白鹅重与 70 日龄重测定结果　　　　　　　　　　（单位:g）

编　　号	1	2	3	4	5	6	7	8	9	10	11	12
雏鹅重（x）	80	86	98	90	120	102	95	83	113	105	110	100
70 日龄重（y）	2350	2400	2720	2500	3150	2680	2630	2400	3080	2920	2960	2860
性别	male	female	male	female	female	female	male	female	male	female	male	male

SPSS 操作步骤：

①建立数据文件，包含雏鹅重变量 BW、70 日龄重变量 SW、性别变量 gender。

②Graphs＜Scatter/Dot Chart＜Simple，点击 Define，打开散点图对话框，将 BW 变量选入右侧的 x 轴变量栏，将 SW 变量选入 y 轴变量栏，gender 选入设置标记 Set markers by 栏。

③点击 OK，输出散点图（图 13-2）。

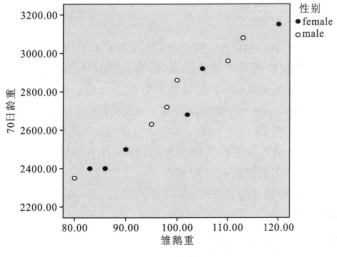

图 13-2　散点图

13.2 统计假设检验

13.2.1 方差同质性检验

【例 13.4】 测得甲、乙两种植物植株高度如表 13-3 所示,试检验甲、乙两种植物植株高度的方差是否一致。

表 13-3 甲、乙两种植物植株高度测量 （单位:cm）

甲	乙
16	33
20	22
17	15
15	28
22	17

方差同质性检验主要是从各样本的方差来推断其总体方差是否相同。在有原始数据情况下,有多种方法可通过菜单操作检测两样本或多样本方差同质性。

SPSS 操作步骤:

①建立数据文件:将观察值输入一列,命名为 *height*;另建一分组变量,分别用 1、2 表示两种植物,命名为 *variety*。

②Analyze＜Descriptive Statistics＜Explore,打开对话窗。

③选择变量 *height* 进入因变量 Dependent List 栏,选择变量 *variety* 进入分组变量 Factor List 栏。

④点击 Plots 按钮,打开对话框。将 Spread vs level with Levene test 下选项指定为 Untransformed。点击 Continue 返回。

⑤点击 OK,输出结果。

本例为两样本方差同质性检验。运行 SPSS 程序后,在输出结果 Test of Homogeneity of Variance 表格中为方差同质性检验结果。

Test of Homogeneity of Variance

		Levene Statistic	df1	df2	Sig.
植株高度	Based on mean	5.063	1	8	.055
	Based on median	3.340	1	8	.105
	Based on median and with adjusted df	3.340	1	5.786	.119
	Based on trimmed mean	4.872	1	8	.058

SPSS 分别输出了基于平均数、中位数、中位数及校正自由度、校正平均数等参数基础上 Levene 检验的结果,各项检验结果 P 均大于 0.05,所以两样本所在总体方差同质。若各项检测结果冲突,一般以基于平均数 Levene 检验结果为准下结论。若观察值偏离正态分布,则以基于中位数的检验(Brown-Forsythe 检验)为准。方差同质性检验还有 Bartlett、Hartley F、Cochran 等法,SPSS 仅提供 Levene 检验。Bartlett 方法对数据正态性很灵敏,而常用的 Levene 检验对数据正态性偏离耐受性较强。另外,若只有平均数、标准差、样本容量等信息,也可进行方差同质性检验,但需要编程才能实现。

【例 13.5】 假设某试验设计包含 3 个样本,资料如表 13-4 所示。试检验这 3 个样本所来自总体方差是否相同。

本例为 3 个样本方差同质性检验。多样本的方差同质性检验可依照两样本方差同质性检验方法进行。下面给出另一种求解方法。

SPSS 操作步骤：

①建立数据文件，包括试验指标变量 *index*、分组变量 *group*。

②Analyze＜General Linear Model＜Univariate，打开对话窗。

③选择变量 *index* 进入因变量 Dependent Variable 栏，选择 *group* 变量进入分组变量 Fixed Factor(s)栏。

④点击 Options 按钮，勾选方差同质性检验 Homogeneity tests，点击 Continue 返回。

⑤点击 OK 运行，输出检验结果。

表 13-4　3 个样本试验数据资料

甲	乙	丙
11	11	12
7	18	6
12	15	13
9	10	10
10	17	9
	16	6
		12
		14
		10
		9
		10
		11

SPSS 输出结果中 Levene's Test of Equality of Error Variances 即为方差同质性检验结果。本例 Levene 检验 P 值为 0.359，大于 0.05，所以可判定 3 个样本所在总体方差无显著差异，即方差同质。

Levene's Test of Equality of Error Variances

F	df1	df2	Sig.
1.077	2	20	.359

13.2.2　单样本 *t* 检验

单样本 *t* 检验又叫样本平均数与总体平均数差异显著性检验，是检验一个样本平均数与已知的总体平均数是否有显著差异，即检验该样本是否来自该总体。

【例 13.6】　正常人血钙值服从正态分布 $N(2.29, 0.37^2)$，现有 8 名甲状旁腺功能减退症患者，测得其血钙值(mmol/L)分别为 2.03、2.18、2.11、1.98、1.87、2.01、2.09、1.78，试检验这 8 人血钙值是否正常。

SPSS 操作步骤：

①建立数据文件：将观察值输入一列，命名为 *calcium*。

②Analyze＜Compare Means＜One-Sample T Test，打开对话窗。

③选择变量 *calcium* 为 Test Variable。在 Test Value 后面的框内输入总体均数 2.29。

④点击 OK，输出统计分析结果。

运行程序后，首先输出单样本统计量，包括样本名称、样本容量(N)、平均数(Mean)、标准差(Std.Deviation)和标准误(Std.Error Mean)。

One-Sample Statistics

	N	Mean	Std. Deviation	Std. Error Mean
calcium	8	2.0063	.13038	.04610

其次，输出 One-Sample Test 表格，即单样本 *t* 检验结果。*t* 统计量构建中表面效应（样本均数与总体均数之差）为 -0.28375，该差值的 95% 置信区间为 -0.3927 到 -0.1748。*t* 值为 -6.156，$df=7$，双尾检验 P 值实际为 0.000465（双击 SPSS 输出的 One-Sample Test 表格中

Sig.(2-tailed)下的小概率框内 0.000 可显示）。本例为双侧检验,因此可断定 $P<0.01$,所以否定零假设,样本所在总体均数与总体均数 2.29 差异极显著,或该样本不是来自于总体均数为 2.29 的总体。换言之,甲状旁腺功能减退症患者的血钙水平极显著低于正常人生理常值。

One-Sample Test

	Test Value = 2.29					
	t	df	Sig. (2-tailed)	Mean Difference	95% Confidence Interval of the Difference	
					Lower	Upper
calcium	−6.156	7	0.000465	−.28375	−.3927	−.1748

【例 13.7】 按规定,某种饲料中维生素 C 不得少于 246 mg/kg,现从工厂的产品中随机抽测 12 个样品,测得维生素 C 含量（mg/kg）如下:255、260、262、248、244、245、250、238、246、248、258、270。若样品的维生素 C 含量服从正态分布,该批产品是否符合规定要求？

SPSS 操作步骤:

①建立数据文件:将观察值输入一列,命名为 Vc。

②Analyze<Compare Means<One-Sample T Test,打开对话窗。

③选择变量 Vc 为 Test Variable。在 Test Value 后面的框内输入总体均数 246。

④点击 OK 确定,输出统计分析结果。

运行程序后,首先输出单样本统计量。此后为单样本检验结果。

One-Sample Statistics

	N	Mean	Std. Deviation	Std. Error Mean
Vc	12	252.0000	9.11542	2.63140

One-Sample Test

	Test Value = 246					
	t	df	Sig. (2-tailed)	Mean Difference	95% Confidence Interval of the Difference	
					Lower	Upper
Vc	2.280	11	.044	6.000	.2083	11.7917

本例为单侧检验,但 SPSS 只输出双侧检验 P 值。若进行单侧检验,要根据双侧检验 P 值自行计算单侧检验概率。若表面效应与备择假设相一致,即备择假设为样本所在总体均数大于已知总体均数,t 值为正;或备择假设为样本所在总体均数小于已知总体均数,t 值为负,则单侧检验概率＝双侧检验概率/2;反之,若表面效应与备择假设趋势正好相反,则单侧检验概率＝1－双侧检验概率/2。

从本例单样本检验结果看,t 统计量为 2.280,双侧检验 P 值为 0.044。因本例备择假设为 $\mu>246$,实际表面效应＝6.000,样本均数为 252,大于 246,所以单侧检验 P 值应为双侧检验 P 值除以 2,即 0.044/2＝0.022。因单侧检验 $0.01<P<0.05$,所以该饲料产品是合格的。若检验三聚氰胺等有害化学物质,则备择假设应为 $\mu<\mu_0$。

单样本 t 检验实际为配对 t 检验的特例,可用配对 t 检验和两因素无重复观测值方差分析模型或单因素配伍组设计方差分析模型求解,主要结果等价（P 值相等）,且可以获得更多的统计信息。

13.2.3 配对样本(成对数据)t 检验

配对样本 t 检验(paired-samples t test)可进行一对或同时进行多对配对资料的分析。在进行配对样本 t 检验时,也应特别注意分布正态性和方差同质性两个前提条件。数据分布正态性可以用 SPSS 探索性分析命令 Explore 来实现,但方差同质性检验不宜采用 Explore 命令进行,需要根据混合线性模型分析结果编程来完成。

【例 13.8】 用家兔 10 只试验某批注射液对体温的影响,测定每只家兔注射前后的体温,见表 13-5。设体温服从正态分布,问:注射前后体温有无显著差异?

表 13-5 家兔注射药物前后体温变化 (单位:℃)

兔　　号	1	2	3	4	5	6	7	8	9	10
注射前体温	37.8	38.2	38.0	37.6	37.9	38.1	38.2	37.5	38.5	37.9
注射后体温	37.9	39.0	38.9	38.4	37.9	39.0	39.5	38.6	38.8	39.0

SPSS 操作步骤:

①建立数据集:将注射前体温和注射后体温观察值输入两列,分别命名为 *pretr* 和 *posttr*。

②Analyze＜Compare Means＜Paired-Samples T Test,打开对话框。

③点击变量,分别将 *pretr* 和 *posttr* 选入 Paired Variable 栏,也可按 Ctrl 键一次性调入成对变量。

④ 点击 OK 确定,输出分析结果。

首先输出成对变量基本统计结果 Paired Samples Statistics 表格,包括样本容量、平均数、标准差、标准误等。

Paired Samples Statistics

		Mean	N	Std. Deviation	Std. Error Mean
Pair 1	注射前体温	37.9700	10	.29833	.09434
	注射后体温	38.7000	10	.50990	.16125

Paired Samples Correlations

		N	Correlation	Sig.
Pair 1	注射前体温&注射后体温	10	.497	.144

Paired Samples Correlations 表为成对样本相关分析。成对样本观察值存在相关,是进行配对样本 t 检验的基础,但相关系数显著与否不起决定性作用。本例注射前后实验动物体温的相关系数为 0.497,其 P 值为 0.144,无显著的统计学意义,仅供参考。

Paired Samples Test

		Paired Differences							
		Mean	Std. Deviation	Std. Error Mean	95% Confidence Interval of the Difference		t	df	Sig. (2-tailed)
					Lower	Upper			
Pair 1	注射前体温 −注射后体温	−.73000	.44485	.14067	−1.04822	−.41178	−5.189	9	.001

Paired Samples Test 表内陈列了配对样本 t 检验最主要的结果。从表可见,本例配对样本 t 检验两样本均值差值 $d = -0.73000$;试验误差,即差值 d 标准误 $= 0.14067$,$t = -5.189$,双侧检验 P 值为 0.001,小于极显著水平 0.01。因此,注射药物前后兔体温有极显著差异,这里表现为注射药物后体温极明显升高。配对样本 t 检验命令可以进行单样本 t 检验。

【例 13.9】 根据例 13.6 的数据,用配对样本 t 检验法进行单样本 t 检验。

SPSS 操作步骤:

①建立数据文件:将 8 名甲状旁腺功能减退症患者血钙值输入同列,将该变量命名为 *calcium*;另建一变量,内含 8 名患者对应的正常人血钙值,即 2.29,重复 8 个案例,变量名

为 GM。

②Analyze＜Compare Means＜Paired-Samples T Test，打开对话框。

③点击变量，分别将 calcium 和 GM 选入 Paired Variable 栏。

④点击 OK 确定，输出分析结果。

Paired Samples Test

		Paired Differences							
					95% Confidence Interval of the Difference				
		Mean	Std. Deviation	Std. Error Mean	Lower	Upper	t	df	Sig. (2-tailed)
Pair 1	calcium −总体均数	−.28375	.13038	.04610	−.39275	−.17475	−6.156	7	.000

从 Paired Samples Test 表可见，$t=-6.156$，双击 Sig. 栏，得到 $P<0.01$。因此，配对样本 t 检验与单样本 t 检验计算结果等价。此例有助于深入领会单样本 t 检验的实质。此外，配对样本 t 检验本身可以被方差分析模型替代。

13.2.4 独立样本(成组数据)t 检验

独立样本 t 检验(independent sample t test)的两个样本相互独立，其样本容量不一定相等。无论样本容量是否相等，用 SPSS 进行独立样本 t 检验的操作方法完全一致。利用 SPSS 进行独立样本 t 检验时，两组数据应满足效应独立性、分布正态性、方差同质性三大前提。效应独立性一般可根据专业知识，结合相关分析来确定；分布正态性可用 SPSS 探索性分析命令 Explore 完成；SPSS 独立样本 t 检验本身也提供了方差同质性检验结果。

【例 13.10】 某种猪场分别测定长白后备种猪和蓝塘后备种猪 90 kg 时的背膘厚度，测定结果如表 13-6 所示。设两品种后备种猪 90 kg 时的背膘厚度值服从正态分布，且方差相等，问：该两品种后备种猪 90 kg 时的背膘厚度有无显著差异？

表 13-6 长白与蓝塘后备种猪背膘厚度

品种	N	背膘厚度/cm											
长白	12	1.2	1.32	1.1	1.28	1.35	1.08	1.18	1.25	1.3	1.12	1.19	1.05
蓝塘	11	2	1.85	1.6	1.78	1.96	1.88	1.82	1.7	1.68	1.92	1.8	

SPSS 操作步骤：

①建立数据文件：将所有观察值输入同列，命名为 fat；另建一分组变量，命名为 breed。

②Analyze＜Compare Means＜Independent-Samples T Test，打开对话框。

③点击变量名，选择变量 fat 为 Test Variables，breed 变量为 Grouping Variable。

④点击 Independent-Samples T Test 下方的 Define Groups 按钮，弹出定义对话框，默认选项为 Use Specified Value，在 Group1 和 Group2 框中分别填入 1 和 2，即要对组别变量值为 1 和 2 的两个组做 t 检验。点击 Continue 返回 Independent Samples T Test 对话框。

⑤若要选择置信度和处理缺失值的方法，可点击 Independent-Samples T Test 对话框的 Options 对话框设置。本例不改缺省设置，按 Continue 返回 Independent Samples T Test 对话框。

⑥点击 OK，运行程序，输出结果。

首先输出的是描述性统计，给出了两个组的样本数（N）、均值（Mean）、标准差（Std. Deviation）、标准误（Std. Error Mean）。

Group Statistics

	breed	N	Mean	Std. Deviation	Std. Error Mean
fat	长白	12	1.2017	.09980	.02881
	蓝塘	11	1.8173	.12281	.03703

第二部分输出的 Independent Samples Test 是主要结果。该部分内容主要分为两部分：

(1)Levene's Test for Equality of Variances，即方差齐性检验（Levene 检验）。本例 Levene 检验 F 统计量为 0.289，P 值为 0.597＞0.05，可见两样本所在总体方差没有显著差异，即方差同质。

Independent Samples Test

		Levene's Test for Equality of Variances		t-test for Equality of Means						
		F	Sig.	t	df	Sig. (2-tailed)	Mean Difference	Std. Error Difference	95% Confidence Interval of the Difference	
									Lower	Upper
fat	Equal variances assumed	.289	.597	-13.244	21	.000	-.61561	.04648	-.71227	-.51894
	Equal variances not assumed			-13.121	19.332	.000	-.61561	.04692	-.71369	-.51752

(2)样本均数 t 检验部分。根据方差相等与不相等，计算公式不同。本例两样本总体方差相等，所以 $t=-13.244$，$df=21$，双侧 t 检验概率 $P＜0.01$，表明两品种后备种猪背膘差异极显著。结果中还给出了两组均数差值等统计信息，可见蓝塘、长白后备种猪两样本均数差值（Mean Difference）为 -0.61561，两组均数差值的 95% 置信区间（95% Confidence Interval of the Difference）的上下限分别为 -0.51894、-0.71227，即有 95% 的把握可以判定两组均数在 -0.71227 与 -0.51894 之间。试验误差，也就是均数差异标准误（Std. Error Difference）为 0.04648。

在使用 SPSS 进行 t 检验时，还应注意以下几点：

①虽然各主流统计软件均提供了方差不等时的校正 t 检验算法，但许多统计学者建议，在不满足分布正态性、方差同质性的情况下，最适宜的方式是直接进行两样本秩和检验，即 Mann-Whitney U 检验。

②与配对样本 t 检验相似，独立样本 t 检验可被方差分析模型以及更高级的统计模型所替代。

③与 SYSTAT、NCSS 等软件不同，SPSS 没有提供百分率资料 t 检验（u 检验）的菜单式的直接命令。该类资料分析可用 SPSS χ^2 检验替代，也可以通过编程实现。

13.2.5　参数的区间估计

利用 SPSS 菜单可进行参数估计，即用样本统计量来估计总体参数的区间范围，但直接用菜单命令进行区间估计的功能不够强大，编程可满足各种统计量和数据区间估计的需要。

【例 13.11】　某品种猪 10 头仔猪的初生重（kg）为 1.5、1.2、1.3、1.4、1.8、0.9、1.0、1.1、1.6、1.2，求该品种猪仔猪初生重总体平均数 μ 的置信区间。

SPSS 操作步骤：

①建立数据文件，包含表示仔猪初生重的单独变量 BW。

②依次选择 Analyze＜Descriptive Statistics＜Explore 命令。

③在打开的 Explore 对话框中,选择 BW 进入 Dependent List 对话框。

④点击 Statistics 按钮,在对话框中 Descriptive 下的 Confidence Interval for Mean 后面的框内,设置置信度,点击 Continue 返回主对话框。

⑤点击 OK,运行命令,输出统计结果。

Descriptives

			Statistic	Std. Error
仔猪初生重	Mean		1.3000	.08819
	95% Confidence Interval for Mean	Lower Bound	1.1005	
		Upper Bound	1.4995	

可见,该品种猪仔猪初生重总体平均数 μ 的 95% 置信区间的下限为 1.1005,上限为 1.4995。通过改变置信度,可得 99% 置信区间的下限、上限分别为 1.0134、1.5866。

13.3 χ^2 检验

13.3.1 适合性检验

【例 13.12】 在进行山羊群体遗传检测时,观察了 260 只白色羊与黑色羊杂交的子二代毛色,其中 181 只为白色,79 只为黑色,问:此毛色的比例是否符合孟德尔遗传分离定律的 3∶1 比例?

SPSS 操作步骤:

①建立数据文件:将各属性类别的实际观察次数输入同列,命名为 A;另建变量 $color$,其值可为 1、2,分别表示白色羊和黑色羊(在变量 Value 中定义)。

②Data<Weight Cases,打开加权对话框,点选 Weight cases by,将 A 选入,对实际次数变量进行加权,点击 OK 确定。

③Analyze<Nonparametric Tests<Legacy Dialogues<Chi-Square,弹出 Chi-Square 对话框。

④点击 $color$,将该变量选入检验变量 Test Variables;在期望值(理论值)Expected Values 下面,点选 Values,先输入第 1 类别理论比例 3 或理论次数 195,点击 Add 加入;同法输入第 2 类别理论比例 1 或理论次数 65,加入。

⑤点击 OK 确定,输出适合性 χ^2 检验结果。

本例属于 2 个属性类别的适合性 χ^2 检验案例。运行适合性 χ^2 检验程序后,首先输出实际观察次数和理论次数表,可见实际观察次数(Observed N)、理论次数(Expected N)数据及其对应关系正确。

其次,输出适合性 χ^2 检验结果表(Test Statistics)。从检验表可以看出,本例 χ^2 值(Chi-Square)为 4.021,自由度为 1,近似 P 值(Asymp. Sig.)为 0.045。Test Statistics 表下的注释表明,本例没有理论次数小于 5 者,符合 χ^2 检验的前提条件。

Test Statistics	
	Color
Chi-Square	4.021[a]
df	1
Asymp. Sig.	.045

a.0 cells (0.0%) have expected frequencies less than 5. The minimum expected cell frequency is 65.0.

羊群毛色统计

	Observed N	Expected N	Residual
白色	181	195	−14
黑色	79	65	14
Total	260		

在经典的 χ^2 检验中,当 $df=1$ 时,要进行连续性校正,但目前比较多的统计学认为连续性校正有矫枉过正之嫌,特别是在适合性 χ^2 检验中。因此,主流的大型统计软件(包括 SPSS),在适合性检验中都不提供连续性校正的 χ^2 值。本例中,以 Pearson Chi-Square 为主下结论,零假设成立的概率 $P<0.05$,表明该群羊的毛色实际观察次数与理论次数不相符,子二代毛色分离不符合经典的孟德尔遗传分离规律。

【例 13.13】　在研究牛的毛色和角的有无两对相对性状分离现象时,用黑色无角牛和红色有角牛杂交,子二代出现黑色无角牛 192 头、黑色有角牛 78 头、红色无角牛 72 头、红色有角牛 18 头,共 360 头。试问:这两对性状是否符合孟德尔遗传规律中 9：3：3：1 的遗传比例?

SPSS 操作步骤:

①建立数据集:将各属性类别的实际观察次数输入一列,将该变量命名为 A;依据理论比例,计算各类别的理论次数,命名为 T。另建变量 $type$,其值可为 1、2、3、4,分别表示黑色无角、黑色有角、红色无角、红色有角。

②Data＜Weight Cases,打开对话框。点选 Weight cases by,将 A 选入,对实际次数变量进行加权,点击 OK 确定。

③Analyze＜Nonparametric Tests＜Legacy Dialogues＜Chi-Square,弹出 Chi-Square 对话框。

④点击 $type$ 变量选入 Test Variables;在 Expected Values 下面,点选 Values,依次输入各类别的理论比例(9、3、3、1)或理论次数(202.5、67.5、67.5、22.5)。

⑤点击 OK 确定。

牛群毛色、角型两性状类别统计

	Observed N	Expected N	Residual
黑色无角	192	202.5	−10.5
黑色有角	78	67.5	10.5
红色无角	72	67.5	4.5
红色有角	18	22.5	−4.5
Total	360		

Test Statistics	
	牛群毛色、角型两性状组合类别
Chi-Square	3.378[a]
df	3
Asymp. Sig.	.337

a. 0 cells (0.0%) have expected frequencies less than 5. The minimum expected cell frequency is 22.5.

运行程序后,输出牛群毛色、角型两性状类别统计表和 χ^2 检验结果表(Test Statistics)。从检验表可以看出,本例 χ^2 值(Chi-Square)为 3.378,$df=3$,近似 P 值(Asymp.Sig.)为 0.337,差异不显著($P>0.05$),说明牛毛色和角型两对性状符合孟德尔遗传规律中 9：3：3：1 的自由组合定律。

13.3.2　独立性检验

【例 13.14】　研究某暴露因素与某疾病发生的关系,某研究者对 120 人进行了调查,其中患病人数为 54,非患病人数为 66,患者中有 37 人有暴露史,而非患者中有 13 人有暴露史。请问:该暴露因素是否与该病的发生相关?

SPSS 操作步骤:

①建立数据文件:将各属性类别的实际观察次数输入同列,命名为 *count*。建行变量 *history*,输入不同数字表示(1 表示有暴露史,2 表示无暴露史);在变量视图下,定义该变量 Label 和 Value。另建列变量 *health*,1 表示患病,2 表示健康;定义该变量 Label 和 Value。

②Data<Weight Cases,打开加权对话框,点选 Weight cases by,选择变量 *count* 进入 Frequency Variable,点击 OK 确定,返回主界面。

③Analyze<Descriptive Statistics<Crosstabs,将 *health* 选入行变量 Row(s),将 *history* 选入列变量 Column(s)框。

④点击 Statistics 按钮,点选 Chi-Square,点击 Continue 返回主对话框。点击 Cells 按钮,勾选 Observed、Expected,即实际次数和理论次数。点击 Continue 返回主对话框。

⑤在 Crosstabs 主对话框,点击 OK 确定,输出结果。

健康状况 * 暴露史 Crosstabulation

			暴露史		Total
			有暴露史	无暴露史	
健康状况	患病	Count	37	17	54
		Expected Count	22.5	31.5	54.0
	健康	Count	13	53	66
		Expected Count	27.5	38.5	66.0
Total		Count	50	70	120
		Expected Count	50.0	70.0	120.0

健康状况 * 暴露史交互表(Crosstabulation)是主要输出结果之一,其中各单元格上边一行 Count 均为实际次数,次行 Expected Count 为计算的理论次数。

Chi-Square Tests

	Value	df	Asymp. Sig. (2-sided)	Exact Sig. (2-sided)	Exact Sig. (1-sided)
Pearson Chi-Square	29.126[a]	1	.000		
Continuity Correction[b]	27.152	1	.000		
Likelihood Ratio	30.238	1	.000		
Fisher's Exact Test				.000	.000
Linear-by-Linear Association	28.883	1	.000		
N of Valid Cases	120				

a. 0 cells(0.0%) have expected count less than 5. The minimum expected count is 22.50.

b. Computed only for a 2x2 table.

本例为双向无序分类资料,χ^2 检验适用于此类资料的统计分析。Chi-Square Tests 是独立性 χ^2 检验表。在本例检验结果中,输出了多种重要方法的检验结果,其中皮尔逊 χ^2 (Pearson Chi-Square)值为 29.126,$df=1$,连续性校正的 χ^2(Continuity Correction)值为 27.152,似然比 χ^2(Likelihood Ratio)值为 30.238。几种重要 χ^2 检验零假设成立概率值 P 均小于 0.01。

在独立性检验中,当 $df=1$ 时,有必要进行连续性校正。主流统计软件均在 $df=1$ 的独立检验中提供连续性校正 χ^2。所以,本例以连续性校正的 χ^2 值为主下结论,$P<0.01$,差异极显著,说明暴露史与疾病发生有密切关联,即有暴露史的人群发病率极显著高于未暴露者的发病率。

【例 13.15】 乳房自检有利于乳腺癌的早期发现,Senie 等对年龄与乳房自检频率的相关性进行了研究,对 1216 名女性进行的调查研究如表 13-7 所示。问:该地区乳房自检频率是否与女性年龄相关?

表 13-7　某地区妇女年龄与乳房自检频率的关系

年　龄	乳房自检频率			合　计
	每月	偶尔	从不	
＜45	91(66.7)	90(93.1)	51(72.1)	232
45～59	150(145.4)	200(202.7)	155(157.0)	505
≥60	109(137.9)	198(192.2)	172(149.0)	479
合计	350	488	378	1216

SPSS 操作步骤：

①建立数据文件：包含实际观察次数变量 $frequency$、行变量 age、列变量 $inspection$。

②Data＜Weight Cases，打开加权对话框，点选 Weight cases by，选择 $frequency$ 变量进入 Frequency Variable，确定，返回主界面。

③Analyze＜Descriptive Statistics＜Crosstabs，将 age 选入行变量 Row(s)，将 $inspection$ 选入列变量 Column(s)框。

④点击 Statistics 按钮，点选 Chi-Square。点击 Cells 按钮，勾选 Observed、Expected。点选 Compare Column Proportions 及其下的 Adjust p-values（Bonferroni method）。点选 Percentages 下的 Column。点击 Continue 返回主对话框。

⑤在 Crosstabs 主对话框，点击 OK 确定，输出结果。

年龄 * 乳房自检频率交互表（Crosstabulation）为各类别的实际次数、理论次数、比率统计表。从表可见，在 45 岁以下妇女中，每月自检的比例（26.0%）显著高于偶尔和从不自检的比例（分别为 18.4%、13.5%），而后两者无显著差异。在 45～59 岁妇女中，每月、偶尔、从不自检比率无显著差异。在 60 岁以上妇女中，每月自检的比例（31.1%）显著低于偶尔和从不自检的比率（40.6%，45.5%），而后两者无显著差异。若要比较不同年龄段同一自检频率（每月、偶尔、从不）间差异，则将行变量和列变量互换即可。当然，这种类似于方差分析多重比较的检验应在下面 χ^2 检验表差异显著的基础上才有意义。

年龄 * 乳房自检频率 Crosstabulation

				乳房自检频率			Total
				每月	偶尔	从不	
年龄	＜45		Count	91a	90b	51b	232
			Expected Count	66.8	93.1	72.1	232.0
			% within 乳房自检频率	26.0%	18.4%	13.5%	19.1%
	45～59		Count	150a	200a	155a	505
			Expected Count	145.4	202.7	157.0	505.0
			% within 乳房自检频率	42.9%	41.0%	41.0%	41.5%
	≥60		Count	109a	198b	172b	479
			Expected Count	137.9	192.2	148.9	479.0
			% within 乳房自检频率	31.1%	40.6%	45.5%	39.4%
Total			Count	350	488	378	1216
			Expected Count	350.0	488.0	378.0	1216.0
			% within 乳房自检频率	100.0%	100.0%	100.0%	100.0%

Each subscript letter denotes a subset of 乳房自检频率 categories whose column proportions do not differ significantly from each other at the 05 level.

Chi-Square Tests

	Value	df	Asymp. Sig. (2-sided)
Pearson Chi-Square	25.086a	4	.000
Likelihood Ratio	25.192	4	.000
Linear-by-Linear Association	23.937	1	.000
N of Valid Cases	1216		

a.0 cells (0.0%) have expected count less than 5.The minimun expected count is 66.78.

从 χ^2 检验表可见,皮尔逊 χ^2 值为 25.086, $df=4$, $P<0.01$, 不同年龄段乳房自检频率分布不全相同。因此,年龄 * 乳房自检频率交互表中的各项比较是有意义的。

【例 13.16】 为探讨自身免疫性肝炎(AIH)的发病机制,Jing H.Ngu 等对 rsSNPs 与 AIH 发病之间的关系进行了研究,检测结果如表 13-8 所示。问:rsSNPs 是否与 AIH 的发病相关?

表 13-8 不同基因型与 AIH 发病率

组别	rsSNPs			合计
	AA	AG	GG	
AIH	10	26	41	77
Controls	13	109	333	455
合计	23	135	374	532

SPSS 操作步骤:

①建立数据文件:包含实际观察次数变量 *frequency*、行变量 *population*、列变量 *locus*。

②Data<Weight Cases,打开加权对话框,点选 Weight cases by,选择 *frequency* 变量进入 Frequency Variable,确定,返回主界面。

③Analyze<Descriptive Statistics<Crosstabs,将 *locus* 选入 Row(s),将 *population* 选入 Column(s)框。

④点击 Statistics 按钮,点选 Chi-Square。点击 Cells 按钮,勾选 Observed、Expected 并点选 Percentages 下的 Column。点选 Compare Column Proportions 及其下的 Adjust p-values (Bonferroni method)。点击 Continue 返回主对话框。

⑤在 Crosstabs 主对话框,点击 OK 确定,输出结果。

本例为双向无序资料。从基因型 * 群体交互表可见,对于 AA 纯合子,AIH 患病人群显著高于对照人群。对于 AG 杂合子,AIH 患病人群与对照人群无显著差异。对于 GG 纯合子,AIH 患病人群的频率显著低于对照人群。

基因型 * 群体 Crosstabulation

			群体		Total
			AIH 患者	对照	
等位基因型	AA 纯合子	Count	10[a]	13[b]	23
		Expected Count	3.3	19.7	23.0
		% within 群体	13.0%	2.9%	4.3%
	AG 杂合子	Count	26[a]	109[a]	135
		Expected Count	19.5	115.5	135.0
		% within 群体	33.8%	24.0%	25.4%
	GG 纯合子	Count	41[a]	333[b]	374
		Expected Count	54.1	319.9	374.0
		% within 群体	53.2%	73.2%	70.3%
Total		Count	77	455	532
		Expected Count	77.0	455.0	532.0
		% within 群体	100.0%	100.0%	100.0%

Each subscript letter denotes a subset of 群体 categories whose column proportions do not differ significantly from each other at the 05 level.

上述结论还可以通过 Analyze<Table<Custom 功能实现。若自行进行类别分割,结合 Bonferroni 校正进行多重比较,也会得到相似的结论。

Chi-Square Tests

	Value	df	Asymp. Sig. (2-sided)
Pearson Chi-Square	21.853[a]	2	.000
Likelihood Ratio	17.543	2	.000
Linear-by-Linear Association	19.115	1	.000
N of Valid Cases	532		

a.1 cells (16.7%) have expected count less than 5.The minimum expected count is 3.33.

从 χ^2 检验表可见, χ^2 值为 21.853, $df=2$, $P<0.01$, AIH 患者和健康对照人群的 rsSNPs 等位基因型频率分布不全相同。AIH 群体 GG 基因型频率低, 而 AA 基因型频率显著地高。

【**例 13.17**】　116 名婴儿的副食品供给和营养状况评价见表 13-9, 试分析两因素是否相关。

表 13-9　婴儿副食品供给与营养状况

		营养状况			总　计
		差	中	好	
副食品供给	充足	7	38	41	86
	不足	4	20	6	30
总计		11	58	47	116

SPSS 操作步骤:

①建立数据文件:包含实际观察次数变量 *count*、行变量 *supply*、列变量 *nutrition*。

②Data<Weight Cases, 打开加权对话框, 点选 Weight cases by, 选择 *count* 变量进入 Frequency Variable, 确定, 返回主界面。

③Analyze<Descriptive Statistics<Crosstabs, 将 *supply* 选入行变量 Row(s), 将 *nutrition* 选入列变量 Column(s)框。

④ 点击 Statistics 按钮, 点选 Chi-Square。点击 Cells 按钮, 勾选 Observed、Expected。点击 Continue 返回主对话框。

⑤ 在 Crosstabs 主对话框, 点击 OK 确定, 输出结果。

本例为单向有序分类资料, 其中行变量(分组变量)无序, 列变量(指标变量)有序。因此, 不可单独以皮尔逊 χ^2 为主下结论。在 SAS 统计学中, 对此类单向有序分类资料, 以 Cochran-Matel-Haenszel(CMH)统计量中的行均分差(Row mean score difference)为主下结论。但 SPSS 与 SAS 不同, 不直接给出此 3 项统计量, 而是只输出线性关联(Linear-by-Linear Association), 即 Matel-Haenszel χ^2。

Chi-Square Tests

	Value	df	Asymp. Sig. (2-sided)
Pearson Chi-Square	7.085[a]	2	.029
Likelihood Ratio	7.567	2	.023
Linear-by-Linear Association	5.901	1	.015
N of Valid Cases	116		

a. 1 cells (16.7%) have expected count less than 5. The minimum expected count is 2.84.

本例线性关联(Linear-by-Linear Association)等于 SAS 中的 Row mean score difference。因此, 应选用线性关联 χ^2 值 5.901 为检验统计量, $P=0.015$, 差异显著, 即副食品供给与婴儿营养状况密切相关。应该注意, 线性关联适用于列变量(指标变量)为有序变量的资料。但若列变量只有二分类,此时有序变量也可按无序变量处理。对于仅列变量有序的数据资料,除线性关联分析外,还可采用秩和检验来进行统计分析。

【例 13.18】 某研究收集了 164 名工人工龄与铅中毒相关数据,见表 13-10。试检验工龄与铅中毒之间有无关系。

表 13-10 工人工龄与铅中毒情况

		铅中毒情况			Total
		阴性	可疑	阳性	
工人工龄	短	58	14	4	76
	中	32	10	2	44
	长	24	12	8	44
Total		114	36	14	164

SPSS 操作步骤:

①建立数据文件:包含实际观察次数变量 *count*、行变量 *year*、列变量 *toxi*。

②Data＜Weight Cases,打开加权对话框,点选 Weight cases by,选择 *count* 变量进入 Frequency Variable,确定,返回主界面。

③Analyze＜Descriptive Statistics＜Crosstabs,将 *year* 选入行变量 Row(s),将 *toxi* 选入列变量 Column (s)框。

④点击 Statistics 按钮,点选 Chi-Square、Correlations、Gamma。点击 Cells 按钮,勾选 Observed、Expected。点击 Continue 返回主对话框。

⑤在 Crosstabs 主对话框,点击 OK 确定,输出结果。

Chi-Square Tests

	Value	df	Asymp. Sig. (2-sided)
Pearson Chi-Square	9.571[a]	4	.048
Likelihood Ratio	8.789	4	.067
Linear-by-Linear Association	7.307	1	.007
N of Valid Cases	164		

a. 2 cells (22.2%) have expected count less than 5. The minimum expected count is 3.76.

本例为双向有序且属性相同的分类资料,即行变量、列变量均为有序变量。对于此类资料,需要分析两有序变量之间是否存在线性相关关系或是否存在线性变化趋势,故需选用定性资料的相关分析或线性趋势检验。SAS 统计软件提供 Cochran-Matel-Haenszel(CMH)统计量,其中的非零相关(Nonzero correlation)适用于此类资料的分析。SPSS 只输出线性关联(Linear-by-Linear Association)结果。本例线性关联值为 7.307,$P=0.007$,差异极其显著,即工龄与工人铅中毒状况关系极其密切。

本例还选择输出有序变量(Ordinal variable)的 Gamma 和 Spearman 相关分析(Spearman Correlation)。从 SPSS 输出的对称性测度(Symmetric Measures)表来看,Gamma 和 Spearman 相关系数的 P 值均小于 0.05(分别为 0.017、0.013),表明这两种相关系数也具有统计学意义,此结论与前述线性关联分析相一致。据此,可认为工人工龄与铅中毒状况有密切相关性。

Symmetric Measures

		Value	Asymp. Std. Error[a]	Approx. T[b]	Approx. Sig.
Ordinal by Ordinal	Gamma	.317	.123	2.392	.017
	Spearman Correlation	.194	.079	2.512	.013[c]
Interval by Interval	Pearson's R	.212	.081	2.757	.006[c]
N of Valid Cases		164			

a. Not assuming the null hypothesis.

b. Using the asymptotic standard error assuming the null hypothesis.

c. Based on nonnal approximation.

【例 13.19】　用 A、B 两种方法检查已确诊的乳腺癌患者 140 名，A 法检出率为 65%，B 法检出率为 55%，检出结果见表 13-11。问：两种检测方法的检出率是否相同？

SPSS 操作步骤：

①建立数据文件；包含实际观察次数变量 $frequency$、行变量 A、列变量 B。

②Data＜Weight Cases，对 $frequency$ 变量进行加权。

③Analyze＜Descriptive Statistics＜Crosstabs，将 A 作为行变量选入 Row（s），将 B 选入列变量 Column（s）框。

④点击 Statistics 按钮，点选 Chi-Square、Kappa、McNemar。点击 Cells 按钮，选择 Observed、Expected。点击 Continue 返回主对话框。

⑤点击 OK 确定，输出结果。

表 13-11　两种方法乳腺癌检出率的比较

A 法	B 法	
	+	−
+	56	35
−	21	28
合计	77	63

本例属于配伍组设计的次数资料分析。在运行 SPSS 命令后，首先输出 A、B 两种方法的检测方法的交互表（A 法 * B 法 Crosstabulation），可检查数据输入是否正确。

A法　* B法　Crosstabulation

		B法		Total
		+	−	
A法	+	56	35	91
	−	21	28	49
Total		77	63	140

在接着输出的 χ^2 检验表中，输出了包括指定的 McNemar 检验（McNemar Test）在内的多种统计方法检验结果。本例比较 A、B 两种检测方法同时对同一批乳腺癌患者的测定结果，属于 2×2 配对设计，一般宜采取 McNemar 配对 χ^2 检验和 Kappa 一致性检验（简称 Kappa 检验）。从 χ^2 检验表可见，SPSS 菜单命令运行后输出的 McNemarχ^2 检验结果没有提供 χ^2 值，只提供 P 值。本例 McNemarχ^2 检验 P 值为 0.081，可以认为 A、B 两法检验结果无显著差异。在 χ^2 检验表后，SPSS 输出 Kappa 一致性检验（Kappa Measure of Agreement）结果表（Symmetric Measures）。

Chi-Square Tests

	Value	df	Asymp. Sig. (2-sided)	Exact Sig. (2-sided)	Exact Sig. (1-sided)
Pearson Chi-Square	4.491[a]	1	.034		
Continuity Correction[b]	3.768	1	.052		
Likelihood Ratio	4.491	1	.034		
Fisher's Exact Test				.050	.026
Linear-by-Linear Association	4.459	1	.035		
McNemar Test				.081[c]	
N of Valid Cases	140				

a. 0 cells (0.0%) have expected count less than 5. The minimum expected count is 22.05.

b. Computed only for a 2x2 table.

c. Binomial distribution used.

Symmetric Measures

		Value	Asymp. Std. Error[a]	Approx. T[b]	Approx. Sig.
Measure of Agreement	Kappa	.175	.082	2.119	.034
N of Valid Cases		140			

a. Not assuming the null hypothesis.
b. Using the asymptotic standard error assuming the null hypothesis.

Kappa 检验结果判定需要参照 Kappa 系数一致性强度判断指标。Landis 和 Koch 等将 Kappa 值按大小划分为六个区段，分别代表一致性的强弱程度。$K<0$ 时，一致性强度极差；$K=0\sim0.20$，微弱；$K=0.21\sim0.40$，弱；$K=0.41\sim0.60$，中度；$K=0.61\sim0.80$，高度；$K=0.81\sim1.00$，极强。本例 Kappa 值为 0.175，虽属于弱一致性，但 P 值（Approx.Sig.）为 0.034，小于 0.05，故可认为该弱一致性具有显著的统计学意义。综合 McNemar χ^2 检验结果，可认为两种测定方法结果无显著差异，结果具有一致性。

McNemar 配对 χ^2 检验与 Kappa 一致性检验均可用于配对设计的次数资料的分析。Kappa 检验重在检验两者的一致性，McNemar 配对 χ^2 检验重在检验两者间的差异。对同一样本数据，这两种检验也可能给出相互矛盾的结论。

【例 13.20】 为研究某基因对肿瘤发生易感性的影响，建立了该基因的基因敲除小鼠，该基因等位基因杂合型（−/＋）和野生型（＋/＋）小鼠在接受 γ 射线照射之后的肿瘤发生情况如表 13-12 所示，该基因是否影响小鼠对肿瘤的易感性？

表 13-12 某基因与小鼠的肿瘤易感性的关系

	肿 瘤	无 瘤	总 数	肿瘤生成率
（＋/＋）	3	16	19	15.79%
（−/＋）	9	10	19	47.37%
总数	12	26	38	

SPSS 操作步骤：

①建立数据文件；包含实际观察次数变量 *count*、行变量 *genotype*、列变量 *susceptibility*。

②Data<Weight Cases，对 *count* 变量进行加权。

③Analyze<Descriptive Statistics<Crosstabs，将 *genotype* 作为行变量选入 Row(s)，将 *susceptibility* 选入列变量 Column(s) 框。

④点击 Statistics 按钮，点选 Chi-Square。在 Cells 按钮下选择 Observed、Expected。在 Exact 按钮下选择 Exact。点击 Continue 返回主对话框。

⑤点击 OK 确定，输出结果。

基因型 * 敏感性 Crosstabulation

			敏感性		Total
			肿瘤	无瘤	
基因型	杂合型(-/+)	Count	3	16	19
		Expected Count	6.0	13.0	19.0
	野生型(+/+)	Count	9	10	19
		Expected Count	6.0	13.0	19.0
Total		Count	12	26	38
		Expected Count	12.0	26.0	38.0

Chi-Square Tests

	Value	df	Asymp. Sig. (2–sided)	Exact Sig. (2–sided)	Exact Sig. (1–sided)	Point Probability
Pearson Chi-Square	4.385[a]	1	.036	.079	.039	
Continuity Correction[b]	3.045	1	.081			
Fisher's Exact Test				.079	.039	

本例主要在于练习用 SPSS 进行 Fisher 精确性检验(Fisher's Exact Test)。从 χ^2 检验表看,Fisher 精确性检验双侧检验 P 值为 0.79,即杂合型和野生型基因型小鼠对肿瘤的易感性无显著差异。一般在某单元格理论次数小于 5 时,可依 Fisher 精确性检验作出结论。但从基因型 * 敏感性交互表(Crosstabulation)看,本例全部理论次数均大于 5,所以实际不宜用 Fisher 精确性检验为主作出统计结论。在实际的科研实践中,可以连续性校正 χ^2 值为主下结论。本例连续性校正 χ^2 检验 P 值为 0.081,与 Fisher 精确性检验结果相似。此外,尽管本例基因型与对肿瘤敏感性差异不显著,但 P 值与通常采用的显著水平 0.05 比较接近,所以还是应该引起重视。

在 SPSS 中,一般只在 $df=1$ 并且选择 Chi-Square 检验时,系统会自动输出 Fisher 精确性检验结果。若在 Exact 按钮下选择 Exact,可进行 $2 < df \leqslant 7$ 的 $r \times c$ 联列表 Fisher 精确性计算。

13.4　方差分析

方差分析是统计学的核心内容。SPSS 只提供了单因素方差分析模型(One-Way ANOVA),其他类型数据资料的方差分析需要应用普通线性模型(General Linear Model,GLM)求解。ANOVA 模型和 GLM 模型特点有所不同。ANOVA 适用于平衡的试验设计。若将 ANOVA 用于非平衡设计资料,则结果会有误差,甚至可能导出负的均方。对于非平衡设计资料,用 GLM 模型比较适宜。

在利用 SPSS 进行方差分析时,应预先验证数据资料的特性,即预先进行数据效应独立性、分布正态性、方差同质性检验。SPSS 单因素方差分析和普通线性模型均值提供方差同质性检验结果,各组效应独立性和分布正态性检验须用 SPSS 描述性统计命令中的探索性分析(Explore)来完成。有关方法可参见 t 检验部分。

13.4.1　单因素资料方差分析

【例 13.21】　某水产研究所为了比较 4 种不同配合饲料对鱼的饲喂效果,选取了条件基本相同的鱼 20 尾,随机分成 4 组,投喂不同饲料,经一个月试验以后,各组鱼的增重结果列于表 13-13。试检验各饲料平均增重效果是否有显著差异。

表 13-13　饲喂不同饲料后鱼的增重　　　　　　　　　　　　(单位:10 g)

饲　　料	鱼的增重(x_{ij})				
A_1	31.9	27.9	31.8	28.4	35.9
A_2	24.8	25.7	26.8	27.9	26.2
A_3	22.1	23.6	27.3	24.9	25.8
A_4	27.0	30.8	29.0	24.5	28.5

SPSS 操作步骤：

①建立数据文件，包括表示增重变化的变量 *weight*、分组变量 *feed*。

②Analyze＜Compare Means＜One-Way ANOVA，打开单因素方差分析对话框。

③在单因素方差分析对话框中，将 *weight* 选入因变量 Dependent List 栏，将 *feed* 选入分组变量 Factor 栏。

④点击 Post Hoc 按钮，勾选对话框中的 Duncan 法做多重比较，点击 Continue 返回方差分析主对话框。

⑤点击 Options 按钮，点选 Descriptive 和 Homogeneity of variance test，输出描述性统计和方差同质性检验结果，点击 Continue 返回。

⑥点击 OK 确定，输出结果。

程序运行后，首先输出基本统计分析，包括各水平的平均数（Mean）、标准差（Std. Deviation）、标准误（Std.Error）、平均数的 95％置信区间（95％ Confidence Interval for Mean）、最小值（Minimum）和最大值（Maximum）。

Descriptives

	N	Mean	Std. Deviation	Std. Error	95% Confidence Interval for Mean		Minimum	Maximum
					Lower Bound	Upper Bound		
A_1	5	31.1800	3.22754	1.44340	27.1725	35.1875	27.90	35.90
A_2	5	26.2800	1.16490	.52096	24.8336	27.7264	24.80	27.90
A_3	5	24.7400	1.99825	.89364	22.2588	27.2212	22.10	27.30
A_4	5	27.9600	2.36284	1.05669	25.0262	30.8938	24.50	30.80
Total	20	27.5400	3.24173	.72487	26.0228	29.0572	22.10	35.90

其次输出方差同质性检验结果表（Test of Homogeneity of Variances）。本例 Levene 检验统计量（Levene Statistic）为 1.330，$P=0.299>0.05$，可认为 4 种饲料组所在总体方差无显著差异，即满足方差同质性前提。

Test of Homogeneity of Variances

Levene Statistic	df1	df2	Sig.
1.330	3	16	.299

接着输出方差分析表。其中包括组间（Between Groups）和组内（Within Groups）平方和（Sum of Squares）、自由度（df）、均方（Mean Square）、F 值以及零假设成立的概率 P（Sig.）。本例 $F=7.136$，$P=0.003<0.01$，4 种饲料的增重效果总体上存在极显著差异。

ANOVA

	Sum of Squares	df	Mean Square	F	Sig.
Between Groups	114.268	3	38.089	7.136	.003
Within Groups	85.400	16	5.337		
Total	199.668	19			

最后输出的是多重比较结果。SPSS Post Hoc 对话框提供多种多重比较方法供选择，包括 *LSD*、S-N-K 法（Student-Newman-Keuls 法，q 检验法）、Duncan 法（*SSR* 法）、Bonferroni 法、Dunnett 法等。其中，*LSD* 法已不多用，常用的是 S-N-K 法、Duncan 法，这两种方法均以均值子集（Subset）的形式输出多重比较结果，便于用字母法表示多重比较结果。若是进行试验组与对照组比较，可选用 Dunnett 法。*LSD* 法、S-N-K 法、Duncan 法等多重比较方法第 I 类错误率高，国外研究者多不采纳。Bonferroni 法是为控制第 I 类错误率而建立的一种多重比较方法，在国外期刊发表论文时，选用 Bonferroni 法进行多重比较，相对容易被接受。

本例选用 Duncan 法进行多重比较。A_1、A_2、A_3、A_4 等 4 种饲料均数多重比较结果分别可

用 a、b、b、b 标记;其中 A_1 饲料效果最好,显著高于其他 3 种饲料的增重效果。多重比较表下部列的 P 值(Sig.)为各同质子集归为同一类的概率。若此概率低于 0.05,则同质子集就会发生解体,分解为不同的子集。本例 A_3、A_2、A_4 三种不同饲料组的均数归为同一子集的概率是 0.052,略大于显著水平 0.05;A_1 组均数单独为一类,自然概率为 1.00(100%)。

增重				
饲料	N	Subset for alpha=0.05		
		1		2
A_3	5	24.7400		
A_2	5	26.2800		
A_4	5	27.9600		
A_1	5			31.1800
Sig.		.052		1.000

【例 13.22】　某试验研究不同药物对腹水癌的治疗效果,将患腹水癌的 25 只小白鼠随机分为 5 组,每组 5 只。其中 A_1 组不用药作为对照,A_2、A_3 为两个不同的中药组,A_4、A_5 为两个不同的西药组,各组小白鼠的存活时间(d)如表 13-14 所示。问:下列各种情况下,相比结果如何?

(1)不用药物治疗与用药物治疗;

(2)中药与西药;

(3)中药 A_2 与中药 A_3;

(4)西药 A_4 与西药 A_5。

表 13-14　用不同药物治疗患腹水癌的小白鼠的存活时间　　　　　　　　(单位:d)

药　　物	各鼠存活时间(x_{ij})				
A_1	15	16	15	17	18
A_2	45	42	50	38	39
A_3	30	35	29	31	35
A_4	31	28	20	25	30
A_5	40	35	31	32	30

本例虽也属于单因素方差分析,但多重比较方法与前例不同,不能应用 Post Hoc 命令,而须采用 Contrasts 命令。SPSS Contrasts 命令既是通常所说的单一自由度的正交比较。Post Hoc 比较属于事后比较,是平均数的两两比较;Contrasts 比较属于事先比较,不仅可作两两比较,还可实现两个或多个水平组合与另外水平或水平组合效应的复杂比较。SPSS 提供的 Contrasts 比较方法主要如下。

(1)Indicator:指示对比,用于指定某一分类量的参照水平。

(2)Simple:简单对比,其他水平与指定的某一参照水平比较。

(3)Difference:差别比较,某个水平与其前面的所有水平平均值进行比较。

(4)Helmert:赫尔默特对比,分类变量某水平与其后面各水平平均值进行比较。

(5)Repeated:重复比较,各水平与前一水平相比较(第一水平除外)。

(6)Polynomial:多项式比较,仅用于数字型分类变量。有 Linear(线性)、Quadratic(二次方)、Cubic(三次方)、4th(四次方)和 5th(五次方)。

(7)Deviation:离差对比,除了所规定的参照水平外,其余水平均与总体平均水平比较。

（8）Special（Matrix）：不出现在菜单中，只有通过语法可以实现，可自由设定各种比较。

SPSS 操作步骤：

①建立数据文件：包含反应变量 *survival*、分组变量 *drug*。

②Analyze＜Compare Means＜One-Way ANOVA，打开单因素方差分析对话框。

③将变量 *survival* 选入因变量 Dependent List 栏，将变量 *drug* 选入分组因素 Factor 栏。

④点击 Contrasts 按钮，指定各比较系数。先在 Confficient 框内输入－4，点击 add 加入，然后依次输入 1、1、1、1 等 4 个数字，指定第 1 组对比系数（－4,1,1,1,1），表示对照组和用药组比较。然后点击 next，分别指定第 2 组对比系数（0,1,1,－1,－1）、第 3 组对比系数（0,1,－1,0,0）、第 4 组对比系数（0,0,0,1,－1），分别表示中药组与西药组、第一种中药与第二种中药、第一种西药与第二种西药之间的比较。点击 Continue 返回主对话框。

⑤点击 Options 按钮，点选 Descriptive 和 Homogeneity of Variance Test。点击 Continue 返回。

⑥点击 OK 确定，输出结果。

Test of Homogeneity of Variances

Levene Statistic	df1	df2	Sig.
1.804	4	20	.168

从方差同质性检验表（Test of Homogeneity of Variances）看，5 个组别的方差总体上没有显著差异，满足方差分析方差同质性的要求。

ANOVA

	Sum of Squares	df	Mean Square	F	Sig.
Between Groups	1905.440	4	476.360	34.320	.000
Within Groups	277.600	20	13.880		
Total	2183.040	24			

由方差分析表可知，$F=34.320$，$P<0.001$，所以拒绝零假设，接受备择假设，即各处理间效果总体有极显著差异，可以进行后续的比较。

Contrast Tests

		Contrast	Value of Contrast	Std. Error	t	df	Sig. (2-tailed)
生存时间	Assume equal variances	1	70.4000	7.45117	9.448	20	.000
		2	14.4000	3.33227	4.321	20	.000
		3	10.8000	2.35627	4.584	20	.000
		4	−6.8000	2.35627	−2.886	20	.009
	Does not assume equal variances	1	70.4000	4.35660	16.159	17.840	.000
		2	14.4000	3.67967	3.913	14.329	.001
		3	10.8000	2.51794	4.289	6.424	.004
		4	−6.8000	2.68328	−2.534	7.929	.035

在 Contrast Tests 比较结果中，因本例满足方差同质性条件，所以选择假设方差相同（Assume equal variances）情况下的分析结果。第一组比较，$t=9.448$，$P<0.001$，所以不用药和用药效果有极显著差异。第二组比较，$t=4.321$，$P<0.001$，中药和西药差异极显著，中药优于西药。第三组对比，$t=4.584$，$P<0.001$，两种中药组效果差异极显著，第一种中药（A_2）效果极显著好于第二种中药（A_3）；第四组对比，$t=−2.886$，$P<0.001$，两种西药效果差异极显著，第一种西药（A_4）效果极显著低于第二种西药（A_5）。

13.4.2　两因素资料方差分析

【例 13.23】 为研究雌激素对子宫发育的影响,现有 4 窝不同品系未成年的大白鼠,每窝 3 只,随机分别注射不同剂量的雌激素,然后在相同条件下试验,并称得它们的子宫质量,见表 13-15,试作方差分析。问:

(1)在各小鼠品系中,哪个品系效果最明显,哪个最不明显?

(2)在雌激素注射剂量中,中低剂量(0.002 mg/g 和 0.004 mg/g)组与高剂量(0.008 mg/g)组相比,效果有无差异?

表 13-15　各品系大白鼠注射不同剂量雌激素的子宫质量(g)

品系(A)	雌激素注射剂量(B)		
	B_1(0.002 mg/g)	B_2(0.004 mg/g)	B_3(0.008 mg/g)
A_1	106	116	145
A_2	42	68	115
A_3	70	111	133
A_4	42	63	87

SPSS 操作步骤:

①建立数据文件,包括表示子宫质量的变量 uterus,分组变量 mouse、estrogen。

②Analyze＜General Linear Model＜Univariate,打开普通线性模型对话框。

③将 uterus 选入因变量 Dependent Variable 栏,将 mouse 和 estrogen 变量选入固定因素 Fixed Factors 栏。

④点击模型 Model 按钮,点选 Custom,分别将 mouse、estrogen 选入,以制定 mouse＋ estrogen 的主效应模型。左下角的平方和(Sum of squares)计算方法选择缺省的Ⅲ型平方和 (Type Ⅲ),保留 Include intercept in model 选项,点击 Continue 返回。

⑤点击 Post Hoc 按钮,选择 mouse 变量进入右边的 Post Hoc Test for 栏。点选下面的 Duncan 法,点击 Continue 返回。

⑥点击 Options 按钮,点选 Descriptive statistics 和 Homogeneity tests,点击 Continue 返回。

⑦点击 Paste 按钮打开语法编辑器,在倒数第 2 行处加上一行语句:

/CONTRAST(estrogen)＝special (1,1,－2).

⑧点击菜单栏中的 Run 命令,输出结果。

Levene's Test of Equality of Error Variancesa

Dependent Variable:子宫质量

F	df1	df2	Sig.
.	11	0	.

本例为两因素无重复观察值资料,每个单元格(交叉组合)只有 1 个观察值,所以无法检测方差同质性,不能输出 Levene 检验结果。

Tests of Between-Subjects Effects

Source	Type III Sum of Squares	df	Mean Square	F	Sig.
Corrected Model	12531.667[a]	5	2506.333	27.677	.000
Intercept	100467.000	1	100467.000	1109.452	.000
mouse	6457.667	3	2152.556	23.771	.001
estrogen	6074.000	2	3037.000	33.537	.001
Error	543.333	6	90.556		
Total	113542.000	12			
Corrected Total	13075.000	11			

a. R Squared=.958(Adjusted R Squared=.924)

本例为两因素无重复观察值资料的方差分析案例,两个因素均为固定因素。组间效应方差分析表(Tests of Between-Subjects Effect)中包含了 F 检验的重要结果,其中有各种组间效应、残差效应及总变异的平方和(Sum of Squares)、自由度(df)、均方(Mean Square)、F 值以及各效应项的 P(Sig.)值。其中平方和为 III 型平方和(Type III Sum of Squares),是 SPSS 提供的 4 种平方和分解方法之一。SPSS 提供的 4 种平方和分解方法的特点如下:

I 型平方和:研究因素按影响大小有主次之分,按因素引入模型的顺序依次对每项进行调整,适用于平衡模型和嵌套模型。在系统分组资料,特别是样本容量不等的系统分组资料进行方差分析时,必须选用 I 型平方和。

II 型平方和:对其他所有效应均进行调整。适用于完全平衡设计、只牵涉主效应的设计以及纯粹的回归分析。

III 型平方和:这是系统默认、适用面最广的方差分解方法,对其他所有效应进行调整,但其计算方法也适用于不平衡的设计。适用于 I 型、II 型所列范围以及无缺失单元格的不平衡模型。

IV 型平方和:专门针对含有缺失单元格的数据而设计,主要用于含缺失单元格的不平衡设计。

由组间效应方差分析表可知,总平方和(Total)、截距项(校正值 C)平方和分别为 113542.000、100467.000,两者之差等于校正平方和(Corrected Total)13075.000。分组因素(小鼠品系变量 mouse、雌激素注射剂量变量 estrogen)的平方和分别为 6457.667、6074.000,误差(Error)平方和为 543.333,3 项平方和之和也等于校正平方和 13075.000。分组变量 mouse、estrogen 以及误差的自由度分别为 3、2、6,三者之和等于校正模型自由度 11。分组变量 mouse、estrogen 以及误差的均方分别为 2152.556、3037.000、90.556,分组变量的 F 值分别是 23.771、33.537,对应的 P 值均等于 0.001,据此可认为两因素主效应均极显著。

子 宫 质 量

小鼠品系	N	Subset	
		1	2
A_4	3	64.0000	
A_2	3	75.0000	
A_3	3		104.6667
A_1	3		122.3333
Sig.		.207	.063

对小鼠品系因素 mouse 各水平间进行 Duncan 法多重比较,A_3、A_1 品系的子宫质量显著高于 A_4、A_2 品系。

Contrast Results (K Matrix)

雌激素注射剂量 Special Contrast			Dependent Variable
			子宫质量
L1	Contrast Estimate		-85.500
	Hypothesized Value		0
	Difference (Estimate – Hypothesized)		-85.500
	Std. Error		11.655
	Sig.		.000
	95% Confidence Interval for Difference	Lower Bound	-114.018
		Upper Bound	-56.982

Contrast Results（K Matrix）表输出的是关于雌激素注射剂量间 Contrast 比较结果。由表可见,中低剂量组(0.002 mg/g 和 0.004 mg/g)与高剂量组(0.008 mg/g)相比,$P < 0.001$,差异极显著,中低剂量组平均子宫质量极显著低于高剂量组平均子宫质量。

【例 13.24】　为了研究饲料中钙磷含量对幼猪生长发育的影响,将钙(A)、磷(B)在饲料中的含量各分 4 个水平进行交叉分组试验。先用品种、性别、日龄相同,初始体重基本一致的幼猪 48 头,随机分成 16 组,每组 3 头,用能量、蛋白质含量相同的饲料在不同钙磷用量搭配下各喂一组猪,经两个月试验,幼猪增重(kg)结果列于表 13-16,试分析钙磷对幼猪生长发育的影响。

表 13-16　不同钙磷用量(％)的试验猪增重(kg)结果

	B_1(0.8)	B_2(0.6)	B_3(0.4)	B_4(0.2)
A_1(1.0)	22.0	30.0	32.4	30.5
	26.5	27.5	26.5	27.0
	24.4	26.0	27.0	25.1
A_2(0.8)	23.5	33.2	38.0	26.5
	25.8	28.5	35.5	24.0
	27.0	30.1	33.0	25.0
A_3(0.6)	30.5	36.5	28.0	20.5
	26.8	34.0	30.5	22.5
	25.5	33.5	24.6	19.5
A_4(0.4)	34.5	29.0	27.5	18.5
	31.4	27.5	26.3	20.0
	29.3	28.0	28.5	19.0

SPSS 操作步骤:

①建立数据文件,包括仔猪增重变量 *weight*,分组变量 *Ca*、*P*、*CaP*。其中 *CaP* 变量为钙磷水平合并变量。

②Analyze＜General Linear Model＜Univariate,打开普通线性模型对话框。

③在对话框中,将 *weight* 选入 Dependent Variable,将 *Ca* 和 *P* 变量选入 Fixed Factors 栏。

④点击 Model 按钮,在其中点选 Custom,先分别点击 *Ca*、*P* 变量进入右侧栏,再按住计算

机的 Ctrl 键,将左侧栏中的 Ca、P 变量同时调入右侧栏,生成 $Ca*P$ 的交互作用项。其实,本例全因子模型即包含 Ca、P、$Ca*P$ 效应,直接应用缺省的 Full 模型也可。

⑤点击 Options 按钮,点选 Factors and Interaction 栏内 $Ca*P$,选入右侧的 Display Means for 栏内。点选 Descriptive 和 Homogeneity of Variance Test,点击 Continue 返回。

⑥点击 Paste 按钮,将语法编辑器内的语句

/Emmeans＝Tables($Ca*P$)

修改为/Emmeans＝Tables($Ca*P$) Compare(Ca)

以输出简单效应。

⑦点击菜单栏中的 Run,输出结果。

Tests of Between−Subjects Effects

Source	Type Ⅲ Sum of Squares	df	Mean Square	F	Sig.
Corrected Model	834.905[a]	15	55.660	12.083	.000
Intercept	36680.492	1	36680.492	7962.480	.000
Ca	44.511	3	14.837	3.221	.036
P	383.736	3	127.912	27.767	.000
Ca * P	406.659	9	45.184	9.808	.000
Error	147.413	32	4.607		
Total	37662.810	48			
Corrected Total	982.318	47			

本例为两因素有重复观察值(析因设计)资料的方差分析,两因素均为固定因素,但水平组合观察值有重复。F 检验结果表明,Ca 主效应显著($P=0.036$),P 主效应极显著($P<0.001$),交互作用极显著($P<0.001$),说明不同 Ca 水平、不同 P 水平以及 Ca、P 两因素交互作用均有显著或极显著的统计学意义。

在方差分析表之后,系统还会输出 Pairwise Comparisons 表,即两因素各水平的简单效应比较(此处从略)。因两因素交互作用效应显著,可不必进行各因素主效应多重比较,而应进行交叉组合(处理)效应的多重比较。SPSS 不能直接进行交叉组合效应的多重比较。因此,需要将原来的两个变量的各水平合并,组成新变量 CaP。在两因素方差分析的基础上,再进行单因素方差分析。

SPSS 操作步骤:

①Analyze<General Linear Model<Univariate,打开普通线性模型对话框。

②在对话框中,将 $Weight$ 选入 Dependent Variable,将 CaP 变量选入 Fixed Factor(s)栏。

③点击 Post Hoc 按钮,选择 CaP 变量进入右边的 Post Hoc Test for 栏。点选下面的 Duncan 法,点击 Continue 返回。

④点击 Options 按钮,勾选 Descriptive statistics 和 Homogeneity tests,点击 Continue 返回。

⑤点击菜单栏中的 Run,输出结果。

F 检验和方差齐性检验结果与前述两因素有重复观察值方差分析一致,不必要再细看。此次操作主要输出水平组合多重比较结果。

仔猪增重

钙磷组合	N	Subset							
		1	2	3	4	5	6	7	8
44	3	19.1667							
34	3	20.8333	20.8333						
11	3		24.3000	24.3000					
24	3			25.1667	25.1667				
21	3			25.4333	25.4333				
43	3			27.4333	27.4333	27.4333			
14	3			27.5333	27.5333	27.5333			
31	3			27.6000	27.6000	27.6000			
33	3			27.7000	27.7000	27.7000			
12	3			27.8333	27.8333	27.8333	27.8333		
42	3			28.1667	28.1667	28.1667	28.1667		
13	3				28.6333	28.6333	28.6333		
22	3					30.6000	30.6000		
41	3						31.7333	31.7333	
32	3							34.6667	34.667
23	3								35.500
Sig.		.349	.057	.067	.100	.129	.053	.104	.638

从多重比较结果看，Ca 因素的第二水平（0.8%）和 P 因素的第三水平（0.4%）组合效应最好，增重均值达到 35.500 kg。该组合饲料增重显著高于除 Ca 第三水平（0.6%）和 P 的第二水平（0.6%）以外的其他各种钙磷水平组合饲料。用字母法表示多重比较结果如下：

组合	11	12	13	14	21	22	23	24	31	32	33	34	41	42	43	44
字母	bc	cdef	def	cde	cd	ef	h	cd	cde	gh	cde	ab	fg	cdef	cde	a

【例 13.25】　研究猪食用不同饲料对增重的影响。A（大豆粉＋不同含量的蛋白质）：A_1（加 14% 蛋白质）、A_2（加 12% 蛋白质）；B（玉米中己氨酸的含量）：B_1（含 0.6% 己氨酸）、B_2（缺乏己氨酸），共有 4 种不同的饲料配方。用 24 头猪做此试验，以猪的初始体重为区组因素，按上述方法把 24 头猪分成 6 个配伍组，使每组的 4 头猪随机地被分配到 4 种饲料组中去，设计和资料见表 13-17，试进行方差分析。

表 13-17　2 种饲料对同期内猪增重的影响　　　　　　　　（单位：kg）

区组	A	B	增重 x	区组	A	B	增重 x	区组	A	B	增重 x
1	1	1	1.38	3	1	1	1.08	5	1	1	1.40
1	1	2	1.52	3	1	2	1.45	5	1	2	1.27
1	2	1	1.22	3	2	1	1.13	5	2	1	1.34
1	2	2	1.11	3	2	2	0.97	5	2	2	1.09
2	1	1	1.09	4	1	1	1.09	6	1	1	1.47
2	1	2	1.48	4	1	2	1.22	6	1	2	1.53
2	2	1	0.87	4	2	1	1.00	6	2	1	1.16
2	2	2	1.03	4	2	2	0.97	6	2	2	0.99

SPSS 操作步骤：

①建立数据文件：包括区组因素变量 S，处理因素变量 A、B 以及日增重变量 x。

②Analyze＜General Linear Model＜Univariate，打开普通线性模型对话框。

③在对话框中，将 x 选入 Dependent Variable，将 A、B 选入 Fixed Factors 栏，将 S 选入 Random Factors 栏。

④点击 Model 按钮,选择 Custom,制定 $A+B+S+A*B$ 的模型。点击 Continue 返回。

⑤点击 Options 按钮,点选 Descriptive statistics、tests。点击 Continue 返回。

⑥点击 OK,输出结果。

本例为随机因素(区组)的析因设计方差分析,其中 S 变量为随机因素。一个研究变量究竟属于随机因素还是固定因素,一般因研究目的和试验设计方法而定。生物学研究中多数因素属于固定因素,但单位组(配伍组)、试验单位(如受试者)以及系统分组资料中的低级因素多数情况下可指定为随机因素。在 SPSS 中,当模型中有随机因素时,不再进行总模型的检验,而是分别进行每个因素的单独检验,且所用的误差项也分别单独设置。在度量交互作用项的模型中,如错误将随机因素指定为固定因素,则可能得不到正确的检验结果。但若模型中不含交互项,且属于完全试验设计,则随机因素的误差分解方式将和固定因素相同,计算结果没有差异。

组间效应分析表(Tests of Between-Subjects Effects)结果表明,A 因素、S 因素以及 A * B 效应差异均显著或极显著。所以可合并 A 因素和 B 因素,形成新的 AB 因素,再次进行方差分析和交叉组合多重比较。

Tests of Between-Subjects Effects

Source		Type Ⅲ Sum of Squares	df	Mean Square	F	Sig.
Intercept	Hypothesis	34.704	1	34.704	862.215	.000
	Error	.201	5	.040[a]		
A	Hypothesis	.400	1	.400	28.459	.000
	Error	.211	15	.014[b]		
B	Hypothesis	.007	1	.007	.474	.502
	Error	.211	15	.014[b]		
S	Hypothesis	.201	5	.040	2.861	.052
	Error	.211	15	.014[b]		
A * B	Hypothesis	.096	1	.096	6.842	.019
	Error	.211	15	.014[b]		

13.4.3 系统分类资料方差分析

【例 13.26】为测定 3 种不同来源鱼粉的蛋白质消化率,在不含蛋白质的饲料里按一定比例分别加入不同的鱼粉 A_1、A_2、A_3,配制成饲料,各喂 3 头试验动物(B)。收集排泄物,风干、粉碎、混合均匀。分别从每头动物的排泄物中各取两份样品进行化学分析。测定结果(x_{ijl})列于表 13-18,试分析不同来源鱼粉的蛋白质消化率是否有显著差异。

表 13-18 蛋白质的消化率

鱼粉 A	个体 B	测定结果(x_{ijl})	
	B_{11}	82.5	82.4
A_1	B_{12}	87.1	86.5
	B_{13}	84.0	83.9
	B_{21}	86.6	85.8
A_2	B_{22}	86.2	85.7
	B_{23}	87.0	87.6
	B_{31}	82.0	81.5
A_3	B_{32}	80.0	80.5
	B_{33}	79.5	80.3

SPSS 操作步骤:

① 建立数据文件:包括消化率变量 *digestion*、鱼粉变量 *meal*、动物个体变量 *animal*。

② Analyze < General Linear Model < Univariate。指定 *digestion* 为 Dependent Variable,*meal* 为 Fixed Factors,*animal* 为随机变量。

③ 点击 Model 按钮,在对话框中点选 Custom,将 Build Term 项改为 Main Effects,分别选定 Factor 栏中的 *meal* 和 *animal* 变量,调入右侧 Model 栏。另外,在左下角 Sum of Square 栏的下拉菜单中,将缺省设置 Type Ⅲ 改为 Type Ⅰ。点击 Continue 返回主对话框。

④点击 Post Hoc 按钮,在对话框中,将左侧 Factors 栏内的 *meal* 调入右侧的 Post Hoc Test for 栏内,再点选下方的 Duncan 法。点击 Continue 返回主对话框。

⑤点击 Options 按钮,点选 Descriptive statistics。点击 Continue 返回主对话框。

⑥点击 Paste 按钮,打开语法编辑器,修改语句。主要修改点如下:

原语句:/Posthoc = *meal*(Duncan)　修改为:/Posthoc = *meal*(Duncan) vs *animal*(*meal*)

原语句:/Design = *meal animal*.　修改为:/Design = *meal animal*(*meal*).

上述语句修改意在建立嵌套模型,并将一级因素多重比较时的误差项改为一级因素内二级因素效应。还须注意,只有最后语句后有一个“.”;另外,注意使用包括英文标点(括号等),否则很容易出错。

⑦在菜单栏内,点击 Run,运行程序,输出结果。

本例为系统分组资料方差分析。SPSS 菜单和窗口不能直接完成嵌套模型的定制,需要修改语法方可。另外,在进行分析时应注意选用 Type Ⅰ平方和,否则在样本容量不等时不能获得正确的变异剖分。

运行程序后,输出的组间因素效应表(Tests of Between-Subjects Effects)即方差分析表。可见,在 F 检验中,一级因素鱼粉 *meal* 的主效应 $F = 12.433$,$P < 0.01$,差异极显著。一级因素内二级因素 *animal*(*meal*) 的效应也极显著,$P < 0.01$。在 Tests of Between-Subjects Effects 表的下面注释中可看到,一级因素 *meal* 的 F 检验是以一级因素内二级因素 *animal*(*meal*) 的均方 $MS(animal(meal))$ 为误差项的,而一级因素内二级因素 *animal*(*meal*) 的 F 检验是以模型的误差均方(MS)为误差项的。因此,本例模型指定正确,一级因素主效应显著,即三种鱼粉消化率总体有极显著差异。从随后输出的多重比较表可见,A_3 鱼粉的消化率显著低于其他两种鱼粉。

Tests of Between-Subjects Effects

Source		Type Ⅰ Sum of Squares	df	Mean Square	F	Sig.
Intercept	Hypothesis	126521.267	1	126521.267	29820.385	.000
	Error	25.457	6	4.243[a]		
meal	Hypothesis	105.501	2	52.751	12.433	.007
	Error	25.457	6	4.243[a]		
animal(meal)	Hypothesis	25.457	6	4.243	27.570	.000
	Error	1.385	9	.154[b]		

a. MS(animal(meal))
b. (MS)

消化率

鱼粉	N	Subset	
		1	2
A_3	6	80.6333	
A_1	6		84.4000
A_2	6		86.4833
Sig.		1.000	.130

13.4.4　其他类型资料的方差分析

1.交叉试验设计资料方差分析

【例 13.27】　为研究新配方饲料对奶牛产奶量的影响,设置对照饲料 A_1 和新饲料配方 A_2 两个处理,选择条件相近的奶牛 10 头,随机分为 B_1、B_2 两组,每组 5 头,预试期 1 周。试验分为 C_1、C_2 两期,每期两周,按 2×2 交叉设计进行试验。试验结果列于表 13-19。试检验新饲料配方对提高产奶量有无效果。

表 13-19　新配方饲料对奶牛
产奶量的影响

时期 C	C_1	C_2
处理 A	A_1	A_2
B_{11}	13.8	15.5
B_{12}	16.2	18.4
B_{13}	13.5	16.0
B_{14}	12.8	15.8
B_{15}	12.5	14.5
处理 A	A_2	A_1
B_{21}	14.3	13.5
B_{22}	20.2	15.4
B_{23}	18.6	14.3
B_{24}	17.5	15.2
B_{25}	14.0	13.0

SPSS 操作步骤：

①建立数据文件：包括 $weight$、$treat$、$period$、$sequence$、ID，分别代表增重、处理、试验期、试验顺序（A_1A_2，A_2A_1）、动物个体号。

②Analyze＜General Linear Model＜Univariate。指定 $weight$ 为 Dependent Variable，指定 $treat$、$period$、$sequence$ 为 Fixed Factors，ID 为随机变量。

③点击 Model 按钮，在对话框中点选 Custom，将 Build Term 项改为 Main Effects，分别选定 Factor 栏中的 $treat$、$period$、$sequence$、ID 变量，调入右侧 Model 栏。另外，在左下角 Sum of Square 栏的下拉菜单中，将缺省设置 Type Ⅲ 改为 Type Ⅰ。点击 Continue 返回主对话框。

④点击 Paste 按钮，打开语法编辑器。将原语法中最后一行
/DESIGN＝$treat$ $period$ $sequence$ ID.
改为/DESIGN＝$treat$ $period$ $sequence$ $ID(sequence)$.
注意最后的"."不能缺失。

⑤Run＜All，运行程序，输出结果。

本例为 $2×2$ 交叉设计试验数据的方差分析。在此类试验设计资料的方差分析中，应该特别注意模型的设置。一般要在模型中纳入处理因素、试验期、顺序、个体等因素，并注意设置嵌套效应，即 $ID(sequence)$；不要设置互作效应。此外，应使用 Type Ⅰ 而非 Type Ⅲ 平方和分解方法，这样才能取得正确的计算结果。

Tests of Between-Subjects Effects

Source		Type Ⅰ Sum of Squares	df	Mean Square	F	Sig.
Intercept	Hypothesis	4651.250	1	4651.250	861.742	.000
	Error	43.180	8	5.397[a]		
treat	Hypothesis	30.258	1	30.258	33.159	.000
	Error	7.300	8	.913[b]		
period	Hypothesis	.162	1	.162	.178	.685
	Error	7.300	8	.913[b]		
sequence	Hypothesis	2.450	1	2.450	.454	.519
	Error	43.180	8	5.397[a]		
ID(sequence)	Hypothesis	43.180	8	5.397	5.915	.011
	Error	7.300	8	.913[b]		

a.　MS(id(sequence))
b.　MS(Error)

从方差分析表（Tests of Between-Subjects Effects）可见，处理因素（treat）效应 $F＝33.159$，$P＜0.001$。可判定 A_2 饲料（$16.48±0.66$）极显著优于 A_1 饲料（$14.02±0.39$）。个体因素效应（ID(sequence)）$F＝5.915$，$P＝0.011$，有显著的统计意义，反映了个体间存在明显差异。因此，在样本容量较小的情况下，将个体效应分离出来，有利于降低试验误差，准确估计试验处理效应。顺序和试验期效应不显著，说明两次试验之间清洗时间足够，完全消除了这些因素对试验结果的影响，符合预期结果。

【例 13.28】　进行队列研究，分析 4 种不同剂量的气溶胶制剂对人血液抗生素水平的影响。采取 4 阶段交叉设计，清洗期为 3 天。将受试者随机分入 4 种用药次序组，以处理后 6 h AUC 值作为因变量，数据见表 13-20。分析 4 种剂量间血液抗生素水平是否有显著差异。

表 13-20　4 种不同剂量(A,B,C,D)气溶胶制剂对人血液抗生素水平的影响

Dosing Sequence	Subject Number	Period1	Period2	Period3	Period4
A-B-D-C	102	2.31	3.99	11.75	4.78
	106	3.95	2.07	7.00	4.20
	109	4.40	6.40	9.76	6.12
B-C-A-D	104	6.81	8.38	1.26	10.56
	105	9.05	6.85	4.79	4.86
	111	7.02	5.70	3.14	7.65
C-D-B-A	101	6.00	4.79	2.35	3.81
	108	5.25	10.42	5.68	4.48
	112	2.60	6.97	3.60	7.54
D-A-C-B	103	8.15	3.58	8.79	4.94
	107	12.73	5.31	4.67	5.84
	110	6.46	2.42	4.58	1.37

SPSS 操作步骤:

①建立数据文件:包括 AUC、$DOSE$、PER、$SEQGRP$、PAT、CO、COA、COB、COC 等 9 个变量。其中 AUC、$DOSE$、PER、$SEQGRP$、PAT 分别代表药时曲线下面积、剂量、试验期、次序、受试者。CO 表示延滞效应,其值为前一剂量组的序号;对于第 1 剂量组(A),赋值为 0。COA 是以剂量 D 为参照的延滞效应,若为剂量 A,则赋值为$+1$;对于剂量 D,赋值为-1;对于 B、C 剂量,赋值为 0。COB 和 COC 的意义及其赋值类似于 COA。

②Analyze＜General Linear Model＜Univariate。指定 AUC 为 Dependent Variable,指定 $DOSE$、PER、$SEQGRP$、CO 为 Fixed Factors,PAT 为随机变量。

③点击 Model 按钮,在对话框中点选 Custom,将 Build Term 项改为 Main Effects,分别选定 Factor 栏中的 $DOSE$、PER、$SEQGRP$、PAT、CO 变量进入 Model 栏。在左下角 Sum of Square 栏的下拉菜单中,将缺省设置 Type Ⅲ 改为 Type Ⅰ。点击 Continue 返回主对话框。

④点击 Paste 按钮,打开语法编辑器。将原语法中最后一行

/DESIGN＝$DOSE$ PER $SEQGRP$ PAT CO.

改为/DESIGN＝$DOSE$ PER $SEQGRP$ $PAT(SEQGRP)$ CO.

⑤Run＜All,运行程序。输出主要结果如下:

Tests of Between-Subjects Effects

Source		Type Ⅰ Sum of Squares	df	Mean Square	F	Sig.
Intercept	Hypothesis	1577.011	1	1577.011	259.093	.000
	Error	48.693	8	6.087[a]		
DOSE	Hypothesis	134.453	3	44.818	11.537	.000
	Error	104.890	27	3.885[b]		
PER	Hypothesis	3.993	3	1.331	.343	.795
	Error	104.890	27	3.885[b]		
SEQGRP	Hypothesis	7.111	3	2.370	.389	.764
	Error	48.693	8	6.087[a]		
PAT(SEQGRP)	Hypothesis	48.693	8	6.087	1.567	.182
	Error	104.890	27	3.885[b]		
CO	Hypothesis	30.936	3	10.312	2.654	.069
	Error	104.890	27	3.885[b]		

a.　MS(PAT(SEQGRP))

b.　MS(Error)

本例为 4×4 交叉设计试验数据的方差分析。在利用 SPSS 进行方差分析时,要在模型中

纳入处理因素、试验期、顺序、个体、延滞效应等因素，并注意设置嵌套效应。本例首先定制 $DOSE+PER+SEQGRP+PAT(SEQGRP)+CO$ 的模型。运行程序后，从方差分析表（Tests of Between-Subjects Effects）可见，剂量效应极显著。另外，延滞效应 CO 的平方和达 30.936，$P=0.069$，接近显著，因此，有必要对延滞效应进行进一步分析。

为进一步研究延滞效应，重新运行交叉设计 GLM 模型：去掉原模型中的 CO 变量，而将变量 COA、COB、COC 选入协变量 Covariate(s) 栏，同时在 Model 项中设定这 3 项的主效应。运行程序，可得到 COA、COB、COC 效应。从重新运行程序后输出的 Tests of Between-Subjects Effects 表格可见，最大的延滞效应是由剂量 B 所致，P 值为 0.027。

Tests of Between-Subjects Effects

Source		Type I Sum of Squares	df	Mean Square	F	Sig.
Intercept	Hypothesis	1577.011	1	1577.011	259.093	.000
	Error	48.693	8	6.087[a]		
DOSE	Hypothesis	134.453	3	44.818	11.537	.000
	Error	104.890	27	3.885[b]		
PER	Hypothesis	3.993	3	1.331	.343	.795
	Error	104.890	27	3.885[b]		
SEQGRP	Hypothesis	7.111	3	2.370	.389	.764
	Error	48.693	8	6.087[a]		
PAT (SEQGRP)	Hypothesis	48.693	8	6.087	1.567	.182
	Error	104.890	27	3.885[b]		
COA	Hypothesis	.087	1	.087	.022	.882
	Error	104.890	27	3.885[b]		
COB	Hypothesis	21.352	1	21.352	5.496	.027
	Error	104.890	27	3.885[b]		
COC	Hypothesis	9.497	1	9.497	2.445	.130
	Error	104.890	27	3.885[b]		

a. MS(PAT)
b. MS(Error)

2.拉丁方试验设计资料的方差分析

【例 13.29】 为研究不同温度对蛋鸡产蛋量的影响，将 5 栋鸡舍的温度设为 A、B、C、D、E，把各栋鸡舍的鸡群的产蛋期分为 5 个时期，由于各鸡群和产蛋期的不同对产蛋量有较大的影响，因此采用拉丁方设计，把鸡群和产蛋期作为单位组设置，以便控制这两个方面的系统误差。试验结果见表 13-21，试进行方差分析。

表 13-21　5 种温度对母鸡产蛋量影响试验结果 　　　　　　　　（单位:个）

产 蛋 期	鸡群				
	一	二	三	四	五
I	D(23)	E(21)	A(24)	B(21)	C(19)
II	A(22)	C(20)	E(20)	D(21)	B(22)
III	E(20)	A(25)	B(26)	C(22)	D(23)
IV	B(25)	D(22)	C(25)	E(21)	A(23)
V	C(19)	B(20)	D(24)	A(22)	E(19)

SPSS 操作步骤：

①建立数据文件，包括产蛋量变量 *yield*、分组变量 *temperature*、*stage*、*flock*。

②Analyze＜General Linear Model＜Univariate，打开普通线性模型对话框。

③在对话框中，将 *yield* 选入 Dependent Variable，将 *temperature* 变量选入 Fixed Factors

栏,将 *stage* 和 *flock* 选入 Random Factors 栏。

④点击 Model 按钮,点选 Custom,将 *temperature*、*stage*、*flock* 变量选入,制定 *temperature*＋*stage*＋*flock* 的主效应模型。点击 Continue 返回。

⑤点击 Post Hoc 按钮,将 *temperature* 变量选入右边的 Post Hoc Test for 栏。点选下面的 Duncan 法,点击 Continue 返回。

⑥点击 Options 按钮,点选 Descriptive。点击 Continue 返回。

⑦点击 OK 确定,输出结果。

Tests of Between-Subjects Effects

Source		Type III Sum of Squares	df	Mean Square	F	Sig.
Intercept	Hypothesis	12056.040	1	12056.040	1108.771	.000
	Error	65.728	6.045	10.873		
temperature	Hypothesis	33.360	4	8.340	5.535	.009
	Error	18.080	12	1.507		
stage	Hypothesis	27.360	4	6.840	4.540	.018
	Error	18.080	12	1.507		
flock	Hypothesis	22.160	4	5.540	3.677	.035
	Error	18.080	12	1.507		

产蛋量

温度	N	Subset		
		1	2	3
E	5	20.2000		
C	5	21.0000	21.0000	
D	5		22.6000	22.6000
B	5			22.8000
A	5			23.2000
Sig.		.323	.062	.477

Tests of Between-Subjects Effects 表中的 F 检验信息表明,*temperature* 因素主效应极显著,*stage*、*flock* 因素主效应显著。因 *temperature* 是研究的主要因素,*stage* 和 *flock* 是试验控制因素,所以只对 temperature 因素进行多重比较。可见,温度 A、B 环境下的鸡群产蛋量显著高于 C、E 温度环境下的鸡群产蛋量,D 温度下的产蛋量也显著高于 E 温度下的产蛋量。

【例 13.30】　假设表 13-21 中第 1 行数据缺失,试验数据如表 13-22 所示。试进行方差分析。

表 13-22　5 种温度对母鸡产蛋量影响试验结果(部分缺失)　　　　　　(单位:个)

产蛋期	鸡群				
	一	二	三	四	五
II	A(22)	C(20)	E(20)	D(21)	B(22)
III	E(20)	A(25)	B(26)	C(22)	D(23)
IV	B(25)	D(22)	C(25)	E(21)	A(23)
V	C(19)	B(20)	D(24)	A(22)	E(19)

本例属于不完全拉丁方设计试验资料处理。不完全拉丁方设计是当客观条件限制不能用拉丁方设计时,可用拉丁方的一部分来安排试验。此外,或虽用了拉丁方设计,但某一行或某一列漏失数据较多,又无法补救时,可根据情况进行不完全拉丁方资料处理。

本例的 SPSS 运算操作方法大致同例 13.29,只是宜将平方和分解方法设定为 Type Ⅰ。运行程序后,可得到主要结果:

Tests of Between-Subjects Effects

Source		Type Ⅰ Sum of Squares	df	Mean Square	F	Sig.
Intercept	Hypothesis	9724.050	1	9724.050	741.351	.000
	Error	66.473	5.068	13.117		
temperature	Hypothesis	28.200	4	7.050	4.862	.015
	Error	16.721	11.531	1.450		
stage	Hypothesis	26.550	3	8.850	7.479	.010
	Error	9.467	8	1.183		
flock	Hypothesis	20.733	4	5.183	4.380	.036
	Error	9.467	8	1.183		

产蛋量

温度处理	N	Subset 1	Subset 2
E	4	20.00	
C	4	21.50	21.50
D	4		22.50
A	4		23.00
B	4		23.25
Sig.		.087	.065

从 Tests of Between-Subjects Effects 表中看,$temperature$ 处理、产蛋期、鸡群因素主效应均显著或极显著。对 $temperature$ 因素进行多重比较,可见,A、B、D 温度环境下的鸡群产蛋量显著高于 E 温度环境下的鸡群产蛋量。对本例的不完全拉丁方设计资料,若将鸡群和产蛋期因素设置为固定效应,将得到不同结果。

3.随机区组设计资料的方差分析

【例 13.31】 某研究者将 24 名贫血患儿按年龄及贫血程度分成 8 个区组($b=8$),每区组中三名儿童用随机的方式分配给 A、B 和 C 三种不同的治疗方法(处理组,$k=3$)。治疗后血红蛋白含量的增加量(g/L)见表 13-23。试进行方差分析。

SPSS 操作步骤:

表 13-23 贫血儿童不同方法治疗后血红蛋白含量的增加量(单位:g/L)

区组	A	B	C
1	16	18	18
2	15	16	20
3	19	27	35
4	13	13	23
5	11	14	17
6	10	8	12
7	5	3	8
8	−2	−2	3

①建立数据文件,包括血红蛋白变量 Hb,分组变量 $treat$、$block$。

② Analyze < General Linear Model < Univariate,打开普通线性模型对话框。

③将 Hb 变量选入 Dependent variable,将 $treat$ 变量选入 Fixed Factors 栏,将 $block$ 选入 Random Factors 栏。

④点击 Model 按钮,点选 Custom,分别将 $treat$、$block$ 变量选入,制定 $treat+block$ 的主效应模型。点击 Continue 返回。

⑤点击 Post Hoc 按钮,选择 $treat$ 变量选入右边的 Post-Hoc Test for 栏。点选下面的 Duncan 法,点击 Continue 返回。

⑥点击 Options 按钮,点选 Descriptive。点击 Continue 返回。

⑦点击 OK,输出结果。

Tests of Between-Subjects Effects

Source		Type Ⅲ Sum of Squares	df	Mean Square	F	Sig.
Intercept	Hypothesis	4266.667	1	4266.667	20.419	.003
	Error	1462.667	7	208.952		
treat	Hypothesis	167.583	2	83.792	11.839	.001
	Error	99.083	14	7.077		
block	Hypothesis	1462.667	7	208.952	29.524	.000
	Error	99.083	14	7.077		

血红蛋白

治疗方法	N	Subset	
		1	2
A	8	10.8750	
B	8	12.1250	
C	8		17.0000
Sig.		.363	1.000

本例数据为完全随机区组试验设计(randomized block design)资料。随机区组资料包含一个固定因素和一个随机因素(区组)。在没有重复观察值的情况下,随机区组设计资料的 GLM 模型只能剖分固定因素和随机因素的主效应,无法计算交互作用项。在这种情况下,无论将区组设定为随机因素还是固定因素,分析结果都相同。本例区组因素效应差异显著,有统计学意义,将其分解出来,有助于降低试验误差,提高固定因素效应估计的准确性和提高试验效率,这正是随机区组设计与完全随机设计相比的优越性。

在控制区组因素效应之后,固定因素治疗方法($treat$)的 $F=11.839$,$P<0.01$,按 $\alpha=0.05$ 水平拒绝 H_0。三种不同方法治疗后儿童血红蛋白含量的增加量的总体均数不全相等,可以认为不同方法的治疗效果有差别。由 Duncan 法多重比较,可认为 C 法治疗后儿童血红蛋白含量的增加量明显高于 A、B 两法治疗组儿童的血红蛋白含量的增加量,但还不能认为 A 法和 B 法的治疗效果有差别。

完全随机区组试验设计是一种随机排列的完全区组的试验设计。但当每个区组内的元素个数小于试验因素水平数时,通常的随机区组设计难以实施。此时,可采用不完全区组设计(balanced incomplete block design,BIB 设计),使区组因素对观测结果的影响在试验因素各水平组间尽可能达到平衡,以便考察试验处理因素的效应。平衡不完全区组设计是将 v 个处理安排于 b 个区组的一种试验设计方法。其中,v 为试验因素数目,b 为区组数目;每个区组包含 k 个不同处理,k 称为区组大小;每个处理在 r 个不同的区组中出现,r 称为处理重复数;任何一对处理在 λ 个不同的区组中相遇,λ 称为相遇数。平衡不完全区组设计的参数满足以下条件:$bk=vr$,$r(k-1)=\lambda(v-1)$。当 $k=v$ 且 $\lambda=r=b$ 时,平衡不完全区组设计成为随机化完全区组设计。

【例 13.32】 为比较 6 个新产品的风味,某食品加工企业按 BIB 设计,选择 15 名受访者,要求受访者品尝 6 种产品中的 4 种并打分(0~100)。试验数据如表 13-24 所示。试进行统计分析。

表 13-24 15 受访者对 6 种食品风味评价表

受访者	产品					
	A	B	C	D	E	F
1	52	55	69	83		
2	48			87	56	22
3		65	91		67	35
4	42	48	65		43	
5	36	58		69		7
6			79	85	56	25
7	54	60	90			21
8	62		92	94	63	
9		39		71	47	11
10	51	59		84	51	
11	39		74		61	25
12		69	78	78		22
13	63	74			59	32
14	55		74	78		34
15		73	83	92	68	

SPSS 操作步骤：

①建立数据文件,包括受访者评分变量 score,分组变量 treat 和 subject。

②Analyze＜General Linear Model＜Univariate,打开普通线性模型对话框。

③在对话框中,将 score 变量选入 Dependent Variable。将 treat 变量选入 Fixed Factors 栏。将 subject 变量选入 Random Factors 栏。

④点击 Model 按钮,点选 Custom。先将 subject 变量调入 Model 栏,再将 treat 变量调入。定制 treat＋subject 的主效应模型。在左下角 Sum of Square 栏的下拉菜单中,将缺省设置 Type Ⅲ 改为 Type Ⅰ。点击 Continue 返回。

⑤点击 Post Hoc 按钮,选择 treat 变量选入右边的 Post-Hoc Test for 栏。点选下面的 Duncan 法,点击 Continue 返回。

⑥击 Options 按钮,点选 Descriptive。点击 Continue 返回。

⑦点击 OK 运行,输出结果。

Tests of Between-Subjects Effects

Source		Type Ⅰ Sum of Squares	df	Mean Square	F	Sig.
Intercept	Hypothesis	206858.817	1	206858.817	448.410	.000
	Error	6458.433	14	461.317		
subject	Hypothesis	6458.433	14	461.317	17.608	.000
	Error	1047.944	40	26.199		
treat	Hypothesis	20119.806	5	4023.961	153.594	.000
	Error	1047.944	40	26.199		

本例的数据为平衡不完全区组试验设计资料。在应用 SPSS 进行不完全区组设计资料方

差分析时,应选择Ⅰ型平方和方法;各因素纳入模型的顺序非常重要,即应先将区组因素纳入模型,然后将处理因素纳入,这样才会得到正确结果。

从 Tests of Between-Subjects Effects 表可见,区组因素($subject$)的 $F=17.608,P<0.001$,按 $\alpha=0.05$ 水平拒绝 H_0,可以认为不同受访者对食品的打分不同。处理因素($treat$)的 $F=153.594,P<0.001$,按 $\alpha=0.05$ 水平拒绝 H_0,6 种不同食品得分的总体均数不全相等,可以认为不同食品的得分不同。由两两比较的结果,可认为 D、C 两种食品得分高于 A、B、E、F 等 4 种食品,B、E 两种食品的评分高于 A、F 食品,A 食品的评分也比 F 食品的高。

Score

treat	N	Subset			
		1	2	3	4
F	10	23.40			
A	10		50.20		
E	10			57.10	
B	10			60.00	
C	10				79.50
D	10				82.10
Sig.		1.000	1.000	.213	.263

4.正交试验设计资料的方差分析

根据各试验处理观测值是否有重复,正交试验可分为无交互作用的正交试验和有交互作用的正交试验两类。

【例 13.33】 在进行矿物质元素对架子猪补饲试验中,考察补饲配方、用量、食盐 3 个因素,每个因素有 3 个水平。安排一正交试验方案,用 $L_9(3^4)$ 安排试验方案后,各号试验只进行一次,试验结果(增重)列于表 13-25。试对其进行方差分析。

SPSS 操作步骤:

①建立数据文件,包括增重变量 $weight$,分组变量 A、B、C。

② Analyze < General Linear Model < Univariate,打开普通线性模型对话框。

③ 在对话框中,将 $weight$ 变量选入 Dependent Variable,将 A、B、C 变量选入 Fixed Factors 栏。

④点击 Model 按钮,点选 Custom,分别将 A、B、C 变量选入,定制 $A+B+C$ 的主效应模型。点击 Continue 返回。

⑤点击 Post Hoc 按钮,将 A、B、C 变量选入右边的 Post Hoc Test for 栏。点选下面的 Duncan 法,点击 Continue 返回。

⑥点击 Options 按钮,点选 Descriptive。点击 Continue 返回。

⑦点击 OK 确定,输出结果。

表 13-25　无交互作用单独观察值正交试验结果

试验号	A	B	C	增重/kg
1	1	1	1	63.4
2	1	2	2	68.9
3	1	3	3	64.9
4	2	1	2	64.3
5	2	2	3	70.2
6	2	3	1	65.8
7	3	1	3	71.4
8	3	2	1	69.5
9	3	3	2	73.7

Tests of Between-Subjects Effects

Source	Type III Sum of Squares	df	Mean Square	F	Sig.
Corrected Model	86.787	6	14.464	2.000	.370
Intercept	41629.601	1	41629.601	5757.013	.000
A	57.429	2	28.714	3.971	.201
B	15.109	2	7.554	1.045	.489
C	14.249	2	7.124	.985	.504
Error	14.462	2	7.231		
Total	41730.850	9			
Corrected Total	101.249	8			

本例的数据为无交互作用的单独观测值正交试验资料。在应用 SPSS GLM 模型进行方差分析时,定制主效应模型,不考察互作效应。在 Tests of Between-Subjects Effects 表中,A、B、C 3 个因素的 F 值分别为 3.971、1.045、0.985,对应的 P 值分别是 0.201、0.489、0.504,P 值均大于 0.05,按 $\alpha=0.05$ 水平接受 H_0,补饲配方、用量、食盐 3 个因素增重的总体均数相等,据此认为 3 个因素对架子猪增重的效果没有差别。

【例 13.34】 假定例 13.33 试验重复了两次,且重复采用随机单位组设计,试验结果列于表 13-26。试对其进行方差分析。

表 13-26 无交互作用有重复观测值正交试验结果

| 试验号 | 因 素 | | | | 增重/kg | |
| | A | B | C | 空 | 单位组 I | 单位组 II |
	(1)	(3)	(3)	(4)		
1	1	1	1	1	63.4	67.4
2	1	2	2	2	68.9	87.2
3	1	3	3	3	64.9	66.3
4	2	1	2	3	64.3	86.3
5	2	2	3	1	70.2	88.5
6	2	3	1	2	65.8	66.6
7	3	1	3	2	71.4	89.0
8	3	2	1	3	69.5	91.2
9	3	3	2	1	73.7	92.8

SPSS 操作步骤:

①建立数据文件,包括增重变量 *weight*,分组变量 A、B、C、*block*。

②Analyze<General Linear Model<Univariate,打开普通线性模型对话框。

③在对话框中,将 *weight* 变量选入 Dependent Variable,将 A、B、C 变量选入 Fixed Factors 栏,将 *block* 变量选入 Random Factor(s)栏。

④点击 Model 按钮,点选 Custom,分别将 A、B、C、*block* 变量选入,定制 $A+B+C+block$ 的主效应模型。点击 Continue 返回。

⑤点击 Post Hoc 按钮,将 A、B、C 变量选入右边的 Post Hoc Test for 栏。点选下面的 Duncan 法,点击 Continue 返回。

⑥点击 Options 按钮,点选 Descriptive。点击 Continue 返回。

⑦点击 OK 确定,输出结果。

Tests of Between-Subjects Effects

Source		Type Ⅲ Sum of Squares	df	Mean Square	F	Sig.
Intercept	Hypothesis	100860.376	1	100860.376	119.611	.058
	Error	843.236	1	843.236		
A	Hypothesis	416.334	2	208.167	6.291	.017
	Error	330.886	10	33.089		
B	Hypothesis	185.208	2	92.604	2.799	.108
	Error	330.886	10	33.089		
C	Hypothesis	202.881	2	101.441	3.066	.092
	Error	330.886	10	33.089		
block	Hypothesis	843.236	1	843.236	25.484	.001
	Error	330.886	10	33.089		

　　本例的数据为无交互作用有重复观察值正交试验资料。在应用 SPSS GLM 模型进行方差分析时，要在数据文件中增加区组变量，定制 A、B、C、$block$ 4 个因素的主效应，不考察互作效应。在 Tests of Between-Subjects Effects 表中，区组因素($block$)的 $F=25.484$，$P=0.001<0.01$，按 $\alpha=0.01$ 水平拒绝 H_0，认为两个区组效应具有统计学意义。A 因素的 $F=6.291$，$P=0.017<0.05$，按 $\alpha=0.05$ 水平拒绝 H_0，3 种补饲配方增重的总体均数不相等，可认为补饲配方对架子猪增重的效果有差别。B、C 两因素的 F 值分别为 2.799、3.066，对应的 P 值分别是 0.108、0.092，P 值均大于 0.05，按 $\alpha=0.05$ 水平接受 H_0，饲料用量、食盐两因素增重的总体均数相等，认为这两个因素对架子猪增重没有影响。由两两比较的结果，可认为第 3 种配方饲料的增重效果优于第 1、第 2 两种配方饲料，而第 1、第 2 两种配方饲料的增重效果没有差别。

Weight

A	N	Subset	
		1	2
1.00	6	69.6833	
2.00	6	73.6167	
3.00	6		81.2667
Sig.		.264	1.000

　　【例 13.35】　某种抗生素的发酵培养基由 A、B、C 3 种成分组成，各有两个水平。除了考察 A、B、C 三个因素的主效应外，还考察 A 与 B、B 与 C 的交互作用。结果如表 13-27 所示。试对正交试验结果进行统计分析。

表 13-27　有交互作用的正交试验结果

试　验　号	因　　素					试验结果/(%)
	A	B	$A\times B$	C	$B\times C$	
1	1	1	1	1	1	55
2	1	1	1	2	2	38
3	1	2	2	1	2	97
4	1	2	2	2	1	89
5	2	1	2	1	1	122
6	2	1	2	2	2	124
7	2	2	1	1	2	79
8	2	2	1	2	1	61

SPSS 操作步骤:

①建立数据文件,包括增重变量 $effect$,分组变量 A、B、C,分组变量值其实就是各自在正交表中的水平排列,直接粘贴过去即可。

②Analyze<General Linear Model<Univariate,打开普通线性模型对话框。

③将 $effect$ 变量选入 Dependent Variable 栏,把 A、B、C 变量选入 Fixed Factors 栏。

④点击 Model 按钮,点选 Custom,将 Build Term 从下拉菜单中改设为 Main effect,点击 A、B、C 变量进入 Model 栏;再将 Build Term 从下拉菜单中改设为 Interaction,按住计算机键盘 Ctrl 键,将 A、B 变量一次调入 Model 栏,设置 $A*B$ 互作效应项。采用类似方法设置 $B*C$ 互作效应项。在 Model 栏内,最后定制成 $A+B+C+A*B+B*C$ 的模型。点击 Continue 返回。

⑤点击 Post Hoc 按钮,将 A、B、C 变量选入右边的 Post-Hoc Test for 栏。点选下面的 Duncan 法,点击 Continue 返回。

⑥点击 Options 按钮,点选 Descriptive。点击 Continue 返回。

⑦点击 OK 确定,输出结果。

本例的数据试验因素之间存在交互作用,既要考察因素主效应,又要考察因素间交互作用。在设定模型时,要注意在其中添加 $A×B$、$B×C$ 两种互作效应。

从 Tests of Between-Subjects Effects 表可见,A 因素的 $F=24.835$,$P=0.038<0.05$,按 $\alpha=0.05$ 水平拒绝 H_0,接受 H_A,判定 A 因素 2 个水平的总体均数不同,认为 A 因素第 2 水平的发酵培育效果优于第 1 水平。B、C 两因素的 F 值分别为 0.367、3.646,对应的 P 值分别是 0.606、0.196,P 值均大于 0.05,按 $\alpha=0.05$ 水平接受 H_0,B、C 两种成分的总体均数相等,可认为这两种成分对培养基的培养效果没有明显影响。A、B 两因素互作效应 $A×B$ 的 $F=85.902$,$P=0.011<0.05$,按 $\alpha=0.05$ 水平拒绝 H_0,接受 H_A,可认为 A、B 两因素水平组合不同水平的总体均数不相等。B、C 两因素互作效应 $B×C$ 的 $F=0.262$,$P=0.659>0.05$,按 $\alpha=0.05$ 水平接受 H_0,可判定 B、C 两因素水平组合不同水平的总体均数相等。

Tests of Between-Subjects Effects

Source	Type III Sum of Squares	df	Mean Square	F	Sig.
Corrected Model	6627.625a	5	1325.525	23.003	.042
Intercept	55278.125	1	55278.125	959.273	.001
A	1431.125	1	1431.125	24.835	.038
B	21.125	1	21.125	.367	.606
C	210.125	1	210.125	3.646	.196
A * B	4950.125	1	4950.125	85.902	.011
B * C	15.125	1	15.125	.262	.659
Error	115.250	2	57.625		
Total	62021.000	8			
Corrected Total	6742.875	7			

因 A 因素和 B 因素交互作用 $A×B$ 有显著的统计学意义,应对 A 与 B 因素的水平组合进行多重比较,以选出 A 与 B 的最优水平组合。在本例 SPSS 数据文件中,建立 A、B 因素组合变量 AB,B、C 因素组合变量 BC,两组合变量均包含 11、12、21、22 共 4 个水平。以 AB、BC 组合变量进行两因素无互作模型方差分析,模型设定为 $AB+BC$,再次运行 GLM,并且选择输出 AB 的平均数和 S-N-K 法多重比较结果。

AB	N	effect		
		Subset		
		1	2	3
11	2	46.5000		
22	2	70.0000	70.0000	
12	2		93.0000	93.0000
21	2			123.0000
Sig.		.090	.094	.058

从多重比较表可见,新模型的误差均方与原模型的相同。21 组合(A_2B_1)显著优于 22 组合(A_2B_2)、11 组合(A_1B_1);12 组合(A_1B_2)显著优于 11 组合(A_1B_1),其余差异不显著。最优水平组合为 A_2B_1。

13.5　相关与回归分析

相关和回归分析是统计学的重要内容。在现代统计学中,线性回归模型与方差分析模型属于同一层次,可相互转换,两者共同包含在普通线性模型之内。

13.5.1　一元线性回归分析

【例 13.36】　采用考马斯亮蓝法测定某蛋白质含量,在作标准曲线时,测得蛋白质含量与吸光度的关系数据,如表 13-28 所示。试建立 y 与 x 的直线回归方程。

表 13-28　某蛋白质含量与吸光度的关系

测 定 指 标	数　据　对						
蛋白质含量 y/(%)	0.0	0.2	0.4	0.6	0.8	1.0	1.2
吸光度 x	0.000	0.208	0.375	0.501	0.679	0.842	1.064

SPSS 操作步骤:

①建立数据文件:将 x 和对应的 y 观察值分别输入两列,命名为 OD、$protein$。

②Analyze<Regression<Linear,打开线性回归 Linear regression 对话框。

③在 Dependent 框中选 $protein$ 变量,在 Independent(s)框中选 OD 变量。其他设定项可选缺省设定。

④点击 OK 运行,输出结果。

回归分析过程应遵循三步法循序渐进的原则,即先建立回归方程(第一步);其次,对方程进行显著性检验(第二步),判定方程是否有统计学意义;然后,给出方程的决定系数(第三步),说明方程的解释度,即方程意义的大小。但 SPSS 输出顺序与上述思路不同。为便于使用,下面所有回归分析均按 SPSS 输出顺序进行解释。

运行程序后,首先输出模型汇总表 Model Summary。本例选择以进入(Enter)方法建模,没有进行逐步回归等,所以只建立 1 个模型。模型的决定系数 R^2、调整 R^2(Adjusted R Square)分别为 0.996、0.995,一般应以调整 R^2 为判定方差拟合度的指标。因此,本例建立的回归方差的拟合度为 0.995,即方程中的自变量 x(蛋白质含量)可解释因变量 y(吸光度)99.5%的变异信息,方程的拟合度很高,有重要的实用预测价值。

Model Summary

Model	R	R Square	Adjusted R Square	Std. Error of the Estimate
1	.998	.996	.995	.03037

其次,输出了 ANOVA(方差分析)表。方差分析对饱和模型进行检验,证明整个模型有显著的统计学意义。本例回归方程 $F = 1209.689, P < 0.001$,拒绝零假设,说明回归方程的系数不为零。

ANOVA

Model		Sum of Squares	df	Mean Square	F	Sig.
1	Regression	1.115	1	1.115	1209.689	.000
	Residual	.005	5	.001		
	Total	1.120	6			

最后输出回归方程系数(Coefficients)表。其中 Unstandardized Coefficients 是未标准化的系数,提供了建立方程所需的主要参数;Standardized Coefficients 是标准化系数,可应用于通径分析(Path analyse)等统计分析。在方程参数及其标准误之后,SPSS 还给出了各参数 t 检验结果,但常数项的 t 检验一般没有多大意义。在简单线性回归中,t 检验和方差分析(F 检验)等价,即 P 值相等。

Coefficients

Model		Unstandardized Coefficients		Standardized Coefficients	t	Sig.
		B	Std. Error	Beta		
1	(Constant)	−.014	.021		−.645	.547
	OD	1.171	.034	.998	34.781	.000

本例方程常数项(Constant)为 -0.014,其标准误为 0.021;回归系数为 1.171,回归系数标准误为 0.034。据此参数,可建立回归方程:$y = -0.014 + 1.171x$。t 检验结果表明,回归系数 $t = 34.781, P < 0.001$,说明回归系数有显著统计学意义。若点击 SPSS 表格,可发现系数表中回归系数 t 检验 P 值和 F 检验表中的 P 值相等,均为 3.6964×10^{-7}。

13.5.2　曲线回归

曲线回归有多种形式。本节仅以 Logistic 回归为例,说明曲线回归的 SPSS 求解法。

【例 13.37】　在某肉用白鹅的补饲料配方研究中,得到试验结果如表 13-29 所示。试对体重与日龄进行 Logistic(S 型)曲线,$y = \dfrac{K}{1 + a e^{-bx}}$ 回归分析。

表 13-29　不同日龄的体重

日龄 x	体重 y/g
0	105
7	214
14	335
21	560
28	790
42	1290
56	2010
70	2950

SPSS 操作步骤:

①建立数据文件,包含初生重变量 x、70 日龄重变量 y。

②Analyze < Regression < Nonlinear。打开非线性回归对话框,指定变量 y 为 Dependent Variable。在 Model Expression 栏中输入拟合方程 $K/(1 + a * \exp(-b * x))$。

③点击 Parameters 按钮,根据专业知识调整参数迭代的起始值(Start values)。本例 K 值表示拟合动物的极限生长体重,应在数 kg,所以 K 起始值设为 1000,其他参数起始值为 $a = 1$、$b = 0.01$。

④点击 OK 确定,输出结果。

运行程序后,首先输出 Iteration History 表,显示 SPSS 程序的迭代过程。内容细致冗长,在此不——罗列。需要说明的是,可根据迭代过程提供的信息,适当调整参数迭代起始值,使方程参数趋于稳定,且拟合度最高。

在迭代表后,输出参数估计表 Parameter Estimates,它是回归分析的最主要内容。该表提供了建立曲线回归方程的主要参数估计值(Estimate)、参数估计标准误以及参数估计的 95% 置信区间。根据参数估计表可知,参数 a 的点估计为 24.832,95% 置信区间下限、上限分别为 17.905、31.758;参数 b 的点估计为 0.053,95% 置信区间下限、上限分别为 0.041、0.064;参数 K 的点估计为 4773.619,95% 置信区间下限、上限分别为 2981.114、6566.124。据此,本例回归方程为:$y = 4773.619/(1 + 24.832 * \exp(-0.053 * x))$。

Parameter Estimates

Parameter	Estimate	Std. Error	95% Confidence Interval	
			Lower Bound	Upper Bound
a	24.832	2.694	17.905	31.758
b	.053	.005	.041	.064
K	4773.619	697.315	2981.114	6566.124

在参数估计表后,SPSS 还提供了估计参数的相关系数(Correlations of Parameter Estimates),对这些相关系数需要综合具体曲线方程参数的意义及专业知识去理解。

Correlations of Parameter Estimates

	a	b	K
a	1.000	−.071	.439
b	−.071	1.000	−.920
K	.439	−.920	1.000

最后输出方差分析表。该表与简单直线回归分析中对应表格一样,是对整个模型的检验。本例回归(Regression)、残差平方和分别为 15491949.765、21496.235,等于未校正的总平方和(Uncorrected Total)15513446.000。回归与残差均方的比值(5163983.255/4299.247)为 F 值,高达 1201.14,不需提问模型是否有显著或极显著的统计学意义,所以 SPSS 曲线回归方差分析表没有直接给出相应的 F 值和 P 值。从方差分析表看,P 值极小,表明回归方程总体是有意义的;拟合曲线的决定系数 $R^2 = 0.997$,说明建立的方程的解释能力很强。

ANOVA

Source	Sum of Squares	df	Mean Squares
Regression	15491949.765	3	5163983.255
Residual	21496.235	5	4299.247
Uncorrected Total	15513446.000	8	
Corrected Total	6997381.500	7	

Dependent Variable: 70日龄重
a. R squared=1−(Residual Sum of Squares) / (Corrected Sum of Squares)=.997.

13.5.3　多元线性回归分析

【例 13.38】　用多元回归分析法来分析血液中各种金属离子浓度与血红蛋白含量之间的回归关系,测得试验数据如表 13-30 所示。

表 13-30　血液金属离子浓度与血红蛋白含量试验数据　　　　（单位：mg/dL）

钙	镁	铁	锰	铜	血红蛋白	钙	镁	铁	锰	铜	血红蛋白
47.31	28.55	294.70	0.005	0.838	7.00	72.28	40.12	430.80	0.000	1.200	10.75
73.89	32.94	312.50	0.064	1.150	7.25	69.69	40.04	416.70	0.012	1.350	11.00
66.12	31.93	344.20	0.000	0.689	7.50	60.17	33.67	383.20	0.001	0.914	11.25
56.39	29.29	283.00	0.016	1.350	7.80	61.23	37.35	446.00	0.022	1.380	11.50
65.34	29.99	312.80	0.006	1.030	8.00	54.04	34.23	405.60	0.008	1.300	11.75
50.22	29.17	292.60	0.006	1.040	8.25	60.35	38.20	394.40	0.001	1.140	12.00
53.68	28.79	292.80	0.048	1.320	8.50	86.12	43.79	440.13	0.017	1.770	12.25
61.02	29.27	258.94	0.016	1.190	8.75	54.89	30.86	448.70	0.012	1.010	12.50
49.71	25.43	331.10	0.012	0.897	9.00	43.67	26.18	395.78	0.001	0.594	12.75
52.21	36.18	388.54	0.024	1.020	9.25	72.49	42.61	467.30	0.008	1.640	13.00
52.28	27.14	326.29	0.004	0.817	9.50	54.89	30.86	448.70	0.012	1.010	13.50
48.75	30.53	342.90	0.018	0.924	9.75	53.81	52.86	425.61	0.004	1.220	13.75
63.05	35.07	384.10	0.000	0.853	10.00	64.74	39.18	469.80	0.005	1.220	14.00
70.08	36.81	409.80	0.012	1.190	10.25	58.80	37.67	456.55	0.012	1.010	14.25
55.13	33.02	445.80	0.012	0.918	10.50						

SPSS 操作步骤：

①建立数据文件，包括 Ca、Mg、Fe、Mn、Cu、Hb。

②Analyze＜Regression＜Linear Regression，指定变量，将 Hb 指定为 Dependent，将其余变量统统选入 Independent(s)。

③选择 Stepwise 方式进行回归。

④点击 Statistic 按钮，勾选 Estimate、Model Fit、Durbin Watson、Collinearity diagnostics 等重要输出项目。点击 Continue 返回。

⑤点击 OK 确定，输出结果。

本例属于多重直线回归典型案例。在多元线性回归分析中，必须进行多重共线性诊断，判断各自变量之间是否存在近似的线性关系。若自变量间存在多重共线性，那么不宜采用普通的回归分析，应选用主成分回归、岭回归分析、偏最小二乘回归等方法进行分析。

运行 SPSS 逐步回归程序后，首先输出自变量进入和移出（Variables Entered/Removed）模型的情况汇总表。可见最终模型中只包含了血铁含量变量 Fe，其他自变量 Ca、Mg、Mn、Cu 都被移除，没有进入方程。这表明血铁含量与血红蛋白含量关系密切，符合专业常识。在逐步 (Stepwise) 回归过程中，变量进入模型的标准是 F 检验概率 $P < 0.050$，从模型中移除的标准是 F 检验概率 $P > 0.100$。

Variables Entered/Removed

Model	Variables Entered	Variables Removed	Method
1	铁		Stepwise (Criteria: Probability-of-F-to-enter≤.050, Probability-of-F-to-remove≥ 100).

其次输出模型汇总表（Model Summary），其中包含最终回归模型的决定系数、模型自相关 Durbin-Watson 检验信息。本例逐步回归分析最终建立的模型校正 R^2 为 0.736。

Model Summary

Model	R	R Square	Adjusted R Square	Std. Error of the Estimate	Durbin-Watson
1	.863a	.746	.736	1.11991	1.128

Durbin-Watson 检验是对模型残差是否独立,即自变量是否存在自相关进行检验。这种检验与其他统计检验不同,没有唯一的临界值用来制定判别规则。必须按照以下步骤进行统计推断:

①根据样本容量和被估参数个数、显著水平,查阅 Durbin-Watson 检验表(参阅有关统计工具书),得到上、下两个临界值 dU 和 dL。本例以 $\alpha=0.05$、$n=29$、$k=5$ 查 Durbin-Watson 检验表,可得 $dL=1.05$、$dU=1.84$。

②根据 Durbin-Watson 统计量(DW),按下述规则进行判断:若 DW 值在 $(0,dL)$,自变量存在一阶正自相关;若 DW 值在 $(4-dL,4)$,存在一阶负自相关;若 DW 值在 $(dU,4-dL)$,认为不存在自相关;若 DW 值在 (dL,dU) 或 $(4-dU,4-dL)$,不能确定是否存在一阶自相关,没有统计结论。

本例 DW 值为 1.128,位于 $(dL=1.05,dU=1.84)$,不能确定是否存在一阶自相关。实际上,自相关主要存在于时间序列数据。一般情况下,若自变量数小于 4、Durbin-Watson 统计量接近 2,基本上可肯定残差间相互独立,不存在自相关。

在模型汇总(Model Summary)表之后,输出对整个模型的方差分析结果。本例 $F=79.096$,$P<0.001$,建立的回归模型有统计学意义。

ANOVA

	Model	Sum of Squares	df	Mean Square	F	Sig.
	Regression	99.201	1	99.201	79.096	.000
1	Residual	33.863	27	1.254		
	Total	133.064	28			

在方差分析表之后,输出逐步回归分析最终模型系数(Coefficients)。经过逐步回归,最终剔除其他自变量,仅保留自变量 Fe,直线回归方程为:$Hb=-0.675+0.029*Fe$,其中回归系数有显著的统计学意义($t=8.894$,$P<0.001$)。由于逐步回归最终模型中仅有一个自变量(Fe),不可能存在多重共线性,所以此处的容忍度(Tolerance)以及方差膨胀因子(VIF)均为 1.000 不足为奇,实际没有多大意义。

Coefficients

	Model	Unstandardized Coefficients		Standardized Coefficients	T	Sig.	Collinearity Statistics	
		B	Std. Error	Beta			Tolerance	VIF
1	(Constant)	-.657	1.276		-.515	.611		
	Fe	.029	.003	.863	8.894	.000	1.000	1.000

在最终模型系数(Coefficients)表之后,输出关于被从模型中移除了的自变量(Excluded Variables)的信息表。表中列出了被淘汰的各自变量名称、偏回归系数、偏回归系数 t 检验结果、偏相关系数等信息,可见各偏回归系数均无统计学意义,所以被从模型中剔除。

Excluded Variables

	Model	Beta In	t	Sig.	Partial Correlation	Collinearity Statistics		
						Tolerance	VIF	Minimum Tolerance
1	钙	-.177	-1.815	.081	-.335	.910	1.099	.910
	镁	.035	.275	.785	.054	.597	1.675	.597
	锰	-.096	-.950	.351	-.183	.927	1.079	.927
	铜	.020	.199	.844	.039	.930	1.076	.930

Collinearity Diagnostics

Model	Dimension	Eigenvalue	Condition Index	Variance Proportions					
				(Constant)	钙	镁	铁	锰	铜
1	1	5.429	1.000	.00	.00	.00	.00	.01	.00
	2	.510	3.264	.00	.00	.00	.00	.72	.00
	3	.029	13.769	.12	.00	.00	.09	.10	.48
	4	.016	18.707	.23	.27	.13	.27	.12	.00
	5	.010	23.877	.45	.56	.16	.01	.05	.46
	6	.007	26.930	.21	.16	.71	.63	.00	.06

Excluded Variables 表以及此后输出的共线性诊断表(Collinearity Diagnostics)都给出了各自变量共线性诊断的结果,其中涉及多个新的统计术语,下面是比较公认的各共线性诊断统计量的判断标准:

①容忍度(tolerance):该指标越小,共线性可能越严重。若某个自变量的容忍度小于0.1,一般认为可能存在共线性。

②方差膨胀因子(variance inflation factor,VIF):容忍度的倒数。该指标越大,共线性可能越严重。若某个自变量的 VIF 值大于 10,一般认为可能存在共线性。

③特征值(eigenvalue):该指标越小,共线性可能越严重。若比较多维度(model dimension)的特征根接近于 0,则可能有比较严重的共线性。

④条件指数(condition index):该指标越大,共线性可能越严重。当某些维度的条件指数大于 30 时,可能存在共线性。

本例各自变量容忍度均大于 0.1,方差膨胀因子均小于 10;各维度的特征根均不为 0,条件指数小于 30,可综合判定 Ca、Mg、Fe、Mn、Cu 等 5 个自变量间不存在多重共线性。除 Fe 外其余变量之所以从逐步回归模型中被剔除,主要原因是它们与因变量 Hb 之间的直接关系不密切。

总之,本例用逐步法回归建立了 $Hb = -0.675 + 0.029 * Fe$ 的回归模型,模型中保留了一个自变量,方程的拟合度为 0.736。该方程不可能存在多重共线性,是否存在变量自相关尚不能确定。

如果本例采用后退法逐步回归(backward regression),结果会与逐步法有所不同。在最终模型中会保留 Fe、Ca 两个自变量,最终方程表达式为:$Hb = 1.072 - 0.040 * Ca + 0.031 * Fe$,决定系数为 0.757;两个自变量的忍耐度均为 0.911,VIF 值为 1.099,不存在多重共线性。该模型甚至略优于逐步法建立的模型。

13.5.4 Logistic 回归

Logistic 回归是适用于因变量为分类变量的回归分析,该类方法功能极其强大,几乎可以进行所有分类资料的统计分析。因此,此部分的统计学内容非常重要,但相对较难,可作为本科统计学选修内容。

Logistic 回归应用非常广泛。按照因变量的类型,Logistic 回归可分为两分类因变量 Logistic 回归、多分类无序自变量 Logistic 回归和多分类有序因变量 Logistic 回归等。

1.两分类因变量 Logistic 回归

【例 13.39】 研究新疗法与传统疗法对某病疗效的影响,得数据如表 13-31 所示。试分析两种疗法疗效是否有差异。

本例只有一个自变量,并且因变量 $effect$ 和自变量 $treat$ 均为两分类变量,属于 Logistic

回归中最简单的一种数据资料。

SPSS 操作步骤：

①建立数据文件：包含 $count$、$treat$、$effect$ 三个变量。其中 $count$ 为次数变量，$treat$ 为协变量（$treat=1$，传统疗法；$treat=2$，新疗法），$effect$ 为 Dependent Variable（$effect=1$，有效；$effect=0$，无效）。

表 13-31　治疗方法对疾病疗效的影响研究

	有效	无效
传统疗法组	16	48
新疗法组	40	20

②Data＜Weight Cases，对 $count$ 变量进行加权。

③Analyze＜Regression＜Binary Logistic，将 $effect$ 指定为 Dependent，把 $treat$ 选入 Covariates。

④点击 OK 确定，输出结果。

首先输出因变量编码表（Dependent Variable Encoding）。在 Logistic 模型中，变量顺序非常重要。SPSS 自动指定二分类因变量中数值较大或顺序靠后的分类为拟合对象。本例 $effect=1$ 相对于 $effect=0$ 为数值较大者，因此以有效分类拟合模型，其赋值为 1，对编码为 0 的分类（无效）赋值为 0。SAS 正好相反，一般以顺序靠前者拟合模型。若将二分类变量 $effect$ 编码为（1,2），SPSS 赋值依次为 0、1；若将二分类变量 $effect$ 编码为（2,0），SPSS 赋值依次为 1、0。

Dependent Variable Encoding

Original Value	Internal Value
无效	0
有效	1

Variables in the Equation

		B	S.E.	Wald	df	Sig.	Exp(B)
Step 0	Constant	-.194	.180	1.158	1	.282	.824

SPSS Logistic 回归采取逐步回归的策略。第一步只纳入常数项，建立模型并检验。然后一步步引入其他自变量，构建不同模型，并分别进行相关的检验。

纳入模型变量（Variables in the Equation）表格输出对只包含常数项截距的模型检验结果。其中，截距（常数项）为 -0.194，该模型不包括自变量（$treat$）。$Wald\chi^2=1.158$，$P>0.05$，说明只有常数项的模型无统计学意义。

Variables not in the Equation

			Score	df	Sig.
Step 0	Variables	treat	21.709	1	.000
	Overall Statistics		21.709	1	.000

在对空模型进行检验之后，对未纳入模型的变量（Variables not in the Equation）$treat$ 进行检验。$score$ 的皮尔逊 χ^2 值为 21.709，$P<0.001$，说明不同疗法治疗效果有显著差异，即新疗法疗效优于传统疗法疗效。可见，Logistic 回归可替代 χ^2 检验，但可比普通 χ^2 检验获得更多的统计信息。

由于处理因素（$treat$）有极显著的统计学意义，所以进一步拟合包括自变量 $treat$ 和常数项在内的模型。SPSS 输出结果中 Block 1：Method ＝Enter 这一部分全都是对包括常数项和自变量 $treat$ 的新模型作出的分析结果。下面将一一进行解读。

Omnibus Tests of Model Coefficients

		Chi-square	df	Sig.
Step 1	Step	22.377	1	.000
	Block	22.377	1	.000
	Model	22.377	1	.000

Omnibus Tests of Model Coefficients 表格是对包含常数项和处理因素在内的回归模型进行似然比 χ^2 检验的结果，相当于线性回归中的方差分析。自变量 $treat$ 的 χ^2（相当于四格表的似然比 χ^2）值为 22.377，$P<0.001$，具有统计学意义，说明处理因素（$treat$）效应显著。

Model Summary

Step	−2 Log likelihood	Cox & Snell R Square	Nagelkerke R Square
1	148.361	.165	.221

模型汇总（Model Summary）表说明，在原来只有常数项的空模型中纳入 $treat$ 变量后，$-2Log$ 似然 χ^2 为 148.361。其他项（Cox & Snell R Square，Nagelkerke R Square）均为计算出的伪拟合度。此处的伪拟合度没有普通线性回归分析中的拟合度那样意义重大，仅作为参考。

Classification Table

	Observed		Predicted		
			疗效		Percentage Correct
			无效	有效	
Step 1	疗效	无效	48	20	70.6
		有效	16	40	71.4
	Overall Percentage				71.0

对纳入 $treat$ 变量模型成立与否进行检验，其零假设为 $\beta=0$，$-2Log$ 似然 $\chi^2=22.377$，相当于前述的似然比 χ^2。模型 $P<0.01$，说明纳入 $treat$ 变量的模型极显著优于只有截距项的模型，模型有意义。紧接着输出的是分类表（Classification Table），与 χ^2 检验中的有关表格相似，无须过多解释。

Variables in the Equation

		B	S.E.	Wald	df	Sig.	Exp(B)
Step 1a	treat	1.792	.398	20.276	1	.000	6.000
	Constant	−2.890	.639	20.459	1	.000	.056

在 Block 1:Method＝Enter 部分输出的 Variables in the Equation 表相当于线性回归模型中的的系数表，输出了模型参数的估计，是 Logistic 回归中的最主要结果。Logistic 回归过程用来估计参数的方法是最大似然估计法。对于模型的常数项（Constant）和自变量 $treat$，分别输出了自由度 df、参数估计（B）、标准误（S.E）、Waldχ^2、概率（Sig.）和比数比（Exp(B)）。其中，常数项的参数估计为 -2.890，Waldχ^2 值为 20.459，$P<0.001$。自变量 $treat$ 的参数估计为 1.792，Waldχ^2 值为 20.276，$P<0.001$，自变量的回归系数有统计学意义。根据系数表，可写出本例的回归方程：

$$\ln(odd)=\ln[p/(1-p)]=a+\beta'x=-2.890+1.732treat$$

有效（$treat=1$）概率为：$e^{-2.890+1.792treat}/(1-e^{-2.890+1.792treat})$

无效（$treat=0$）概率为：$1-p$

在 Logistic 回归方程中，p 是治疗有效的概率；$p/(1-p)$ 为治愈概率与未治愈概率的比值，称为比数（odds）。假定 p_1、p_2 分别为新法和旧法的有效概率，则 $p_2/(1-p_2)$、$p_1/1-p_1)$ 分别是新法和旧法的比数，新法和旧法两个比数之比 $[p_2/(1-p_2)]/[p_1/(1-p_1)]$ 称为比数比或优势比（odds ratio，OR）。SPSS Variables in the Equation 表中给出的 Exp(B) 实际就是比数比，表示治疗方法增加一个单位，即将疗法从传统疗法改为新疗法时，新疗法组患者治愈率与未治愈率之比值相对于传统疗法组患者的治愈率与未治愈率比值的倍数。Logistic 回归方程中的常数项是自变量取值全为 0 时比数的自然对数值，而回归系数则表示自变量每改变一个单位，比数比自然对数值的改变量。

Logistic 回归分析用途很广。可利用 Logistic 回归方程求比数。本例新疗法的比数＝

$e^{-2.890+1.792treat}=e^{-2.890+1.792\times2}=2.00$，传统疗法的比数 $=e^{-2.890+1.792treat}=e^{-2.890+1.792\times1}=0.33$，比数比 $OR=6$。因此，新疗法有效的概率是无效概率的 2 倍，而传统疗法有效的概率仅是无效概率的 0.33 倍。计算出比数后，还可以根据比数很方便地计算不同疗法有效的概率。本例中，对于新疗法，$2/(1+2)=0.67$，意即 Logistic 回归方程预测新疗法的有效概率是 67%，而预测传统疗法的有效概率仅为 25% 左右。处理因素（$treat$）的回归系数 b 为 1.792，$e^{1.792}=6.00$，表明新疗法有效的比数是传统疗法有效比数的 6 倍。

【例 13.40】　研究性别、疾病的严重程度对某病疗效的影响，得数据如表 13-32 所示。

本例与例 13.39 不同，自变量有两个，但两个自变量的水平数仍都是 2。Logistic 回归分析的方法与例 13.39 相同，目的是要拟合 $\ln[p/(1-p)]=\alpha+\beta_1'x_1+\beta_2'x_2$ 的 Logistic 回归方程。

表 13-32　性别和疾病严重程度对某种疾病影响

性别	病情	无效	有效
女	不严重	6	21
	严重	9	9
男	不严重	10	8
	严重	11	4

SPSS 操作步骤：

①建立数据文件；包含次数变量 $count$、自变量 $gender$（$gender=1$，男；$gender=0$，女）、自变量 $degree$（$degree=1$，严重；$degree=0$，不严重）、因变量 $effect$（$effect=1$，有效；$effect=0$，无效）。

②Data＜Weight Cases，对 $count$ 变量进行加权。

③Analyze＜Regression＜Binary Logistic，将 $effect$ 指定为 Dependent，把 $gender$、$degree$ 选入 Covariates。

④点击 OK 确定，输出结果。

Logistic 回归输出较多，此处仅对重要结果加以介绍。

Variables not in the Equation

			Score	df	Sig.
Step 0	Variables	gender	7.035	1	.008
		degree	4.807	1	.028
	Overall Statistics		11.241	2	.004

Step 0 部分是对只包含常数项截距的模型进行检验。其中 $gender$、$degree$ 变量的皮尔逊 χ^2（Score）分别为 7.035、4.807，说明不同性别、不同疾病严重程度间疗效均有显著或极显著差异。

Omnibus Tests of Model Coefficients

		Chi-square	df	Sig.
Step 1	Step	11.769	2	.003
	Block	11.769	2	.003
	Model	11.769	2	.003

Step 1 部分是对纳入 $treat$ 变量模型进行的检验。检验的零假设为 $\beta=0$；-2Log 似然 χ^2 为 11.767，$P<0.01$，说明自变量 $gender$、$degree$ 具有极显著的统计学意义，包含常数项和自变量的模型优于只有截距项的模型。

Variables in the Equation

		B	S.E.	Wald	df	Sig.	Exp(B)
Step 1	gender	−1.277	.498	6.575	1	.010	.279
	degree	−1.054	.498	4.484	1	.034	.348
	Constant	1.157	.404	8.217	1	.004	3.180

Logistic 回归系数表(Variables in the Equation)给出了 Logistic 回归系数及其各系数的检验结果。自变量性别 $gender$、疾病严重程度 $degree$ 的 Wald 统计量值分别为 6.575、4.484，对应的 P 值分别为 0.010、0.034，说明这两个自变量的偏回归系数都有统计学意义。自变量性别 $gender$、疾病严重程度 $degree$ 的系数 β_1、β_2 分别是 -1.277、-1.054，相应的比数比(OR)分别为 $e^{-1.277}=0.279$、$e^{-1.054}=0.348$。根据表中的参数，可以列出本例的 Logistic 回归方程：$\ln[p/(1-p)]=1.157-1.277\times gender-1.054\times degree$。将各自变量的值代入方程，可求得各子组的比数值($effect=1$)。本例模型预测的有效概率及比数如下。

性别gender	疾病严重程度degree	基于有效水平的比数,effect=1	模型预测的有效概率odd/(1+odd), effect=1
1(男)	1(严重)	$e^{-1.174}$	$e^{-1.174}/(1+e^{-1.174})$
	0(不严重)	$e^{-0.12}$	$e^{-0.12}/(1+e^{-0.12})$
0(女)	1(严重)	$e^{0.103}$	$e^{0.103}/(1+e^{0.103})$
	0(不严重)	$e^{1.157}$	$e^{1.157}/(1+e^{1.157})$

可计算出，患病程度严重男性基于有效水平的比数为 0.31，预测治疗的有效概率为 23.61%；患病程度严重女性基于有效水平的比数为 1.11，预测治疗的有效概率为 52.61%。还可求出任意两个比数的比数比(OR)。如要求疾病程度严重的女性相对于疾病程度严重的男性的比数比，可得 $OR=3.58$。

2.多分类无序自变量 Logistic 回归

【例 13.41】 研究性别和疗法对某病治愈与否的影响，数据如表 13-33 所示。

表 13-33 性别和疗法对某病治愈情况的影响

性别	疗法	疗效 无效	疗效 有效
女	A	5	40
	B	5	54
	C	6	34
男	A	28	78
	B	11	101
	C	46	68

本例与例 13.40 不同，其中疗法($treat$)变量是三分类变量，且各分类水平间无等级关系，因此可称为多分类无序自变量。与例 13.39、例 13.40 相同，本例因变量也是二分类，可以应用 Binary Logistic 回归程序加以分析。在分析时，需要先将多分类无序自变量转换成(水平数-1)个哑变量(dummy variable)，再将生成的哑变量纳入模型进行分析。若不预先进行哑变量生成操作，直接应用分类变量，SPSS Logistic 程序在运行过程中可自行将分类变量转变为哑变量，但最终拟合出的回归方程表达式会有所不同。

SPSS 生成哑变量的方法有多种，应用 SPSS 高级版本(如 SPSS 22.0)提供的 Create Dummy Variables 功能或利用各种 SPSS 版本都有的 Compute 命令、通过编程以及手工编制都可实现哑变量的生成。在本例中，需要为三分类水平的 $treat$ 变量生成两个哑变量 $treata$ 和 $treatb$。$treata$ 意即 $treat$ 变量取值为 A 时，条件为真，赋值 1 给 $treata$；否则，条件为假，赋值 0 给 $treata$。同理可生成 $treatb$。当 $treata=1$ 时，应用的是 A 疗法(此时 $treatb$ 为 0)。当 $treatb=1$ 时，采用的是 B 疗法(这时 $treata$ 为 0)。当 $treata$ 和 $treatb$ 均为 0 时，用 C 疗法。对于两分类水平变量 $gender$，只需要生成一个哑变量 $genderm$，意即 $gender$ 变量取值为 m 时，条件为真，给 $genderm$ 赋值 1；否则，条件为假，给 $genderm$ 赋值 0。

SPSS 操作步骤：

①建立数据文件：其中包含频数变量 $count$，自变量 $gender$($gender=1$，女；$gender=2$，男)，自变量 $treat$($treat=1$，处理 A；$treat=2$，处理 B；$treat=3$，处理 C)，因变量 $response$($response=1$，有效；$effect=0$，无效)。其中，频数变量 $count$ 设为数值型，自变量 $gender$、 *treat* 均为数值型。另外，还包括哑变量 *genderm*、*treata*、*treatb*，这三个哑变量均由元素 1、0 组成，设定为数值型变量。

②Data＜Weight Cases，对 *count* 变量进行加权。

③Analyze＜Regression＜Binary Logistic，将 *effect* 指定为 Dependent，把 *gender*、*degree* 选入 Covariates。

④点击 Options 按钮，勾选 CI for Exp(B)。点击 Continue 返回。

⑤点击 OK 确定，输出结果并解释。

Omnibus Tests of Model Coefficients

		Chi-square	df	Sig.
	Step	41.958	3	.000
Step 1	Block	41.958	3	.000
	Model	41.958	3	.000

Model Summary

Step	−2 Log likelihood	Cox & Snell R Square	Nagelkerke R Square
1	450.071	.084	.131

对纳入自变量 *treata*、*treatb*、*genderm* 后的模型进行检验，自变量的似然比 χ^2 值为 41.958，$P<0.001$，说明自变量具有统计学意义；纳入自变量后的模型总的 -2Log 似然 χ^2 值为 450.071，模型成立，极显著优于仅包含截距项的模型。

Variables in the Equation 表给出了 Logistic 回归系数及其各系数的检验结果。自变量 *treata*、*treatb*、*genderm* 的 Wald 统计量值分别为 4.902、24.401、10.288，对应的 P 值分别为 0.027、低于 0.001、0.001，三个自变量的偏回归系数都有统计学意义。自变量 *treata*、*treatb*、*genderm* 的偏回归系数 β_1、β_2、β_3 分别是 0.0585、1.561、−0.962，相应的比数比（OR）分别为 $e^{0.585}=1.795$、$e^{1.561}=4.762$、$e^{-0.962}=0.382$。由于选择了 C.I. for Exp(B)，表中还给出了三个自变量比数比对应的 95％ 置信区间。

根据 Variables in the Equation 表中的参数，可列出本例的 Logistic 回归方程：
$$\ln[p/(1-p)]=1.418+0.585\times treata+1.561\times treatb-0.962\times genderm$$

Variables in the Equation

		B	S.E.	Wald	df	Sig.	Exp(B)	95% C.I.for Exp(B)	
								Lower	Upper
	treata	.585	.264	4.902	1	.027	1.795	1.069	3.011
	treatb	1.561	.316	24.401	1	.000	4.762	2.564	8.847
Step 1	genderm	−.962	.300	10.288	1	.001	.382	.212	.688
	Constant	1.418	.299	22.551	1	.000	4.131		

将各自变量的值代入方程，可求得各子组的比数值（*effect*=1）。下面列出本例模型预测的有效概率及比数。

性别gender	Treata	Treatb	基于有效水平的比数response=1	模型预测的有效概率odd/(1+odd), response=1
	1	0	$e^{1.041}$	$e^{1.041}/(1+e^{1.041})$
1(男)	0	1	$e^{2.017}$	$e^{2.017}/(1+e^{2.017})$
	0	0	$e^{0.456}$	$e^{0.456}/(1+e^{0.456})$
	1	0	$e^{2.003}$	$e^{2.003}/(1+e^{2.003})$
0(女)	0	1	$e^{2.979}$	$e^{2.979}/(1+e^{2.979})$
	0	0	$e^{1.418}$	$e^{1.418}/(1+e^{1.418})$

可计算得出:对男性患者,A、B、C 三种疗法基于有效水平的比数分别为 2.83、7.52、1.58,B 疗法与 A 疗法、C 疗法的比数比分别为 2.66、4.76;对于女性患者,A、B、C 三种疗法基于有效水平的比数分别为 7.41、19.67、4.13,B 疗法与 A 疗法、C 疗法的比数比分别为 2.65、4.76。可见,B 疗法的疗效最好,A 疗法次之,C 疗法相对最差。女性与男性比数比,A、B、C 三种疗法分别为 2.62、2.62、2.62,表明各种疗法对女性的疗效优于男性。

3.连续型数值自变量的 Logistic 回归

【例 13.42】 40 例患者的治愈情况($y=0$,未愈;$y=1$,治愈)、病情严重程度 x_1($x_1=0$,不严重;$x_1=1$,严重)、年龄 x_2 及疗法 x_3($x_3=0$,新疗法;$x_3=1$,旧疗法),数据见表 13-34,试进行 Logistic 回归分析。

表 13-34 40 例患者临床治疗资料

编号	y	x_1	x_2	x_3	编号	y	x_1	x_2	x_3	编号	y	x_1	x_2	x_3	编号	y	x_1	x_2	x_3
1	1	0	20	1	11	1	0	38	0	21	0	0	34	1	31	0	1	40	1
2	1	0	23	1	12	1	1	26	0	22	0	0	30	1	32	0	1	40	1
3	1	0	32	1	13	1	1	29	0	23	0	0	38	0	33	0	0	33	0
4	1	0	38	1	14	1	1	34	0	24	0	0	37	0	34	0	0	36	0
5	1	1	25	1	15	1	1	33	1	25	0	1	24	1	35	0	1	24	0
6	1	0	20	1	16	1	1	38	1	26	0	1	25	1	36	0	1	34	0
7	1	0	24	1	17	1	1	40	1	27	0	1	29	1	37	0	1	32	0
8	1	0	28	1	18	0	0	22	1	28	0	1	32	0	38	0	1	36	0
9	1	0	30	1	19	0	0	26	1	29	0	1	34	0	39	0	1	38	0
10	1	0	32	0	20	0	0	29	1	30	0	1	37	1	40	0	0	39	0

本例的主要不同之处是自变量 x_2(年龄)为连续型数值变量。对于包含这种自变量的资料,Losilic 回归方法除了在解释该种自变量的比数比值方面有所区别外,其他方面都没有区别。

SPSS 操作步骤:

①建立数据文件:包含病号变量 *subject*、因变量 y($y=0$,未愈;$y=1$,治愈)、病情严重程度变量 x_1($x_1=0$,不严重;$x_1=1$,严重)、年龄变量 x_2、疗法变量 x_3($x_3=0$,新疗法;$x_3=1$,旧疗法)。

②Analyze＜Regression＜Binary Logistic,将 y 指定为 Dependent,把 x_1、x_2、x_3 选入 Covariates。

③点击 Options 按钮,勾选 CI for Exp(B),点击 Continue 返回。

④点击 OK 确定,运行程序,对主要结果加以解释。

Omnibus Tests of Model Coefficients

		Chi-square	df	Sig.
Step 1	Step	7.135	3	.068
	Block	7.135	3	.068
	Model	7.135	3	.068

Model Summary

Step	−2 Log likelihood	Cox & Snell R Square	Nagelkerke R Square
1	47.413	.163	.219

Omnibus Tests of Model Coefficients 表和 Model Summary 表给出了对包括常数项、自变量在内的最终模型的检验结果。从表可见,包括常数项和自变量在内的饱和模型的似然比 χ^2 为 47.413;引入模型中的 3 个自变量的似然比 χ^2 为 7.135,$P=0.068$,接近显著水平 0.05。

Variables in the Equation

		B	S.E.	Wald	df	Sig.	Exp(B)	95% C.I.for Exp(B)	
								Lower	Upper
Step 1	x_1	−.616	.713	.745	1	.388	.540	.133	2.187
	x_2	−.094	.064	2.181	1	.140	.910	.804	1.031
	x_3	−1.524	.740	4.243	1	.039	.218	.051	.929
	Constant	3.703	2.144	2.982	1	.084	40.549		

在最终建立的 Logistic 回归模型中,自变量 x_1、x_2、x_3 的 Wald 统计量值分别为 0.745、2.181、4.243,对应的 P 值分别为 0.388、0.140、0.039,只有第 3 个自变量(疗法)的偏回归系数有统计学意义。3 个自变量 x_1、x_2、x_3 的偏回归系数 β_1、β_2、β_3 分别为 -0.616、-0.094、-1.524,相应的比数比分别为 0.540、0.910、0.218,常数项系数为 3.703。由于年龄因素属于连续型变量,其比数比是以 1 岁为间隔的比数的比值,即由后 1 岁的比数值与前 1 岁的比数值相比得到。例如,54 岁的比数值比 53 岁的比数值,46 岁的比数值比 45 岁的比数值。年龄和病情严重程度对疗效影响均不显著。

13.6　协方差分析

13.6.1　单因素试验资料的协方差分析

【例 13.43】　为了寻找一种较好的哺乳仔猪食欲增进剂,以增进食欲,提高断奶重,对哺乳仔猪做了以下试验:试验设对照、配方 1、配方 2、配方 3 共 4 个处理,重复 12 次,选择初始条件尽量相近的长白种母猪的哺乳仔猪 48 头,完全随机分为 4 组进行试验,结果见表 13-35,试进行分析。

表 13-35　不同食欲增进剂仔猪生长情况表　　　　　　　　　（单位:kg）

对照		配方 1		配方 2		配方 3	
初生重 x	50 日龄重 y	初生重 x	50 日龄重 y	初生重 x	50 日龄重 y	初生重 x	50 日龄重 y
1.50	12.40	1.35	10.20	1.15	10.00	1.20	12.40
1.85	12.00	1.20	9.40	1.10	10.60	1.00	9.80
1.35	10.80	1.45	12.20	1.10	10.40	1.15	11.60
1.45	10.00	1.20	10.30	1.05	9.20	1.10	10.60
1.40	11.00	1.40	11.30	1.40	13.00	1.00	9.20
1.45	11.80	1.30	11.40	1.45	13.50	1.45	13.90
1.50	12.50	1.15	12.80	1.30	13.00	1.35	12.80
1.55	13.40	1.30	10.90	1.70	14.80	1.15	9.30
1.40	11.20	1.35	11.60	1.40	12.30	1.10	9.60
1.50	11.60	1.15	8.50	1.45	13.20	1.20	12.40
1.60	12.60	1.35	12.20	1.25	12.00	1.05	11.20
1.70	12.50	1.20	9.30	1.30	12.80	1.10	11.00

SPSS 操作步骤：

①建立数据文件：包括初生重 x、50 日龄重 y、饲料配方变量 $feed$ 等变量。

②Analyze＜General Linear Models＜Univariate，打开对话框。指定 y 为因变量 Dependent Variables，$feed$ 为 Fixed Factor(s)，x 为 Covariate。

③点击 Model 按钮，点选 Custom 指定模型，将 x 和 $feed$ 选入 Model 栏。平方和 Sum of squares 选择Ⅲ型平方和，点选 Include 包含截距。点击 Continue 返回主对话框。

④点击 Options 按钮，将 Estimated marginal means＜factor and factor interaction 下的 $feed$ 变量选入右边的 Display means for 栏。点选 Compare main effect，再选用 Bonferroni 进行多重比较。同时勾选 Descriptive statistics，输出描述统计结果等。

⑤点击 OK 确定，输出主要结果并解释。

Tests of Between-Subjects Effects

Source	Type Ⅲ Sum of Squares	df	Mean Square	F	Sig.
Corrected Model	58.055	4	14.514	16.396	.000
	1.938	1	1.938	2.190	.146
feed	20.216	3	6.739	7.612	.000
x	48.007	1	48.007	54.231	.000
Error	38.065	43	.885		
Total	6370.276	48			
Corrected Total	96.120	47			

Tests of Between-Subjects Effects 表为协方差分析表，实际为回归分析和校正数值方差分析表的综合。其中，x 效应差异极显著，该项是回归分析结果，$F=54.231$，$P<0.001$，y 对 x 回归效应有统计学意义，即初生重 x 对 50 日龄重 y 也有极显著影响，必须对处理效应进行协方差校正。分组变量 $feed$ 项是在回归校正后数值的方差分析结果，$F=7.612$，$P<0.001$，效应极显著，可对校正后的 50 日龄重 y 平均数进行多重比较。

在 SPSS 中，要对校正后平均数进行多重比较，必须在 GLM 主菜单 Options 选择进行 Estimated marginal means＜factor and factor interaction 设置，将 $feed$ 变量选入 Display means for 栏。Estimated marginal means 是边际平均数，即校正平均数。在校正平均数设置窗口的 Compare main effect 项，只有 LSD、Bonferroni、Sidak 三种多重比较方法可供选择。LSD 法检验严谨性较低，而 Sidak 法过分严谨，一般选 Bonferroni 比较适宜。

运行程序后，可输出校正平均数估计（Estimates）表。从表中可见，校正后各组 50 日龄增重以饲料 3 组最大，饲料 2 组、饲料 1 组次之，对照组最小。与未校正平均数相比，各组校正平均数大小排序有明显变化。注意校正平均数估计表下列的注释，提示饲料组平均数是以各组初生重平均数 1.3156 kg 为基础进行校正的。

Estimates

饲料	Mean	Std. Error	95% Confidence Interval	
			Lower Bound	Upper Bound
对照组	10.273a	.338	9.591	10.955
饲料1组	11.075a	.273	10.524	11.627
饲料2组	12.066a	.272	11.518	12.614
饲料3组	12.317a	.314	11.683	12.951

a. Covariates appearing in the model are evaluated at the following values: x=1.3156.

在校正平均水平后，输出成对比较 Pairwise Comparisons 表，给出对校正平均数进行多重比较的结果。从表可见，饲料 2 组、饲料 3 组与对照组校正平均数差异显著或极显著（$P<0.05$ 或 $P<0.01$），而饲料 1 组与对照组差异不显著（$P=0.05$）。此外，饲料 1 组与饲料 3 组差异也

有统计学意义（$P=0.022$）。据此可用字母法表示各组校正平均数的多重比较结果。

Pairwise Comparisons

(I)饲料	(J)饲料	Mean Difference (I−J)	Std. Error	Sig.	95% Confidence Interval for Difference	
					Lower Bound	Upper Bound
对照组	饲料1组	−.802	.449	.488	−2.045	.441
	饲料2组	−1.793	.439	.001	−3.007	−.579
	饲料3组	−2.044	.526	.002	−3.500	−.588
饲料1组	对照组	.802	.449	.488	−.441	2.045
	饲料2组	−.991	.385	.081	−2.055	.073
	饲料3组	−1.242*	.404	.022	−2.361	−.123
饲料2组	对照组	1.793	.439	.001	.579	3.007
	饲料1组	.991	.385	.081	−.073	2.055
	饲料3组	−.251	.411	1.000	−1.389	.887
饲料3组	对照组	2.044	.526	.002	.588	3.500
	饲料1组	1.242	.404	.022	.123	2.361
	饲料2组	.251	.411	1.000	−.887	1.389

13.6.2　随机区组（配伍组）设计资料的协方差分析

【例 13.44】　研究核黄素缺乏对蛋白质利用的影响，将 36 只大白鼠按某些重要的非处理因素配成 12 个区组，用随机的方法决定每组中的 3 只分别进入不同的饲料组（饲料 1、2、3组）。饲料 1 组为饲喂缺乏核黄素的饲料，饲料 2 组为饲喂含核黄素饲料但限制食量使之与饲料 1 组食量相近，饲料 3 组为饲喂含核黄素的饲料但不限制食量。3 组大白鼠的进食量 $x(g)$ 与同期内所增体重 $y(g)$ 的资料如表 13-36 所示。试分析 3 种饲料的营养价值之间有无显著差异。

表 13-36　核黄素缺乏对蛋白质利用的影响

配伍组号	饲料 1		饲料 2		饲料 3	
	x	y	x	y	x	y
1	256.9	27	260.3	32	544.7	160
2	271.6	42	271.1	47	481.2	96
3	210.2	25	214.7	37	418.9	115
4	300.1	52	300.1	65	556.6	135
5	262.2	15	269.7	39	394.5	76
6	304.4	49	307.5	38	426.6	73
7	272.4	48	278.9	52	416.1	99
8	248.2	10	256.2	27	549.9	134
9	242.8	37	240.8	41	580.5	147
10	342.9	57	340.7	61	608.3	166
11	356.9	76	356.3	102	559.6	170
12	198.2	9	199.2	8	371.9	54

如果试验过程中未记录每只大白鼠的进食量，则此例就是配伍组设计的方差分析问题。现在有了进食量，显然分析资料必须选用协方差分析。与一般协方差分析不同，本例有一个单位组因素。

SPSS 操作步骤：

①建立数据文件 cov2：包括进食量变量 x、增重变量 y、饲料种类变量 a、区组变量 b 等。

②Analyze＜General Linear Models＜Univariate，打开对话框。指定 y 为因变量 Dependent Variables，a 为 Fixed Factor，区组 b 为 Random Factor，x 为 Covariate。

③点击 Model 按钮，点选 Custom 指定模型，将 x 和 a、b 选入 Model 栏，构建包含 x、a、b 三项在内的主效应模型。平方和 Sum of squares 选择Ⅲ型平方和，点选 Include 包含截距。点击 Continue 返回主对话框。

④点击 Options 按钮，将 Estimated marginal means＜factor and factor interaction 下的 a 变量选入右边的 Display means for 栏。点选 Compare main effect，再选用 Bonferroni 进行多重比较。勾选 Descriptive statistics，输出描述统计结果。

⑤点击 OK 确定，输出主要结果并解释。

Tests of Between-Subjects Effects

	Source	Type Ⅲ Sum of Squares	df	Mean Square	F	Sig.
	Hypothesis	1691.403	1	1691.403	15.671	.001
	Error	2396.242	22.201	107.934a		
a	Hypothesis	463.948	2	231.974	2.189	.137
	Error	2225.364	21	105.970b		
x	Hypothesis	6174.248	1	6174.248	58.264	.000
	Error	2225.364	21	105.970b		
b	Hypothesis	3765.326	11	342.302	3.230	.010
	Error	2225.364	21	105.970b		

本例因 a、b 两因素各水平组合下无重复试验数据，故不能分析 $a*b$ 的作用。从方差分析表可见，协变量 x 的 $F=58.264$，$P<0.001$，表明协变量 x 的回归效应有统计学意义，因此进行协方差分析比较合适。此外，区组因素 b 对 y 的影响有显著性作用（$P=0.010$），而处理因素 a 效应不显著（$P=0.137$），即 3 种饲料对 y 的影响无显著性作用。若不考虑协变量初生重 x 的影响，进行简单的方差分析，所得结论与本例考虑 x 时的结论是相反的，这体现了协方差分析的价值。本例中，在排除了进食量 x 对增重 y 的影响后，发现所考察的 3 种饲料的营养价值之间无显著差异。

13.6.3 两因素析因设计资料的协方差分析

【例 13.45】 在棉花产量（$lint$）的研究中，考虑两个定性因素，即 var（棉花品种，分为 37 号和 213 号）、$spac$（种时的行距，分为 30 cm 和 40 cm），还考察 $boll$（棉籽重）因素。按两因素析因设计安排试验，var 与 $spac$ 共有 4 种不同的水平组合，4 种条件下重复试验的次数分别为 9、16、8、16，资料如表 13-37 所示，试分析各因素对棉花产量（$lint$）的影响大小。

SPSS 操作步骤：

①建立数据文件 cov3：包括棉花产量变量 $lint$、品种变量 var、行距变量 $spac$、棉籽重变量（协变量）$boll$ 等。

②Analyze＜General Linear Models＜Univariate，打开对话框。指定 $lint$ 为因变量 Dependent Variables，var 和 $spac$ 为 Fixed Factor，$boll$ 为 Covariate。

③点击 Model 按钮，定制 $var+spac+boll$ 的主效应模型。平方和 Sum of squares 选择Ⅲ型平方和，点选 Include 包含截距。点击 Continue 返回主对话框。

④点击 Options 按钮,将 Estimated marginal means＜factor and factor interaction 下的 *var* 和 *spac* 变量选入右边的 Display means for 栏。点选 Compare main effect,再选用 Bonferroni 进行多重比较。同时勾选 Descriptive statistics、Homogeneity test,输出描述统计和方差同质性检验结果。

⑤点击 OK 确定,输出主要结果并解释。

表 13-37　棉花产量分析数据

	37 号				213 号			
	30 cm		40 cm		30 cm		40 cm	
boll	*lint*	*boll*	*lint*	*boll*	*lint*	*boll*	*lint*
8.4	2.9	4.5	1.3	4.6	1.7	7.4	2.1
8.0	2.5	9.1	3.1	6.8	1.7	4.9	1.0
7.4	2.7	9.0	3.1	3.5	1.3	5.7	1.0
8.9	3.1	8.0	2.3	2.4	1.0	3.0	0.7
5.6	2.1	7.2	2.2	3.0	1.0	4.7	1.5
8.0	2.7	7.6	2.5	2.8	0.5	5.0	1.3
7.6	2.5	9.0	3.0	3.6	0.9	2.8	0.4
5.4	1.5	2.3	0.6	6.9	1.9	5.2	1.2
6.9	2.5	8.7	3.0			5.6	1.0
		8.0	2.6			4.5	1.0
		7.2	2.5			5.6	1.2
		7.6	2.4			2.0	0.7
		6.9	2.2			1.2	0.2
		6.9	2.5			4.2	1.2
		7.6	2.4			5.3	1.2
		4.7	1.4			7.0	1.7

依题意,本例适合选用析因设计的协方差分析方法进行分析。运行程序后,首先输出描述统计表,可见 37 号棉花比 213 号棉花平均产量要高,30 cm 行距比 40 cm 行距产量也似乎要高一些。但这些差异是否有统计学意义,还要视下面的显著性检验而定。

接着输出方差同质性检验结果,$F=1.591$,$P=0.205$,所以认为数据满足方差分析前提之一的方差同质性要求。

Descriptive Statistics

var	spac	Mean	Std. Deviation	N
37	30	2.500	.4690	9
	40	2.319	.6930	16
	Total	2.384	.6176	25
213	30	1.250	.4840	8
	40	1.088	.4660	16
	Total	1.142	.4680	24
Total	30	1.912	.7913	17
	40	1.703	.8536	32
	Total	1.776	.8303	49

从方差分析表看,品种变量 *var*、行距变量 *spac*、棉籽重变量 *boll* 三个因素对应的 P 值均小于 0.01,说明这三个因素对因变量棉花产量 *lint* 都有非常显著的作用。因为品种变量 *var* 只有两个水平,所以实际不需要再进行多重比较,F 检验与多重比较结果等价。总体而言,棉

籽重(*boll*)、棉花品种(*var*)和种的行距(*spac*)对棉花产量都有非常显著的影响。使用的棉籽重与棉花产量有正相关关系,37号品种优于213号品种(因37号修正均数大),行距30 cm优于行距40 cm(因30 cm行距修正均数大)。

Levene's Test of Equality of Error Variances

F	df1	df2	Sig.
1.591	3	45	.205

Tests of Between-Subjects Effects

Source	Type III Sum of Squares	df	Mean Square	F	Sig.
Corrected Model	30.791	3	10.264	200.805	.000
Intercept	.005	1	.005	.090	.766
var	1.240	1	1.240	24.254	.000
spac	.450	1	.450	8.802	.005
boll	11.563	1	11.563	226.226	.000
Error	2.300	45	.051		
Total	187.560	49			
Corrected Total	33.091	48			

在协方差分析中,SPSS程序不能直接输出协变量 x 与因变量 y 的回归系数,只提供回归系数检验结果(方差分析表中 x 行)。在进行相关的协方差分析时,应预先定制包含互作效应的全因子模型。验证协变量与分组变量之间是否存在显著的交互作用。若交互作用差异不显著,可从模型中剔除互作项,重新运行协方差分析模型。经验证,本节的各案例均不存在显著的互作效应,所以未在模型中定制该项。

13.7　非参数检验

13.7.1　配对样本资料的非参数检验

【例13.46】　某研究测定了噪声刺激前后15头猪的心率,结果见表13-38。问:噪声对猪的心率有无影响?

表 13-38　猪噪声刺激前后的心率

猪　号	1	2	3	4	5	6	7	8	9	10	11	12	13	14	15
刺激前心率/(次/min)	61	70	68	73	85	81	65	62	72	84	76	60	80	79	71
刺激后心率/(次/min)	75	79	85	77	84	87	88	76	74	81	85	78	88	80	84

配对样本秩和检验的非参数检验对话框和 t 检验对话框非常相似。

SPSS操作步骤:

①建立数据文件:包括 *pretrt* 和 *posttrt* 两个变量。

②Analyze＜Nonparametric Tests＜Legacy Dialogues＜2 Related Samples 。

③按住 Shift 或 Ctrl 键,将 *pretrt* 和 *posttrt* 变量一次性选入 Test pairs 框。在 Test Type 框,选中 Wilcoxon。

④点击 Options 按钮,点选 Descriptive。点击 Continue 返回。

⑤点击 OK,输出主要结果并解释。

首先给出描述性统计分析表。可见噪声刺激后猪的心率平均值较高。

Descriptive Statistics

	N	Mean	Std. Deviation	Minimum	Maximum
pretrt	15	72.4667	8.26236	60.00	85.00
posttrt	15	81.4000	4.79285	74.00	88.00

接着输出 Ranks 表。该表给出了各项秩和比较信息。其中，$posttrt < pretrt$、$posttrt > pretrt$、$posttrt = pretrt$ 的观察值个数分别为 2、13、0；$posttrt < pretrt$、$posttrt > pretrt$ 两项相应的平均秩分别为 2.75、8.81，秩和分别为 5.50、114.50。

Ranks

		N	Mean Rank	Sum of Ranks
posttrt − pretrt	Negative Ranks	2[a]	2.75	5.50
	Positive Ranks	13[b]	8.81	114.50
	Ties	0[c]		
	Total	15		

a. posttrt<pretrt
b. posttrt>pretrt
c. posttrt=pretrt

最后输出 Test Statistics 表，该表给出了 Wilcoxon 秩和检验（Signed Ranks Test）的最重要结果。SPSS 程序根据秩和计算出 Z 值，并得到相应的概率。本例 $Z = -3.097$，双侧检验近似 P 值为 0.002，小于 0.01，所以认为噪声刺激可使猪的心率极显著提高。

Test Statistics

	posttrt − pretrt
Z	−3.097
Asymp. Sig. (2-tailed)	.002

13.7.2　非配对样本资料的非参数检验（Wilcoxon 非配对法）

【例 13.47】　研究两种不同能量水平饲料对 5～6 周龄肉仔鸡增重（g）的影响，资料如表 13-39 所示。问：两种不同能量水平的饲料对肉仔鸡增重的影响有无差异？

表 13-39　两种不同能量水平饲料的肉仔鸡增重

饲料	肉仔鸡增重/g								
高能量	603	585	598	620	617	650			
低能量	489	457	512	567	512	585	591	531	467

非配对样本秩和检验对话框和非配对 t 检验对话框非常相似，只是在下面一共给出了 4 种检验方法。其中 Mann-Whitney U 检验与统计教科书中所讲的 Wilcoxon 秩和检验可认为是同一种检验。这两种方法是独立提出的，仅统计量的构造略有不同，其原理和检验结果完全等价，因此不再单独解释，而 SPSS 在分析时也会同时给出这两种统计量。

SPSS 操作步骤：

①建立数据文件：包括 $weight$、$group$ 变量。

②Analyze < Nonparametric Tests < Legacy Dialogues < 2 Independent Samples。

③在 Test Variable List 框选入 $weight$ 变量；在 Grouping Variables 框选入 $group$ 变量。点击 Define Groups 钮，在 group1 框和 group2 框中分别输入 1 和 2。点击 Continue 按钮返回。

④在 Test Type 复选框组，选中 Mann-Whitney U 复选框。

⑤点击 OK 确定,输出主要结果并解释。

首先输出 Ranks(秩和)表。该表给出了各项秩和比较信息。其中,第 1 组(高能量组)、第 2 组(低能量组)观察值个数分别为 6、9,两组对应的平均秩分别为 12.25、5.17,秩和分别为 73.50、46.50。

Ranks

	group	N	Mean Rank	Sum of Ranks
weight	1.00	6	12.25	73.50
	2.00	9	5.17	46.50
	Total	15		

下面输出的是 Test Statistics 表,该表是 Mann-Whitney U 检验的最重要结果。检验的统计量为两样本中秩和较小者,即低能量组的秩和 46.50。SPSS 程序根据秩和计算出本例 Mann-Whitney U 值为 1.500,$Z = -3.011$,双侧检验近似 P 值(Asymp. Sig.(2-tailed))为 0.003,精确 P 值(Exact Sig.)为 0.001,两种 P 值均小于 0.01,所

Test Statistics

Mann–Whitney U	1.500
Wilcoxon W	46.500
Z	−3.011
Asymp. Sig. (2-tailed)	.003
Exact Sig. [2*(1-tailed Sig.)]	.001

以拒绝零假设,认为高能量组与低能量组的增重差异有统计学意义,饲料组中的能量水平对猪日增重有很大影响。

13.7.3 多个样本比较的非参数检验(Kruskal-Wallis 法,H 法)

【例 13.48】 某试验研究三种不同制剂治疗钩虫的效果,用 11 只大白鼠做试验,分为三组。每只鼠先人工感染 500 条钩蚴,感染后第 8 天,三组分别给服用甲、乙、丙三种制剂,第 10 天全部解剖检查各鼠体内活虫数,试验结果如表 13-40 所示。试检验三种制剂杀灭钩虫的效果有无差异。

表 13-40 三种制剂杀灭钩虫效果及秩和检验

制剂甲组(a)	制剂乙组(b)	制剂丙组(c)
279	229	210
338	274	285
334	310	117
198		
303		

SPSS 操作步骤:

①建立数据文件:包括 *num*、*treat* 变量。

②Analyze＜Nonparametric Tests＜Legacy Dialogues ＜ K-Independent-Samples,打开对话框。

③在 Test Variable List 框选入 *num* 变量,在 Grouping Variables 框选入 *treat* 变量。点击 Define Groups 按钮,在 Minimum 框和 Maximum 框中分别输入 1 和 3,点击 Continue 返回。在 Test Type 复选框组选中 Kruskal-Wallis。

④点击 OK 确定,输出主要结果并解释。

Ranks

	处理组		N	Mean Rank
残余活虫数	dimension	甲组	5	7.40
		乙组	3	6.00
		丙组	3	3.67
		Total	11	

Test Statistics

	残余活虫数
Chi-square	2.376
df	2
Asymp. Sig.	.305

Kruskal-Wallis 检验分别给出了 3 种制剂的样本容量及平均秩。由 Test Statistics 表可见,3 种处理 χ^2 统计量的近似显著性概率为 0.035,大于 0.05,故应接受零假设,得出 3 种制剂杀灭钩虫效果无显著差异的结论。

若 Kruskal-Wallis 检验多个样本所在的总体均数存在差异,接下来应该进行两两比较,判断到底哪些总体之间存在差异甚至是差异的程度,但目前包括 SAS、SPSS 在内的所有权威统计软件均未提供该功能。可以利用 Mann-Whitney U 检验对多个样本两两进行均数差异显著性检验,对所得的 P 值进行 Bonferroni 校正。

【例 13.49】　对某种疾病采用一穴法、二穴法、三穴法作针刺治疗,治疗效果分为控制、显效、有效、无效 4 级。治疗结果见表 13-41。问:3 种针刺治疗方式疗效有无显著差异?

SPSS 操作步骤:

①建立数据文件:包括 $freq$、$acupuncture$、$response$ 变量。

②Data＜Weight Cases,加权 $freq$ 变量。

③ Analyze ＜ Nonparametric Tests ＜ Legacy Dialogues＜K Independent Samples,打开对话框。

④ 将 $response$ 选入 Test Variables 栏,将 $acupacture$ 选入 Grouping Variables 栏。

⑤点击 Define 按钮,Minimum 设为 1,Maximum 设为 3。

⑥点击 OK 按钮,输出主要结果并解释。

表 13-41　3 种针刺方式治疗效果及秩和检验

等级	一穴法	二穴法	三穴法
控制	21	30	10
显效	18	10	22
有效	15	8	11
无效	5	2	8

Ranks

	acupacture	N	Mean Rank
response	1.00	59	83.06
	2.00	50	62.58
	3.00	51	95.11
	Total	160	

Test Statistics

	response
Chi-Square	14.086
df	2
Asymp. Sig.	.001

Kruskal-Wallis 检验分别给出了 3 种疗法的样本容量及平均秩。由 Test Statistics 表可见,3 种疗法 χ^2 统计量的近似显著性概率为 0.001,小于 0.01,故应接受零假设,得出 3 种疗法的疗效有显著差异的结论。可将多个分组数据中的两组数据两两分割出来,采用 Bonferroni 校正法,结合 Mann-Whitney U 检验,进行多重比较,结果整理如下:

Test Statistics

两两比较		项目	Bonferroni p value
一穴法-二穴法	Mann-Whitney U	1100	
	Wilcoxon W	2375	
	Z	-2.44342	
	Asymp. Sig. (2-tailed)	0.014549	0.014549*3=0.043647
一穴法-三穴法	Mann-Whitney U	1280.5	
	Wilcoxon W	3050.5	
	Z	-1.40383	
	Asymp. Sig. (2-tailed)	0.16037	0.16037*3=0.48111
二穴法-三穴法	Mann-Whitney U	754	
	Wilcoxon W	2029	
	Z	-3.73327	
	Asymp. Sig. (2-tailed)	0.000189	0.000189*3=0.000567

从表可见,在 Mann-Whitney U 检验后,对各项比较所得的 P 值进行校正(乘以总比较次数),最终所得的 P 值为:一穴法与二穴法比较,$P=0.043647$;一穴法与三穴法比较,$P=0.48111$;二穴法与三穴法比较,$P=0.000567$。可以认为,一穴法与二穴法之间疗效差异显著,二穴法与三穴法之间疗效差异极显著。

13.8 多元统计分析

13.8.1 重复度量资料方差分析

1.一元重复度量资料的方差分析

【例 13.50】 研究 3 种袋鼠同一批个体在 4 个不同地区传播植物种子的特性,连续测定各袋鼠每天排泄的植物种子能力并给予评分,结果如表 13-42 所示。试进行分析。

表 13-42 不同地区袋鼠传播植物种子能力测定

种 类	个 体	地 区			
		b_1	b_2	b_3	b_4
a_1	s_{11}	13	14	17	20
	s_{21}	10	11	15	14
	s_{31}	13	19	18	22
	s_{41}	4	12	14	16
a_2	s_{12}	5	13	21	24
	s_{22}	8	18	25	27
	s_{32}	14	19	26	26
	s_{42}	12	24	29	29
a_3	s_{13}	13	24	28	32
	s_{23}	9	22	22	24
	s_{33}	14	22	28	28
	s_{43}	8	18	27	29

SPSS 操作步骤:

①建立数据文件,包括 a、b_1、b_2、b_3、b_4、s 变量,其中 a 为袋鼠种类,b_1、b_2、b_3、b_4 代表研究地区,s 为个体号。

②Analyze＜General Linear Model＜Repeated Measures,打开对话框。在 Repeated Measures Define Factor(s)对话框,将 Within-Subject Factor Name 命名为 *district*;Number of Levels 定为 4,在 Measure Name 框内输入 Score。点击 Add 按钮。然后点击 Define 按钮。进入变量 Repeated Measures 对话框。

③在 Repeated Measures 对话框内,将 b_1、b_2、b_3、b_4 变量相继选入 Within-Subjects Variabes 栏,将 a 变量指定为 Between-Subjects Variables。

④点击 Model 按钮,点选 Custom,将 *district* 变量选入 Within-Subjects Model 栏,在 Between-Subjects Mode 栏内将 a 变量选入。点击 Continue 返回。

⑤在 Repeated Measures 主对话框中,点击 Plots 按钮,在打开的对话框中,选择重复度量变量名进入 Horizontal Axis 栏,点击下部的 Add。点击 Continue 返回。

⑥点击 Options 按钮,打开对话框。将 *district*、a 变量选入右侧的 Display Means for 对话框;点选 Compare main effects。在 Confidence interval adjustment 下拉菜单中选 Bonferroni。点击 Continue 返回。

⑦点击 OK 确定,输出主要结果并解释。

SPSS 对重复度量变量及其与分组变量的互作效应首先进行多元方差分析(Multivariate tests),然后进行一元方差分析。重复度量分析过程的各种分析方法大都依赖球形假设。在重复度量分析中,不同检验方法结果可能相互冲突,作整体结论时可遵循以下基本原则:在满足球形假设,即数据间不存在密切相关性的情况下,可在参考多元方差分析结果的基础上,以一元方差分析结果为主作结论;在严重违反球形假设(数据存在高度相关性)和样本容量较大(例如样本容量比重复度量次数大 10)时,可根据多元方差分析或 Greenhouse-Geisser 校正检验结果进行统计推断。多元方差分析检验效能低于 Greenhouse-Geisser 校正检验。若两者检验结果发生冲突,则采信后者(Greenhouse-Geisser 校正检验)。

Multivariate Tests

	Effect	Value	F	Hypothesis df	Error df	Sig.
district	Pillai's Trace	.968	70.767	3.000	7.000	.000
	Wilks' Lambda	.032	70.767	3.000	7.000	.000
	Hotelling's Trace	30.329	70.767	3.000	7.000	.000
	Roy's Largest Root	30.329	70.767	3.000	7.000	.000
district * a	Pillai's Trace	.926	2.299	6.000	16.000	.086
	Wilks' Lambda	.173	3.280	6.000	14.000	.031
	Hotelling's Trace	4.216	4.216	6.000	12.000	.016
	Roy's Largest Root	4.076	10.869	3.000	8.000	.003

Multivariate Tests 表是多元方差分析结果表。从表可见,SPSS 输出了 Pillai's Trace、Wilks' Lambda、Hotelling's Trace、Roy's Largest Root 4 种多元分析结果。在 4 种多元方差分析方法中,Wilks' Lambda 属于精确性检验,所以当 4 种多元方差分析结果有冲突时,可按照 Wilks' Lambda 的分析结果进行统计推断(SAS 多元方差分析只提供 Wilks' Lambda 分析结果)。

本例对重复度量变量 district 进行的 4 种检验结果都一致,$P<0.001$;district * a 效应的 Wilks' Lambda 检验 $P=0.031<0.05$。因此,可以认为不同种类袋鼠在不同地区传播植物种子的能力显著不同。当然,对这两项效应进行统计推断需要谨慎,还需要参考后面输出的球形检验以及 Greenhouse-Geisser 检验结果。

Mauchly's Test of Sphericity

Within Subjects Effect	Mauchly's W	Approx. Chi-Square	df	Sig.	Epsilon		
					Greenhouse-Geisser	Huynh-Feldt	Lower-bound
district	.561	4.457	5	.489	.790	1.000	.333

SPSS 多元分析可提供 Box's Test for Equality of Covariance Matrices 和 Mauchly's Test of Sphericity 两种球形假设检验方法。在重复度量分析中,输出 Mauchly's Test of Sphericity 检验结果。Mauchly's Test of Sphericity 检验主要是检验各时间点测量值间的相关性。若此项检验差异不显著,认为重复度量数据满足球形假设;反之,则违反球形假设。在违反球形假设的情况下,SPSS 提供 Greenhouse-Geisser、Huynh-Feldt、Lower-bound 三种校正系数,其中的 Greenhouse-Geisser 校正系数最为重要,它对自由度的校正比较保守。

本例球形检验结果 $P=0.489>0.05$,可以认为袋鼠在不同地区传播种子的能力之间相关性不强,没有违反球形假设,可以直接对数据进行一元方差分析。但是,Mauchly's Test of Sphericity 检验的敏感性比较差,因此其结果仅供参考。若认可球形假设检验结果,则难以解释前述多元方差分析以及下面输出的一元方差分析结果。

Tests of Within-Subjects Effects 表是对重复度量变量进行一元分析的结果。对于样本容量较小的资料，一元分析效能高于多元分析。一般在样本容量较小、重复度量次数小于 10 或者满足球形假设时，以一元分析为主作结论。SPSS 提供 4 种方法检验一元方差分析结果，这 4 种分析方法的特点及其结果采信的一般原则如下：Sphericity Assumed 检验假设因变量间协方差矩阵相等，不对自由度进行校正；在满足球形假设时，可采取此项检验结果。在不满足球形假设条件和 Epsilon 系数小于 0.75 时，采取 Greenhouse-Geiser 校正结果。若 Sphericity Assumed 结果为差异显著，而 Greenhouse-Geiser 校正检验结果为差异不显著或 Greenhouse-Geiser Epsilon 系数大于 0.75 时，应以 Huynh-Feldt 检验为主作结论。Huynh-Feldt 检验也对自由度进行校正，且比 Greenhouse-Geiser 检验校正力度大。如果 Greenhouse-Geiser 和 Huynh-Feldt 检验均不显著，则可接受零假设。Lower-bound 检验对自由度的校正比 Greenhouse-Geiser 更为保守，第 I 类错误率更低，一般不作为下结论依据。

Tests of Within-Subjects Effects

Source		Type III Sum of Squares	df	Mean Square	F	Sig.
district	Sphericity Assumed	1405.500	3	468.500	127.773	.000
	Greenhouse-Geisser	1405.500	2.371	592.777	127.773	.000
	Huynh-Feldt	1405.500	3.000	468.500	127.773	.000
	Lower-bound	1405.500	1.000	1405.500	127.773	.000
district * a	Sphericity Assumed	155.500	6	25.917	7.068	.000
	Greenhouse-Geisser	155.500	4.742	32.791	7.068	.001
	Huynh-Feldt	155.500	6.000	25.917	7.068	.000
	Lower-bound	155.500	2.000	77.750	7.068	.014

综合考虑，本例可忽视球形假设检验结果，采信 Greenhouse-Geisser 检验结果。重复度量变量 $district$ 的 Greenhouse-Geisser $F=127.773$，$P<0.001$。重复度量变量和处理因素互作效应 $district * a$ 的 Greenhouse-Geisser $F=7.068$，$P=0.001$。认为袋鼠在不同地区传播植物种子的能力有差异，支持多元方差分析得出的结论。

Tests of Within-Subjects Contrasts

Source	district	Type III Sum of Squares	df	Mean Square	F	Sig.
district	Linear	1297.350	1	1297.350	228.273	.000
	Quadratic	108.000	1	108.000	52.541	.000
	Cubic	.150	1	.150	.046	.835
district * a	Linear	126.100	2	63.050	11.094	.004
	Quadratic	24.500	2	12.250	5.959	.022
	Cubic	4.900	2	2.450	.751	.499

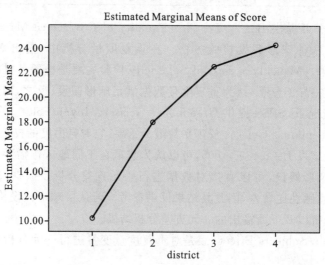

Estimated Marginal Means of Score

Tests of Within-Subjects Contrasts 表输出趋势检验结果。SPSS 提供 4 种多项式对比分析结果。在解释相关结果之前,最好先对重复度量变量作图。可根据 SPSS 输出的各多项式对比的 F 值、重复度量变量图形以及结合专业知识,对重复度量变量的变化趋势作出解释。若变量图形变化与多项式比较结果不符,可忽略 SPSS 多项式对比结果,仅以专业知识进行解释。

本例多项式对比结果表明,重复度量变量 $district$ $F = 228.272$,$P < 0.001$;互作效应 $district * a$ $F = 11.094$,$P = 0.004$。综合图形表现,可认为线性拟合解释度最大,即不同种类的袋鼠在不同地区传播种子能力评分用线性关系描述比较适宜。

Tests of Between-Subjects Effects

Source	Type III Sum of Squares	df	Mean Square	F	Sig.
Intercept	16875.000	1	16875.000	504.568	.000
a	458.000	2	229.000	6.847	.016
Error	301.000	9	33.444		

Tests of Between-Subjects Effects 表为对组间因素进行分析的结果。可见,$F = 6.847$,$P = 0.016$,可认为不同种类袋鼠传播种子的能力有显著的差异。下表输出对分组变量、重复度量变量的多重比较,可见 a_1 袋鼠的得分显著低于 a_3 袋鼠,不同地区得分之间有显著或极显著的差异。

Pairwise Comparisons

(I) A	(J) A	Mean Difference (I-J)	Std. Error	Sig.b	95% Confidence Interval for Difference	
					Lower Bound	Upper Bound
a1	a2	−5.500	2.045	.074	−11.498	.498
	a3	−7.250*	2.045	.019	−13.248	−1.252
a2	a1	5.500	2.045	.074	−.498	11.498
	a3	−1.750	2.045	1.000	−7.748	4.248
a3	a1	7.250*	2.045	.019	1.252	13.248
	a2	1.750	2.045	1.000	−4.248	7.748

Pairwise Comparisons

(I) district	(J) district	Mean Difference (I-J)	Std. Error	Sig.b	95% Confidence Interval for Difference	
					Lower Bound	Upper Bound
1	2	−7.750*	.848	.000	−10.604	−4.896
	3	−12.250*	.744	.000	−14.752	−9.748
	4	−14.000*	.960	.000	−17.229	−10.771
2	1	7.750*	.848	.000	4.896	10.604
	3	−4.500*	.755	.001	−7.039	−1.961
	4	−6.250*	.798	.000	−8.934	−3.566
3	1	12.250*	.744	.000	9.748	14.752
	2	4.500*	.755	.001	1.961	7.039
	4	−1.750*	.516	.048	−3.486	−.014
4	1	14.000*	.960	.000	10.771	17.229
	2	6.250*	.798	.000	3.566	8.934
	3	1.750*	.516	.048	.014	3.486

2.多元重复度量资料的方差分析

在具有重复度量变量的试验研究中,也可同时考察若干个因素及其交互作用对多个观测指标的影响大小。与例 13.50 不同,下面是具有 1 个重复测量设计的多元方差分析的案例。

【例 13.51】 设因素 a 为接受化疗的次数,$a = 1,2,3,4$ 分别代表乳腺癌患者第 1、2、3、4

次接受化疗。因素 T 为化疗前后观测的天数，$T=1,2,3,4$ 分别代表化疗前 1 天、化疗后 1 天、化疗后 5 天、化疗后 14 天。分别在 4 个不同的时间点从每份人尿液中观测 3 项指标的数值，即尿白蛋白 x_1（mg/L）、尿球蛋白 x_2（mg/L）、尿 N-乙酰-β-氨基葡萄糖苷酶 x_3（U/g（Cre）），用以反映化疗对患者肾脏所产生的毒性大小。其设计与资料格式见表 13-43。试分析不同条件下，指标组成的均值向量间的差别是否显著。

表 13-43　接受不同次数化疗的乳腺癌患者化疗前后尿液检测结果

患者 s	化疗次数 a	尿白蛋白 x_1/(mg/L)				尿球蛋白 x_2/(mg/L)				尿 N-乙酰-β-氨基葡萄糖苷酶 x_3/[U/g(Cre)]			
		T_1	T_2	T_3	T_4	T_1	T_2	T_3	T_4	T_1	T_2	T_3	T_4
1	1	3.3	33.0	19.1	7.8	1.0	10.6	5.0	3.3	0.8	10.3	41.3	10.1
2	1	11.7	30.8	204.8	19.0	1.0	4.2	18.8	0.1	8.9	27.9	35.4	19.0
3	1	9.4	8.8	142.2	19.6	4.0	3.7	17.1	3.8	0.8	12.2	32.7	15.0
4	1	6.8	11.4	124.6	2.8	2.0	6.8	35.5	9.8	5.0	7.4	113.4	9.1
5	1	2.0	42.6	17.0	8.4	0.0	16.6	36.0	1.4	6.0	6.2	186.0	20.0
6	1	3.1	5.8	143.0	8.6	2.0	2.0	23.2	2.0	12.6	20.0	20.9	12.7
7	1	5.3	11.2	16.5	1.9	2.0	0.6	9.5	4.5	11.9	1.6	11.5	11.0
8	1	3.7	19.0	75.8	7.8	0.0	3.4	10.0	1.8	4.0	12.7	9.8	5.5
9	1	21.8	22.4	23.3	8.6	3.0	6.3	10.1	1.9	9.4	16.9	23.2	18.9
10	1	17.6	30.2	271.4	10.0	3.0	8.0	36.0	3.1	6.1	8.8	28.2	12.0
11	1	6.9	20.6	93.7	3.6	3.0	3.6	16.6	4.4	25.6	21.6	21.7	21.8
12	1	8.5	50.4	36.0	21.3	1.0	5.9	8.9	8.5	12.5	12.6	15.3	12.5
13	1	7.8	32.0	297.0	10.5	4.0	13.8	24.3	5.2	13.8	20.6	23.5	22.6
14	1	4.2	10.8	327.0	2.9	0.0	2.1	18.8	1.5	5.0	11.3	16.5	10.2
15	1	11.2	6.4	30.2	11.9	4.0	1.2	6.6	0.4	17.7	20.3	37.5	11.4
16	1	10.0	9.8	39.2	5.6	4.0	3.6	8.3	3.1	8.3	55.8	84.5	8.4
17	1	2.0	15.0	359.0	20.1	1.0	4.4	22.7	4.4	12.9	18.9	24.5	16.9
18	1	4.6	17.2	68.2	9.6	5.0	8.2	3.8	2.3	26.2	31.1	18.6	7.1
19	1	0.7	114.0	37.0	3.9	1.0	18.0	25.3	2.6	15.6	18.9	29.7	23.4
20	1	11.6	15.2	364.8	5.4	4.0	7.5	23.6	2.9	10.9	29.8	24.1	7.1
21	1	1.2	15.3	6.3	1.5	1.0	4.8	3.0	1.8	15.0	10.2	14.5	16.7
22	1	2.4	8.8	44.3	2.6	0.0	3.0	5.8	0.7	9.1	11.6	24.6	18.0
23	1	8.3	6.9	38.7	11.5	1.0	1.1	4.0	3.4	5.6	30.5	30.9	17.5
24	1	3.7	40.7	10.4	4.2	1.0	9.3	3.1	0.7	9.1	23.8	11.3	12.8
25	1	11.9	218.6	118.5	6.9	8.0	58.9	17.3	8.4	18.0	20.8	33.3	19.7
26	1	5.1	9.2	27.9	8.4	2.0	1.7	8.4	3.7	16.8	21.8	13.7	11.8
27	1	10.8	23.9	43.8	16.6	6.0	8.9	11.3	2.8	25.8	26.5	30.5	5.5
28	1	17.8	53.6	276.0	9.4	4.0	11.9	24.6	4.2	1.1	12.5	13.2	18.3
29	1	0.3	24.6	31.7	1.6	2.0	6.7	1.4	0.1	11.9	31.4	35.6	13.0
30	2	18.2	268.6	585.0	11.2	8.0	46.0	33.2	3.2	17.1	17.1	17.2	12.7
31	2	8.1	8.4	74.4	1.5	2.0	3.5	15.6	0.9	2.5	20.4	18.7	10.0
32	2	9.5	17.5	430.0	29.6	3.0	5.9	28.1	6.7	14.4	17.0	26.5	71.1
33	2	5.1	6.6	26.1	1.5	2.0	4.7	9.4	0.4	4.3	13.9	17.3	5.4
34	2	11.5	15.8	54.7	36.8	4.0	3.0	11.6	3.5	9.6	39.4	73.5	246.9
35	2	6.7	26.8	106.0	10.3	4.0	11.8	24.5	2.2	23.6	30.5	3.3	2.9
36	2	20.1	32.0	12.9	1.4	4.0	3.3	1.7	1.7	16.9	17.3	17.5	16.3
37	2	7.9	11.0	8.0	11.4	2.0	2.9	1.2	0.9	7.9	23.7	34.5	13.8
38	2	3.9	44.8	35.6	1.5	3.0	11.8	5.7	0.3	13.4	39.8	19.3	8.2
39	2	5.4	5.7	13.1	7.2	3.0	2.6	2.3	2.1	7.1	8.4	8.3	5.8
40	2	6.6	6.2	13.4	10.0	5.0	2.6	8.5	2.5	19.8	36.2	73.2	2.2

续表

患者 s	化疗次数 a	尿白蛋白 x_1/(mg/L)				尿球蛋白 x_2/(mg/L)				尿 N-乙酰-β-氨基葡萄糖苷酶 x_3/[U/g(Cre)]			
		T_1	T_2	T_3	T_4	T_1	T_2	T_3	T_4	T_1	T_2	T_3	T_4
41	2	3.8	6.3	31.3	5.0	1.0	2.2	3.7	1.4	10.5	9.8	76.9	8.5
42	2	4.6	4.3	36.6	6.3	1.0	2.3	6.6	0.3	23.3	8.8	10.1	11.5
43	2	3.1	37.8	506.0	6.2	3.0	11.8	24.7	4.4	10.6	22.4	29.4	12.3
44	2	6.7	15.0	15.9	6.7	4.0	9.5	4.5	1.9	26.2	25.1	2.8	2.4
45	2	1.6	16.5	23.8	6.8	0.0	2.3	2.9	1.5	13.0	45.8	21.4	23.0
46	3	7.1	8.9	31.2	5.2	3.0	3.2	7.8	1.8	6.6	11.7	17.1	11.5
47	3	9.9	17.8	82.0	2.9	8.0	5.1	16.4	0.6	15.2	18.6	19.8	11.8
48	3	2.4	18.7	38.6	8.8	4.0	6.8	7.8	0.5	3.8	12.6	23.8	10.0
49	3	6.3	1.0	9.0	8.9	0.0	1.4	12.6	1.2	11.5	8.6	8.6	7.6
50	3	1.4	8.2	23.8	2.2	1.0	1.3	5.3	0.9	8.3	15.4	10.6	7.9
51	3	7.2	36.7	40.6	25.5	2.0	6.7	9.9	1.6	15.2	10.9	8.7	27.1
52	3	6.5	20.5	14.2	9.4	3.0	7.5	3.2	2.6	11.4	18.3	23.6	8.5
53	3	2.0	37.0	7.0	1.8	1.0	10.3	0.7	1.4	14.7	10.3	32.0	13.3
54	3	6.8	23.8	3.1	0.9	2.0	4.2	1.7	1.3	13.0	36.4	29.4	16.0
55	4	3.0	12.0	6.0	7.2	0.0	3.8	2.5	1.3	11.4	19.4	10.5	6.5
56	4	21.2	32.6	44.1	10.0	1.0	4.4	1.8	2.6	13.7	28.0	42.0	18.8
57	4	0.1	28.6	163.6	3.8	1.0	4.4	9.8	0.8	4.7	7.5	29.7	16.0
58	4	0.9	4.7	21.9	10.2	1.0	0.1	0.1	1.3	14.0	34.8	36.8	5.0
59	4	2.2	122.6	106.3	4.1	0.0	8.7	6.4	2.1	5.0	16.3	9.8	9.0
60	4	20.8	15.6	19.1	10.1	7.0	4.7	4.8	0.3	11.0	13.3	0.8	1.5

SPSS 操作步骤：

①建立数据文件,包括 a、s、$x_{1.1}$、$x_{1.2}$、$x_{1.3}$、$x_{1.4}$、$x_{2.1}$、$x_{2.2}$、$x_{2.3}$、$x_{2.4}$、$x_{3.1}$、$x_{3.2}$、$x_{3.3}$、$x_{3.4}$ 变量,其中 a 代表处理因素(接受化疗次数),s 为区组因素(受试者),$x_{1.1} \sim x_{1.4}$ 为尿白蛋白 4 个不同时间点测定值,$x_{2.1} \sim x_{2.4}$ 为尿球蛋白 4 个不同时间点测定值,$x_{3.1} \sim x_{3.4}$ 为尿 N-乙酰-β-氨基葡萄糖苷酶 4 个不同时间点测定值。

②Analyze < General Linear Model < Repeated Measures,打开对话框。在 Repeated Measures Define 对话框,将 Within-Subject Name 命名为 time；Number of Levels 定为 4；点击 Add 按钮加入。在 Measure Name 框内,先输入 albumin,点击 Add 按钮,再相继输入其他指标名称 globulin、UNAG,点击 Add 按钮。然后点击 Define 按钮,进入变量 Repeated Measures 对话框。

③在 Repeated Measures 对话框内,将 $x_{1.1} \sim x_{3.4}$ 变量相继选入 Within-Subject Variables 栏,将 a 变量指定为 Between-Subjects Variables。

④点击 Model 按钮,将 time 选入 Within-Subject Model 栏,在 Between-Subject Mode 栏内将 a 选入。点击 Continue 返回。

⑤点击 Options 按钮,将 a 变量选入右侧 Display Means for 栏；勾选 Compare mean effects,从下拉菜单中选择 Bonferroni。勾选 Residual SSCP matrix,点击 Continue 返回。

⑥点击 Plots 按钮,将 time 变量移入 Horizontal axis 栏,点击 Add 按钮。然后点击 Continue 返回。

⑦点击 OK 确定,输出主要结果并解释。

Bartlett's Test of Sphericity

Effect		Likelihood Ratio	Approx. Chi-Square	df	Sig.
Between Subjects		.000	262.623	5	.000
Within Subjects	time	.000	810.647	5	.000

Multivariate Tests

Effect			Value	F	Hypothesis df	Error df	Sig.
Between Subjects	a	Wilks' Lambda	.770	1.657	9.000	131.572	.106
Within Subjects	time	Wilks' Lambda	.401	7.957b	9.000	48.000	.000
	time * a	Wilks' Lambda	.611	.960	27.000	140.827	.528

Mauchly's Test of Sphericity

Within Subjects Effect	Measure	Mauchly's W	Approx. Chi-Square	df	Sig.	Epsilon		
						Greenhouse-Geisser	Huynh-Feldt	Lower-bound
time	albumin	.006	283.758	5	.000	.409	.436	.333
	globulin	.164	99.014	5	.000	.697	.764	.333
	UNAG	.260	73.734	5	.000	.632	.688	.333

运行程序后,输出巴特利特球形检验(Bartlett's Test of Sphericity)结果。不同化疗次数间测定指标协方差矩阵差异极其显著($P<0.001$),因此拒绝巴特利特球形检验的零假设,认为多个因变量间相关性显著,适宜进行多变量分析。对重复度量变量 *time* 进行巴特利特球形检验,$P<0.001$,同样拒绝球形假设,适宜进行多元方差分析。

对分组变量和重复度量变量进行多元分析,Wilks' Lambda 多元方差分析结果表明,不同化疗次数间 3 项指标整体差异不显著($P=0.106>0.05$);重复变量 *time* 各水平间差异极显著($P<0.001$);互作效应 *time * a* 无统计学意义($P=0.528>0.05$),说明化疗次数和不同时间点测定值间相关性不密切,即受试者不同时间点尿 3 项指标测定值与化疗次数无关。

对重复度量变量进行 Mauchly 球形检验。从结果可见,不同时间点度量的受试者尿 3 项指标均具有显著相关性($P<0.001$),宜采用 Repeated Measures 分析,与巴特利特球形检验结果一致。此外,*albumin*、*globulin*、*UNAG* 三指标对应 Greenhouse-Geisser 校正系数分别为 0.409、0.697、0.632,均小于 0.75。

Multivariate

Within Subjects Effect		Value	F	Hypothesis df	Error df	Sig.
time	Wilks' Lambda	.721	6.449	9.000	404.151	.000
time * a	Wilks' Lambda	.852	1.015	27.000	485.448	.446

多变量(Multivariate)表为 Tests of Within-Subjects Effects 的部分结果,是对重复度量变量及其与分组变量的交互作用进行多元分析。结果表明,不同时间点度量的 3 项指标总体差异极显著($P<0.001$);受试者不同时间点 3 项指标变化总体与接受的化疗次数多少无关($P=0.446>0.05$),与 Multivariate Tests 结论一致。

Univariate Tests

Source	Measure		Type III Sum of Squares	df	Mean Square	F	Sig.
time	albumin	Greenhouse-Geisser	160099.959	1.228	130382.655	12.110	.000
	globulin	Greenhouse-Geisser	1626.331	2.092	777.467	14.723	.000
	UNAG	Greenhouse-Geisser	3835.803	1.895	2024.605	3.669	.031
time * a	albumin	Greenhouse-Geisser	53026.095	3.684	14394.513	1.337	.267
	globulin	Greenhouse-Geisser	492.610	6.275	78.497	1.486	.186
	UNAG	Greenhouse-Geisser	1728.607	5.684	304.130	.551	.759

Univariate Tests 表为对重复变量进行一元分析的结果(原表内容较多,此处仅摘出最主要的部分)。由于本例数据违反球形假设且 Greenhouse-Geisser 校正系数均小于 0.75,所以对

一元分析结果的解释以 Greenhouse-Geisser 检验为主。从一元方差分析中 Greenhouse-Geisser 检验结果看,重复变量 $time$ 差异极显著($albumin$、$globulin$、$UNAG$ 三指标对应的 P 均小于 0.001),说明 $albumin$、$globulin$、$UNAG$ 三项指标重复度量数据间存在密切相关性,足以进行重复度量分析。重复变量 $time$ 与分组变量 a 的交互作用项 $time * a$ 无统计学意义($albumin$、$globulin$、$UNAG$ 三指标对应的 P 值分别为 0.267、0.186、0.759),表明化疗次数和不同时间点测定值间相关性不密切。Greenhouse-Geisser 检验与多元方差分析所得结论没有出入。

在多元分析和一元分析之后,输出组内变量重复变量对比检验(Tests of Within-Subjects Contrasts)表。可以看出,$albumin$、$globulin$、$UNAG$ 指标各次重复度量间变化趋势均符合 2 次方关系,图形(未列出)实际上也符合 2 次曲线趋势。

Tests of Within-Subjects Effects 是对分组变量进行一元分析(表略)。结果表明,3 种指标各水平间差异均不显著,与多元分析结果一致。此后输出的两两比较(表略)则表明,重复变量 $time$ 因素对 $albumin$、$globulin$、$UNAG$ 三项指标构成的均值向量的影响非常显著,而 a 和 $a * time$ 的作用都不显著;除第 1 与第 4 个时间点外,其他任何 2 个时间点上 3 个指标构成的均值向量之间的差别都非常显著。

综合多元分析、一元分析结果,本例可得出以下主要结论:乳腺癌患者各次化疗期间测得的 $albumin$、$globulin$、$UNAG$ 三项指标总体没有显著差别;每次化疗不同时间 $albumin$、$globulin$、$UNAG$ 三项指标总体有明显变化,化疗后 5 天显著低于化疗前水平。

13.8.2　多元协方差分析

【例 13.52】　现有 30 名婴幼儿身高 x_1(cm)、体重 x_2(kg)及体表面积 y(cm²)的资料如表 13-44 所示。请将身高、体重化为相等后,比较男、女婴幼儿体表面积修正均数之间是否有显著性差别。

表 13-44　30 名婴幼儿身高、体重及体表面积数据

序号	男			女		
	身高 x_1/cm	体重 x_2/kg	体表面积 y/cm²	身高 x_1/cm	体重 x_2/kg	体表面积 y/cm²
1	54.00	3.00	2446.20	54.00	3.00	2117.30
2	50.50	2.25	1928.40	53.00	2.25	2200.20
3	51.00	2.50	2094.50	51.50	2.50	1906.20
4	56.50	3.50	2506.70	51.00	3.00	1850.30
5	52.00	3.00	2121.00	51.00	3.00	1632.50
6	76.00	9.50	3845.90	77.00	7.50	3934.00
7	80.00	9.00	4380.80	77.00	10.00	4180.40
8	74.00	9.50	4314.20	77.00	9.50	4246.10
9	80.00	9.00	4078.40	74.00	9.00	3358.80
10	76.00	8.00	4134.50	73.00	7.50	3809.70
11	96.00	13.50	5830.20	91.00	12.00	5358.40
12	97.00	14.00	6013.60	91.00	13.00	5601.70
13	99.00	16.00	6410.60	94.00	15.00	6074.90
14	92.00	11.00	5283.30	92.00	12.00	5299.40
15	94.00	15.00	6101.60	91.00	12.50	5291.50

SPSS 操作步骤:

①建立数据文件:包括体表面积 y、性别 sex、身高 x_1、体重 x_2 等。

②Analyze ＜ General Linear Model ＜ Univariate，打开对话框。指定 y 为因变量 Dependent Variables，sex 为 Fixed Factor，x_1、x_2 为 Covariate。

③点击 Model 按钮，点选 Custom，指定因子模型，包含 sex、x_1、x_2 三项主效应。平方和 Sum of squares 选择Ⅲ型平方和，点选 Include 包含截距。点击 Continue 返回主对话框。

④点击 Options 按钮，将 sex 变量选入右侧 Display Means for 栏；勾选 Compare mean effects，从下拉菜单中选择 Bonferroni。

⑤点击 OK 确定，运行程序并对输出的主要结果加以解释。

从 Tests of Between-Subjects Effects 表看，协变量 x_1、x_2 的 F 值分别为 22.895、9.004，对应的 P 值均小于 0.01，可认为身高和体重对体表面积有极显著的影响。在剔除两个协变量的影响，将身高和体重因素拉平后，男、女婴幼儿间体表面积无显著差别（$P=0.076>0.05$）。

Tests of Between-Subjects Effects

Source	Type Ⅲ Sum of Squares	df	Mean Square	F	Sig.
Corrected Model	68523072.115	3	22841024.038	557.412	.000
Intercept	236644.443	1	236644.443	5.775	.024
x_1	938153.704	1	938153.704	22.895	.000
x_2	368954.790	1	368954.790	9.004	.006
sex	139769.340	1	139769.340	3.411	.076
Error	1065399.759	26	40976.914		
Total	536489478.930	30			
Corrected Total	69588471.874	29			

13.8.3 聚类分析

聚类分析是一种探索性统计分析方法。SPSS 提供层次聚类（Hierarchical Clustering）、K-均值聚类法（K-means Clustering）、两步聚类（Two-Step Clustering）等聚类分析方法。层次聚类输出的树状分类图形象直观，便于对结果的解释和理解。

表 13-45 肝病患者肝功能指标

编号 id	SGPT	Index	ZnT	AFP
1	40	2	5	20
2	10	1.5	5	30
3	120	3	13	50
4	250	4.5	18	0
5	120	3.5	9	50
6	10	1.5	12	50
7	40	1	19	40
8	270	4	13	60
9	280	3.5	11	60
10	170	3	9	60
11	180	3.5	14	40
12	130	2	30	50
13	220	1.5	17	20
14	160	1.5	35	60
15	220	2.5	14	30
16	140	2	20	20
17	220	2	14	10
18	40	1	10	0
19	20	1	12	60
20	120	2	20	0

【例 13.53】 某医院测得肝病患者的 4 项肝功能指标：转氨酶（$SGPT$）、肝大指数（$Index$）、锌浊度（ZnT）、甲球蛋白（AFP），数据见表 13-45。试进行 R 型和 Q 型聚类分析。

1.R 型聚类分析

R 型聚类分析是对指标变量进行的聚类分析。本例将对肝病患者的转氨酶（$SGPT$）、肝大指数（$Index$）、锌浊度（ZnT）、甲球蛋白（AFP）4 项指标进行聚类分析。

SPSS 操作步骤：

①建立数据文件：包括 id、$SGPT$、$index$、ZnT、AFP 等变量。

②Analyze＜Classify＜Hierarchical Cluster，打开层次聚类主对话框。

③在 Variables 栏，将 $SGPT$、$index$、ZnT、AFP

变量选入 Variable(s)栏。在 Cluster 框下,点选 Variables。

④点击 Statistics 按钮,点选 Agglomeration schedule 和 Proximity matrix,点击 Continue 返回主对话框。

⑤点击 Plot 按钮,点选 Dendrogram(树状图);点击 Continue 返回。

⑥点击 Method 按钮,打开 Hierarchical Cluster Analyze:Method 对话框。在 Cluster Method 中,有最短距离法(Nearest Neighbor)、最长距离法(Furthest Neighbor)、重心法(Centroid Clustering)、组间平均距离法(Between-Groups Linkage)、组内平均距离法(Within-Groups Linkage)、离差平方和法(Ward's Method)、中位数距离法(Median Clustering)等 7 种聚类方法可供选择。本例选择系统默认的组间平均距离法,该法聚类结果稳健。在 Measure 下 Interval 项,选择 Person correlation。点击 Continue 返回。

⑦点击 OK 确定,输出结果并加以解释。

Proximity Matrix

Case	Matrix File Input			
	SGPT	index	ZnT	AFP
SGPT	1.000	.695	.219	.025
index	.695	1.000	-.148	.135
ZnT	.219	-.148	1.000	.071
AFP	.025	.135	.071	1.000

Proximity Matrix 是变量相似矩阵。可见 $SGPT$ 和 $index$ 变量相关系数相对比较大,其他指标间相关系数相对都比较小。

Agglomeration Schedule

Stage	Cluster Combined		Coefficients	Stage Cluster First Appears		Next Stage
	Cluster 1	Cluster 2		Cluster 1	Cluster 2	
1	1	2	.695	0	0	2
2	1	4	.080	1	0	3
3	1	3	.048	2	0	0

Agglomeration Schedule 表为聚类进程表。可见先将 $SGPT$ 和 $index$ 变量聚为一类,两个变量的相关系数较高(0.695);第一步生成的新类与 AFP 聚合在一起,两者的相关系数仅为 0.080;第二步生成的新类最后与变量 3 即 ZnT 聚合,相关系数仅为 0.048。

Dendrogram using Average Linkage (Between Groups)
Rescaled Distance Cluster Combine

上图为聚类树状图(谱系图)。该图很直观地说明了变量聚类步骤以及各变量间相似程度的高低。结合聚类进程信息,变量 1($SGPT$)和 $index$ 聚为一新类比较合适,而另外变量与聚合新类相似度较小,可单独分类。因此,可将 4 个原变量分为 3 类:$SGPT$ 和 $index$、AFP、ZnT。从专业角度看,$SGPT$ 和 $index$ 为急性肝炎主要指标,AFP 为肝癌主要诊断指标,而 ZnT 为慢性肝炎的重要指标。

2.Q 型聚类分析

Q 型聚类分析是对样本进行的聚类分析。本例将对 20 例肝病患者进行聚类分析。

SPSS 操作步骤:

①建立数据文件:包括 id、$SGPT$、$index$、ZnT、AFP 等变量。

②Analyze<Classify<Hierarchical Cluster,打开层次聚类主对话框。在 Variables 栏,将 $SGPT$、$index$、ZnT、AFP 变量选入。在 Cluster 框下,点选 Cases。

③选择 Statistics 按钮,点选 Proximity Matrix;点击 Continue 返回主对话框。

④点击 Plot 按钮,点选 Dendrogram;点击 Continue 返回。

Agglomeration Schedule

Stage	Cluster Combined		Coefficients	Stage Cluster First Appears		Next Stage
	Cluster 1	Cluster 2		Cluster 1	Cluster 2	
1	8	9	.310	0	0	14
2	6	19	.446	0	0	11
3	3	5	.515	0	0	6
4	1	2	.548	0	0	13
5	13	17	.597	0	0	9
6	3	10	.783	3	0	10
7	16	20	.886	0	0	12
8	12	14	1.002	0	0	19
9	13	15	1.166	5	0	12
10	3	11	1.184	6	0	14
11	6	7	1.607	2	0	15
12	13	16	2.235	9	7	16
13	1	18	2.431	4	0	15
14	3	8	2.931	10	1	16
15	1	6	4.502	13	11	18
16	3	13	6.775	14	12	17
17	3	4	8.298	16	0	18
18	1	3	9.748	15	17	19
19	1	12	11.845	18	8	0

⑤点击 Method 按钮,在 Measure 下 Interval 项点击下拉菜单,保留 Squared Euclidean Distance 的缺省设置;在 Transform values 下的 Standardize 后,从下拉菜单中点选 Z scores,并选择 By variable;点击 Continue 返回。

⑥点击 Save 按钮,在 Cluster Membership 下,点选 Range of solutions,将 Minimum Number of Clusters 设置为 3,Maximum Number of Clusters 设置为 8。点击 Continue 返回。

⑦点击 OK 确定,输出结果并加以解释。

在 Q 性聚类过程中,如果各变量的数量级相差太大,需要对列数据进行标准化处理,所以本例操作中选择了 Z scores 方法 by variable 方向对数据进行了标准化。聚类选择欧几里得平方距离(Squared Euclidean Distance)度量各类间距离,是因为应用该统计量进行聚类所得结果一般最为稳定。将聚类数定位 3~8 类,是为了方便解释各类的意义。根据以上设置,SPSS 输出了相似矩阵(Proximity Matrix)、聚合进程(Agglomeration Schedule)等重要信息。

相似矩阵表过于庞大,在此不再罗列。此处只对聚类进程表加以介绍。

聚类进程表给出了样本逐步聚合的详细信息。在进程表中,第 1 列为合并步骤;第 2、第 3 列为参与合并的类别;第 4 列给出了每一聚类步骤的聚类系数,表示被合并的两个类别间的距离大小;第 5 列和第 6 列表示参与合并的样本首次出现的步骤(Stage),其中 0 代表该样本是第一次出现在聚类过程中。例如,在第 1 步中,第 8 号样本和第 9 号样本首先被合并在一起;两者合并后形成的新类在第 14 步中再次参与合并。在第 2 步中,参与合并的是第 6 号样本所在类别和第 19 号样本所在类别,两者也都是首次出现在合并进程中;合并新类在第 11 步再次出现在合并进程中。在第 6 步中,参与合并的是第 3 号样本所在类别和第 10 号样本所在类别,其中第 3 号样本首次参与合并是在第 3 步,而第 10 号样本是首次参与合并。应该注意,在聚类过程的描述中,往往一个记录号已经不单单代表的是一个记录,而是一个类别。了解聚类过程和聚类系数,有助于合理确定最终分类数目。

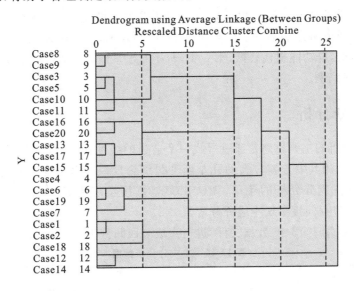

Dendrogram using Average Linkage (Between Groups)
Rescaled Distance Cluster Combine

Report

cluster	item	SGPT	index	ZnT	AFP
Total	Mean	138.0000	2.3250	15.0000	35.5000
	N	20	20	20	20
	Std. Deviation	88.88787	1.05475	7.41975	21.87885
Cluster1	Mean	190.0000	3.4167	11.5000	53.3333
	N	6	6	6	6
	Std. Deviation	70.42727	.37639	2.16795	8.16497
Cluster2	Mean	184.00	2.00	17.00	16.00
	N	5	5	5	5
	Std. Deviation	49.80	0.35	3.00	11.40
Cluster3	Mean	250.00	4.50	18.00	0.00
	N	1	1	1	1
	Std. Deviation	21.21320	.35355	3.53553	7.07107
Cluster4	Mean	26.67	1.33	10.50	33.33
	N	6	6	6	6
	Std. Deviation	15.06	0.41	5.24	21.60
Cluster5	Mean	145.0000	1.7500	32.5000	55.0000
	N	2	2	2	2
	Std. Deviation	21.21320	.35355	3.53553	7.07107

聚类分析产生的最重要结果就是树状图。通过树状图可以非常直观地看出整个聚类过程和结果。遵循分类聚合类别数在3~8，且各类包含的对象数目尽可能接近的原则，可以在以聚类重新标定距离(Rescaled Distance Cluster Combine)值等于10时进行裁剪，将所有样本分为5类。

各类具体情况如下：第1类，包括第8、9、3、5、10、11号病例；第2类，包括第16、20、13、17、15号病例；第3类，仅有第4号病例；第4类，包括第6、19、7、1、2、18号病例；第5类，包括第12、14号病例。

为探讨各个类别是否有显著差异以及各类别的特征，应用SPSS means过程输出描述统计量，对各类别进行细致分析。

据此可总结出各类的典型特征：第1类，$SGPT$和$index$较高，ZnT正常，AFP很高；可视为急性肝炎病例，可能又患肝癌；第2类，$SGPT$水平较高，$index$低于平均值，ZnT略高，AFP正常，可视为单纯性急性肝炎病例组；第3类，$SGPT$水平最高，$index$最高，ZnT较高，AFP为0，可视为急性肝炎重症患者组；第4类，$SGPT$、$index$、ZnT最低（处于生理常值范围），AFP高于生理常值，肝功能损伤轻微；第5类，$SGPT$水平较高，ZnT和AFP水平最高，可视为肝癌及慢性肝炎病例。

13.8.4　主成分分析

主成分回归分析的主要思路是通过寻找一个适当的线性变换，将彼此相关的变量转变为彼此独立的新变量，用其中方差较大的几个新变量综合反映原多个变量所包含的主要信息。SPSS无直接进行主成分分析的菜单，无法用菜单直接实现主成分分析，需调用因子分析(Factor Analysis)过程间接实现主成分分析。

【例13.54】　试用表13-46数据文件，进行主成分回归分析。

表13-46　主成分分析数据

x_1	x_2	x_3	y	x_1	x_2	x_3	y
1	2	1	3	10	13	3	27
2	4	2	9	11	13	2	25
3	6	4	11	12	13	1	27
4	7	3	15	13	14	1	29
5	7	2	13	14	16	2	33
6	7	1	13	15	18	4	35
7	8	1	17	16	19	3	37
8	10	2	21	17	19	2	37
9	12	4	25	18	19	1	39

应用SPSS进行主成分分析，需要经过多个步骤。

1.应用因子分析过程计算因子载荷矩阵

SPSS操作步骤：

①Analyze<Dimension Reduction<Factor，打开因子分析对话框。

②在Factor Analysis对话框，把自变量x_1、x_2和x_3放入Variables栏。

③点击 Extraction 按钮,点选 Fixed number of factors,并将 Factors to extract 设定为 3,其他为系统默认值。点击 Continue 返回主对话框。

④点击 OK 确定,运行程序,输出因子分析结果。

Total Variance Explained

Component	Initial Eigenvalues			Extraction Sums of Squared Loadings		
	Total	% of Variance	Cumulative %	Total	% of Variance	Cumulative %
1	1.995	66.499	66.499	1.995	66.499	66.499
2	1.004	33.467	99.966	1.004	33.467	99.966
3	.001	.034	100.000	.001	.034	100.000

Total Variance Explained 表给出提取的各因子特征根(Eigenvalue)等因子解释信息。特征根是因子分析计算出的各主成分的方差,其总和等于自变量个数。本例提取的第 1、第 2、第 3 特征根分别是 1.995、1.004、0.001,总和等于 3。

Component Matrix 表中为因子载荷矩阵,不能直接作为主成分系数。

Component Matrix

	Component		
	1	2	3
x_1	.991	−.134	.022
x_2	1.000	.015	−.023
x_3	.119	.993	.003

2.根据因子载荷矩阵计算主成分系数矩阵

主成分系数是特征根对应的特征向量(Eigenvector),SPSS 因子分析不直接输出该项信息,需要根据因子载荷矩阵手工或 Excel 辅助进行。将各项因子载荷除以相应特征根的平方根,即得各主成分的主成分系数。本例中,第 1 主成分的 3 个因子载荷分别是 0.991、1.000、0.119,对应特征根为 1.995,则第 1 主成分的 3 个系数分别为 $0.991/\sqrt{1.995}=0.701391$,$1.000/\sqrt{1.995}=0.707741$、$0.119/\sqrt{1.995}=0.084573$。如法操作,可得主成分系数矩阵如下:

	Component		
	r1	r2	r3
VAR00001	0.701391	−0.13416	0.700036
VAR00002	0.707741	0.014553	−0.70632
VAR00003	0.084573	0.990853	0.105159

根据主成分系数矩阵,可写出主成分表达式:

$v_1=0.701391*x_1+0.707741*x_2+0.084573*x_3$

$v_2=-0.13416*x_1+0.014553*x_2+0.990853*x_3$

$v_3=0.700036*x_1-0.70632*x_2+0.105159*x_3$。

从公式可见,第 1 主成分主要是由变量 x_1、x_2 组成,x_3 在第 1 主成分中的作用可忽略不计。第 2 主成分似乎完全由 x_3 构成,其他两个变量的作用微乎其微。第 3 主成分可视为 x_1、x_2 的差值,x_3 作用很微小,可以忽略不计。

3.变量的标准化及对应的主成分值计算

先应用 SPSS Descriptive and Save 命令,将因变量 y 和自变量 x_1、x_2 和 x_3 标准化。

①Analyze＜Descriptive Statistics＜Descriptive,打开描述统计对话框。

②将 x_1、x_2、x_3、y 变量全部选入 Variable(s)栏,勾选对话框下部的 Save standardized

C1	C2	C3
−2.45	−0.86	0.02
−1.98	0.02	−0.02
−1.43	1.80	0.04
−1.25	0.88	−0.05
−1.19	−0.05	−0.02
−1.14	−0.98	0.02
−0.88	−1.00	0.02
−0.41	−0.12	−0.02
0.14	1.67	0.04
0.33	0.74	−0.05
0.38	−0.18	−0.02
0.44	−1.11	0.02
0.70	−1.13	0.02
1.17	−0.25	−0.01
1.72	1.53	0.05
1.90	0.61	−0.05
1.95	−0.32	−0.01
2.01	−1.25	0.02

values as variables。

③点击 OK 确定,运行命令。

运行 Descriptive 命令后,可在数据文件中生成 Zx_1、Zx_2、Zx_3、Zy,分别是 x_1、x_2、x_3、y 变量的标准化变量。接着使用 Compute 命令,计算主成分 C_1、C_2 和 C_3 的值:

①Transform＜Compute Variable,打开 Compute Variable 对话框。

②在 Target Variable 下,输入主成分变量名 C_1,在 Numeric Expression 栏输入数学表达式:0.701391 $* Zx_1 + 0.707741 * Zx_2 + 0.084573 * Zx_3$。

③点击 OK 确定,运行命令。

运行 Compute Variable 命令后,可在数据文件中生成主成分 C_1。通过相似的操作,可分别生成主成分 C_2 和 C_3。在生成主成分 C_2 时,主成分变量名为 C_2,数学表达式为

$$-0.13416 * Zx_1 + 0.014553 * Zx_2 + 0.990853 * Zx_3$$

生成主成分 C_3 时,主成分变量名为 C_3,输入数学表达式为

$$0.700036 * Zx_1 - 0.70632 * Zx_3 + 0.105159 * Zx_3$$

13.8.5 因子分析

因子分析是主成分分析的推广和扩展,也属于一种降维分析方法。该方法是将具有相关性的多个变量综合为少数几个因子,探讨因子与变量之间的关系。

【例 13.55】 某单位对河南多地奶牛场生产的牛奶的乳脂、乳蛋白、乳糖含量及总固形物等指标进行了测定,数据格式见表 13-47(部分数据略),试进行因子分析。

表 13-47 河南地区奶牛场生产牛奶质量检测

样品号	乳脂含量/(%)	乳蛋白含量/(%)	乳糖含量/(%)	总固形物/(%)	体细胞数/个
1	3.15	2.43	4.87	12.29	541
2	6.42	2.79	7.25	15.52	607
...	...	...	...	...	...
40	1.74	3.47	5.20	12.21	46
41	1.00	3.13	4.59	10.34	1730
42	1.53	3.14	5.16	11.59	647
...	...	...	...	...	...
80	4.21	3.02	4.99	14.20	553

SPSS 操作步骤:

①建立数据文件:包含 *dairy*、*fat*、*protein*、*sugar*、*solid*、*somatic* 等变量。

②Analyze＜Dimension Reduction＜Factor,打开因子分析主对话框。将 *fat*、*protein*、*sugar*、*solid*、*somatic* 变量选入 Variables 栏。

③点击 Descriptive 按钮,点选 Univariate descriptive、Initial solution、Coefficients、KMO and Bartlett's test of sphericity。点击 Continue 返回。

④打开 Extraction 对话框,点选 Analyze 下的 Correlation Matrix 作为因子提取方法。该法与 Covariance Matrix 法相比,适宜不同量纲变量的因子分析。在 Display 下,点选 Unrotated factor solution、Scree plot。Extract 为因子提取标准。本例选择公因子数目为 3。点击 Continue 返回。

⑤点击 Rotation 按钮,可见数种因子旋转方法供选择。因子旋转意在强化所提取公因子内的聚合性,增强公因子间的差异性,使公因子意义更加明显。一般因子多选 Varimax(方差最大正交旋转)方法,本例选择 Varimax,然后点击 Continue 返回主对话框。

⑥点击 Score,点选 Save Variables 下的 Regression 以及对话框下部的 Display Component Score Coefficient Matrix 点击。Continue 返回。

⑦点击 OK 确定,运行程序。

从描述统计看,本例案例数目为 80,共有 5 个变量,案例数与变量数量比值大于 10,满足因子分析的样本要求。

KMO 和 Bartlett 检验用于因子分析的适用性检验。KMO 检验变量间的偏相关是否较小。一般在 KMO 值大于 0.7 时数据最适合采用因子分析法进行分析,小于 0.5 时则不适合采用因子分析法,须采用其他方法进行分析。Bartlett 检验主要是检验变量相关矩阵是否为单位阵,一般差异显著就说明变量间存在明显相关性。由本例 Bartlett 检验可以看出,$P <$ 0.001,应拒绝各变量独立的假设,即变量间具有较强的相关性。但 KMO 值仅为 0.266,说明变量间信息重叠度不是很高。因 KMO 值小于 0.7,有可能得出的因子分析模型不是很完善,但值得尝试。

Descriptive Statistics

	Mean	Std. Deviation	Analysis N
fat	3.3700	2.05124	80
protein	3.0356	.33669	80
sugar	4.7828	.54397	80
solid	13.0128	2.01612	80
somatic	633.75	799.002	80

KMO and Bartlett's Test

Kaiser-Meyer-Olkin Measure of Sampling Adequacy		.266
Bartlett's Test of Sphericity	Approx. Chi-Square	316.797
	df	10
	Sig.	.000

Communalities

	Initial	Extraction
fat	1.000	.986
protein	1.000	.838
sugar	1.000	.818
solid	1.000	.983
somatic	1.000	.791

变量共同度(Communalities)表示公因子提取原始信息的程度。本例共有 5 个变量,公因子信息总计为 4.38,排除的信息占 5-4.42=0.58,几乎所有变量共同度都在 80% 以上,因此提取出的这几个公因子对各变量的解释能力是较强的。

Total Variance Explained

Component	Initial Eigenvalues			Extraction Sums of Squared Loadings			Rotation Sums of Squared Loadings		
	Total	% of Variance	Cumulative %	Total	% of Variance	Cumulative %	Total	% of Variance	Cumulative %
1	2.182	43.643	43.643	2.182	43.643	43.643	1.967	39.339	39.339
2	1.331	26.625	70.268	1.331	26.625	70.268	1.339	26.772	66.111
3	.903	18.053	88.321	.903	18.053	88.321	1.110	22.210	88.321
4	.573	11.468	99.788						
5	.011	.212	100.000						

Total Variance Explained 表输出公因子提取情况。本例从 5 个因子中提取 3 个公因子，累计变异解释度为 88.321%，大于一般要求(85%)，说明 3 个公因子总体解释度比较高，提取数目比较合适。公因子特征根最好大于 1，这样的公因子才有意义。但本例提取的 3 个公因子只有 2 个的特征根大于 1，其余的 1 个公因子(第 3 个公因子)的特征根值小于 1，所以该公因子实际意义不大。

Scree Plot(碎石图)可反映各个公因子的重要程度。从图可见，前两个因子斜率较大；第 3 和第 4 个因子间斜度相对最小，说明前 2 个公因子比较重要，而第 3 公因子作用相对没那么重要。

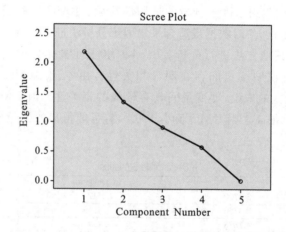

Component Matrix 为因子载荷矩阵，其值等于 $a_{ij}\sqrt{\lambda}$，即特征根的平方根与其对应的特征向量的乘积。Rotated Component Matrix 为旋转处理后的因子载荷矩阵。在主成分分析中，以特征向量反映各个主成分的生物学意义。而因子分析以因子载荷为主要指标，表示某原始变量在某公因子上的载荷，亦即该变量对此公因子的贡献大小以及该变量与公因子关系的密切性。

根据因子载荷，可以认识该公因子代表的生物学意义。本例第 1 个公因子中乳脂含量、总固形物的系数比较大，可以视为反应牛奶中总固形物的综合因子。其中乳脂含量和总固形物系数为正，提示乳脂含量越高，总固形物也越高；牛奶中总固形物增加主要是乳脂增多所致。第 2 个公因子主要由乳糖含量和体细胞数构成，可以视为反映牛奶卫生状况的综合因子。其中乳糖含量系数为正而乳脂含量的系数为负，说明两者呈负相关，这可能反映了牛奶中细菌数目过多，消耗的糖分多，从而导致乳糖量下降。第 3 个公因子主要由乳蛋白含量构成，但由于其特征根较小，所以意义不大。对比未旋转和旋转后的因子载荷矩阵，可观察到旋转处理使公因子的生物学意义更明显。

Component Matrix

	Component		
	1	2	3
fat	.984	.022	.133
protein	−.584	.129	.693
sugar	−.164	−.790	.409
solid	.918	−.137	.348
somatic	.062	.819	.340

Rotated Component Matrix

	Component		
	1	2	3
fat	.949	−.127	−.263
protein	−.259	.023	.878
sugar	.070	.846	.314
solid	.987	.062	−.066
somatic	.140	−.777	.410

据上表,可以写出各个因子的表达式:

$F1 = 0.984 * Zfat - 0.584 * Zprotein - 0.164 * Zsugar + 0.918 * Zsolid + 0.062 * Zsomatic$

$F2 = 0.022 * Zfat + 0.129 * Zprotein - 0.790 * Zsugar - 0.137 * Zsolid + 0.819 * Zsomatic$

$F3 = 0.133 * Zfat + 0.693 * Zprotein + 0.409 * Zsugar + 0.348 * Zsolid + 0.340 * Zsomatic$

式中,各变量均为标准化变量。

Component Score Coefficient Matrix

	Component		
	1	2	3
fat	.470	−.055	−.041
protein	.062	.025	.816
sugar	.155	.646	.349
solid	.547	.094	.169
somatic	.138	−.567	.425

Component Score Coefficient Matrix 表示因子得分系数矩阵。各标准化变量与各公因子得分系数矩阵乘积即为各个案的得分。SPSS 中 Score 对话框中的 Save Variables ＜ Regression 命令即是个案因子得分,将自动保存在数据文件中。

第 14 章　Excel 生物统计应用

作为 Microsoft Office 的数据处理工具，Excel 具有灵活多变的数据整理和分析功能，可完成绝大部分生物统计学中数据资料的统计分析过程。

本章简要介绍常用统计分析方法在 Excel 中的实现，能使用"数据分析"工具完成的就使用了"数据分析"工具，部分例题结合公式编辑、插入 Excel 函数、四则混合运算或矩阵运算的块操作完成计算。"数据分析"工具在"数据"（Excel 2007 及以后版本）或"工具"（Excel 2003 及以前版本）菜单下；若找不到"数据分析"工具，需选择"加载项"（Excel 2007 及以后版本）或"加载宏"（Excel 2003 及以前版本）添加"分析工具库"；若"加载项"或"加载宏"中找不到"分析工具库"，需重新安装 Office 系统添加该工具。需要使用插入函数时，本书使用了 Excel 2010 及以后版本的函数格式，与 Excel 2007 及以前版本的函数格式略有不同。本章涉及的常用统计函数见表 14-1，有关 Excel 数据表格式的文字描述及截图都以"A1"型电子表格为准。

表 14-1　Excel 生物统计常用函数

函　数　名	功　能　简　释	函　数　名	功　能　简　释
ABS	返回给定数值的绝对值	F.DIST.RT	基于两组数据所得 F 值求右尾概率
ASIN	返回一个弧度的反正弦值	F.TEST	返回 F 检验的双尾概率
AVERAGE	返回算术平均值	INTERCEPT	求线性回归拟合线方程的截距
BINOM.DIST	返回一元二项式分布的概率	LINEST	估算线性回归方程的一组参数
CHISQ.DIST	基于给定 χ^2 值求左尾概率	LOG10	返回给定数值以 10 为底的对数
CHISQ.DIST.RT	基于给定 χ^2 值求右尾概率	MAX	返回一组数据的最大值
CHISQ.TEST	基于给定的统计次数和理论次数求右尾概率	MEDIAN	返回一组数据的中点值
CORREL	返回两组数据的相关系数	MIN	返回一组数据的最小值
COUNT	计算包含数字的单元格数	MINVERSE	基于矩阵格式的数组求逆矩阵
DEGREES	将弧度转换成角度	MMULT	基于矩阵格式的两数组求矩阵积
DEVSQ	返回离均差的平方和	NORM.DIST	基于变量值返回正态分布的左尾概率
F.DIST	基于两组数据所得 F 值求左尾概率	NORM.S.DIST	基于正态离差值返回标准分布的左尾概率

函　数　名	功能简释	函　数　名	功能简释
SLOPE	返回线性回归拟合线方程的斜率	T.DIST	返回学生氏 t 分布的左尾概率
SQRT	返回给定数值的平方根	TDIST.2T	返回学生氏 t 分布的双尾概率
STDEV.P	计算基于给定总体的标准差	TDIST.RT	返回学生氏 t 分布的右尾概率
STDEV.	估算基于给定样本的标准差	TRANSPOSE	转置单元格区域
STEYX	返回通过线性回归法计算纵坐标预测值所产生的标准误差	T.TEST	返回学生氏 t 检验的概率值
SUM	指定单元格区域所有数值求和	VAR.P	计算基于给定总体的方差
SUMSQ	返回所有参数分别平方之后求和	VAR.S	估算基于给定样本的均方
SUMPRODUCT	返回相应数组或区域乘积的和	Z.TEST	返回正态离差检验的单尾概率值

14.1　数据整理和描述性分析

数据整理和描述性分析包括连续型、离散型数据次数分布图、表的制作以及单变量和多变量的描述性分析，本节只介绍连续型数据频率分布、标准分布图表制作及单变量的描述性分析。

14.1.1　频率分布图、表的制作

（1）在 Excel 数据表的适当区域，选定列或矩形块作为输入区域录入观测值，并按列录入分组上限值作为接收区域。

（2）在"数据"菜单下点开"数据分析"并往下拖动滑块选择"直方图"，选定输入区域、接收区域和输出区域，并勾选"累计百分率"和"图表输出"，点击"确定"，可得到频率分布表和分布图。

用表 2-3 中 100 例 30～40 岁健康男子的血清总胆固醇含量测定数据，将数据输入 A1：J10，分组上限输入 L1：L10，并指定 A12 为输出区域，得频率分布表和默认的柱形图。

本例因为是连续型数据，需要在完成上述步骤（2）后，用鼠标精确点选柱形图，在界面右侧"设置数据系列格式"标题栏下的"系列选项"类中，将分类间距调整为"0％"得到如图 14-1 所示的直方图。

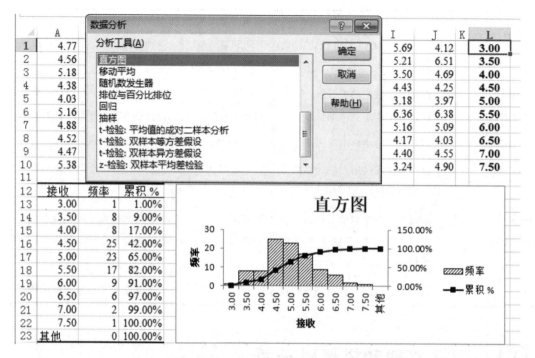

图 14-1　健康男子血清总胆固醇含量观测值的频率分布

14.1.2　标准分布图的制作

上述频率分布表明血清总胆固醇含量是符合正态分布的随机变量,该分布的标准化类型可使用 Excel 函数计算一系列概率密度值后由 Excel 自动生成。

(1)进入 Excel 数据表先在 A2、A3 分别输入 u 值 -3.05、-2.95 后全选 A2∶A3 值域,往下拖拽权柄填充其余 60 个 u 值,再选定 B2 并右击,在“公式”中点开“fx”函数“NORM.S.DIST”,指定 A2 值域后算出第 1 个标准分布的累积概率 $\Phi(u)$ 值 0.001144,继续往下拖拽就可以得到 0.001589,0.002186,…,0.998856 等 62 个 $\Phi(u)$ 值(也可由附录 A 查得)。

(2)选定 C2,编算式“＝B3－B2”计算第 1 个宽度为 0.1 的横轴区间上的概率密度,得“0.000445”,再使用权柄复制往下连续填充到 C62 显示“0.000445”为止,得到其余 61 个概率密度值,如图 14-2 所示。

(3)全选 C 列,“插入”菜单下进入“推荐的图表”后,“所有图表”对话框中选“面积图”,子图表类型选第一个图框,点击“完成”生成标准分布图。

也可以选定 D2,调出函数“NORM.DIST”后,对话框 4 行依次填入值域 A2、总体平均值“0”、标准差“1”及 FALSE 逻辑值“0”,得概率密度“0.00381”,再使用权柄复制直到 D63,最后全选 D 列,按上述步骤(3)的生成面积图后,精确点选横坐标默认刻度区,右键进入“选择数据”,对话框点开“水平(分类)轴标签”下的“编辑”按钮,输入 A 列值域,确定后才能得到横坐标刻度符合要求的标准分布图,如图 14-2 所示。

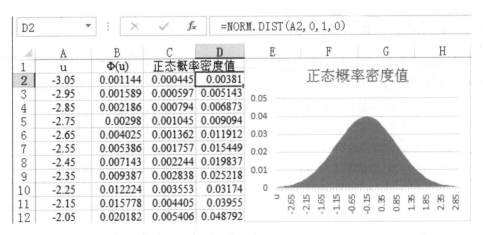

图 14-2　使用标准分布的概率密度值生成正态分布图

14.1.3　样本统计量计算

(1)在 Excel 数据表的适当区域按列(或行)录入一个样本的观测值。

(2)在"数据分析"工具中选择"描述统计",选定输入区域和输出区域,按输入区域情况选择"逐列"或"逐行",根据有无标志决定是否勾选"标志位于第一行"或"标志位于第一列",并勾选"汇总统计"或其他选项,点击"确定",得到样本各统计量。

如将 10 只新疆细毛羊产绒量观测值录入 A2:A11,分组方式选定"逐列",勾选"汇总统计"后指定 C1 为输出区域,样本各统计量计算结果如图 14-3 所示。

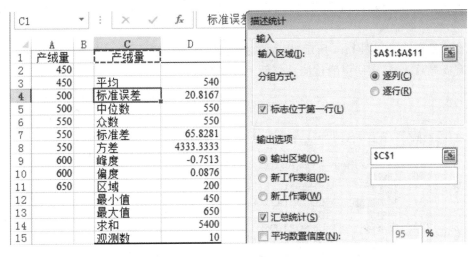

图 14-3　10 只新疆细毛羊产绒量的描述性分析

14.2　统计推断和 χ^2 检验

本节介绍样本方差的同质性分析、样本平均数的假设检验和次数资料的 χ^2 检验。

14.2.1 样本统计量的假设检验

1.单个样本平均数的假设检验

因“数据分析”工具中无此类型的运行模块可以调用，可以利用 Excel 数据表编程构建一个简易模块，供需要进行此类分析时使用。

(1)在 Excel 数据表适当区域录入观测值和用于计算抽样误差的总体平均数。

(2)使用 Excel 函数计算样本平均数、样本容量、标准差、标准误等基本统计量。

(3)计算 t 值并使用函数 T.DIST.2T 或 T.DIST、T.DIST.RT 计算 t 值对应的双尾概率或左尾、右尾概率。

以例 4.4 数据为例，编程构建单个样本平均数 t 检验模块的步骤如下：

①在 Excel 数据表 A 列 A2 开始依次输入甲醛含量测定值 0.12，0.16，0.30，0.25，0.11，0.23，0.18，0.15，0.09，D2 输入甲醛含量轻度污染标准值“0.30”；

②选定 D3，点击“fx”，“AVERAGE”，输入值域范围为 A2:A30 后回车，得到样本平均数 $\bar{x}$=“0.1767”，再选定 D4，编算式“=D3－D2”得到假设平均差“－0.1233”；

③选定 D5，调用函数“STDEV”，值域范围设为 A2:A30 后回车，得到样本标准差 s=“0.0704”；

④选定 D6，调用函数“COUNT”，值域范围定为 A2:A30 后回车，得到样本容量 n=“9”，再选定 D7，编算式“=D6－1”得到自由度“8”；

⑤选定 D8，编算式“=D5/ SQRT(D6)”算得标准误 $s_{\bar{x}}$=“0.0235”，然后选定 D9，编算式“=D4/D8”算得 t=“－5.259”；

⑥选定 D10，调用函数“T.DIST”，对话框中依次填入 D9、D7 和逻辑值 1，得到左尾概率“0.0003827”，检验完成。

计算过程和结果如图 14-4 所示，因 t 值对应的左尾概率远小于 0.01，样本平均数与总体平均数间有极显著差异，表明甲醛检测结果低于污染标准。

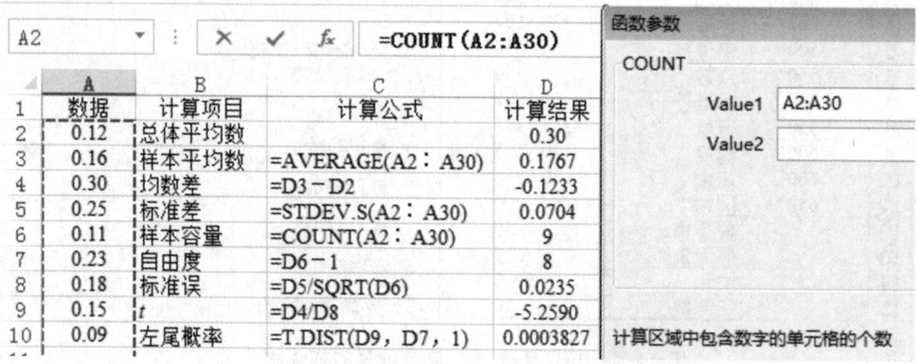

	A	B	C	D
1	数据	计算项目	计算公式	计算结果
2	0.12	总体平均数		0.30
3	0.16	样本平均数	=AVERAGE(A2：A30)	0.1767
4	0.30	均数差	=D3－D2	-0.1233
5	0.25	标准差	=STDEV.S(A2：A30)	0.0704
6	0.11	样本容量	=COUNT(A2：A30)	9
7	0.23	自由度	=D6－1	8
8	0.18	标准误	=D5/SQRT(D6)	0.0235
9	0.15	t	=D4/D8	-5.2590
10	0.09	左尾概率	=T.DIST(D9，D7，1)	0.0003827

图 14-4 单个样本平均数的 t 检验

上述编程实现检验的模块适用于任意一个样本平均数完成 t 检验，换一个案例数据时只需将小样本观测值录入 A2:A30，更新 D2 的总体平均数和 D10 函数类型。

2.两个样本方差的同质性分析

(1)在 Excel 数据表选定适当区域作为输入区域，录入双样本观测值。

(2)在“数据分析”工具中选择“F-检验：双样本方差”，“变量 1 的区域”、“变量 2 的区域”

分别输入双样本值域。

（3）在"公式"菜单下点开"fx"，调出"F.TEST"，进行双样本方差的同质性分析。

对于例 4.8 数据，分别指定 D1、H1 为输出区域的两种分析过程和结果，如图 14-5 所示，如果输入变量 1 区域的样本方差大，$F>1$，为右尾检验；反之，则 $F<1$，为左尾检验。调用函数"F.TEST"计算出来的是包括左尾和右尾在内的双尾概率，结果不区分双样本输入顺序，如图 14-5 中值域 E14 和 I14 所示。其中，左尾概率选定 I15 调用函数"F.DIST"算得，右尾概率选定 E15 调用函数"F.DIST.RT"算得，都等于"0.00127"。

I15			fx	=F.DIST(I10, I9, J9, 1)					
	A	B	C	D	E	F	G	H	I	J
1	光滑鳖甲	小胸鳖甲		大方差为分子方差：右尾F检验				小方差为分子方差：左尾F检验		
2	0.1254	0.0824								
3	0.1332	0.0647		F-检验　双样本方差分析				F-检验　双样本方差分析		
4	0.1331	0.0648								
5	0.1211	0.0475			光滑鳖甲	小胸鳖甲			小胸鳖甲	光滑鳖甲
6	0.1144	0.0693		平均	0.13546	0.06412		平均	0.06412	0.13546
7	0.1184	0.0768		方差	0.000604	0.000107		方差	0.0001067	0.000604
8	0.1071	0.0681		观测值	15	15		观测值	15	15
9	0.1568	0.0617		df	14	14		df	14	14
10	0.1126	0.0765		F	5.662962			F	0.176586	
11	0.1325	0.0523		P(F<=f) 单尾	0.001272			P(F<=f) 单尾	0.0012719	
12	0.1572	0.0669		F 单尾临界	2.483726			F 单尾临界	0.4026209	
13	0.1887	0.0562								
14	0.1257	0.068		F.TEST	0.002544			F.TEST	0.0025437	
15	0.1812	0.0588		F.DIST.RT	0.001272			F.DIST	0.0012719	
16	0.1245	0.0478								

图 14-5　两个样本方差的 F 检验

3.成组数据平均差的 t 检验

（1）在 Excel 数据表适当区域录入双样本观测值。

（2）在"公式"菜单下点开"fx"，调出"F.TEST"，进行双样本方差的同质性分析。

（3）根据方差同质性分析结果，在"数据分析"工具中选择"t-检验：双样本等方差假设"或"t-检验：双样本异方差假设"，假设平均差输入"0"或指定常数，默认显著水平 $\alpha=0.05$。

（4）分别确定"变量 1 的区域"、"变量 2 的区域"及"输出区域"后，即可获得 t 检验过程和结果。

输出结果中，同时包括 t 值，单尾、双尾概率及指定显著水平 α 对应的 t 临界值等。

对于例 4.10、例 4.11 的数据，分别指定 D1、K1 为输出区域的 t 检验过程和结果，如图 14-6

A13			fx	=F.TEST(A2:A11, B2:B11)								
	A	B	C	D	E	F	G	H	I	J	K	L	M
1	凝集素A	凝集素B		t-检验：双样本等方差假设				CK	NaCl		t-检验：双样本异方差假设		
2	0.43	0.85						1	1.9				
3	0.39	0.78			凝集素A	凝集素B		1.1	0.78			CK	NaCl
4	0.52	0.63		平均	0.498	0.833		1.2	2.1		平均	1.08	1.72
5	0.61	0.81		方差	0.0076622	0.0112		1	1.7		方差	0.006222	0.0396
6	0.49	0.72		观测值	10	10		1.1	1.4		观测值	10	10
7	0.63	0.9		合并方差	0.0094094			1	1.7		假设平均差	0	
8	0.56	0.88		假设平均差	0			1.2	1.5		df	12	
9	0.37	0.94		df	18			1	1.6		t Stat	-9.45916	
10	0.46	0.83		t Stat	-7.72232			1.1	1.8		P(T<=t) 单尾	3.25E-07	
11	0.52	0.99		P(T<=t) 单尾	2.019E-07			1.1	1.7		t 单尾临界	1.782288	
12				t 单尾临界	1.7340636						P(T<=t) 双尾	6.51E-07	
13	0.5846258			P(T<=t) 双尾	4.038E-07			0.0111			t 双尾临界	2.178813	
14				t 双尾临界	2.100922								
15													

图 14-6　成组数据的双样本 t 检验

所示。其中,例 4.10 数据因为在 A13 值域已由函数"F.TEST"算得 F 值对应的双尾概率为 0.5846,未达到显著水平 0.05,即双样本所属总体方差相等,故选择"t-检验:双样本等方差假设"。例 4.11 数据在 H13 值域已由函数"F.TEST"算得 F 值对应的双尾概率为 0.0111,接近极显著水平 0.01,即双样本所属总体方差不相等,故选择"t-检验:双样本异方差假设"。

4.配对数据平均差的 t 检验

(1)在 Excel 数据表适当区域录入双样本观测值。

(2)在"数据分析"工具中选择"t-检验:成对双样本均值分析",假设平均差输入"0"或指定常数,默认显著水平 $\alpha=0.05$。

(3)分别确定"变量 1 的区域"、"变量 2 的区域"及"输出区域"后,可得到 t 检验结果。和成组数据的 t 检验一样,输出结果中,同时包括 t 值,单尾、双尾概率及指定显著水平 α 对应的 t 临界值等。

对于例 4.12 数据,指定 D1 为输出区域的检验结果如图 14-7 所示,如果确定"变量 1 的区域"、"变量 2 的区域"时改变两个样本输入顺序,除了得到的 t 值正负号不同外,其他统计量完全相同。配对数据的 t 检验也可以先计算配对观察值的差数后,采用单个样本平均数的 t 检验方法进行检验,图 14-7 中 B9:B15 就是在图 14-4 的 A2:A30 值域只录入 5 个差数,总体平均数调整为"0"后得到的 t 检验过程和结果。

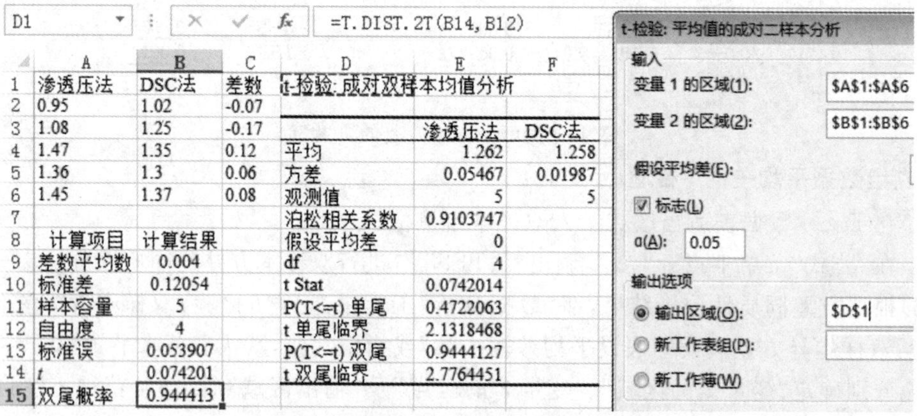

图 14-7　配对数据的双样本 t 检验

14.2.2　χ^2 检验

(1)在 Excel 数据表适当区域录入观测次数数据。

(2)计算理论次数:对于适合性检验,理论次数按给定比例用总次数计算。对于独立性检验,使用数据的行列总和及总次数进行计算,如果算式编写合理,独立性检验的理论次数可由行列拖拽得到。

(3)使用函数 CHISQ.TEST 计算右尾概率值。

对于单个样本频率的假设检验,可用 u 检验法时,也可用适合性 χ^2 检验法进行;对于两个样本频率的假设检验,可用 u 检验法时,也可用独立性 χ^2 检验法进行,两种检验结果一致,本节只介绍独立性 χ^2 检验的方法。

不同年龄段(Ⅰ组 45 岁以下,Ⅱ组 45～59 岁,Ⅲ组 60 岁以上)妇女乳房自检频率(+从不,＋＋偶尔,＋＋＋每月)数据如图 14-8 B2:D4 所示。进行独立性 χ^2 检验时,可借助 Excel 中四则混合运算的块操作功能完成,计算结果如图 14-8 所示。

	A	B	C	D	E	F	G	H	I	J
					f_x	=CHITEST(B2:D4, B8:D10)				
1	观测次数	＋	＋＋	＋＋＋	合计					
2	Ⅰ	43	188	14	245		18.10	38.11	-56.21	
3	Ⅱ	1	96	72	169		-16.17	-7.39	23.57	
4	Ⅲ	6	17	55	78		-1.93	-30.72	32.65	
5	合计	50	301	141	492					
6										
7	理论次数	＋	＋＋	＋＋＋	合计					
8	Ⅰ	24.90	149.89	70.21	245		13.16	9.69	45.00	
9	Ⅱ	17.17	103.39	48.43	169		15.23	0.53	11.47	
10	Ⅲ	7.93	47.72	22.35	78		0.47	19.78	47.68	
11	合计	50	301	141	492					
12										163.007
13	理论次数	计算:	B8=50*E2/492		24.90					3.31057E-34
14					3.31057E-34					

图 14-8　不同年龄段乳房自检频率的独立性 χ^2 检验

①使用自动求和"Σ"快速算出 B2:D4 的横向、纵向合计及全部数据总和;

②在 B8、C8 和 D8 各编一个算式将理论次数算出,B8 的计算公式如图 14-8 编辑栏所示,如此往下拖拽可得到另外 6 个理论次数;

③选定 G2:I4,按"="后选定 B2:D4 值域,再按"－"后选定 B8:D10 值域,同时按下 Ctrl、Shift 和 Enter,得到 9 个差数数据于 G2:I4 值域;

④选定 G8:I10,编算式"＝G2:I4 ∗ G2:I4/ B8:D10",同时按下 Ctrl、Shift 和 Enter 完成块操作,得到差数平方与对应理论次数的比值于 G8:I10 值域;

⑤选定 I11,调用函数"SUM"算出 G8:I10 值域的合计"163.007"即 χ^2 值,再选定 I13,调用函数"CHISQ.DIST.RT",对话框两行依次输入 I11 和自由度"4",确认后得右尾概率"3.31 $\times 10^{-34}$"。

也可以在完成上述步骤②后选定 E13,调出函数"CHISQ.TEST",对话框两行依次输入值域 B2:D4 和 B8:D10,确定后得到右尾概率"4.83×10^{-5}"。

提示:以上通过块操作完成的计算若要删除,只能选定整块借助 Delete 实现,不能删除个别数据,使用退格键删除数据会判定为非法操作,退出时使用撤销操作的方法行不通,要用鼠标点击"fx"左边的"$\times$"。

14.3　方差分析

本节介绍单因素和两因素方差分析,并运用 Excel 的块操作功能介绍数据转换过程。同时结合 Excel 函数介绍平方和分解的简易操作方法,完成常见数据的方差分析表各项目的计算可不受 Excel 数据分析工具中的模块限制。

14.3.1　单因素方差分析

(1)在 Excel 数据表中按矩形区域录入标志字符及其全部观测值,如数据整体不符合方差分析假定，需要进行数据转换。

(2)在“数据分析”工具中选择“方差分析：单因素方差分析”，确定分组方式和显著水平$\alpha=0.05$。

(3)输入区域选定观测值或其数据转换后的值域，指定输出区域，得到方差分析结果。

表 6-24 不同采收期桂花种子的发芽率按单因素进行方差分析并指定 F1 为输出区域的结果，如图 14-9 所示，本例试验数据因为是二项资料的频率，先要完成以下反正弦转换步骤：

①选定 B7：D10，调出函数“SQRT”，输入 B2：D5 值域，按下“/100”后同时按下 Ctrl、Shift 和 Enter 键；

②选定 B12：D15，编辑“＝DEGREES(ASIN(B7：D15))”，同时按下 Ctrl、Shift 和 Enter 键，得到 12 个角度值。

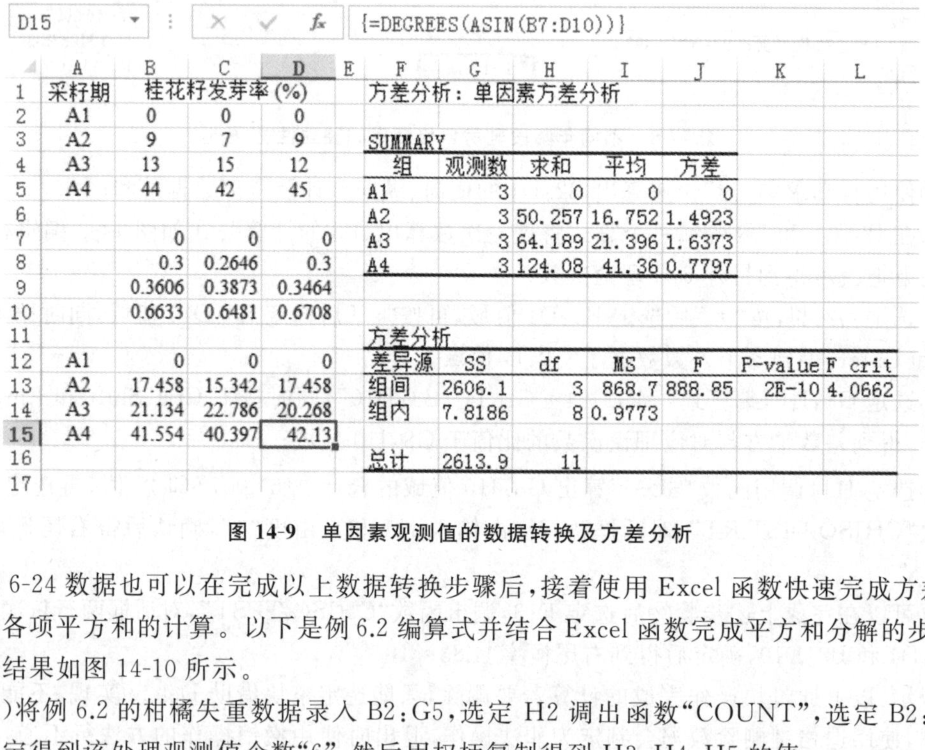
D15　{=DEGREES(ASIN(B7:D10))}

	A	B	C	D	E	F	G	H	I	J	K	L
1	采籽期	桂花籽发芽率(%)				方差分析：单因素方差分析						
2	A1	0	0	0								
3	A2	9	7	9		SUMMARY						
4	A3	13	15	12		组	观测数	求和	平均	方差		
5	A4	44	42	45		A1	3	0	0	0		
6						A2	3	50.257	16.752	1.4923		
7		0	0	0		A3	3	64.189	21.396	1.6373		
8		0.3	0.2646	0.3		A4	3	124.08	41.36	0.7797		
9		0.3606	0.3873	0.3464								
10		0.6633	0.6481	0.6708								
11						方差分析						
12	A1	0	0	0		差异源	SS	df	MS	F	P-value	F crit
13	A2	17.458	15.342	17.458		组间	2606.1	3	868.7	888.85	2E-10	4.0662
14	A3	21.134	22.786	20.268		组内	7.8186	8	0.9773			
15	A4	41.554	40.397	42.13								
16						总计	2613.9	11				
17												

图 14-9　单因素观测值的数据转换及方差分析

表 6-24 数据也可以在完成以上数据转换步骤后，接着使用 Excel 函数快速完成方差分析表中的各项平方和的计算。以下是例 6.2 编算式并结合 Excel 函数完成平方和分解的步骤，其过程和结果如图 14-10 所示。

(1)将例 6.2 的柑橘失重数据录入 B2：G5，选定 H2 调出函数“COUNT”，选定 B2：G2 值域后确定得到该处理观测值个数“6”，然后用权柄复制得到 H3、H4、H5 的值；

(2)使用函数“SUM”求和，得到各处理和 T_i 显示在 I2：I5，再选定 I2：I6，点击“$\sum$”自动求和，得全试验数据总和“2115”；

(3)选定 J2，编算式“＝I2 * I2/H2”算得“74816.67”后使用权柄往下复制出单元格 J3、J4、J5 的结果，在 J6 合计出“214036.87”；

(4)选定 J8，编算式“＝I6 * I6/H6”算出全数据矫正数 C＝“213010.71”；

(5)选定 C7，调用函数“DEVSQ”计算 B2：G5 值域的总平方和 SS_T＝“2352.29”，也可以使用函数“SUMSQ”就 B2：G5 值域的数据直接平方求和，再减去矫正数 C 得到；

(6)选定 C8，编算式“＝J6－J8”得到处理平方和 SS_t＝“1026.15”；

(7)选定 C9，编算式“＝C7－C8”算出误差平方和 SS_e＝“1326.13”。

C7　=DEVSQ(B2:G5)

	A	B	C	D	E	F	G	H	I	J
1	处理	柑橘失重(g)的观测值						n_i	T_i	C_i
2	*CK*	134	102	115	108	101	110	6	670	74816.667
3	*A*	105	92	109	87	96		5	489	47824.2
4	*B*	95	88	104	93	102	94	6	576	55296
5	*C*	102	92	96	90			4	380	36100
6	合计							21	2115	214036.87
7	总	SS_T=	2352.29							
8	处理	SS_t=	1026.15					矫正数	*C*=	213010.71
9	误差	SS_e=	1326.13							

图 14-10　Excel 函数完成单因素数据平方和分解

14.3.2　无重复观测值的两因素方差分析

(1)在 Excel 数据表适当区域录入标志字符及全部观测值。

(2)在“数据分析”工具中选择“方差分析:无重复双因素方差分析”,确定分组方式和显著水平 $\alpha=0.05$。

(3)对话框中指定输入区域、输出区域,即可得到方差分析结果。

例 6.3 数据的计算过程和结果如图 14-11 所示,输出区域指定 A6 后所得输出结果只显示方差分析表的全部内容,截图时隐藏了其他各项计算结果。

A6　方差分析:无重复双因素分析

	A	B	C	D	E	F	G
1		B1	B2	B3	B4	B5	B6
2	A1	20.7	22.8	23	21.7	61.2	69.5
3	A2	6.2	3.1	16.6	12.8	56.8	49.6
4	A3	8.3	5.2	12.8	8.9	46.9	57.4
5	A4	6.2	4.2	11.5	14	42.9	44.1
21							
22	方差分析						
23	差异源	SS	df	MS	F	P-value	F crit
24	行	906.94	3	302.3133	18.2913	2.84089E-05	3.287
25	列	9196.765	5	1839.353	111.289	2.61237E-11	2.901
26	误差	247.915	15	16.52767			
27							
28	总计	10351.62	23				

图 14-11　无重复观测值的两因素方差分析

14.3.3　有重复观测值的两因素方差分析

(1)在 Excel 数据表适当区域录入标志字符及全部观测值。

(2)在“数据分析”工具中选择“方差分析:可重复双因素方差分析”,将试验重复次数录入对话框“每一样本的行数”,确定分组方式和显著水平 $\alpha=0.05$。

(3)对话框中指定输入区域、输出区域,即可得到方差分析结果。

习题 6.8 棕彩棉与湘杂二号氮肥不同施肥量的两因素试验数据中,由于已知不同年份间差异极小,可以依上述步骤(2)和(3)按完全随机试验数据结构进行方差分析,图 14-12 就是该题 40 个籽棉产量数据连同 A1、A2、B1、B2、B3、B4 标志录入 Excel 数据表的 A20:E30 值域,进入"数据分析"后选择"可重复双因素方差分析",对话框"每一样本的行数"录入"5",指定 G1 为输出区域后得到的方差分析表(截图时隐藏了 5～15 行的部分分析结果)。

B16 | A1一棕彩棉

	A	B	C	D	E	F	G	H	I	J	K	L
1							方差分析：可重复双因素分析					
16	品种	A1一棕彩棉		A2一湘杂2号			总计					
17							观测数	10	10	10	10	
18	N肥	B1-0kg	B2-10kg	B3-20kg	B4-30kg		求和	1691.9	2109	2489.8	2381.5	
19							平均	169.19	211	248.98	238.15	
20		B1	B2	B3	B4		方差	1705.357	2696	3840.048	8806.3761	
21	A1	126.9	162.7	197.7	149.1							
22	A1	131.5	157.9	192.1	158.6							
23	A1	131.5	158.2	184.3	157.3		方差分析					
24	A1	134.4	168.4	190.9	142.6		差异源	SS	df	MS	F	P-value
25	A1	133.2	169.7	191.8	143.1		样本	133252.4	1	133252.4	716.00651	1.798E-23
26	A2	212.7	248.4	323.3	345.2		列	37925.43	3	12641.81	67.928379	5.714E-14
27	A2	187	237.4	323.5	342.5		交互	14221.24	3	4740.413	25.471712	1.302E-08
28	A2	191.6	253	309.2	332.8		内部	5955.36	32	186.105		
29	A2	218.6	264.9	283.9	302.6							
30	A2	224.5	288.7	293.1	307.7		总计	191354.4	39			

图 14-12 有重复观测值的两因素方差分析

该题如果将 5 个年份视为区组因素,可将图 14-12 中 H28、I28 值域的"内部"项平方和、自由度分量分别减去 297.3 和 4,继续算得调整后的误差方差 $MS_e=202.1$,再更新图 14-12 的方差分析表中 K25:K27 值域的 F 值,得到样本、列、交互项的结果分别为 659.34、62.55 和23.45。右尾概率 P 重新调用函数"F.DIST.RT"分别更新为 5.27×10^{-21}、1.57×10^{-12}、8.50×10^{-8},两种数据模式计算结果相差都很小,分析结论也完全一致。

14.4 一元回归与相关分析

如果仅仅是建立线性回归方程、计算相关系数并检验线性回归或相关关系的显著性,将双变量数据录入 Excel 之后,只需用函数"AVERAGE" 先计算 x 和 y 的平均数,参照图 14-10 用函数"DEVSQ"计算总平方和 SS_x、SS_y,再用函数"SUMPRODUCT"计算出双变量离均差的乘积和 SP,其余步骤用这 5 个二级数据编简单算式就可以完成。若要进行做系统性分析,需要使用数据分析工具或插入函数来实现。

14.4.1 Excel 分析工具

(1)将双变量观测值逐列(或逐行)录入 Excel 数据表。

(2)"数据"菜单下点开"数据分析",拖动滑块选定"回归"并确定。

(3)对话框中分别选定 y 和 x 值输入区域及输出区域,确定后得到回归分析结果。

对例 7.1 的双变量数据进行一元回归分析并指定 D1 为输出区域的结果如图 14-13 所示。其中 F="1209.7",t="34.78",回归截距 b_0="0.0137",回归系数 b="0.8507"。故有效直线方程为

$$\hat{y}=0.0137+0.8507x$$

J5		:	× ✓	fx	{=LINEST(B2:B8,A2:A8,1,1)}					
▲	A	B	C	D	E	F	G	H	I	J
1	蛋白质含量	吸光度		SUMMARY OUTPUT						
2	0	0					b	a	0.8507143	0.013714
3	0.2	0.208		回归统计			S_b	S_a	0.0244595	0.017638
4	0.4	0.375		Multiple R	0.99794		r^2	S_{yx}	0.9958837	0.025885
5	0.6	0.501		R Square	0.995884		F	df_r	1209.6887	5
6	0.8	0.679		Adjusted R S	0.99506		SS_R	SS_r	0.8105606	0.00335
7	1	0.842		标准误差	0.025885					
8	1.2	1.064		观测值	7			r	0.9979397	
9										
10				方差分析						
11	蛋白质含量	吸光度			df	SS	MS	F	Significance F	
12	蛋白质含量	1		回归分析	1	0.81056	0.8106	1209.69	3.696E-07	
13	吸光度	0.9979	1	残差	5	0.00335	0.0007			
14				总计	6	0.81391				
15	回归截距	0.01371								
16					Coefficients	标准误差	t Stat	P-value	Lower 95%	Upper 95%
17	回归系数	0.85071			Intercept	0.013714	0.01764	0.7775	0.47201	-0.031626	0.059054
18					蛋白质含量	0.850714	0.02446	34.781	3.7E-07	0.7878392	0.913589

图 14-13　双变量观测值线性回归与相关分析

　　假定本例双变量为相关关系,在"数据分析"中选定"相关系数"并确定,对话框输入区域选定 A1:B8,分组方式点选"逐列"并勾选"标志位于第一行",输出区域选定 A10,确定后得到的结果见图 14-13 中的 B12:C13 值域。

14.4.2　Excel 函数

　　双变量数据进行一元回归分析可以由 3 个 Excel 函数即"INTERCEPT"、"SLOPE"和"LINEST"为主完成,一元相关分析使用函数"CORREL"也可以完成,结果如图 14-13 所示,以下是对例 7.1 数据使用 Excel 函数完成一元回归与相关分析的步骤:

　　(1)选定 B15,调出函数"INTERCEPT",对话框中依次输入 y 变量值域 B2:B8 和 x 变量值域 A2:A8 后回车,得到回归截距 b_0="0.01371";

　　(2)选定 B17,调用函数"SLOPE",对话框中依次输入 y 变量值域 B2:B8 和 x 变量值域 A2:A8 后回车,得到回归系数 b="0.85071";

　　(3)选定 I2:J6,调用函数"LINEST",对话框中依次输入 y 变量值域 B2:B8 和 x 变量值域 A2:A8,逻辑值"CONST"以及"STATS"中都输入"1";

　　(4)同时按下 Ctrl、Shift 和 Enter,得到总共 10 个统计量的输出结果,其对应关系如图 14-13 中 G2:H6 值域的符号所示。

　　又假定本例双变量为相关关系,选定 I8,调用函数"CORREL",对话框两行分别输入 y 变量值域 B2:B8 和 x 变量值域 A2:A8,确定后得到相关系数"0.9979"。

14.5　多元回归与相关分析

14.5.1　多元线性回归分析

　　(1)将若干个自变量 x_i 和因变量 y 的观测值逐列(或逐行)录入 Excel 数据表。

(2)“数据”菜单下点开“数据分析”，往下拖动滑块选定“回归”并确定。

(3)对话框中分别指定 y 和若干个 x_i 值输入区域及输出区域，确定后得到回归分析结果。

例 12.1 中有 3 个自变量 x_1、x_2、x_3 和因变量 y 的观测值，使用数据分析工具运行并指定 E1 为输出区域的全部结果如图 14-14 所示。其中，F17:F20 就是三元线性回归方程的参数估计值，即 $\hat{y}=46.5195-0.0047x_1-0.0832x_2-0.5903x_3$，虽然总的线性回归关系就 R 值和 F 值来看极其显著，但 F19 中自变量 x_2 的回归系数 -0.0832 经偏回归关系的检验 P 值达 0.4396，未达到显著水平，故需剔除后重新建立最优线性回归方程，图 14-15 就是删除图 14-14 中 B 列 x_2 的观测值后，重复上述步骤(2)和(3)并指定 D1 为输出区域的全部分析结果，根据 E17:E19 知所求方程为 $\hat{y}=37.5153-0.0047x_1-0.5644x_3$。

	A	B	C	D
1	海拔x1	经度x2	纬度x3	年均温y
2	3276.1	99.7	27.83	5.4
3	1949.5	103.71	27.34	11.6
4	2393.2	100.24	26.88	11.7
5	1898.7	103.82	25.61	14.5
6	1891.2	102.68	25.02	14.7
7	1990.5	100.22	25.6	15
8	1804.9	98.85	25.86	15.1
9	1653.5	99.16	25.13	15.5
10	1772	101.55	25.04	15.6
11	1636.8	102.54	24.36	16.2
12	1502.4	100.08	23.88	17.2
13	1302.1	100.97	22.78	17.8
14	1271.6	104.24	23.37	17.8
15	1300.7	103.4	23.37	18.6
16	913.8	98.59	24.44	19.5
17	552.7	100.79	22.01	21.9

SUMMARY OUTPUT

回归统计	
Multiple R	0.98409
R Square	0.96843
Adjusted R	0.96054
标准误差	0.75079
观测值	16

方差分析

	df	SS	MS	F	Significance F
回归分析	3	207.48511	69.162	122.695	2.865E-09
残差	12	6.7642658	0.5637		
总计	15	214.24938			

	Coefficients	标准误差	t Stat	P-value	Lower 95%	Upper 95%
Intercept	46.5195	12.398369	3.7521	0.00276	19.505754	73.533203
海拔x1	-0.0047	0.0006482	-7.181	1.1E-05	-0.006067	-0.003242
经度x2	-0.0832	0.1040461	-0.799	0.43964	-0.309863	0.1435311
纬度x3	-0.5903	0.2472275	-2.388	0.03427	-1.129	-0.051675

图 14-14　四个变量多元线性回归分析

SUMMARY OUTPUT

回归统计	
Multiple R	0.983233
R Square	0.9667471
Adjusted R	0.9616313
标准误差	0.7402916
观测值	16

方差分析

	df	SS	MS	F	Significance F
回归分析	2	207.12496	103.56248	188.9717	2.465E-10
残差	13	7.1244121	0.5480317		
总计	15	214.24938			

	Coefficients	标准误差	t Stat	P-value	Lower 95%	Upper 95%	下限 95.0%	上限 95.0%
Intercept	37.515275	5.1066245	7.3463939	5.613E-06	26.483084	48.547467	26.483084	48.547467
海拔x1	-0.004693	0.0006373	-7.363853	5.473E-06	-0.00607	-0.003316	-0.00607	-0.003316
纬度x3	-0.564378	0.2416573	-2.335448	0.036194	-1.086447	-0.042309	-1.086447	-0.042309

图 14-15　三个变量多元逐步回归分析

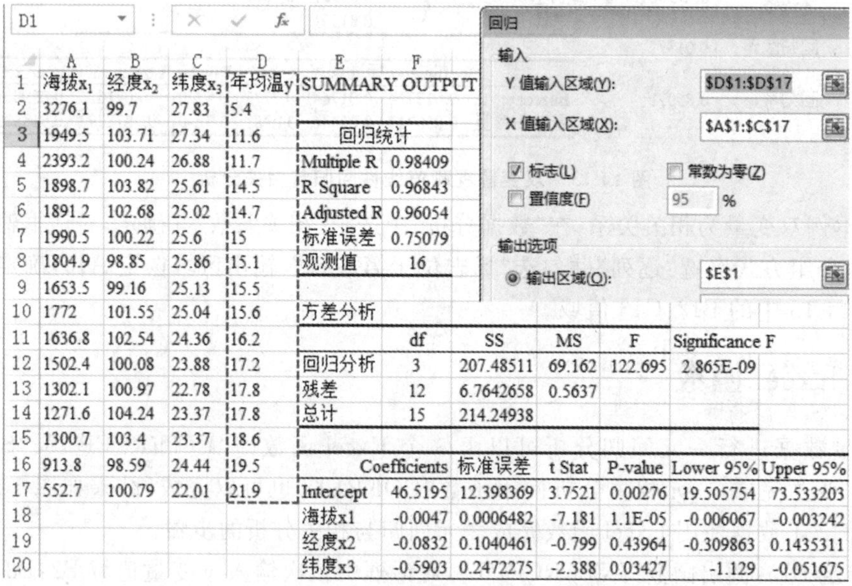

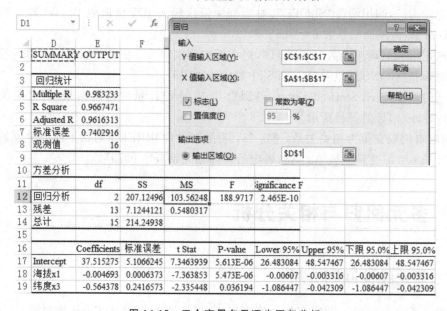

14.5.2　通径分析

通径分析过程内容较多,Excel 数据分析工具中无对应模块可以调用。但其中的通径系数计算过程可以利用 Excel 中矩阵运算的插入函数以块操作的方式轻易实现,其他如计算间接通径系数、显著性检验等只需要在此基础上编写简单算式就可以完成。

(1)将若干个自变量 x_i 和因变量 y 的观测值逐列(或逐行)录入 Excel 数据表。

(2)调用函数"CORREL"计算所有变量间的两两相关系数,构建自变量 x_i 间的相关系数矩阵和自变量 x_i 与因变量 y 间的相关系数矩阵。

(3)调用函数"MINVERSE"对 x_i 间的相关系数矩阵求逆,再用函数"MMULT"将该逆矩阵左乘 x_i 和 y 的相关系数矩阵,所得积矩阵就包含各通径系数。

例 12.7 数据的通径分析过程和结果如图 14-16 所示。其中,F2:G3 值域为 x_i 间的相关系数矩阵,I2:I3 值域为 x_i 和 y 间的相关系数矩阵,F5:G6 值域为所求逆矩阵,I5:I6 为所求通径系数。

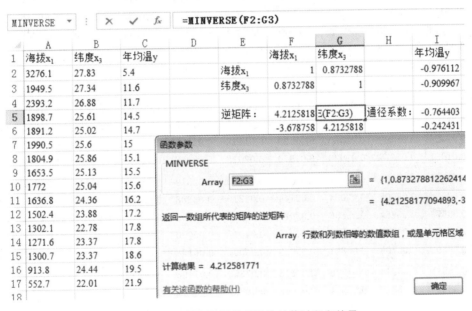

图 14-16　三个变量通径系数的计算过程和结果

附录

附录 A　正态分布累积函数值

u	−0.09	−0.08	−0.07	−0.06	−0.05	−0.04	−0.03	−0.02	−0.01	−0.00
−3.4	0.00024	0.00025	0.00026	0.00027	0.00028	0.00029	0.00030	0.00031	0.00033	0.00034
−3.3	0.00035	0.00036	0.00038	0.00039	0.00040	0.00042	0.00043	0.00045	0.00047	0.00048
−3.2	0.00050	0.00052	0.00054	0.00056	0.00058	0.00060	0.00062	0.00064	0.00066	0.00069
−3.1	0.00071	0.00074	0.00076	0.00079	0.00082	0.00085	0.00087	0.00090	0.00094	0.00097
−3.0	0.00100	0.00104	0.00107	0.00111	0.00114	0.00118	0.00122	0.00126	0.00131	0.00135
−2.9	0.00140	0.00144	0.00149	0.00154	0.00159	0.00164	0.00170	0.00175	0.00181	0.00187
−2.8	0.00193	0.00199	0.00205	0.00212	0.00219	0.00226	0.00233	0.00240	0.00248	0.00256
−2.7	0.00264	0.00272	0.00280	0.00289	0.00298	0.00307	0.00317	0.00326	0.00336	0.00347
−2.6	0.00357	0.00368	0.00379	0.00391	0.00403	0.00415	0.00427	0.00440	0.00453	0.00466
−2.5	0.00480	0.00494	0.00509	0.00523	0.00539	0.00554	0.00570	0.00587	0.00604	0.00621
−2.4	0.00639	0.00657	0.00676	0.00695	0.00714	0.00734	0.00755	0.00776	0.00798	0.00820
−2.3	0.00842	0.00866	0.00889	0.00914	0.00939	0.00964	0.00990	0.01017	0.01044	0.01072
−2.2	0.01101	0.01130	0.01160	0.01191	0.01222	0.01255	0.01287	0.01321	0.01355	0.01390
−2.1	0.01426	0.01463	0.01500	0.01539	0.01578	0.01618	0.01659	0.01700	0.01743	0.01786
−2.0	0.01831	0.01876	0.01923	0.01970	0.02018	0.02068	0.02118	0.02169	0.02222	0.02275
−1.9	0.02330	0.02385	0.02442	0.02500	0.02559	0.02619	0.02680	0.02743	0.02807	0.02872
−1.8	0.02938	0.03005	0.03074	0.03144	0.03216	0.03288	0.03363	0.03438	0.03515	0.03593
−1.7	0.03673	0.03754	0.03836	0.03920	0.04006	0.04093	0.04182	0.04272	0.04363	0.04457
−1.6	0.04551	0.04648	0.04746	0.04846	0.04947	0.05050	0.05155	0.05262	0.05370	0.05480
−1.5	0.05592	0.05705	0.05821	0.05938	0.06057	0.06178	0.06301	0.06426	0.06552	0.06681
−1.4	0.06811	0.06944	0.07078	0.07215	0.07353	0.07493	0.07636	0.07780	0.07927	0.08076
−1.3	0.08226	0.08379	0.08534	0.08692	0.08851	0.09012	0.09176	0.09342	0.09510	0.09680
−1.2	0.09853	0.10027	0.10204	0.10384	0.10565	0.10749	0.10935	0.11123	0.11314	0.11507
−1.1	0.11702	0.11900	0.12100	0.12302	0.12507	0.12714	0.12924	0.13136	0.13350	0.13567
−1.0	0.13786	0.14007	0.14231	0.14457	0.14686	0.14917	0.15151	0.15386	0.15625	0.15866
−0.9	0.16109	0.16354	0.16602	0.16853	0.17106	0.17361	0.17619	0.17879	0.18141	0.18406
−0.8	0.18673	0.18943	0.19215	0.19490	0.19766	0.20045	0.20327	0.20611	0.20897	0.21186
−0.7	0.21476	0.21770	0.22065	0.22363	0.22663	0.22965	0.23270	0.23576	0.23885	0.24196
−0.6	0.24510	0.24825	0.25143	0.25463	0.25785	0.26109	0.26435	0.26763	0.27093	0.27425
−0.5	0.27760	0.28096	0.28434	0.28774	0.29116	0.29460	0.29806	0.30153	0.30503	0.30854
−0.4	0.31207	0.31561	0.31918	0.32276	0.32636	0.32997	0.33360	0.33724	0.34090	0.34458
−0.3	0.34827	0.35197	0.35569	0.35942	0.36317	0.36693	0.37070	0.37448	0.37828	0.38209
−0.2	0.38591	0.38974	0.39358	0.39743	0.40129	0.40517	0.40905	0.41294	0.41683	0.42074
−0.1	0.42466	0.42858	0.43251	0.43644	0.44038	0.44433	0.44828	0.45224	0.45621	0.46017
−0.0	0.46414	0.46812	0.47210	0.47608	0.48006	0.48405	0.48803	0.49202	0.49601	0.50000

续表

u	0.00	0.01	0.02	0.03	0.04	0.05	0.06	0.07	0.08	0.09
0.0	0.50000	0.50399	0.50798	0.51197	0.51595	0.51994	0.52392	0.52790	0.53188	0.53586
0.1	0.53983	0.54380	0.54776	0.55172	0.55567	0.55962	0.56356	0.56750	0.57142	0.57535
0.2	0.57926	0.58317	0.58706	0.59095	0.59484	0.59871	0.60257	0.60642	0.61026	0.61409
0.3	0.61791	0.62172	0.62552	0.62930	0.63307	0.63683	0.64058	0.64431	0.64803	0.65173
0.4	0.65542	0.65910	0.66276	0.66640	0.67003	0.67365	0.67724	0.68082	0.68439	0.68793
0.5	0.69146	0.69497	0.69847	0.70194	0.70540	0.70884	0.71226	0.71566	0.71904	0.72241
0.6	0.72575	0.72907	0.73237	0.73565	0.73891	0.74215	0.74537	0.74857	0.75175	0.75490
0.7	0.75804	0.76115	0.76424	0.76731	0.77035	0.77337	0.77637	0.77935	0.78231	0.78524
0.8	0.78815	0.79103	0.79389	0.79673	0.79955	0.80234	0.80511	0.80785	0.81057	0.81327
0.9	0.81594	0.81859	0.82121	0.82381	0.82639	0.82894	0.83147	0.83398	0.83646	0.83891
1.0	0.84135	0.84375	0.84614	0.84850	0.85083	0.85314	0.85543	0.85769	0.85993	0.86214
1.1	0.86433	0.86650	0.86864	0.87076	0.87286	0.87493	0.87698	0.87900	0.88100	0.88298
1.2	0.88493	0.88686	0.88877	0.89065	0.89251	0.89435	0.89617	0.89796	0.89973	0.90148
1.3	0.90320	0.90490	0.90658	0.90824	0.90988	0.91149	0.91309	0.91466	0.91621	0.91774
1.4	0.91924	0.92073	0.92220	0.92364	0.92507	0.92647	0.92786	0.92922	0.93056	0.93189
1.5	0.93319	0.93448	0.93575	0.93699	0.93822	0.93943	0.94062	0.94179	0.94295	0.94408
1.6	0.94520	0.94630	0.94738	0.94845	0.94950	0.95053	0.95154	0.95254	0.95352	0.95449
1.7	0.95544	0.95637	0.95728	0.95819	0.95907	0.95994	0.96080	0.96164	0.96246	0.96327
1.8	0.96407	0.96485	0.96562	0.96638	0.96712	0.96784	0.96856	0.96926	0.96995	0.97062
1.9	0.97128	0.97193	0.97257	0.97320	0.97381	0.97441	0.97500	0.97558	0.97615	0.97671
2.0	0.97725	0.97778	0.97831	0.97882	0.97933	0.97982	0.98030	0.98077	0.98124	0.98169
2.1	0.98214	0.98257	0.98300	0.98341	0.98382	0.98422	0.98461	0.98500	0.98537	0.98574
2.2	0.98610	0.98645	0.98679	0.98713	0.98746	0.98778	0.98809	0.98840	0.98870	0.98899
2.3	0.98928	0.98956	0.98983	0.99010	0.99036	0.99061	0.99086	0.99111	0.99134	0.99158
2.4	0.99180	0.99202	0.99224	0.99245	0.99266	0.99286	0.99305	0.99324	0.99343	0.99361
2.5	0.99379	0.99396	0.99413	0.99430	0.99446	0.99461	0.99477	0.99492	0.99506	0.99520
2.6	0.99534	0.99547	0.99560	0.99573	0.99586	0.99598	0.99609	0.99621	0.99632	0.99643
2.7	0.99653	0.99664	0.99674	0.99683	0.99693	0.99702	0.99711	0.99720	0.99728	0.99737
2.8	0.99745	0.99752	0.99760	0.99767	0.99774	0.99781	0.99788	0.99795	0.99801	0.99807
2.9	0.99813	0.99819	0.99825	0.99831	0.99836	0.99841	0.99846	0.99851	0.99856	0.99861
3.0	0.99865	0.99869	0.99874	0.99878	0.99882	0.99886	0.99889	0.99893	0.99897	0.99900
3.1	0.99903	0.99907	0.99910	0.99913	0.99916	0.99918	0.99921	0.99924	0.99926	0.99929
3.2	0.99931	0.99934	0.99936	0.99938	0.99940	0.99942	0.99944	0.99946	0.99948	0.99950
3.3	0.99952	0.99953	0.99955	0.99957	0.99958	0.99960	0.99961	0.99962	0.99964	0.99965
3.4	0.99966	0.99968	0.99969	0.99970	0.99971	0.99972	0.99973	0.99974	0.99975	0.99976

附录 B 正态分布临界值(u_α)表(双尾)

P	0.00	0.01	0.02	0.03	0.04	0.05	0.06	0.07	0.08	0.09
0.0	∞	2.576	2.326	2.170	2.054	1.960	1.881	1.812	1.751	1.695
0.1	1.645	1.598	1.555	1.514	1.476	1.440	1.405	1.372	1.341	1.311
0.2	1.282	1.254	1.227	1.200	1.175	1.150	1.126	1.103	1.080	1.058
0.3	1.036	1.015	0.994	0.974	0.954	0.935	0.915	0.896	0.878	0.860
0.4	0.842	0.824	0.806	0.789	0.772	0.755	0.739	0.722	0.706	0.690
0.5	0.674	0.659	0.643	0.628	0.613	0.598	0.583	0.568	0.553	0.539
0.6	0.524	0.510	0.496	0.482	0.468	0.454	0.440	0.426	0.412	0.399
0.7	0.385	0.372	0.358	0.345	0.332	0.319	0.305	0.292	0.279	0.266
0.8	0.253	0.240	0.228	0.215	0.202	0.189	0.176	0.164	0.151	0.138
0.9	0.126	0.113	0.100	0.088	0.075	0.063	0.050	0.038	0.025	0.013
P	10^{-3}	10^{-4}	10^{-5}	10^{-6}	10^{-7}	10^{-8}	10^{-9}	10^{-10}	10^{-11}	10^{-12}
u	3.291	3.891	4.417	4.892	5.327	5.731	6.109	6.467	6.807	7.131

附录 C t 分布临界值表(双尾)

df	概率(P)									
	0.5000	0.2500	0.1000	0.0500	0.0250	0.0100	0.0050	0.0010	0.0005	0.0001
1	1.000	2.414	6.314	12.706	25.452	63.657	127.321	636.619	1273.239	6366.198
2	0.817	1.604	2.920	4.303	6.205	9.925	14.089	31.599	44.705	99.993
3	0.765	1.423	2.353	3.182	4.177	5.841	7.453	12.924	16.326	28.000
4	0.741	1.344	2.132	2.776	3.495	4.604	5.598	8.610	10.306	15.544
5	0.727	1.301	2.015	2.571	3.163	4.032	4.773	6.869	7.976	11.178
6	0.718	1.273	1.943	2.447	2.969	3.707	4.317	5.959	6.788	9.082
7	0.711	1.254	1.895	2.365	2.841	3.499	4.029	5.408	6.082	7.885
8	0.706	1.240	1.860	2.306	2.752	3.355	3.833	5.041	5.617	7.120
9	0.703	1.230	1.833	2.262	2.685	3.250	3.690	4.781	5.291	6.594
10	0.700	1.221	1.812	2.228	2.634	3.169	3.581	4.587	5.049	6.211
11	0.697	1.214	1.796	2.201	2.593	3.106	3.497	4.437	4.863	5.921
12	0.695	1.209	1.782	2.179	2.560	3.055	3.428	4.318	4.716	5.694
13	0.694	1.204	1.771	2.160	2.533	3.012	3.372	4.221	4.597	5.513
14	0.692	1.200	1.761	2.145	2.510	2.977	3.326	4.140	4.499	5.363
15	0.691	1.197	1.753	2.131	2.490	2.947	3.286	4.073	4.417	5.239
16	0.690	1.194	1.746	2.120	2.473	2.921	3.252	4.015	4.346	5.134
17	0.689	1.191	1.740	2.110	2.458	2.898	3.222	3.965	4.286	5.044
18	0.688	1.189	1.734	2.101	2.445	2.878	3.197	3.922	4.233	4.966
19	0.688	1.187	1.729	2.093	2.433	2.861	3.174	3.883	4.187	4.897
20	0.687	1.185	1.725	2.086	2.423	2.845	3.153	3.850	4.146	4.837
21	0.686	1.183	1.721	2.080	2.414	2.831	3.135	3.819	4.110	4.784
22	0.686	1.182	1.717	2.074	2.405	2.819	3.119	3.792	4.077	4.736
23	0.685	1.180	1.714	2.069	2.398	2.807	3.104	3.768	4.047	4.693
24	0.685	1.179	1.711	2.064	2.391	2.797	3.091	3.745	4.021	4.654
25	0.684	1.178	1.708	2.060	2.385	2.787	3.078	3.725	3.996	4.619
26	0.684	1.177	1.706	2.056	2.379	2.779	3.067	3.707	3.974	4.587
27	0.684	1.176	1.703	2.052	2.373	2.771	3.057	3.690	3.954	4.558
28	0.683	1.175	1.701	2.048	2.368	2.763	3.047	3.674	3.935	4.530
29	0.683	1.174	1.699	2.045	2.364	2.756	3.038	3.659	3.918	4.506
30	0.683	1.173	1.697	2.042	2.360	2.750	3.030	3.646	3.902	4.482
40	0.681	1.167	1.684	2.021	2.329	2.704	2.971	3.551	3.788	4.321
60	0.679	1.162	1.671	2.000	2.299	2.660	2.915	3.460	3.681	4.169
80	0.678	1.159	1.664	1.990	2.284	2.639	2.887	3.416	3.629	4.096
100	0.677	1.157	1.660	1.984	2.276	2.626	2.871	3.390	3.598	4.053
120	0.677	1.156	1.658	1.980	2.270	2.617	2.860	3.373	3.578	4.025
∞	0.674	1.150	1.645	1.960	2.241	2.576	2.807	3.291	3.481	3.891

附录 D χ^2 分布临界值表(右尾)

df	概率(P)												
	0.999	0.995	0.990	0.975	0.950	0.900	0.500	0.100	0.050	0.025	0.010	0.005	0.001
1			0.000	0.001	0.004	0.016	0.455	2.706	3.842	5.024	6.635	7.879	10.828
2	0.002	0.010	0.020	0.051	0.103	0.211	1.386	4.605	5.992	7.378	9.210	10.597	13.816
3	0.024	0.072	0.115	0.216	0.352	0.584	2.366	6.251	7.815	9.348	11.345	12.838	16.266
4	0.091	0.207	0.297	0.484	0.711	1.064	3.357	7.779	9.488	11.143	13.277	14.860	18.467
5	0.210	0.412	0.554	0.831	1.146	1.610	4.352	9.236	11.071	12.833	15.086	16.750	20.515
6	0.381	0.676	0.872	1.237	1.635	2.204	5.348	10.645	12.592	14.449	16.812	18.548	22.458
7	0.599	0.989	1.239	1.690	2.167	2.833	6.346	12.017	14.067	16.013	18.475	20.278	24.322
8	0.857	1.344	1.647	2.180	2.733	3.490	7.344	13.362	15.507	17.535	20.090	21.955	26.125
9	1.152	1.735	2.088	2.700	3.325	4.168	8.343	14.684	16.919	19.023	21.666	23.589	27.877
10	1.479	2.156	2.558	3.247	3.940	4.865	9.342	15.987	18.307	20.483	23.209	25.188	29.588
11	1.834	2.603	3.054	3.816	4.575	5.578	10.341	17.275	19.675	21.920	24.725	26.757	31.264
12	2.214	3.074	3.571	4.404	5.226	6.304	11.340	18.549	21.026	23.337	26.217	28.300	32.910
13	2.617	3.565	4.107	5.009	5.892	7.042	12.340	19.812	22.362	24.736	27.688	29.820	34.528
14	3.041	4.075	4.660	5.629	6.571	7.790	13.339	21.064	23.685	26.119	29.141	31.319	36.123
15	3.483	4.601	5.229	6.262	7.261	8.547	14.339	22.307	24.996	27.488	30.578	32.801	37.697
16	3.942	5.142	5.812	6.908	7.962	9.312	15.339	23.542	26.296	28.845	32.000	34.267	39.252
17	4.416	5.697	6.408	7.564	8.672	10.085	16.338	24.769	27.587	30.191	33.409	35.719	40.790
18	4.905	6.265	7.015	8.231	9.391	10.865	17.338	25.989	28.869	31.526	34.805	37.157	42.312
19	5.407	6.844	7.633	8.907	10.117	11.651	18.338	27.204	30.144	32.852	36.191	38.582	43.820
20	5.921	7.434	8.260	9.591	10.851	12.443	19.337	28.412	31.410	34.170	37.566	39.997	45.315
21	6.447	8.034	8.897	10.283	11.591	13.240	20.337	29.615	32.671	35.479	38.932	41.401	46.797
22	6.983	8.643	9.543	10.982	12.338	14.042	21.337	30.813	33.924	36.781	40.289	42.796	48.268
23	7.529	9.260	10.196	11.689	13.091	14.848	22.337	32.007	35.173	38.076	41.638	44.181	49.728
24	8.085	9.886	10.856	12.401	13.848	15.659	23.337	33.196	36.415	39.364	42.980	45.559	51.179
25	8.649	10.520	11.524	13.120	14.611	16.473	24.337	34.382	37.653	40.647	44.314	46.928	52.620
26	9.222	11.160	12.198	13.844	15.379	17.292	25.337	35.563	38.885	41.923	45.642	48.290	54.052
27	9.803	11.808	12.879	14.573	16.151	18.114	26.336	36.741	40.113	43.195	46.963	49.645	55.476
28	10.391	12.461	13.565	15.308	16.928	18.939	27.336	37.916	41.337	44.461	48.278	50.993	56.892
29	10.986	13.121	14.257	16.047	17.708	19.768	28.336	39.088	42.557	45.722	49.588	52.336	58.301
30	11.588	13.787	14.954	16.791	18.493	20.599	29.336	40.256	43.773	46.979	50.892	53.672	59.703
40	17.916	20.707	22.164	24.433	26.509	29.051	39.335	51.805	55.758	59.342	63.691	66.766	73.402
50	24.674	27.991	29.707	32.357	34.764	37.689	49.335	63.167	67.505	71.420	76.154	79.490	86.661
60	31.738	35.534	37.485	40.482	43.188	46.459	59.335	74.397	79.082	83.298	88.379	91.952	99.607
70	39.036	43.275	45.442	48.758	51.739	55.329	69.334	85.527	90.531	95.023	100.425	104.215	112.317
80	46.520	51.172	53.540	57.153	60.391	64.278	79.334	96.578	101.879	106.629	112.329	116.321	124.839
90	54.155	59.196	61.754	65.647	69.126	73.291	89.334	107.565	113.145	118.136	124.116	128.299	137.208
100	61.918	67.328	70.065	74.222	77.929	82.358	99.334	118.498	124.342	129.561	135.807	140.169	149.449
200	143.843	152.241	156.432	162.728	168.279	174.835	199.334	226.021	233.994	241.058	249.445	255.264	267.541
300	229.963	240.663	245.972	253.912	260.878	269.068	299.334	331.789	341.395	349.874	359.906	366.844	381.425
500	407.947	422.303	429.388	439.936	449.147	459.926	499.333	540.930	553.127	563.852	576.493	585.207	603.446

附录 E F 分布临界值表(右尾)

$P=0.05$ 　　　　　　　　　　　　　　　　　(df_1 为分子自由度,df_2 为分母自由度)

df_2 \ df_1	1	2	3	4	5	6	7	8	9	10	12	14	16	18	20
1	161.5	199.5	215.7	224.6	230.2	234.0	236.8	238.9	240.5	241.9	243.9	245.4	246.5	247.3	248.0
2	18.51	19.00	19.16	19.25	19.30	19.33	19.35	19.37	19.39	19.40	19.41	19.42	19.43	19.44	19.45
3	10.13	9.552	9.277	9.117	9.014	8.941	8.887	8.845	8.812	8.786	8.745	8.715	8.692	8.675	8.660
4	7.709	6.944	6.591	6.388	6.256	6.163	6.094	6.041	5.999	5.964	5.912	5.873	5.844	5.821	5.803
5	6.608	5.786	5.410	5.192	5.050	4.950	4.876	4.818	4.773	4.735	4.678	4.636	4.604	4.579	4.558
6	5.987	5.143	4.757	4.534	4.387	4.284	4.207	4.147	4.099	4.060	4.000	3.956	3.922	3.896	3.874
7	5.591	4.737	4.347	4.120	3.972	3.866	3.787	3.726	3.677	3.637	3.575	3.529	3.494	3.467	3.445
8	5.318	4.459	4.066	3.838	3.688	3.581	3.501	3.438	3.388	3.347	3.284	3.237	3.202	3.173	3.150
9	5.117	4.257	3.863	3.633	3.482	3.374	3.293	3.230	3.179	3.137	3.073	3.026	2.989	2.960	2.937
10	4.965	4.103	3.708	3.478	3.326	3.217	3.136	3.072	3.020	2.978	2.913	2.865	2.828	2.798	2.774
11	4.844	3.982	3.587	3.357	3.204	3.095	3.012	2.948	2.896	2.854	2.788	2.739	2.701	2.671	2.646
12	4.747	3.885	3.490	3.259	3.106	2.996	2.913	2.849	2.796	2.753	2.687	2.637	2.599	2.568	2.544
13	4.667	3.806	3.411	3.179	3.025	2.915	2.832	2.767	2.714	2.671	2.604	2.554	2.515	2.484	2.459
14	4.600	3.739	3.344	3.112	2.958	2.848	2.764	2.699	2.646	2.602	2.534	2.484	2.445	2.413	2.388
15	4.543	3.682	3.287	3.056	2.901	2.791	2.707	2.641	2.588	2.544	2.475	2.424	2.385	2.353	2.328
16	4.494	3.634	3.239	3.007	2.852	2.741	2.657	2.591	2.538	2.494	2.425	2.373	2.334	2.302	2.276
17	4.451	3.592	3.197	2.965	2.810	2.699	2.614	2.548	2.494	2.450	2.381	2.329	2.289	2.257	2.230
18	4.414	3.555	3.160	2.928	2.773	2.661	2.577	2.510	2.456	2.412	2.342	2.290	2.250	2.217	2.191
19	4.381	3.522	3.127	2.895	2.740	2.628	2.544	2.477	2.423	2.378	2.308	2.256	2.215	2.182	2.156
20	4.351	3.493	3.098	2.866	2.711	2.599	2.514	2.447	2.393	2.348	2.278	2.225	2.184	2.151	2.124
21	4.325	3.467	3.073	2.840	2.685	2.573	2.488	2.421	2.366	2.321	2.250	2.198	2.156	2.123	2.096
22	4.301	3.443	3.049	2.817	2.661	2.549	2.464	2.397	2.342	2.297	2.226	2.173	2.131	2.098	2.071
23	4.279	3.422	3.028	2.796	2.640	2.528	2.442	2.375	2.320	2.275	2.204	2.150	2.109	2.075	2.048
24	4.260	3.403	3.009	2.776	2.621	2.508	2.423	2.355	2.300	2.255	2.183	2.130	2.088	2.054	2.027
25	4.242	3.385	2.991	2.759	2.603	2.490	2.405	2.337	2.282	2.237	2.165	2.111	2.069	2.035	2.008
26	4.225	3.369	2.975	2.743	2.587	2.474	2.388	2.321	2.266	2.220	2.148	2.094	2.052	2.018	1.990
27	4.210	3.354	2.960	2.728	2.572	2.459	2.373	2.305	2.250	2.204	2.132	2.078	2.036	2.002	1.974
28	4.196	3.340	2.947	2.714	2.558	2.445	2.359	2.291	2.236	2.190	2.118	2.064	2.021	1.987	1.959
29	4.183	3.328	2.934	2.701	2.545	2.432	2.346	2.278	2.223	2.177	2.105	2.050	2.007	1.973	1.945
30	4.171	3.316	2.922	2.690	2.534	2.421	2.334	2.266	2.211	2.165	2.092	2.037	1.995	1.960	1.932
32	4.149	3.295	2.901	2.668	2.512	2.399	2.313	2.244	2.189	2.143	2.070	2.015	1.972	1.937	1.908
34	4.130	3.276	2.883	2.650	2.494	2.380	2.294	2.225	2.170	2.123	2.050	1.995	1.952	1.917	1.888
36	4.113	3.259	2.866	2.634	2.477	2.364	2.277	2.209	2.153	2.106	2.033	1.977	1.934	1.899	1.870
38	4.098	3.245	2.852	2.619	2.463	2.349	2.262	2.194	2.138	2.091	2.017	1.962	1.918	1.883	1.853
40	4.085	3.232	2.839	2.606	2.450	2.336	2.249	2.180	2.124	2.077	2.004	1.948	1.904	1.868	1.839
42	4.073	3.220	2.827	2.594	2.438	2.324	2.237	2.168	2.112	2.065	1.991	1.935	1.891	1.855	1.826
44	4.062	3.209	2.817	2.584	2.427	2.313	2.226	2.157	2.101	2.054	1.980	1.924	1.879	1.844	1.814
46	4.052	3.200	2.807	2.574	2.417	2.304	2.216	2.147	2.091	2.044	1.970	1.913	1.869	1.833	1.803
48	4.043	3.191	2.798	2.565	2.409	2.295	2.207	2.138	2.082	2.035	1.960	1.904	1.859	1.823	1.793
50	4.034	3.183	2.790	2.557	2.400	2.286	2.199	2.130	2.073	2.026	1.952	1.895	1.850	1.814	1.784
60	4.001	3.150	2.758	2.525	2.368	2.254	2.167	2.097	2.040	1.993	1.917	1.860	1.815	1.778	1.748
80	3.960	3.111	2.719	2.486	2.329	2.214	2.126	2.056	1.999	1.951	1.875	1.817	1.772	1.734	1.703
100	3.936	3.087	2.696	2.463	2.305	2.191	2.103	2.032	1.975	1.927	1.850	1.792	1.746	1.708	1.676
120	3.920	3.072	2.680	2.447	2.290	2.175	2.087	2.016	1.959	1.911	1.834	1.775	1.729	1.690	1.659
150	3.904	3.056	2.665	2.432	2.275	2.160	2.071	2.001	1.943	1.894	1.817	1.758	1.711	1.673	1.641
200	3.888	3.041	2.650	2.417	2.259	2.144	2.056	1.985	1.927	1.878	1.801	1.742	1.694	1.656	1.623
300	3.873	3.026	2.635	2.402	2.244	2.129	2.040	1.969	1.911	1.862	1.785	1.725	1.677	1.638	1.606
500	3.860	3.014	2.623	2.390	2.232	2.117	2.028	1.957	1.899	1.850	1.772	1.712	1.664	1.625	1.592
1000	3.851	3.005	2.614	2.381	2.223	2.108	2.019	1.948	1.889	1.840	1.762	1.702	1.654	1.614	1.581
∞	3.842	2.996	2.605	2.372	2.214	2.099	2.010	1.938	1.880	1.831	1.752	1.692	1.644	1.604	1.571

（df_1为分子自由度，df_2为分母自由度）

$P=0.05$

df_1 / df_2	22	24	26	28	30	35	40	45	50	60	80	100	200	500	∞
1	248.6	249.1	249.5	249.8	250.1	250.7	251.1	251.5	251.8	252.2	252.7	253.0	253.7	254.1	254.3
2	19.45	19.45	19.46	19.46	19.46	19.47	19.47	19.47	19.48	19.48	19.48	19.49	19.49	19.49	19.50
3	8.648	8.639	8.630	8.623	8.617	8.604	8.594	8.587	8.581	8.572	8.561	8.554	8.540	8.532	8.526
4	5.787	5.774	5.764	5.754	5.746	5.729	5.717	5.707	5.700	5.688	5.673	5.664	5.646	5.635	5.628
5	4.541	4.527	4.515	4.505	4.496	4.478	4.464	4.453	4.444	4.431	4.415	4.405	4.385	4.373	4.365
6	3.856	3.842	3.829	3.818	3.808	3.789	3.774	3.763	3.754	3.740	3.722	3.712	3.690	3.678	3.669
7	3.426	3.411	3.397	3.386	3.376	3.356	3.340	3.329	3.319	3.304	3.286	3.275	3.253	3.239	3.230
8	3.131	3.115	3.102	3.090	3.079	3.059	3.043	3.030	3.020	3.005	2.986	2.975	2.951	2.937	2.928
9	2.917	2.901	2.886	2.874	2.864	2.842	2.826	2.813	2.803	2.787	2.768	2.756	2.731	2.717	2.707
10	2.754	2.737	2.723	2.710	2.700	2.678	2.661	2.648	2.637	2.621	2.601	2.588	2.563	2.548	2.538
11	2.626	2.609	2.594	2.582	2.571	2.548	2.531	2.517	2.507	2.490	2.469	2.457	2.431	2.415	2.405
12	2.523	2.506	2.491	2.478	2.466	2.443	2.426	2.412	2.401	2.384	2.363	2.350	2.323	2.307	2.296
13	2.438	2.420	2.405	2.392	2.380	2.357	2.339	2.325	2.314	2.297	2.275	2.261	2.234	2.218	2.206
14	2.367	2.349	2.333	2.320	2.308	2.285	2.266	2.252	2.241	2.223	2.201	2.187	2.159	2.142	2.131
15	2.306	2.288	2.272	2.259	2.247	2.223	2.204	2.190	2.178	2.160	2.137	2.123	2.095	2.078	2.066
16	2.254	2.235	2.220	2.206	2.194	2.169	2.151	2.136	2.124	2.106	2.083	2.069	2.040	2.022	2.010
17	2.208	2.190	2.174	2.160	2.148	2.123	2.104	2.089	2.077	2.058	2.035	2.020	1.991	1.973	1.960
18	2.169	2.150	2.134	2.120	2.107	2.082	2.063	2.048	2.035	2.017	1.993	1.978	1.948	1.929	1.917
19	2.133	2.114	2.098	2.084	2.071	2.046	2.026	2.011	1.999	1.980	1.955	1.940	1.910	1.891	1.878
20	2.102	2.083	2.066	2.052	2.039	2.014	1.994	1.978	1.966	1.946	1.922	1.907	1.876	1.856	1.843
21	2.073	2.054	2.037	2.023	2.010	1.984	1.965	1.949	1.936	1.917	1.892	1.876	1.845	1.825	1.812
22	2.048	2.028	2.012	1.997	1.984	1.958	1.938	1.922	1.909	1.889	1.864	1.849	1.817	1.797	1.783
23	2.025	2.005	1.988	1.973	1.961	1.934	1.914	1.898	1.885	1.865	1.839	1.823	1.791	1.771	1.757
24	2.004	1.984	1.967	1.952	1.939	1.912	1.892	1.876	1.863	1.842	1.816	1.801	1.768	1.747	1.733
25	1.984	1.964	1.947	1.932	1.919	1.892	1.872	1.855	1.842	1.822	1.796	1.779	1.746	1.725	1.711
26	1.966	1.946	1.929	1.914	1.901	1.874	1.853	1.837	1.823	1.803	1.776	1.760	1.726	1.705	1.691
27	1.950	1.930	1.913	1.898	1.884	1.857	1.836	1.820	1.806	1.785	1.758	1.742	1.708	1.686	1.672
28	1.935	1.915	1.897	1.882	1.869	1.841	1.820	1.804	1.790	1.769	1.742	1.725	1.691	1.669	1.654
29	1.921	1.901	1.883	1.868	1.854	1.827	1.806	1.789	1.775	1.754	1.726	1.710	1.675	1.653	1.638
30	1.908	1.887	1.870	1.854	1.841	1.813	1.792	1.775	1.761	1.740	1.712	1.695	1.660	1.638	1.622
32	1.884	1.864	1.846	1.830	1.817	1.789	1.767	1.750	1.736	1.714	1.686	1.669	1.633	1.610	1.594
34	1.863	1.843	1.825	1.809	1.795	1.767	1.745	1.728	1.713	1.691	1.663	1.645	1.609	1.585	1.569
36	1.845	1.824	1.806	1.790	1.776	1.748	1.726	1.708	1.694	1.671	1.643	1.625	1.587	1.564	1.547
38	1.829	1.808	1.790	1.774	1.760	1.731	1.708	1.691	1.676	1.653	1.624	1.606	1.568	1.544	1.527
40	1.814	1.793	1.775	1.759	1.744	1.715	1.693	1.675	1.660	1.637	1.608	1.589	1.551	1.526	1.509
42	1.801	1.780	1.761	1.745	1.731	1.702	1.679	1.661	1.646	1.623	1.593	1.574	1.535	1.510	1.492
44	1.789	1.768	1.749	1.733	1.718	1.689	1.666	1.648	1.633	1.609	1.579	1.560	1.520	1.495	1.477
46	1.778	1.756	1.738	1.722	1.707	1.677	1.654	1.636	1.621	1.597	1.567	1.547	1.507	1.481	1.463
48	1.768	1.746	1.728	1.711	1.697	1.667	1.644	1.625	1.610	1.586	1.555	1.536	1.495	1.469	1.450
50	1.759	1.737	1.718	1.702	1.687	1.657	1.634	1.615	1.600	1.576	1.545	1.525	1.484	1.457	1.438
60	1.722	1.700	1.681	1.664	1.649	1.618	1.594	1.575	1.559	1.534	1.502	1.481	1.438	1.409	1.389
80	1.677	1.654	1.635	1.617	1.602	1.570	1.545	1.525	1.508	1.482	1.448	1.426	1.379	1.347	1.325
100	1.650	1.627	1.607	1.589	1.573	1.541	1.515	1.494	1.477	1.450	1.415	1.392	1.342	1.308	1.283
120	1.632	1.608	1.588	1.570	1.554	1.521	1.495	1.474	1.457	1.429	1.392	1.369	1.316	1.280	1.254
150	1.614	1.590	1.570	1.552	1.535	1.502	1.475	1.454	1.436	1.407	1.369	1.345	1.290	1.252	1.223
200	1.596	1.572	1.551	1.533	1.516	1.482	1.455	1.433	1.415	1.386	1.346	1.321	1.263	1.221	1.189
300	1.578	1.554	1.533	1.514	1.497	1.463	1.435	1.412	1.393	1.363	1.323	1.296	1.234	1.188	1.150
500	1.564	1.539	1.518	1.499	1.482	1.447	1.419	1.396	1.376	1.346	1.303	1.275	1.210	1.159	1.113
1000	1.553	1.528	1.507	1.488	1.471	1.435	1.406	1.383	1.363	1.332	1.289	1.260	1.190	1.134	1.078
∞	1.542	1.517	1.496	1.476	1.459	1.423	1.394	1.370	1.350	1.318	1.274	1.243	1.170	1.106	1.000

续表
（df_1为分子自由度，df_2为分母自由度）

$P=0.01$

df_2 \ df_1	1	2	3	4	5	6	7	8	9	10	12	14	16	18	20
1	4052.2	4999.5	5403.4	5624.6	5763.6	5859.0	5928.4	5981.1	6022.5	6055.8	6106.3	6142.7	6170.1	6191.5	6208.7
2	98.503	99.000	99.166	99.249	99.299	99.333	99.356	99.374	99.388	99.399	99.416	99.428	99.437	99.444	99.449
3	34.116	30.817	29.457	28.710	28.237	27.911	27.672	27.489	27.345	27.229	27.052	26.924	26.827	26.751	26.690
4	21.198	18.000	16.694	15.977	15.522	15.207	14.976	14.799	14.659	14.546	14.374	14.249	14.154	14.080	14.020
5	16.258	13.274	12.060	11.392	10.967	10.672	10.456	10.289	10.158	10.051	9.888	9.770	9.680	9.610	9.553
6	13.745	10.925	9.780	9.148	8.746	8.466	8.260	8.102	7.976	7.874	7.718	7.605	7.519	7.451	7.396
7	12.246	9.547	8.451	7.847	7.460	7.191	6.993	6.840	6.719	6.620	6.469	6.359	6.275	6.209	6.155
8	11.259	8.649	7.591	7.006	6.632	6.371	6.178	6.029	5.911	5.814	5.667	5.559	5.477	5.412	5.359
9	10.561	8.022	6.992	6.422	6.057	5.802	5.613	5.467	5.351	5.257	5.111	5.005	4.924	4.860	4.808
10	10.044	7.559	6.552	5.994	5.636	5.386	5.200	5.057	4.942	4.849	4.706	4.601	4.520	4.457	4.405
11	9.646	7.206	6.217	5.668	5.316	5.069	4.886	4.745	4.632	4.539	4.397	4.293	4.213	4.150	4.099
12	9.330	6.927	5.953	5.412	5.064	4.821	4.640	4.499	4.388	4.296	4.155	4.052	3.972	3.910	3.858
13	9.074	6.701	5.739	5.205	4.862	4.620	4.441	4.302	4.191	4.100	3.960	3.857	3.778	3.716	3.665
14	8.862	6.515	5.564	5.035	4.695	4.456	4.278	4.140	4.030	3.939	3.800	3.698	3.619	3.556	3.505
15	8.683	6.359	5.417	4.893	4.556	4.318	4.142	4.005	3.895	3.805	3.666	3.564	3.485	3.423	3.372
16	8.531	6.226	5.292	4.773	4.437	4.202	4.026	3.890	3.780	3.691	3.553	3.451	3.372	3.310	3.259
17	8.400	6.112	5.185	4.669	4.336	4.102	3.927	3.791	3.682	3.593	3.455	3.353	3.275	3.212	3.162
18	8.285	6.013	5.092	4.579	4.248	4.015	3.841	3.705	3.597	3.508	3.371	3.269	3.190	3.128	3.077
19	8.185	5.926	5.010	4.500	4.171	3.939	3.765	3.631	3.523	3.434	3.297	3.195	3.117	3.054	3.003
20	8.096	5.849	4.938	4.431	4.103	3.871	3.699	3.564	3.457	3.368	3.231	3.130	3.051	2.989	2.938
21	8.017	5.780	4.874	4.369	4.042	3.812	3.640	3.506	3.398	3.310	3.173	3.072	2.993	2.931	2.880
22	7.945	5.719	4.817	4.313	3.988	3.758	3.587	3.453	3.346	3.258	3.121	3.020	2.941	2.879	2.827
23	7.881	5.664	4.765	4.264	3.939	3.710	3.539	3.406	3.299	3.211	3.074	2.973	2.894	2.832	2.781
24	7.823	5.614	4.718	4.218	3.895	3.667	3.496	3.363	3.256	3.168	3.032	2.930	2.852	2.789	2.738
25	7.770	5.568	4.676	4.177	3.855	3.627	3.457	3.324	3.217	3.129	2.993	2.892	2.813	2.751	2.699
26	7.721	5.526	4.637	4.140	3.818	3.591	3.421	3.288	3.182	3.094	2.958	2.857	2.778	2.715	2.664
27	7.677	5.488	4.601	4.106	3.785	3.558	3.388	3.256	3.149	3.062	2.926	2.824	2.746	2.683	2.632
28	7.636	5.453	4.568	4.074	3.754	3.528	3.358	3.226	3.120	3.032	2.896	2.795	2.716	2.653	2.602
29	7.598	5.420	4.538	4.045	3.725	3.500	3.330	3.198	3.092	3.005	2.869	2.767	2.689	2.626	2.574
30	7.563	5.390	4.510	4.018	3.699	3.474	3.305	3.173	3.067	2.979	2.843	2.742	2.663	2.600	2.549
32	7.499	5.336	4.459	3.970	3.652	3.427	3.258	3.127	3.021	2.934	2.798	2.696	2.618	2.555	2.503
34	7.444	5.289	4.416	3.927	3.611	3.386	3.218	3.087	2.981	2.894	2.758	2.657	2.578	2.515	2.463
36	7.396	5.248	4.377	3.890	3.574	3.351	3.183	3.052	2.946	2.859	2.723	2.622	2.543	2.480	2.428
38	7.353	5.211	4.343	3.858	3.542	3.319	3.152	3.021	2.915	2.828	2.692	2.591	2.512	2.449	2.397
40	7.314	5.179	4.313	3.828	3.514	3.291	3.124	2.993	2.888	2.801	2.665	2.563	2.484	2.421	2.369
42	7.280	5.149	4.285	3.802	3.488	3.266	3.099	2.968	2.863	2.776	2.640	2.539	2.460	2.396	2.344
44	7.248	5.123	4.261	3.778	3.465	3.243	3.076	2.946	2.841	2.754	2.618	2.516	2.437	2.374	2.321
46	7.220	5.099	4.238	3.757	3.444	3.222	3.056	2.925	2.820	2.733	2.598	2.496	2.417	2.353	2.301
48	7.194	5.077	4.218	3.737	3.425	3.204	3.037	2.907	2.802	2.715	2.579	2.478	2.399	2.335	2.282
50	7.171	5.057	4.199	3.720	3.408	3.186	3.020	2.890	2.785	2.698	2.563	2.461	2.382	2.318	2.265
60	7.077	4.977	4.126	3.649	3.339	3.119	2.953	2.823	2.719	2.632	2.496	2.394	2.315	2.251	2.198
80	6.963	4.881	4.036	3.563	3.255	3.036	2.871	2.742	2.637	2.551	2.415	2.313	2.233	2.169	2.115
100	6.895	4.824	3.984	3.513	3.206	2.988	2.823	2.694	2.590	2.503	2.368	2.265	2.185	2.120	2.067
120	6.851	4.787	3.949	3.480	3.174	2.956	2.792	2.663	2.559	2.472	2.336	2.234	2.154	2.089	2.035
150	6.807	4.750	3.915	3.447	3.142	2.924	2.761	2.632	2.528	2.441	2.305	2.203	2.122	2.057	2.003
200	6.763	4.713	3.881	3.414	3.110	2.893	2.730	2.601	2.497	2.411	2.275	2.172	2.091	2.026	1.971
300	6.720	4.677	3.848	3.382	3.079	2.863	2.699	2.571	2.467	2.380	2.244	2.142	2.061	1.995	1.940
500	6.686	4.648	3.821	3.357	3.054	2.838	2.675	2.547	2.443	2.357	2.220	2.117	2.036	1.970	1.915
1000	6.660	4.626	3.801	3.338	3.036	2.820	2.657	2.529	2.425	2.339	2.203	2.099	2.018	1.952	1.897
∞	6.635	4.605	3.782	3.319	3.017	2.802	2.639	2.511	2.407	2.321	2.185	2.082	2.000	1.934	1.878

续表

(df_1 为分子自由度，df_2 为分母自由度)

$P = 0.01$

df_1 \ df_2	22	24	26	28	30	35	40	45	50	60	80	100	200	500	∞
1	6222.8	6234.6	6244.6	6253.2	6260.6	6275.6	6286.8	6295.5	6302.5	6313.0	6326.2	6334.1	6350.0	6359.5	6365.9
2	99.454	99.458	99.461	99.463	99.466	99.471	99.474	99.477	99.479	99.482	99.487	99.489	99.494	99.497	99.499
3	26.640	26.598	26.562	26.531	26.505	26.451	26.411	26.379	26.354	26.316	26.269	26.240	26.183	26.148	26.125
4	13.970	13.929	13.894	13.864	13.838	13.785	13.745	13.714	13.690	13.652	13.605	13.577	13.520	13.486	13.463
5	9.506	9.467	9.433	9.404	9.379	9.329	9.291	9.262	9.238	9.202	9.157	9.130	9.075	9.042	9.020
6	7.351	7.313	7.281	7.253	7.229	7.180	7.143	7.115	7.092	7.057	7.013	6.987	6.934	6.902	6.880
7	6.111	6.074	6.043	6.016	5.992	5.944	5.908	5.880	5.858	5.824	5.781	5.755	5.702	5.671	5.650
8	5.316	5.279	5.248	5.221	5.198	5.151	5.116	5.088	5.065	5.032	4.989	4.963	4.911	4.880	4.859
9	4.765	4.729	4.698	4.672	4.649	4.602	4.567	4.539	4.517	4.483	4.441	4.415	4.363	4.332	4.311
10	4.363	4.327	4.296	4.270	4.247	4.201	4.165	4.138	4.116	4.082	4.039	4.014	3.962	3.930	3.909
11	4.057	4.021	3.990	3.964	3.941	3.895	3.860	3.832	3.810	3.776	3.734	3.708	3.656	3.624	3.602
12	3.816	3.781	3.750	3.724	3.701	3.654	3.619	3.592	3.569	3.536	3.493	3.467	3.414	3.382	3.361
13	3.622	3.587	3.556	3.530	3.507	3.461	3.425	3.398	3.375	3.341	3.298	3.272	3.219	3.187	3.165
14	3.463	3.427	3.397	3.371	3.348	3.301	3.266	3.238	3.215	3.181	3.138	3.112	3.059	3.026	3.004
15	3.330	3.294	3.264	3.237	3.214	3.167	3.132	3.104	3.081	3.047	3.004	2.977	2.924	2.891	2.868
16	3.217	3.181	3.150	3.124	3.101	3.054	3.018	2.990	2.968	2.933	2.889	2.863	2.808	2.775	2.753
17	3.119	3.084	3.053	3.026	3.003	2.956	2.921	2.892	2.869	2.835	2.791	2.764	2.709	2.676	2.653
18	3.035	2.999	2.968	2.942	2.919	2.871	2.835	2.807	2.784	2.749	2.705	2.678	2.623	2.589	2.566
19	2.961	2.925	2.894	2.868	2.844	2.797	2.761	2.732	2.709	2.674	2.630	2.602	2.547	2.512	2.489
20	2.895	2.859	2.829	2.802	2.779	2.731	2.695	2.666	2.643	2.608	2.563	2.535	2.479	2.445	2.421
21	2.837	2.801	2.770	2.743	2.720	2.672	2.636	2.607	2.584	2.548	2.503	2.476	2.419	2.384	2.360
22	2.785	2.749	2.718	2.691	2.668	2.620	2.583	2.554	2.531	2.495	2.450	2.422	2.365	2.329	2.306
23	2.738	2.702	2.671	2.644	2.620	2.572	2.536	2.507	2.483	2.447	2.401	2.373	2.316	2.280	2.256
24	2.695	2.659	2.628	2.601	2.577	2.529	2.492	2.463	2.440	2.404	2.357	2.329	2.271	2.235	2.211
25	2.657	2.620	2.589	2.562	2.538	2.490	2.453	2.424	2.400	2.364	2.317	2.289	2.230	2.194	2.169
26	2.621	2.585	2.554	2.526	2.503	2.454	2.417	2.388	2.364	2.327	2.281	2.252	2.193	2.156	2.132
27	2.589	2.552	2.521	2.494	2.470	2.421	2.384	2.354	2.330	2.294	2.247	2.218	2.159	2.122	2.097
28	2.559	2.522	2.491	2.464	2.440	2.391	2.354	2.324	2.300	2.263	2.216	2.187	2.127	2.090	2.064
29	2.531	2.495	2.463	2.436	2.412	2.363	2.325	2.296	2.271	2.234	2.187	2.158	2.097	2.060	2.034
30	2.506	2.469	2.437	2.410	2.386	2.337	2.299	2.269	2.245	2.208	2.160	2.131	2.070	2.032	2.006
32	2.460	2.423	2.391	2.364	2.340	2.290	2.252	2.222	2.198	2.160	2.112	2.082	2.021	1.982	1.956
34	2.420	2.383	2.351	2.323	2.299	2.249	2.211	2.181	2.156	2.118	2.070	2.040	1.977	1.938	1.911
36	2.384	2.347	2.316	2.288	2.263	2.214	2.175	2.145	2.120	2.082	2.032	2.002	1.939	1.899	1.872
38	2.353	2.316	2.284	2.256	2.232	2.182	2.143	2.112	2.087	2.049	1.999	1.968	1.905	1.864	1.837
40	2.325	2.288	2.256	2.228	2.203	2.153	2.114	2.083	2.058	2.019	1.969	1.938	1.874	1.833	1.805
42	2.300	2.263	2.231	2.203	2.178	2.127	2.088	2.057	2.032	1.993	1.943	1.911	1.846	1.805	1.776
44	2.278	2.240	2.208	2.180	2.155	2.104	2.065	2.034	2.008	1.969	1.918	1.887	1.821	1.779	1.750
46	2.257	2.220	2.187	2.159	2.134	2.083	2.044	2.012	1.987	1.947	1.896	1.864	1.797	1.755	1.726
48	2.238	2.201	2.168	2.140	2.115	2.064	2.024	1.993	1.967	1.927	1.876	1.844	1.776	1.733	1.704
50	2.221	2.184	2.151	2.123	2.098	2.046	2.007	1.975	1.949	1.909	1.857	1.825	1.757	1.713	1.683
60	2.153	2.115	2.083	2.054	2.029	1.976	1.936	1.904	1.877	1.836	1.783	1.749	1.678	1.633	1.601
80	2.070	2.032	1.999	1.969	1.944	1.890	1.849	1.816	1.788	1.746	1.690	1.655	1.579	1.530	1.494
100	2.021	1.983	1.949	1.919	1.893	1.839	1.797	1.763	1.735	1.692	1.634	1.598	1.518	1.466	1.427
120	1.989	1.950	1.916	1.886	1.860	1.806	1.763	1.728	1.700	1.656	1.597	1.559	1.477	1.422	1.381
150	1.957	1.918	1.884	1.854	1.827	1.772	1.729	1.694	1.665	1.620	1.559	1.520	1.435	1.376	1.331
200	1.925	1.886	1.851	1.821	1.794	1.738	1.695	1.659	1.630	1.583	1.521	1.481	1.391	1.328	1.279
300	1.894	1.854	1.819	1.789	1.761	1.705	1.660	1.624	1.594	1.547	1.483	1.441	1.346	1.276	1.220
500	1.869	1.829	1.794	1.763	1.735	1.678	1.633	1.596	1.566	1.517	1.452	1.408	1.308	1.232	1.164
1000	1.850	1.810	1.775	1.744	1.716	1.658	1.613	1.576	1.545	1.495	1.428	1.384	1.278	1.195	1.113
∞	1.831	1.791	1.755	1.724	1.696	1.638	1.592	1.555	1.523	1.473	1.404	1.358	1.247	1.153	1.000

附录 F 新复极差检验(Duncan 检验)临界值表

$P=0.05$

df \ k	2	3	4	5	6	7	8	9	10	11	12	13	14	15
1	17.97	17.97	17.97	17.97	17.97	17.97	17.97	17.97	17.97	17.97	17.97	17.97	17.97	17.97
2	6.085	6.085	6.085	6.085	6.085	6.085	6.085	6.085	6.085	6.085	6.085	6.085	6.085	6.085
3	4.501	4.516	4.516	4.516	4.516	4.516	4.516	4.516	4.516	4.516	4.516	4.516	4.516	4.516
4	3.926	4.013	4.033	4.033	4.033	4.033	4.033	4.033	4.033	4.033	4.033	4.033	4.033	4.033
5	3.635	3.749	3.796	3.814	3.814	3.814	3.814	3.814	3.814	3.814	3.814	3.814	3.814	3.814
6	3.460	3.586	3.649	3.680	3.694	3.697	3.697	3.697	3.697	3.697	3.697	3.697	3.697	3.697
7	3.344	3.477	3.548	3.588	3.611	3.622	3.625	3.625	3.625	3.625	3.625	3.625	3.625	3.625
8	3.261	3.398	3.475	3.521	3.549	3.566	3.575	3.579	3.579	3.579	3.579	3.579	3.579	3.579
9	3.199	3.339	3.420	3.470	3.502	3.523	3.536	3.544	3.547	3.547	3.547	3.547	3.547	3.547
10	3.151	3.293	3.376	3.430	3.465	3.489	3.505	3.516	3.522	3.525	3.525	3.525	3.525	3.525
11	3.113	3.256	3.341	3.397	3.435	3.462	3.480	3.493	3.501	3.506	3.509	3.510	3.510	3.510
12	3.081	3.225	3.312	3.370	3.410	3.439	3.459	3.474	3.484	3.491	3.495	3.498	3.498	3.498
13	3.055	3.200	3.288	3.348	3.389	3.419	3.441	3.458	3.470	3.478	3.484	3.488	3.490	3.490
14	3.033	3.178	3.268	3.328	3.371	3.403	3.426	3.444	3.457	3.467	3.474	3.479	3.482	3.484
15	3.014	3.160	3.250	3.312	3.356	3.389	3.413	3.432	3.446	3.457	3.465	3.471	3.476	3.478
16	2.998	3.144	3.235	3.297	3.343	3.376	3.402	3.422	3.437	3.449	3.458	3.465	3.470	3.473
17	2.984	3.130	3.222	3.285	3.331	3.365	3.392	3.412	3.429	3.441	3.451	3.459	3.465	3.469
18	2.971	3.117	3.210	3.274	3.320	3.356	3.383	3.404	3.421	3.435	3.445	3.454	3.460	3.465
19	2.960	3.106	3.199	3.264	3.311	3.347	3.375	3.397	3.415	3.429	3.440	3.449	3.456	3.462
20	2.950	3.097	3.190	3.255	3.303	3.339	3.368	3.390	3.409	3.423	3.435	3.445	3.452	3.459
21	2.941	3.088	3.181	3.247	3.295	3.332	3.361	3.385	3.403	3.418	3.431	3.441	3.449	3.456
22	2.933	3.080	3.173	3.239	3.288	3.326	3.355	3.379	3.398	3.414	3.427	3.437	3.446	3.453
23	2.926	3.072	3.166	3.233	3.282	3.320	3.350	3.374	3.394	3.410	3.423	3.434	3.443	3.451
24	2.919	3.066	3.160	3.226	3.276	3.315	3.345	3.370	3.390	3.406	3.420	3.431	3.441	3.449
25	2.913	3.059	3.154	3.221	3.271	3.310	3.341	3.366	3.386	3.403	3.417	3.429	3.439	3.447
26	2.907	3.054	3.149	3.216	3.266	3.305	3.336	3.362	3.382	3.400	3.414	3.426	3.436	3.445
27	2.902	3.049	3.144	3.211	3.262	3.301	3.332	3.358	3.379	3.397	3.412	3.424	3.434	3.443
28	2.897	3.044	3.139	3.206	3.257	3.297	3.329	3.355	3.376	3.394	3.409	3.422	3.433	3.442
29	2.892	3.039	3.135	3.202	3.253	3.293	3.326	3.352	3.373	3.392	3.407	3.420	3.431	3.440
30	2.888	3.035	3.131	3.199	3.250	3.290	3.322	3.349	3.371	3.389	3.405	3.418	3.429	3.439
31	2.884	3.031	3.127	3.195	3.246	3.287	3.319	3.346	3.368	3.387	3.403	3.416	3.428	3.438
32	2.881	3.028	3.123	3.192	3.243	3.284	3.317	3.344	3.366	3.385	3.401	3.415	3.426	3.436
33	2.877	3.024	3.120	3.188	3.240	3.281	3.314	3.341	3.364	3.383	3.399	3.413	3.425	3.435
34	2.874	3.021	3.117	3.185	3.238	3.279	3.312	3.339	3.362	3.381	3.398	3.412	3.424	3.434
35	2.871	3.018	3.114	3.183	3.235	3.276	3.309	3.337	3.360	3.379	3.396	3.410	3.423	3.433
36	2.868	3.015	3.111	3.180	3.232	3.274	3.307	3.335	3.358	3.378	3.395	3.409	3.421	3.432
37	2.865	3.013	3.109	3.178	3.230	3.272	3.305	3.333	3.356	3.376	3.393	3.408	3.420	3.431
38	2.863	3.010	3.106	3.175	3.228	3.270	3.303	3.331	3.355	3.375	3.392	3.407	3.419	3.431
39	2.861	3.008	3.104	3.173	3.226	3.268	3.301	3.330	3.353	3.373	3.391	3.406	3.418	3.430
40	2.858	3.005	3.102	3.171	3.224	3.266	3.300	3.328	3.352	3.372	3.389	3.404	3.418	3.429
48	2.843	2.991	3.087	3.157	3.211	3.253	3.288	3.318	3.342	3.363	3.382	3.398	3.412	3.424
60	2.829	2.976	3.073	3.143	3.198	3.241	3.277	3.307	3.333	3.355	3.374	3.391	3.406	3.419
80	2.814	2.961	3.059	3.130	3.185	3.229	3.266	3.297	3.323	3.346	3.366	3.384	3.400	3.414
120	2.800	2.947	3.045	3.116	3.172	3.217	3.254	3.286	3.313	3.337	3.358	3.377	3.394	3.409
240	2.786	2.933	3.031	3.103	3.159	3.205	3.243	3.276	3.304	3.329	3.350	3.370	3.388	3.404
∞	2.772	2.918	3.017	3.089	3.146	3.193	3.232	3.265	3.294	3.320	3.343	3.363	3.382	3.399

$P=0.01$

k df	2	3	4	5	6	7	8	9	10	11	12	13	14	15
1	90.02	90.02	90.02	90.02	90.02	90.02	90.02	90.02	90.02	90.02	90.02	90.02	90.02	90.02
2	14.04	14.04	14.04	14.04	14.04	14.04	14.04	14.04	14.04	14.04	14.04	14.04	14.04	14.04
3	8.260	8.321	8.321	8.321	8.321	8.321	8.321	8.321	8.321	8.321	8.321	8.321	8.321	8.321
4	6.511	6.677	6.740	6.755	6.755	6.755	6.755	6.755	6.755	6.755	6.755	6.755	6.755	6.755
5	5.702	5.893	5.989	6.040	6.065	6.074	6.074	6.074	6.074	6.074	6.074	6.074	6.074	6.074
6	5.243	5.439	5.549	5.614	5.655	5.680	5.694	5.701	5.703	5.703	5.703	5.703	5.703	5.703
7	4.949	5.145	5.260	5.333	5.383	5.416	5.439	5.454	5.464	5.470	5.472	5.472	5.472	5.472
8	4.745	4.939	5.056	5.134	5.189	5.227	5.256	5.276	5.291	5.302	5.309	5.313	5.316	5.317
9	4.596	4.787	4.906	4.986	5.043	5.086	5.117	5.142	5.160	5.174	5.185	5.193	5.199	5.202
10	4.482	4.671	4.789	4.871	4.931	4.975	5.010	5.036	5.058	5.074	5.087	5.098	5.106	5.112
11	4.392	4.579	4.697	4.780	4.841	4.887	4.923	4.952	4.975	4.994	5.009	5.021	5.031	5.039
12	4.320	4.504	4.622	4.705	4.767	4.815	4.852	4.882	4.907	4.927	4.944	4.957	4.969	4.978
13	4.260	4.442	4.560	4.643	4.706	4.754	4.793	4.824	4.850	4.871	4.889	4.904	4.917	4.927
14	4.210	4.391	4.508	4.591	4.654	4.703	4.743	4.775	4.802	4.824	4.843	4.859	4.872	4.884
15	4.167	4.346	4.463	4.547	4.610	4.660	4.700	4.733	4.760	4.783	4.803	4.820	4.834	4.846
16	4.131	4.308	4.425	4.508	4.572	4.622	4.662	4.696	4.724	4.748	4.768	4.785	4.800	4.813
17	4.099	4.275	4.391	4.474	4.538	4.589	4.630	4.664	4.692	4.717	4.737	4.755	4.771	4.785
18	4.071	4.246	4.361	4.445	4.509	4.559	4.601	4.635	4.664	4.689	4.710	4.729	4.745	4.759
19	4.046	4.220	4.335	4.418	4.483	4.533	4.575	4.610	4.639	4.664	4.686	4.705	4.722	4.736
20	4.024	4.197	4.312	4.395	4.459	4.510	4.552	4.587	4.617	4.642	4.664	4.684	4.701	4.716
21	4.004	4.177	4.291	4.374	4.438	4.489	4.531	4.567	4.597	4.622	4.645	4.664	4.682	4.697
22	3.986	4.158	4.272	4.355	4.419	4.470	4.513	4.548	4.578	4.604	4.627	4.647	4.664	4.680
23	3.970	4.141	4.254	4.337	4.402	4.453	4.496	4.531	4.562	4.588	4.611	4.631	4.649	4.665
24	3.955	4.126	4.239	4.322	4.386	4.437	4.480	4.516	4.546	4.573	4.596	4.616	4.634	4.651
25	3.942	4.112	4.224	4.307	4.371	4.423	4.466	4.502	4.532	4.559	4.582	4.603	4.621	4.638
26	3.930	4.099	4.211	4.294	4.358	4.410	4.452	4.489	4.520	4.546	4.570	4.591	4.609	4.626
27	3.918	4.087	4.199	4.282	4.346	4.397	4.440	4.477	4.508	4.535	4.558	4.579	4.598	4.615
28	3.908	4.076	4.188	4.270	4.334	4.386	4.429	4.465	4.497	4.524	4.548	4.569	4.587	4.604
29	3.898	4.065	4.177	4.260	4.324	4.376	4.419	4.455	4.486	4.514	4.538	4.559	4.578	4.595
30	3.889	4.056	4.168	4.250	4.314	4.366	4.409	4.445	4.477	4.504	4.528	4.550	4.569	4.586
31	3.881	4.047	4.159	4.241	4.305	4.357	4.400	4.436	4.468	4.495	4.519	4.541	4.560	4.577
32	3.873	4.039	4.150	4.232	4.296	4.348	4.391	4.428	4.459	4.487	4.511	4.533	4.552	4.570
33	3.865	4.031	4.142	4.224	4.288	4.340	4.383	4.420	4.452	4.479	4.504	4.525	4.545	4.562
34	3.859	4.024	4.135	4.217	4.281	4.333	4.376	4.413	4.444	4.472	4.496	4.518	4.538	4.555
35	3.852	4.017	4.128	4.210	4.273	4.325	4.369	4.406	4.437	4.465	4.490	4.511	4.531	4.549
36	3.846	4.011	4.121	4.203	4.267	4.319	4.362	4.399	4.431	4.459	4.483	4.505	4.525	4.543
37	3.840	4.005	4.115	4.197	4.260	4.312	4.356	4.393	4.425	4.452	4.477	4.499	4.519	4.537
38	3.835	3.999	4.109	4.191	4.254	4.306	4.350	4.387	4.419	4.447	4.471	4.493	4.513	4.531
39	3.830	3.993	4.103	4.185	4.249	4.301	4.344	4.381	4.413	4.441	4.466	4.488	4.508	4.526
40	3.825	3.988	4.098	4.180	4.243	4.295	4.339	4.376	4.408	4.436	4.461	4.483	4.503	4.521
48	3.793	3.955	4.064	4.145	4.209	4.261	4.304	4.341	4.374	4.402	4.427	4.450	4.470	4.489
60	3.762	3.922	4.030	4.111	4.174	4.226	4.270	4.307	4.340	4.368	4.394	4.417	4.437	4.456
80	3.732	3.890	3.997	4.077	4.140	4.192	4.236	4.273	4.306	4.335	4.360	4.384	4.405	4.424
120	3.702	3.858	3.964	4.044	4.107	4.158	4.202	4.239	4.272	4.301	4.327	4.351	4.372	4.392
240	3.672	3.827	3.932	4.011	4.073	4.125	4.168	4.206	4.239	4.268	4.294	4.318	4.339	4.359
∞	3.643	3.796	3.900	3.978	4.040	4.091	4.135	4.172	4.205	4.235	4.261	4.285	4.307	4.327

附录 G　相关系数 $R(r)$ 临界值表

	$P=0.05$							$P=0.01$					
M / df	2	3	4	5	6	7	M / df	2	3	4	5	6	7
1	0.9969	0.9988	0.9992	0.9994	0.9996	0.9996	1	0.9999	1.0000	1.0000	1.0000	1.0000	1.0000
2	0.9500	0.9747	0.9831	0.9873	0.9898	0.9915	2	0.9900	0.9950	0.9967	0.9975	0.9980	0.9983
3	0.8783	0.9297	0.9501	0.9612	0.9683	0.9732	3	0.9587	0.9765	0.9835	0.9872	0.9895	0.9912
4	0.8114	0.8811	0.9120	0.9299	0.9416	0.9499	4	0.9172	0.9487	0.9623	0.9701	0.9752	0.9788
5	0.7545	0.8356	0.8743	0.8978	0.9136	0.9252	5	0.8745	0.9173	0.9373	0.9493	0.9573	0.9631
6	0.7067	0.7947	0.8391	0.8668	0.8861	0.9004	6	0.8343	0.8858	0.9112	0.9269	0.9377	0.9457
7	0.6664	0.7584	0.8067	0.8378	0.8599	0.8765	7	0.7977	0.8554	0.8852	0.9042	0.9176	0.9276
8	0.6319	0.7260	0.7771	0.8108	0.8351	0.8536	8	0.7646	0.8269	0.8603	0.8820	0.8976	0.9094
9	0.6021	0.6972	0.7502	0.7858	0.8119	0.8320	9	0.7348	0.8004	0.8365	0.8606	0.8780	0.8914
10	0.5760	0.6714	0.7257	0.7628	0.7902	0.8116	10	0.7079	0.7758	0.8141	0.8401	0.8591	0.8739
11	0.5529	0.6481	0.7032	0.7414	0.7700	0.7925	11	0.6835	0.7531	0.7931	0.8206	0.8410	0.8570
12	0.5324	0.6269	0.6826	0.7216	0.7511	0.7744	12	0.6614	0.7320	0.7734	0.8021	0.8237	0.8407
13	0.5140	0.6077	0.6636	0.7032	0.7334	0.7574	13	0.6411	0.7125	0.7549	0.7846	0.8072	0.8251
14	0.4973	0.5901	0.6461	0.6861	0.7168	0.7414	14	0.6226	0.6943	0.7375	0.7681	0.7915	0.8101
15	0.4822	0.5739	0.6298	0.6701	0.7012	0.7263	15	0.6055	0.6774	0.7211	0.7524	0.7765	0.7958
16	0.4683	0.5589	0.6147	0.6551	0.6865	0.7120	16	0.5897	0.6616	0.7057	0.7376	0.7622	0.7821
17	0.4555	0.5450	0.6006	0.6410	0.6727	0.6985	17	0.5751	0.6468	0.6912	0.7235	0.7487	0.7691
18	0.4438	0.5321	0.5873	0.6278	0.6596	0.6856	18	0.5614	0.6329	0.6775	0.7102	0.7357	0.7565
19	0.4329	0.5201	0.5750	0.6154	0.6473	0.6735	19	0.5487	0.6198	0.6646	0.6975	0.7234	0.7445
20	0.4227	0.5088	0.5633	0.6036	0.6356	0.6619	20	0.5368	0.6075	0.6523	0.6854	0.7116	0.7330
21	0.4133	0.4982	0.5523	0.5925	0.6245	0.6509	21	0.5256	0.5959	0.6407	0.6739	0.7003	0.7220
22	0.4044	0.4883	0.5419	0.5820	0.6139	0.6404	22	0.5151	0.5849	0.6296	0.6630	0.6895	0.7115
23	0.3961	0.4789	0.5321	0.5720	0.6039	0.6304	23	0.5052	0.5744	0.6191	0.6525	0.6792	0.7013
24	0.3882	0.4700	0.5228	0.5624	0.5943	0.6208	24	0.4958	0.5645	0.6091	0.6425	0.6693	0.6916
25	0.3809	0.4616	0.5139	0.5534	0.5851	0.6116	25	0.4869	0.5551	0.5995	0.6329	0.6598	0.6822
26	0.3739	0.4537	0.5055	0.5447	0.5764	0.6029	26	0.4785	0.5462	0.5904	0.6238	0.6507	0.6732
27	0.3673	0.4461	0.4975	0.5365	0.5680	0.5945	27	0.4705	0.5376	0.5816	0.6150	0.6419	0.6645
28	0.3610	0.4389	0.4899	0.5286	0.5600	0.5864	28	0.4629	0.5295	0.5732	0.6065	0.6335	0.6561
29	0.3551	0.4320	0.4825	0.5210	0.5523	0.5786	29	0.4556	0.5216	0.5652	0.5984	0.6254	0.6481
30	0.3494	0.4255	0.4755	0.5138	0.5449	0.5711	30	0.4487	0.5142	0.5575	0.5906	0.6176	0.6403
32	0.3388	0.4132	0.4624	0.5001	0.5309	0.5570	32	0.4357	0.5001	0.5430	0.5759	0.6027	0.6255
34	0.3291	0.4020	0.4503	0.4875	0.5180	0.5439	34	0.4238	0.4871	0.5295	0.5622	0.5889	0.6116
36	0.3202	0.3916	0.4391	0.4758	0.5060	0.5316	36	0.4128	0.4751	0.5170	0.5494	0.5760	0.5986
38	0.3120	0.3819	0.4287	0.4649	0.4947	0.5202	38	0.4026	0.4639	0.5053	0.5374	0.5638	0.5864
40	0.3044	0.3730	0.4190	0.4547	0.4842	0.5094	40	0.3932	0.4535	0.4944	0.5262	0.5524	0.5749
42	0.2973	0.3646	0.4099	0.4451	0.4743	0.4993	42	0.3843	0.4438	0.4841	0.5156	0.5417	0.5640
44	0.2907	0.3568	0.4014	0.4361	0.4650	0.4897	44	0.3761	0.4346	0.4745	0.5056	0.5315	0.5537
46	0.2845	0.3495	0.3934	0.4277	0.4562	0.4807	46	0.3683	0.4260	0.4654	0.4962	0.5219	0.5440
48	0.2787	0.3426	0.3858	0.4197	0.4479	0.4721	48	0.3610	0.4179	0.4568	0.4873	0.5128	0.5347
50	0.2732	0.3361	0.3787	0.4121	0.4400	0.4640	50	0.3542	0.4102	0.4486	0.4789	0.5041	0.5259
60	0.2500	0.3083	0.3481	0.3796	0.4060	0.4289	60	0.3248	0.3772	0.4135	0.4424	0.4666	0.4876
80	0.2172	0.2686	0.3042	0.3325	0.3565	0.3774	80	0.2830	0.3298	0.3626	0.3889	0.4112	0.4307
100	0.1946	0.2412	0.2735	0.2995	0.3215	0.3408	100	0.2540	0.2966	0.3267	0.3510	0.3717	0.3899
120	0.1779	0.2207	0.2506	0.2746	0.2951	0.3132	120	0.2324	0.2718	0.2998	0.3224	0.3417	0.3588
150	0.1593	0.1979	0.2250	0.2468	0.2655	0.2820	150	0.2084	0.2440	0.2695	0.2901	0.3079	0.3236
200	0.1381	0.1718	0.1955	0.2147	0.2312	0.2458	200	0.1809	0.2122	0.2346	0.2528	0.2686	0.2826
300	0.1129	0.1406	0.1602	0.1762	0.1899	0.2021	300	0.1480	0.1739	0.1925	0.2077	0.2209	0.2327
500	0.0875	0.1091	0.1245	0.1370	0.1478	0.1574	500	0.1149	0.1351	0.1497	0.1617	0.1722	0.1815
1000	0.0619	0.0773	0.0882	0.0971	0.1049	0.1118	1000	0.0813	0.0958	0.1062	0.1148	0.1223	0.1290

附录 H　常用正交表

(1) $L_4(2^3)$

列号 试验号	1	2	3
1	1	1	1
2	1	2	2
3	2	1	2
4	2	2	1

任意两列间的交互作用为另外一列。

(2) $L_8(2^7)$

列号 试验号	1	2	3	4	5	6	7
1	1	1	1	1	1	1	1
2	1	1	1	2	2	2	2
3	1	2	2	1	1	2	2
4	1	2	2	2	2	1	1
5	2	1	2	1	2	1	2
6	2	1	2	2	1	2	1
7	2	2	1	1	2	2	1
8	2	2	1	2	1	1	2

$L_8(2^7)$ 二列间的交互作用表

列号 列号	1	2	3	4	5	6	7
	(1)	3	2	6	4	7	6
		(2)	1	5	7	4	5
			(3)	7	6	5	4
				(4)	1	2	3
					(5)	3	2
						(6)	1
							(7)

$L_8(2^7)$ 表头设计

列号 因素数	1	2	3	4	5	6	7
3	A	B	$A\times B$	C	$A\times C$	$B\times C$	
4	A	B	$A\times B$ $C\times D$	C	$A\times C$ $B\times D$	$B\times C$ $A\times D$	D
4	A	B $C\times D$	$A\times B$	C $B\times D$	$A\times C$	D $B\times C$	$A\times D$
5	A $D\times E$	B $C\times D$	$A\times B$ $C\times E$	C $B\times D$	$A\times C$ $B\times E$	D $A\times E$ $B\times C$	E $A\times D$

（3）$L_8(4\times2^4)$

列号 试验号	1	2	3	4	5
1	1	1	1	1	1
2	1	2	2	2	2
3	2	1	1	2	2
4	2	2	2	1	1
5	3	1	2	1	2
6	3	2	1	2	1
7	4	1	2	2	1
8	4	2	1	1	2

$L_8(4\times2^4)$ 表头设计

列号 因素数	1	2	3	4	5
2	A	B	$(A\times B)_1$	$(A\times B)_2$	$(A\times B)_3$
3	A	B	C		
4	A	B	C	D	
5	A	B	C	D	E

（4）$L_{12}(2^{11})$

列号 试验号	1	2	3	4	5	6	7	8	9	10	11
1	1	1	1	1	1	1	1	1	1	1	1
2	1	1	1	1	1	2	2	2	2	2	2
3	1	1	2	2	2	1	1	1	2	2	2
4	1	2	1	2	2	1	2	2	1	1	2
5	1	2	2	1	2	2	1	2	1	2	1
6	1	2	2	2	1	2	2	1	2	1	1
7	2	1	2	2	1	1	2	2	1	2	1
8	2	1	2	1	2	2	2	1	1	1	2
9	2	1	1	2	2	2	1	2	2	1	1
10	2	2	2	1	1	1	1	2	2	1	2
11	2	2	1	2	1	2	1	1	1	2	2
12	2	2	1	1	2	1	2	1	2	2	1

（5）$L_{16}(2^{15})$

列号 试验号	1	2	3	4	5	6	7	8	9	10	11	12	13	14	15
1	1	1	1	1	1	1	1	1	1	1	1	1	1	1	1
2	1	1	1	1	1	1	1	2	2	2	2	2	2	2	2
3	1	1	1	2	2	2	2	1	1	1	1	2	2	2	2
4	1	1	1	2	2	2	2	2	2	2	2	1	1	1	1
5	1	2	2	1	1	2	2	1	1	2	2	1	1	2	2
6	1	2	2	1	1	2	2	2	2	1	1	2	2	1	1
7	1	2	2	2	2	1	1	1	1	2	2	2	2	1	1
8	1	2	2	2	2	1	1	2	2	1	1	1	1	2	2
9	2	1	2	1	2	1	2	1	2	1	2	1	2	1	2
10	2	1	2	1	2	1	2	2	1	2	1	2	1	2	1
11	2	1	2	2	1	2	1	1	2	1	2	2	1	2	1
12	2	1	2	2	1	2	1	2	1	2	1	1	2	1	2
13	2	2	1	1	2	2	1	1	2	2	1	1	2	2	1
14	2	2	1	1	2	2	1	2	1	1	2	2	1	1	2
15	2	2	1	2	1	1	2	1	2	2	1	2	1	1	2
16	2	2	1	2	1	1	2	2	1	1	2	1	2	2	1

$L_{16}(2^{15})$ 二列间的交互作用表

列号\列号	1	2	3	4	5	6	7	8	9	10	11	12	13	14	15
	(1)	3	2	5	4	7	6	9	8	11	10	13	12	15	14
		(2)	1	6	7	4	5	10	11	8	9	14	15	12	13
			(3)	7	6	5	4	11	10	9	8	15	14	13	12
				(4)	1	2	3	12	13	14	15	8	9	10	11
					(5)	3	2	13	12	15	14	9	8	11	10
						(6)	1	14	15	12	13	10	11	8	9
							(7)	15	14	13	12	11	10	9	8
								(8)	1	2	3	4	5	6	7
									(9)	3	2	5	4	7	6
										(10)	1	6	7	4	5
											(11)	7	6	5	4
												(12)	1	2	3
													(13)	3	2
														(14)	1

$L_{16}(2^{15})$ 表头设计

因素数\列号	1	2	3	4	5	6	7	8	9	10	11	12	13	14	15
4	A	B	$A\times B$	C	$A\times C$	$B\times C$		D	$A\times D$	$B\times D$		$C\times D$			
5	A	B	$A\times B$	C	$A\times C$	$B\times C$	$D\times E$	D	$A\times D$	$B\times D$	$C\times E$	$C\times D$	$B\times E$	$A\times E$	E
6	A	B	$A\times B$, $D\times E$	C	$A\times C$, $D\times F$	$B\times C$, $E\times F$		D	$A\times D$, $B\times E$, $C\times F$	$B\times D$, $A\times E$	E	$C\times D$, $A\times F$	F		$C\times E$, $B\times F$
7	A	B	$A\times B$, $D\times E$, $F\times G$	C	$A\times C$, $D\times F$, $E\times G$	$B\times C$, $E\times F$, $D\times G$		D	$A\times D$, $B\times E$, $C\times F$	$B\times D$, $A\times E$, $C\times G$	E	$C\times D$, $A\times F$, $A\times G$	F	G	$C\times E$, $B\times F$, $A\times G$
8	A	B	$A\times B$, $D\times E$, $F\times G$, $C\times H$	C	$A\times C$, $D\times F$, $E\times G$, $B\times H$	$B\times C$, $E\times F$, $D\times G$, $A\times H$	H	D	$A\times D$, $B\times E$, $C\times F$, $G\times H$	$B\times D$, $A\times E$, $C\times G$, $F\times H$	E	$C\times D$, $A\times F$, $A\times G$, $E\times H$	F	G	$C\times E$, $B\times F$, $A\times G$, $D\times H$

(6) $L_{16}(4\times 2^{12})$

试验号\列号	1	2	3	4	5	6	7	8	9	10	11	12	13
1	1	1	1	1	1	1	1	1	1	1	1	1	1
2	1	1	1	1	1	2	2	2	2	2	2	2	2
3	1	2	2	2	2	1	1	1	1	2	2	2	2
4	1	2	2	2	2	2	2	2	2	1	1	1	1
5	2	1	1	2	2	1	1	2	2	1	1	2	2
6	2	1	1	2	2	2	2	1	1	2	2	1	1
7	2	2	2	1	1	1	1	2	2	2	2	1	1
8	2	2	2	1	1	2	2	1	1	1	1	2	2
9	3	1	2	1	2	1	2	1	2	1	2	1	2
10	3	1	2	1	2	2	1	2	1	2	1	2	1
11	3	2	1	2	1	1	2	1	2	2	1	2	1
12	3	2	1	2	1	2	1	2	1	1	2	1	2
13	4	1	2	2	1	1	2	2	1	1	2	2	1
14	4	1	2	2	1	2	1	1	2	2	1	1	2
15	4	2	1	1	2	1	2	2	1	2	1	1	2
16	4	2	1	1	2	2	1	1	2	1	2	2	1

$L_{16}(4 \times 2^{12})$ 表头设计

列号 因素数	1	2	3	4	5	6	7	8	9	10	11	12
3	A	B	$(A \times B)_1$	$(A \times B)_2$	$(A \times B)_3$	C	$(A \times C)_1$	$(A \times C)_2$	$(A \times C)_3$	$B \times C$		
4	A	B	$(A \times B)_1$ $C \times D$	$(A \times B)_2$	$(A \times B)_3$	C	$(A \times C)_1$ $B \times D$	$(A \times C)_2$	$(A \times C)_3$	$B \times C$ $(A \times D)_1$	D	$(A \times D)_3$
5	A	B	$(A \times B)_1$ $C \times D$	$(A \times B)_2$ $C \times E$	$(A \times B)_3$	C	$(A \times C)_1$ $B \times D$	$(A \times C)_2$ $B \times E$	$(A \times C)_3$	$B \times C$ $(A \times D)_1$ $(A \times E)_2$	D $(A \times E)_3$	E $(A \times D)_3$

(7) $L_{16}(4^2 \times 2^9)$

列号 试验号	1	2	3	4	5	6	7	8	9	10	11
1	1	1	1	1	1	1	1	1	1	1	1
2	1	2	1	1	1	2	2	2	2	2	2
3	1	3	2	2	2	1	1	1	2	2	2
4	1	4	2	2	2	2	2	2	1	1	1
5	2	1	1	2	2	1	2	2	1	2	2
6	2	2	1	2	2	2	1	1	2	1	1
7	2	3	2	1	1	1	2	2	2	1	1
8	2	4	2	1	1	2	1	1	1	2	2
9	3	1	2	1	2	2	1	2	2	1	2
10	3	2	2	1	2	1	2	1	1	2	1
11	3	3	1	2	1	2	1	2	1	2	1
12	3	4	1	2	1	1	2	1	2	1	2
13	4	1	2	2	1	2	2	1	2	2	1
14	4	2	2	2	1	1	1	2	1	1	2
15	4	3	1	1	2	2	2	1	1	1	2
16	4	4	1	1	2	1	1	2	2	2	1

(8) $L_{16}(4^3 \times 2^6)$

列号 试验号	1	2	3	4	5	6	7	8	9
1	1	1	1	1	1	1	1	1	1
2	1	2	2	1	1	2	2	2	2
3	1	3	3	2	2	1	1	2	2
4	1	4	4	2	2	2	2	1	1
5	2	1	2	2	2	1	2	1	2
6	2	2	1	2	2	2	1	2	1
7	2	3	4	1	1	1	2	2	1
8	2	4	3	1	1	2	1	1	2
9	3	1	3	1	2	2	2	2	1
10	3	2	4	1	2	1	1	1	2
11	3	3	1	2	1	2	2	1	2
12	3	4	2	2	1	1	1	2	1
13	4	1	4	2	1	2	1	2	2
14	4	2	3	2	1	1	2	1	1
15	4	3	2	1	2	2	1	1	1
16	4	4	1	1	2	1	2	2	2

（9）$L_{16}(4^4 \times 2^3)$

列号 试验号	1	2	3	4	5	6	7
1	1	1	1	1	1	1	1
2	1	2	2	2	1	2	2
3	1	3	3	3	2	1	2
4	1	4	4	4	2	2	1
5	2	1	2	3	2	2	1
6	2	2	1	4	2	1	2
7	2	3	4	1	1	2	2
8	2	4	3	2	1	1	1
9	3	1	3	4	1	2	2
10	3	2	4	3	1	1	1
11	3	3	1	2	2	2	1
12	3	4	2	1	2	1	2
13	4	1	4	2	2	1	2
14	4	2	3	1	2	2	1
15	4	3	2	4	1	1	1
16	4	4	1	3	1	2	2

（10）$L_{16}(4^5)$

列号 试验号	1	2	3	4	5
1	1	1	1	1	1
2	1	2	2	2	2
3	1	3	3	3	3
4	1	4	4	4	4
5	2	1	2	3	4
6	2	2	1	4	3
7	2	3	4	1	2
8	2	4	3	2	1
9	3	1	3	4	2
10	3	2	4	3	1
11	3	3	1	2	4
12	3	4	2	1	3
13	4	1	4	2	3
14	4	2	3	1	4
15	4	3	2	4	1
16	4	4	1	3	2

（11）$L_{16}(8\times2^8)$

列号 试验号	1	2	3	4	5	6	7	8	9
1	1	1	1	1	1	1	1	1	1
2	1	2	2	2	2	2	2	2	2
3	2	1	1	1	1	2	2	2	2
4	2	2	2	2	2	1	1	1	1
5	3	1	1	2	2	1	1	2	2
6	3	2	2	1	1	2	2	1	1
7	4	1	1	2	2	2	2	1	1
8	4	2	2	1	1	1	1	2	2
9	5	1	2	1	2	1	2	1	2
10	5	2	1	2	1	2	1	2	1
11	6	1	2	1	2	2	1	2	1
12	6	2	1	2	1	1	2	1	2
13	7	1	2	2	1	1	2	2	1
14	7	2	1	1	2	2	1	1	2
15	8	1	2	2	1	2	1	1	2
16	8	2	1	1	2	1	2	2	1

（12）$L_{20}(2^{19})$

列号 试验号	1	2	3	4	5	6	7	8	9	10	11	12	13	14	15	16	17	18	19
1	1	1	1	1	1	1	1	1	1	1	1	1	1	1	1	1	1	1	1
2	2	2	1	1	2	2	2	2	1	2	1	2	1	1	1	1	2	2	1
3	2	1	1	2	2	2	2	1	2	1	2	1	1	1	1	2	2	1	2
4	1	1	2	2	2	2	1	2	1	2	1	1	1	1	2	2	1	2	2
5	1	2	2	2	2	1	2	1	2	1	1	1	1	2	2	1	2	2	1
6	2	2	2	2	1	2	1	2	1	1	1	1	2	2	1	2	2	1	1
7	2	2	2	1	2	1	2	1	1	1	1	2	2	1	2	2	1	1	2
8	2	2	1	2	1	2	1	1	1	1	2	2	1	2	2	1	1	2	2
9	2	1	2	1	2	1	1	1	1	2	2	1	2	2	1	1	2	2	2
10	1	2	1	2	1	1	1	1	2	2	1	2	2	1	1	2	2	2	2
11	2	1	2	1	1	1	1	2	2	1	2	2	1	1	2	2	2	2	1
12	1	2	1	1	1	1	2	2	1	2	2	1	1	2	2	2	2	1	2
13	2	1	1	1	1	2	2	1	2	2	1	1	2	2	2	2	1	2	1
14	1	1	1	1	2	2	1	2	2	1	1	2	2	2	2	1	2	1	2
15	1	1	1	2	2	1	2	2	1	1	2	2	2	2	1	2	1	2	1
16	1	1	2	2	1	2	2	1	1	2	2	2	2	1	2	1	2	1	1
17	1	2	2	1	2	2	1	1	2	2	2	2	1	2	1	2	1	1	1
18	2	2	1	2	2	1	1	2	2	2	2	1	2	1	2	1	1	1	1
19	2	1	2	2	1	1	2	2	2	2	1	2	1	2	1	1	1	1	2
20	1	2	2	1	1	2	2	2	2	1	2	1	2	1	1	1	1	2	2

（13）$L_9(3^4)$

列号 试验号	1	2	3	4
1	1	1	1	1
2	1	2	2	2
3	1	3	3	3
4	2	1	2	3
5	2	2	3	1
6	2	3	1	2
7	3	1	3	2
8	3	2	1	3
9	3	3	2	1

(14) $L_{18}(2\times 3^7)$

列号 试验号	1	2	3	4	5	6	7	8
1	1	1	1	1	1	1	1	1
2	1	1	2	2	2	2	2	2
3	1	1	3	3	3	3	3	3
4	1	2	1	1	2	2	3	3
5	1	2	2	2	3	3	1	1
6	1	2	3	3	1	1	2	2
7	1	3	1	2	1	3	2	3
8	1	3	2	3	2	1	3	1
9	1	3	3	1	3	2	1	2
10	2	1	1	3	3	2	2	1
11	2	1	2	1	1	3	3	2
12	2	1	3	2	2	1	1	3
13	2	2	1	2	3	1	3	2
14	2	2	2	3	1	2	1	3
15	2	2	3	1	2	3	2	1
16	2	3	1	3	2	3	1	2
17	2	3	2	1	3	1	2	3
18	2	3	3	2	1	2	3	1

(15) $L_{27}(3^{13})$

列号 试验号	1	2	3	4	5	6	7	8	9	10	11	12	13
1	1	1	1	1	1	1	1	1	1	1	1	1	1
2	1	1	1	1	2	2	2	2	2	2	2	2	2
3	1	1	1	1	3	3	3	3	3	3	3	3	3
4	1	2	2	2	1	1	1	2	2	2	3	3	3
5	1	2	2	2	2	2	2	3	3	3	1	1	1
6	1	2	2	2	3	3	3	1	1	1	2	2	2
7	1	3	3	3	1	1	1	3	3	3	2	2	2
8	1	3	3	3	2	2	2	1	1	1	3	3	3
9	1	3	3	3	3	3	3	2	2	2	1	1	1
10	2	1	1	3	1	2	3	1	2	3	1	2	3
11	2	1	2	3	2	3	1	2	3	1	2	3	1
12	2	1	3	3	3	1	2	3	1	2	3	1	2
13	2	2	1	1	1	2	3	2	3	1	3	1	2
14	2	2	2	1	2	3	1	3	1	2	1	2	3
15	2	2	3	1	3	1	2	1	2	3	2	3	1
16	2	3	1	2	1	2	3	3	1	2	2	3	1
17	2	3	2	2	2	3	1	1	2	3	3	1	2
18	2	3	3	2	3	1	2	2	3	1	1	2	3
19	3	1	3	2	1	3	2	1	3	2	1	3	2
20	3	1	3	2	2	1	3	2	1	3	2	1	3
21	3	1	3	2	3	2	1	3	2	1	3	2	1
22	3	2	1	3	1	3	2	2	1	3	3	2	1
23	3	2	1	3	2	1	3	3	2	1	1	3	2
24	3	2	1	3	3	2	1	1	3	2	2	1	3
25	3	3	2	1	1	3	2	3	2	1	2	1	3
26	3	3	2	1	2	1	3	1	3	2	3	2	1
27	3	3	2	1	3	2	1	2	1	3	1	3	2

$L_{27}(3^{13})$ 表头设计

列号 因素数	1	2	3	4	5	6	7	8	9	10	11	12	13
3	A	B	$(A\times B)_1$	$(A\times B)_2$	C	$(A\times C)_1$	$(A\times C)_2$	$(B\times C)_1$	D	$(A\times D)_1$	$(B\times C)_2$	$(B\times D)_1$	$(C\times D)_1$
4	A	B	$(A\times B)_1$ $(C\times D)_2$	$(A\times B)_2$	C	$(A\times C)_1$ $(B\times D)_2$	$(A\times C)_2$	$(B\times C)_1$ $(A\times D)_2$		$(A\times D)_1$	$(B\times C)_2$		

$L_{27}(3^{13})$ 二列间的交互作用表

列号 \ 列号	1	2	3	4	5	6	7	8	9	10	11	12	13
(1)		3,4	2,4	2,3	6,7	5,7	5,6	9,10	8,10	8,9	12,13	11,13	11,12
(2)			1,4	1,3	8,11	9,12	10,13	5,11	6,12	7,13	5,8	6,9	7,10
(3)				1,2	9,13	10,11	8,12	7,12	5,13	6,11	6,10	7,8	5,9
(4)					10,12	8,13	9,11	6,13	7,11	5,12	7,9	5,10	6,8
(5)						1,7	1,6	2,11	3,13	4,12	2,8	4,10	3,9
(6)							1,5	4,13	2,12	3,11	3,10	2,9	4,8
(7)								3,12	4,11	2,13	4,9	3,8	2,10
(8)									1,10	1,9	2,5	3,7	4,6
(9)										1,8	4,7	2,6	3,5
(10)											3,6	4,5	2,7
(11)												1,13	1,12
(12)													1,11

（16）$L_{25}(5^6)$

列号 试验号	1	2	3	4	5	6
1	1	1	1	1	1	1
2	1	2	2	2	2	2
3	1	3	3	3	3	3
4	1	4	4	4	4	4
5	1	5	5	5	5	5
6	2	1	2	3	4	5
7	2	2	3	4	5	1
8	2	3	4	5	1	2
9	2	4	5	1	2	3
10	2	5	1	2	3	4
11	3	1	3	5	2	4
12	3	2	4	1	3	5
13	3	3	5	2	4	1
14	3	4	1	3	5	2
15	3	5	2	4	1	3
16	4	1	4	2	5	3
17	4	2	5	3	1	4
18	4	3	1	4	2	5
19	4	4	2	5	3	1
20	4	5	3	1	4	2
21	5	1	5	4	3	2
22	5	2	1	5	4	3
23	5	3	2	1	5	4
24	5	4	3	2	1	5
25	5	5	4	3	2	1

（17）$L_{24}(3\times4\times2^4)$

列号 试验号	1	2	3	4	5	6
1	1	1	1	1	1	1
2	1	2	1	1	2	2
3	1	3	1	2	2	1
4	1	4	1	2	1	2
5	1	1	2	2	2	2
6	1	2	2	2	1	1
7	1	3	2	1	1	2
8	1	4	2	1	2	1
9	2	1	1	1	1	2
10	2	2	1	1	2	1
11	2	3	1	2	2	2
12	2	4	1	2	1	1
13	2	1	2	2	2	1
14	2	2	2	2	1	2
15	2	3	2	1	1	1
16	2	4	2	1	2	2
17	3	1	1	1	1	2
18	3	2	1	1	2	1
19	3	3	1	2	2	2
20	3	4	1	2	1	1
21	3	1	2	2	2	1
22	3	2	2	2	1	2
23	3	3	2	1	1	1
24	3	4	2	1	2	2

附录 I　符号检验用 K 临界值表

n	$P(1)$：0.10 $P(2)$：0.20	0.05 0.10	0.025 0.05	0.01 0.02	0.005 0.01
4	0				
5	0	0			
6	0	0	0		
7	1	0	0	0	
8	1	1	0	0	0
9	2	1	1	0	0
10	2	1	1	0	0
11	2	2	1	1	0
12	3	2	2	1	1
13	3	3	2	1	1
14	4	3	2	2	1
15	4	3	3	2	2

附录 J　Kruskal-Wallis 秩和检验临界值表

n	n_1	n_2	n_3	P 0.05	0.01
7	3	2	2	4.71	
	3	3	1	5.14	
8	3	3	2	5.36	
	4	2	2	5.33	
	4	3	1	5.21	
	5	2	1	5.00	
9	3	3	3	5.60	7.20
	4	3	2	5.44	6.44
	4	4	1	4.97	6.07
	5	2	2	5.16	6.53
	5	3	1	4.96	
10	4	3	3	5.73	6.75
	4	4	2	5.45	7.04
	5	3	2	5.25	6.82
	5	4	1	4.99	6.95
11	4	4	3	5.60	7.14
	5	3	3	5.65	7.08
	5	4	2	5.27	7.12
	5	5	1	5.13	7.31
12	4	4	4	5.69	7.65
	5	4	3	5.63	7.44
	5	5	2	5.34	7.27
13	5	4	4	5.62	7.76
	5	5	3	5.71	7.54
14	5	5	4	5.64	7.79
15	5	5	5	5.78	7.98

附录 K Mann-Whitney U 检验用临界值表

n_1 \ n_2	2	3	4	5	6	7	8	9	10	11	12	13	14	15
2							0	0	0	0	1	1	1	1
3			0	1	1	2	2	3	3	4	4	5	5	
4			0	1	2	3	4	4	5	6	7	8	9	10
5		0	1	2	3	5	6	7	8	9	11	12	13	14
6		1	2	3	5	6	8	10	11	13	14	16	17	19
7		1	3	5	6	8	10	12	14	16	18	20	22	24
8	0	2	4	6	8	10	13	15	17	19	22	24	26	29
9	0	2	4	7	10	12	15	17	20	23	26	28	31	34
10	0	3	5	8	11	14	17	20	23	26	29	33	36	39
11	0	3	6	9	13	16	19	23	26	30	33	37	40	44
12	1	4	7	11	14	18	22	26	29	33	37	41	45	49
13	1	4	8	12	16	20	24	28	33	37	41	45	50	54
14	1	5	9	13	17	22	26	31	36	40	45	50	55	59
15	1	5	10	14	19	24	29	34	39	44	49	54	59	64

附录 L Spearman 秩相关系数检验临界值表

n \ P	0.10	0.05	0.02	0.01
4	1.000			
5	0.900	1.000	1.000	
6	0.829	0.886	0.943	1.000
7	0.714	0.786	0.893	0.929
8	0.643	0.738	0.833	0.811
9	0.600	0.700	0.783	0.833
10	0.564	0.648	0.745	0.794
11	0.536	0.618	0.709	0.755
12	0.503	0.587	0.678	0.727
13	0.484	0.560	0.648	0.703
14	0.464	0.538	0.626	0.679
15	0.446	0.521	0.604	0.654
16	0.429	0.503	0.582	0.635
17	0.414	0.485	0.566	0.615
18	0.401	0.472	0.550	0.600
19	0.391	0.460	0.535	0.584
20	0.380	0.447	0.520	0.570
25	0.337	0.398	0.466	0.511
30	0.305	0.362	0.425	0.467
35	0.283	0.335	0.394	0.433
40	0.264	0.313	0.368	0.405
45	0.248	0.294	0.347	0.382
50	0.235	0.279	0.329	0.336
60	0.214	0.255	0.300	0.331
70	0.198	0.235	0.278	0.307
80	0.185	0.220	0.260	0.287
90	0.174	0.207	0.245	0.271
100	0.165	0.197	0.233	0.257

参考文献

[1]　Glover T,Mitchell K.An Introduction to Biostatistics[M].北京:清华大学出版社,2001.

[2]　Selvin S.Biostatistics:How It Works[M].NJ:Pearson Education Inc.,2004.

[3]　白新桂.数据分析和试验优化设计[M].北京:清华大学出版社,1986.

[4]　杜荣骞.生物统计学[M].3 版.北京:高等教育出版社,2010.

[5]　符想花,靳刘蕊,王兢.多元统计分析[M].郑州:郑州大学出版社,2009.

[6]　何大为.卫生统计学习题解答[M].北京:人民卫生出版社,1997.

[7]　何晓群.应用多元统计分析[M].北京:中国统计出版社,2010.

[8]　李春喜,姜丽娜,邵云,等.生物统计学[M].3 版.北京:科学出版社,2006.

[9]　李春喜,姜丽娜,邵云,等.生物统计学[M].5 版.北京:科学出版社,2013.

[10]　李加纳.数量遗传学概论[M].重庆:西南师范大学出版社,2007.

[11]　李静萍,谢邦昌.多元统计分析方法与应用[M].北京:中国人民大学出版社,2008.

[12]　李松岗.实用生物统计[M].北京:北京大学出版社,2002.

[13]　刘小虎.SPSS12.0 for Windows 在农业试验统计中的应用[M].沈阳:东北大学出版社,2007.

[14]　梅长林,周家良.实用统计方法[M].北京:科学出版社,2002.

[15]　明道绪.高级生物统计学[M].北京:中国农业出版社,2006.

[16]　明道绪.生物统计[M].北京:中国农业科学技术出版社,1998.

[17]　明道绪.生物统计附试验设计[M].3 版.北京:中国农业出版社,2002.

[18]　任雪松,于秀林.多元统计分析[M].北京:中国统计出版社,2011.

[19]　唐启义,冯明光.实用统计分析及其 DPS 数据处理[M].北京:科学出版社,2002.

[20]　汪冬华.多元统计分析与 SPSS 应用[M].上海:华东理工大学出版社,2010.

[21]　王斌会.多元统计分析及 R 语言建模[M].广州:暨南大学出版社,2009.

[22]　王钦德.食品试验设计与统计分析[M].北京:中国农业大学出版社,2010.

[23]　叶子弘,陈春.生物统计学[M].北京:化学工业出版社,2012.

[24]　袁志发,宋世德.多元统计分析[M].北京:科学出版社,2009.

[25]　袁志发,周静芋.多元统计分析[M].北京:科学出版社,2002.

[26]　张力.SPSS 在生物统计中的应用[M].2 版.厦门:厦门大学出版社,2008.